DICTIONNAIRE

DE

PHYSIQUE

PORTATIF;

Contenant les découvertes les plus intéreffantes de Defcartes & de Nevvton,
& les Traités de Mathématique néceffaires à ceux qui veulent étudier avec
fuccès la Phyfique moderne.

TROISIEME ÉDITION.

Avec Figures.

Par l'Auteur du grand Dictionnaire de Phyfique.

TOME SECOND.

A AVIGNON,

Chez la Veuve Girard & François Seguin,
Impr. Libraires, à la Place S. Didier.

M. DCC. LXVII.

Avec Permiffion des Supérieurs.

DICTIONNAIRE

DE

PHYSIQUE.

F

FAIM. La faim eſt un ſentiment de l'ame excité par l'action du ſuc gaſtrique, dont nous avons parlé en ſon lieu. *Cherchez Digeſtion.*

FER. Il eſt probable que le fer eſt un métal compoſé de vitriol, de ſoufre & de terre. Il eſt encore probable que le fer entre dans la compoſition de la plupart des corps. Nous devons cette découverte à Mr. Homberg qui parle ainſi dans un recueil d'obſervations inſérées dans les Mémoires de l'Académie des Sciences, année 1706. *page* 158 : Brûlez en cendres quelle ſorte d'herbes ſéches ou de bois que vous voudrez : prenez les précautions néceſſaires pour qu'il ne s'y puiſſe mêler quelque matière ferrugineuſe : puis fouillez dans ces cendres avec une lame de couteau bien nette & qui ait été aimantée ſur un aiman vigoureux : vous trouverez au bout de votre couteau une barbe d'une poudre noirâtre, comme ſi vous l'aviez trempé dans la limaille de fer. Ramaſſez cette poudre : faites-la fondre en l'expoſant au foyer du verre ardent ; il vous en viendra une grenaille de fer, qui jettera des étincelles ſur le charbon, comme fait un morceau de fer qu'on rougit fortement à la forge.

FERMENTATION. L'on a coutume de définir la fermentation un mouvement intérieur des parties inſenſibles, accompagné de dilatation, & occaſionné par l'introduction des acides dans leurs alkalis. L'on a raiſon ; l'on ſçait en effet que deux corps ne fermentent jamais enſemble, que lorſque les molécules de l'un ſont des acides, c'eſt-à-dire, des particules roides, longues, pointues & tranchan-

tes , & les molécules de l'autre font des alkalis , c'eft-à-
dire , des corpufcules poreux & fpongieux , faits en forme
de gaîne ou de fourreau. Mais l'on demande quelle eft la
caufe phyfique qui pouffe les uns dans les autres ; il me paroit que Mr. l'Abbé Nollet l'a trouvée , lorfqu'il a avancé
qu'il pourroit bien fe faire que les acides fuffent portés
dans leurs alkalis par la même force qui fait entrer les fluides dans les tubes capillaires , & qui les y foutient
au-deffus du niveau, en les faifant manquer à prefque
toutes les loix de l'Hydroftatique. Voici comment il parle dans le tom. 4. de fes leçons phyfiques pag. 260 :
(Ne pourroit-on pas dire que le diffolvant eft porté
dans les molécules poreufes du corps diffoluble par cette
même puiffance qui fait entrer les liqueurs dans tout ce
qui eft fpongieux ou percé d'une infinité de petits canaux
capillaires. On fçait que certaines conditions rendent cet
effet plus prompt & plus complet , & qu'en général ces
canaux fe rempliffent avec d'autant plus d'activité qu'ils
font plus étroits. Les pores des parties alkalines ou dif-
folubles ne feroient-ils pas à l'égard du diffolvant en telle
proportion que cette imbibition s'y fit avec encore plus de
violence , que nous ne remarquons , lorfqu'il s'agit de
tuyaux capillaires d'une grandeur fenfible ; & la rapidité de ces mouvemens multipliés à l'infini dans un corps
extrêmement poreux , ne pourroit-elle pas aller jufqu'à faire rompre les parois & occafionner une diffolu-
tion totale ?)

Ce n'eft pas ici le lieu de parler du méchanifme
particulier qui régne dans les tubes capillaires, nous le
ferons en fon tems ; il nous fuffit de fuppofer que l'introduction des acides dans leurs alkalis eft caufée par
une force exiftante dans la nature ; & c'eft à cette introduction que nous devons tous les phénoménes des fermentations , c'eft-à-dire , les diffolutions , l'ébullition,
la chaleur , l'effervefcence , l'inflammation , les précipi-
tations , les exaltations , les évaporations , les coagulations & les criftallifations. En effet il eft impoffible 1°,
que les acides entrent avec impétuofité dans leurs alkalis fans en brifer les parties , & fans caufer des *diffolutions.* 2°. Les acides ne peuvent brifer les alkalis en
des millions de piéces , fans bouleverfer la matière qui
les environne, la foulever & nous repréfenter le phénoméne que l'on nomme *ébullition.* 3°. Les alkalis ont dû ,

en fe brifant en des millions de piéces , recevoir ce
mouvement en tout fens qui ne produit d'abord que la
chaleur , mais dont l'augmentation caufe bientôt l'*effer-*
vefcence , & enfin l'*inflammation*. 4°. Les parties des alkalis ainfi brifés font tantôt plus , & tantôt moins pefantes que le fluide dans lequel elles nagent ; plus pefantes , elle vont au fond ; & en tombant elles nous fourniffent le phénoméne que l'on nomme *précipitation* ; moins
pefantes , elles montent vers la partie fupérieure du liquide , pour y caufer tantôt des *exaltations* & tantôt des
évaporations. 5°. Quelquefois les acides introduits dans
leurs alkalis ne les brifent pas , mais ils forment avec
eux des molécules trop pefantes pour conferver ce mouvement en tout fens qui forme la liquidité ; & l'on voit
alors des *coagulations*. 6°. Quelquefois les alkalis coagu-
lés forment des efpèces de criftaux ; & c'eft le phénoméne que les Chymiftes appellent *Criftallifation*.

Concluons de-là , qu'il n'eft dans la nature aucune
véritable fermentation que l'on puiffe appeler *froide* ;
celles que l'on a coutume de nommer ainfi , fe font avec
une chaleur réelle , mais infenfible par rapport à nous ,
c'eft-à-dire , avec une chaleur moins grande que celle
qui régne dans notre corps ; & voilà ce qui doit nous
faire regarder le feu , comme la caufe principale des
fermentations. En effet les acides , entrant dans leurs
alkalis les briferoient-ils en des millions de piéces , s'ils
n'étoient pouffés par une matiere invifible agitée d'un
violent mouvement *en tout fens*. Cherchez *Feu*. Ces
principes fuppofés , il n'eft rien de plus facile que d'expliquer les expériences fuivantes.

Première Expérience. Verfez de l'efprit de nitre fur du
mercure , ou bien fur de l'étain ; il fe fera une effervefcence , une ébullition chaude.

Explication. Les acides de l'efprit de nitre entrent avec
impétuofité dans les alkalis du mercure , ou de l'étain ,
& ils leur communiquent ce mouvement en tout fens
qui ne peut pas produire une chaleur confidérable , fans
produire l'effervefcence & l'ébullition.

Seconde Expérience. Verfez de l'eau forte rouge fur
de l'huile de buis ; vous verrez une épaiffe fumée fortir
de ce mêlange.

Explication. Les acides d'eau forte ne peuvent pas entrer
dans les alkalis de l'huile de buis & les brifer , fans

en détacher beaucoup de particules d'aïr , & beaucoup de particules d'eau qui y étoient renfermées , & dont l'union forme la fumée épaiſſe dont on vient de parler.

Troiſieme Expérience. Mêlez de l'huile de tartre avec de l'eſprit de nitre où l'on auroit diſſous de la limaille de fer ; la fermentation ira juſqu'à prendre feu.

Explication. La fermentation prend feu , toutes les fois que les acides communiquent aux alkalis un mouvement en tout ſens plus grand que celui qui produit la ſimple chaleur. La choſe doit arriver ainſi dans l'expérience préſente , parce que l'eſprit de nitre rencontre dans la limaille de fer une infinité d'obſtacles qu'il faut vaincre.

Quatrieme Expérience. Verſez une demi-once d'eau forte ſur une demi-once d'huile de gayac ; vous verrez un corps ſpongieux d'un demi-pied de hauteur, s'élever & ſortir de ce mêlange au milieu d'une flamme.

Explication. Cette expérience nous préſente deux phénoménes à expliquer. 1°. Les particules ignées que contient l'eau forte doivent enflammer facilement un corps auſſi inflammable que l'huile de gayac. 2°. Dans le mêlange qui ſe fait de l'eau forte avec l'huile de gayac, il doit ſortir une infinité de particules d'air qui , avant que de s'élever à un demi-pied , s'enveloppent d'une ſurface très-mince de cette matiere dont l'huile de gayac eſt compoſée , & nous préſentent ce corps ſpongieux que nous voyons s'élever au milieu de la flamme.

Cinquieme Expérience. Mêlez de l'eſprit de vitriol avec de l'huile de tartre ; ces deux liquides formeront un mêlange coagulé.

Explication. Les acides de l'eſprit de vitriol entrent dans les alkalis de l'huile de tartre , ſans les briſer ; ils forment enſemble des molécules trop peſantes pour recevoir ce mouvement en tout ſens qui rend les corps fluides , & dont nous parlerons dans l'article de la *fluidité ;* ce mêlange doit donc nous préſenter une coagulation. Voulez-vous le rendre liquide ? verſez par-deſſus un peu d'eſprit de nitre , afin de ſéparer les *acides de l'eſprit de vitriol* d'avec les *alkalis de l'huile de tartre.*

FEU. Pour nous former une idée naturelle du feu, diviſons-le en élémentaire & en mixte, ou uſuel. Le feu élémentaire , que je ne diſtingue pas de la matiere électrique , eſt un fluide compoſé de particules infiniment déliées , dont le mouvement eft d'une rapidité incompréhenfible. Le feu mixte , ou ufuel n'eft autre chofe que le feu élémentaire qui , pour fe rendre fenfible , fe joint à une infinité de corpufcules que les Phyficiens appellent inflammables , tels que font les corpufcules de foufre, de bitume , d'huile &c ; leur communique fon mouvement violent ; & devient capable d'opérer fur les corps fenfibles les effets les plus furprenans. Mais quelle eft la caufe qui produit & qui conferve dans le feu élémentaire ce mouvement dont fes particules font agitées ; grande queftion qu'on doit regarder comme l'écueil de la Phyfique , ou du moins comme le problême le plus difficile que l'on puiffe propofer à un Phyficien ! Jugeons-en par le détail fuivant. Le feu , répandu par tout avec plus ou moins d'abondance , eft évidemment formé par une matiere très déliée agitée d'un violent mouvement *en tout fens ;* l'on en trouve la preuve fenfible dans la flamme occupée à confumer quelque corps que ce foit. Le mouvement *en tout fens* du feu eft évidemment caufé par un nombre innombrable de mouvements *en tourbillon*, dont chacun fe fait autour d'un centre particulier ; l'on en fera convaincu en jettant un fimple coup d'œil fur l'eau bouillante. Le mouvement de *tourbillon* que l'on eft obligé de reconnoître dans le feu , ne peut pas être l'effet d'un mouvement général , tel que Defcartes l'admettoit dans la matiere de fon premier élément ; ce n'eft là qu'un roman ingénieux , propofé par l'Auteur qui étoit le plus capable d'en impofer à fon Lecteur. Comment donc expliquer d'une maniere phyfique un mouvement *en tout fens* , c'eft-à-dire , un mouvement qui paroît diamétralement oppofé à toutes les loix de la Mécanique ? Comment reconnoître un mouvement de *tourbillon* dans une matiere répandue par tout , & ne pas admettre dans la nature ce mouvement général dont Defcartes a fait le fondement de fon fyftéme de Phyfique ? Par quelles loix en un mot expliquer les *petits tourbillons* dont la matiere ignée paroit être compofée , fi les *grands tourbillons cartéfiens* qui paroiffent en être comme l'ame , font contraires aux loix de la Mécanique ? La chofe eft en effet difficile , mais elle n'eft pas impoffible ; & voici comment je forme mes tourbillons ignées.

D'abord je me rappelle que la Lune tourbillonne autour de la Terre en vertu de deux mouvemens, l'un centripéte caufé par l'attraction de la Terre, l'autre de projection immédiatement imprimé par la caufe premiere. Cherchez *Attraction & Lune.* Voilà ce qui fe paffe en grand & d'une maniere vifible dans le Ciel ; & voici ce qui fe paffe en petit & d'une maniere invifible fur la Terre.

Imaginez-vous un globule infiniment petit du *premier ordre*, autour duquel fe trouvent des globules infiniment petits du *fecond ordre* ; chacun de ceux-ci fera fenfible-blement attiré par celui-là, puifque les infiniment petits du *premier ordre* font infiniment plus grands, que les infiniment petits du *fecond ordre.* Imaginez-vous enfuite que la caufe premiere a imprimé à chacun des globu-les, placés à la circonférence, une force de projection proportionnelle à leur force centripéte ; ces globules ani-més en même tems par ces deux forces, feront obligés de tourbillonner autour du globule infiniment petit du *premier ordre.* Mettez enfemble plufieurs de ces *tourbil-lons* ; vous aurez un fluide agité *en tout fens*, des mou-vemens duquel il vous fera facile de rendre raifon d'une maniere très mécanique. Voulez-vous des *tourbillons ignées* encore plus petits que ceux dont on vient de faire la defcription ? Placez au centre tantôt un globule infini-ment petit du *fecond ordre* entouré de globules infini-ment petits du *troifieme ordre*, tantôt un globule infi-niment petit du *troifieme ordre* entouré de globules in-finiment petits du *quatrieme ordre &c* ; vous aurez le feu le plus fubtil que vous puiffiez imaginer. Voilà en deux mots quelle je crois être la nature du feu. *Voyez cette matiere rapprochée de fes principes dans notre Traité de paix entre Defcartes & Newton, tom. 3. pag. 86 & fuivantes.* Ce qui me fait foupçonner que je ne me fuis pas écarté de la vérité, c'eft la facilité avec laquelle on rend raifon dans cette hypothéfe des phénoménes que nous préfente le feu. Arrêtons-nous aux deux principaux qui font d'échauffer & d'éclairer.

Et d'abord le feu ne peut pas communiquer à notre fang & à nos humeurs un mouvement *en tout fens*, fans nous caufer une fenfation à laquelle nous avons donné le nom de chaleur. Entre-t-il en grande quantité dans un corps liquide ? il caufe des effervefcences & des bouillonnemens. Il occafionne l'inflammation, s'il vient à divifer les parties d'un corps qui contienne dans fon fein plufieurs tourbillons ignées dans une efpèce de contrainte & de captivité. Quel ravage en effet ne doit-il pas caufer, lorfque les tourbillons qu'il a délivrés, fe joignent à lui pour agir contre le corps dont l'intérieur ne leur a que trop long-tems fervi de prifon.

Le feu n'a pas feulement la propriété d'échauffer, il a encore celle d'éclairer. Son mouvement *en tourbillon* n'eft pas abfolument oppofé au mouvement droit que tout Phyficien doit reconnoître dans la lumiere. Nous voyons tous les jours la même boule fe mouvoir en même tems & d'un mouvement de rotation fur fon centre, & d'un mouvement direct en ligne droite; pourquoi le globule central d'un tourbillon ignée ne pourroit-il pas venir à nos yeux en ligne droite, tandis que les globules placés à la circonférence tourbillonneront autour de lui. Donc dans notre hypothéfe le feu ne doit pas feulement échauffer, il doit encore éclairer; donc notre hypothéfe doit être regardée comme très-conforme aux loix de la faine Phyfique.

FIBRE. Les fibres font des filamens déliés, fermes & longs, dont le milieu eft *charnu*, comme parlent les Anatomiftes.

FLAMME. La flamme eft un feu très-délié, dont les particules féparées les unes des autres & agitées du mouvement le plus violent *en tout fens*, s'élancent librement de toute part.

FLEXIBLE. Un corps eft flexible, lorfqu'on peut lui faire changer de figure. Il eft probable que les parties aqueufes qu'il contient, font la caufe phyfique de cette qualité; puifque les corps acquiérent de la flexibilité, lorfqu'on les fait tremper dans l'eau. En parlant de l'*élafticité*, nous n'avons pas manqué de faire remarquer que la flexibilité étoit une qualité abfolument néceffaire aux corps élaftiques. —

FLUIDITÉ. La fluidité & la dureté font deux états oppofés; ainfi puifque les Phyficiens affurent qu'un corps eft dur, lorfque fes molécules fenfibles ne fe féparent pas facilement les unes des autres; il eft naturel qu'ils ajoutent qu'un corps n'eft fluide, que lorfque fes molécules fenfibles fe féparent facilement les unes des autres. Les particules dont les corps fluides font compofés, font très-déliées & affez communément rondes; déliées elles font propres à tous les mouvemens qu'on veut leur communiquer, parce qu'elles ont très-peu de force d'inertie ; à peu-près rondes , elles n'ont pas les unes avec les autres une cohéfion fenfible , parce qu'elles ne fe touchent pas par beaucoup d'endroits. Mais ce ne font-là que des conditions ; pour trouver la caufe phyfique de la fluidité, il faut avoir recours à la matiere ignée qui pénétre ces fortes de corps, & qui communique à leurs parties infenfibles un mouvement *en tout fens* ; auffi l'eau fe change-t-elle en glace, lorfque le feu qu'elle renferme dans fon fein vient à s'évaporer. Nous ne parlerons pas ici de la réfiftance que les fluides oppofent aux folides qui les traverfent : nous avons traité ce point de Phyfique affez au long dans l'article qui commence par ce mot , *milieu*.

FLUX ET REFLUX DE LA MER. Dans l'efpace de 24 heures & 48 minutes les eaux de l'Océan s'élévent deux fois & s'abaiffent deux fois d'une maniere très-fenfible ; c'eft cette élévation & cet abaiffement réciproque que l'on a coutume de nommer *flux & reflux* de la mer ; le premier phénoméne a le nom de *flux*, & le fecond de celui de *reflux*. L'on prétend qu'Ariftote confus de ne pouvoir pas découvrir la caufe phyfique d'un mouvement fi extraordinaire, fe précipita dans ce bras de la Méditeranée, fitué entre l'Achaïe & l'île de Négrepont, que l'on nomme l'*Euripe*. Newton n'a pas eu la même tentation à combattre ; il a trouvé dans fes principes l'explication la plus naturelle d'un phénoméne que bien des gens regardent encore aujourd'hui comme inexplicable. Pour mieux entrer dans l'idée de ce grand homme, l'on fera bien de jetter un coup d'œil, non-feulement fur les articles de ce Dictionnaire qui commencent par *Attraction, Sphère, Lune, Copernic* ; mais encore fur quelques cartes où foient marquées les côtes de la Méditeranée, & les principales côtes de l'Océan. Ces connoiffances me paroiffent néceffaires pour entrer fans peine dans le fyftême de Newton ; le voici en peu de mots. Ce Philofophe, après avoir fuppofé avec Copernic, que la Terre fe meut d'occident en orient dans l'efpace de 24 heures fur fon axe, & dans l'efpace d'une année dans l'écliptique ; après avoir encore fuppofé que la Lune fe meut périodiquement chaque mois dans une orbite qui ne s'écarte pas beaucoup du plan de l'écliptique ; ce Philofophe , dis-je , attribue à l'attraction que le Soleil & la Lune exercent fur les eaux de l'Océan , tous les phénoménes du *flux* & du *raflux*. Il avoue d'abord que ces eaux font beaucoup plus attirées par la Terre , que par le Soleil & par la Lune ; mais il ajoute que puifqu'il régne parmi tous les corps de l'Univers une attraction mutuelle en raifon directe des maffes & en raifon inverfe des quarrés des diftances , l'action de ces deux aftres ne doit pas être comptée pour rien·; elle doit être même d'autant plus fenfible , que ces deux aftres font moins éloignés de nous & plus perpendiculaires fur l'Océan. C'eft cependant la Lune que Newton regarde en tout ceci comme le principal agent ; & lorfque les eaux montent de 12 pieds au milieu de l'Océan , il a calculé que le Soleil ne les élevoit qu'à deux pieds & un quart , tandis que la Lune les élevoit à 9 pieds & 3 quarts. Voilà quelle eft la penfée de Newton fur la caufe du flux & du reflux de la Mer. Donnons maintenant à ce fyftême toute l'étendue qu'il mérite.

1°. La Terre T , *Fig.* 11. *Pl.* 1 , fe meut fur fon axe d'occident en orient dans l'efpace de 24 heures ; donc les eaux C qui à midi font en conjonction avec la Lune L , correfpondront à 6 heures du foir au point F , & par conféquent feront en quadrature avec cet aftre. A minuit , ces mêmes eaux correfpondant au point O , fe trouveront en oppofition avec la Lune L. Par la même raifon , elles feront encore en quadrature avec cet aftre à 6 heures du matin , parce qu'elles correfpondront alors au point *f*.

2°. L'attraction fe fait en raifon directe des maffes & en raifon inverfe des quarrés des diftances ; donc le Soleil S & la Lune L attirent plus les eaux C , que le centre de la Terre T ; & ces deux aftres attirent plus le centre de la Terre T que les eaux O. Ne parlons pendant quelques momens que de l'attraction de la Lune L , & examinons avec attenfion quels en feront les effets. Il n'eft pas néceffaire de faire remarquer qu'il ne s'agit ici que d'une attraction purement rélative , & non pas abfolue.

3°. L'action de la Lune L fur les eaux C , fur le centre T , & fur les eaux O eft une action fimple , puifqu'elle leur eft perpendiculaire. Par cette action , on plutôt par cette attraction perpendiculaire les eaux C deviennent moins pefantes ; puifque la Lune L faifant tous fes efforts pour les enlever , elles gravitent beaucoup moins vers le centre de la Terre T. Il en eft de même des eaux en oppofition. La Lune L attirant plus le centre de la Terre T que les eaux O , elle tâche , pour ainfi dire , de leur arracher ce centre , & elle les empêche par là même de graviter autant vers lui , qu'elles le feroient fans cette attraction perpendiculaire.

4°. L'action de la Lune L fur les eaux F eft une action compofée , puifqu'elle leur eft oblique. Elle fe décompofe en deux actions, l'une perpendiculaire repréfentée par la ligne AF , l'autre horizontale exprimée par la ligne FT. L'action perpendiculaire de la Lune L fur les eaux F eft comptée pour rien ; elle eft précifément égale à celle du même aftre fur le centre T. Il n'en eft pas ainfi de fon action horizontale FT. Par cette action les eaux F font comme preffées vers le centre T , & par là même elles deviennent plus pefantes qu'elles ne le feroient fans cette attraction oblique. Il en eft de même des eaux f fur lefquelles·la Lune L agit de la même manieie que fur les eaux F. Tout ce qu'on vient de dire de la Lune placée au point L, doit s'appliquer, avec quelque proportion, au Soleil placé au point S.

5°. Il y a deux efpèces de flux, le vrai flux & le flux par communication. Le fiége du premier fe trouve fur les Mers dont les eaux font élevées par l'action du Soleil & de la Lune. Tel eft l'Océan dont une partie eft toujours en conjonction, l'autre en oppofition & les autres en quadrature avec ces aftres. Le fecond a fon fiége fur les mers, les fontaines, les rivieres, les fleuves qui communiquent directement & librement avec l'Océan , mais dont les eaux font ou trop peu étendues pour que le Soleil & la Lune les attirent inégalement ; ou pofées trop obliquement par rapport à ces aftres., pour en être attirées fenfiblement.

De ces principes inconteftables il fuit évidemment que les phénoménes du flux & du reflux de la Mer doivent fe rapporter à trois caufes. La premiere eft l'attraction rélative que le Soleil & la Lune exercent fur la Terre, je veux dire, l'attraction que ces aftres exercent fur les eaux *en conjonction* comparée avec celle qu'ils exercent fur le centre de notre globe , & fur les eaux *en oppofi-*

tion. La feconde eft l'action perpendiculaire du Soleil & de la Lune fur certaines eaux, jointe à l'action oblique des mêmes aftres fur certaines autres. La troifieme eft le mouvement de la Terre fur fon axe dans l'efpace de 24 heures. En effet les eaux F & *f* étant preffées vers le centre de la Terre T par l'action oblique de la Lune L & du Soleil S, elles fe rendront néceffairement dans les endroits où elles trouveront le moins de ré-fiftance ; donc elles fe rendront en partie au point C & en partie au point O, où elles trouveront moins de ré-fiftance que par tout ailleurs, parce que dans ces deux points l'action perpendiculaire des deux aftres L & S a diminué fenfiblement leur gravité ; donc il doit s'éle-ver aux points C & O deux efpèces de promontoires li-quides, tandis que la Mer fera fenfiblement abaiffée aux poiats F & *f*; donc il eft impoffible que les eaux d'un hémifphére terreftre s'élèvent, fans que celles de l'hémifphére oppofé s'élèvent en même tems. Voilà le fyftéme de Newton fur le flux & le reflux de la Mer. Ce qui nous engage à adopter les principes de ce grand homme, c'eft la facilité avec laquelle il explique les phénoménes innombrables que nous préfente ce point de Phyfique, & la folidité avec laquelle il répond aux dif-ficultés que lui font les Cartéliens. Commençons par l'explication des phénoménes, que nous diviferons en phé-noménes de chaque jour, phénoménes de chaque mois, & phénoménes de chaque année.

PHÉNOMÉNES DE CHAQUE-JOUR.

· *Premier Phénoméne.* Dans chaque hémifphére les eaux de l'Océan s'élèvent & s'abaiffent deux fois chaque jour.

Explication. La Lune & le Soleil ne peuvent pas éle-ver les eaux d'un hémifphére terreftre, fans élever en même tems les eaux de l'hémifphére oppofé. Nous venons de le démontrer dans l'expofition du fyftéme de Newton. Cela fuppofé voici comment raifonnent les Newtoniens.

La Terre a un mouvement fur fon axe qui s'acheve dans l'efpace de 24 heures ; donc les eaux C fe trou-veront chaque jour une fois en conjonction & une fois en oppofition avec la Lune L ; donc elles feront élevées deux fois chaque jour. Il en fera de même des eaux O.

A caufe du mouvement journalier de la Terre les eaux C & O feront chaque jour deux fois en quadrature avec la Lune L ; donc elles s'abaisseront chacune deux fois chaque jour ; donc dans chaque hémisphére les eaux de l'Océan doivent s'élever & s'abaisser deux fois chaque jour.

Ceux qui veulent , pour ainsi dire , faire toucher au doigt ce méchanisme , font remarquer que comme il est impossible d'applatir une sphére dans deux points de l'horizon opposés l'un à l'autre , sans faire élever le méridien dans deux points directement opposés entre eux ; de même il est impossible que la Lune presse vers le centre de la Terre les eaux de l'Océan avec laquelle elle est en quadrature , sans élever en même temps celles avec lesquelles elle est en conjonction & en opposition.

Corollaire premier. Les rivieres & les fontaines qui se trouvent sous la zone torride , ne doivent pas avoir leur flux & leur reflux , parce qu'il est impossible qu'en même temps une partie de leurs eaux soit en conjonction & en opposition , & l'autre partie en quadrature avec la Lune.

Corollaire second. Quoique la Terre attire plus fortement que la Lune les eaux de l'Océan , cependant l'action de la Lune ne doit pas être nulle , non-seulement parce que la masse de cet astre n'est pas infiniment plus petite que celle de la Terre , mais encore parce qu'une partie des eaux de l'Océan est en conjonction & en opposition , tandis que l'autre partie est en quadrature avec la Lune.

Second Phénoméne. Nous n'avons deux flux & deux reflux , que dans l'espace de 24 heures & 48 minutes ; il paroît cependant que nous devrions avoir deux flux & deux reflux dans l'espace de 24 heures précises , puisque la Terre n'employe que ce tems à tourner sur son axe.

Explication. Cela seroit vrai , si la Lune n'avoit aucun mouvement périodique ; mais il n'en est pas ainsi. La Lune , à cause de son mouvement autour de la Terre , paroît chaque jour à notre méridien 48 minutes plus tard que le jour précédent ; donc nous ne devons avoir deux flux & deux reflux que dans l'espace de 24 heures & 48 minutes ; aussi l'expérience journaliere nous apprend-elle que l'intervalle qu'il y a entre un flux & un autre , est de 12 heures 24 minutes.

Troisieme Phénoméne. Le flux dépend du passage de la Lune par le méridien , & non pas par tout autre cercle de la sphére.

Explication. L'on doit d'abord en appercevoir la raifon ; l'attraction la plus forte fe fait par une ligne perpendiculaire au corps attirant & au corps attiré ; lorfque la Lune eft au méridien , elle eft perpendiculaire aux eaux de l'Océan ; c'eft alors qu'elle doit attirer ces eaux avec plus de force ; & c'eft alors par conféquent que doit fe faire le flux.

Quatrieme Phénoméne. Le flux & le reflux ne font plus fenfibles après le 65e degré de latitude.

Explication. Le Soleil & la Lune fe meuvent toujours entre les deux tropiques ; leur action ne doit donc fe faire fentir directement , que fur les eaux de l'Océan qui fe trouvent entre ces deux cercles ; par-tout ailleurs le flux & le reflux ne doivent arriver que par communication ; & cette communication doit être infenfible pour les eaux qui font fort éloignées des tropiques , telles que font celles qui ont plus de 65 degrés de latitude.

Concluez 1°. que le fiége du vrai flux & du vrai reflux fe trouve entre les tropiques , c'eft-à-dire , dans cette partie de l'Océan qui correfpond à la zone torride.

2°. Que nous n'avons en France dans nos ports de l'Océan , que le flux & le reflux par communication , c'eft-à-dire , l'effet du vrai flux & du vrai reflux.

3°. Que le vrai *flux* doit produire fur nos côtes le phénoméne que nous nommons *reflux* ; puifque pendant le tems du vrai flux les eaux s'élévent fous la Lune , & que par conféquent elles s'écartent de nos côtes.

Par la même raifon le vrai *reflux* doit produire fur nos côtes le phénoméne que nous nommons *flux*.

4°. Que quoique le Soleil foit beaucoup plus gros que la Lune , celle-ci cependant doit être regardée comme la caufe principale du flux & du reflux , parce qu'elle n'eft pas à cent mille lieues de la Terre , tandis que le Soleil en eft à environ 33 millions de lieues. Newton a calculé que la Lune a quatre fois plus de part que le Soleil au phénoméne dont il s'agit. Il n'eft pas poffible de faire entrer fon calcul dans un *Dictionnaire portatif* ; nous l'avons mis à la portée de tout le monde dans notre *Traité de paix entre Defcartes & Newton , Tom.* 2 , *pag* 232 *& fuivantes.*

PHÉNOMÉNES DE CHAQUE MOIS.

Premier Phénoméne. Les plus grands flux & les plus grands reflux font ceux qui arrivent, lorfque la Lune eft dans les fizigies, c'eft-à-dire, lorfque la Lune eft nouvelle ou pleine.

Explication. Le Soleil & la Lune fe trouvent alors dans la même ligne ; leurs forces doivent donc confpirer à élever les eaux de l'Océan , & le flux doit être produit par la fomme des forces attractives de ces deux aftres. Par une raifon contraire, les flux qui arrivent, lorfque la Lune eft dans fes quadratures, c'eft-à-dire, dans fes quartiers, doivent être les moindres de tous ; parce que la Lune fe trouvant au méridien, lorfque le Soleil eft à l'horizon, le flux ne doit être produit que par la différence qu'il y a entre les forces attractives de ces deux aftres. Ainfi fi le flux de fizigies eft de 12 pieds ; le flux des quadratures ne fera que d'environ 8 pieds.

Second Phénoméne. Depuis les fizigies jufqu'aux quadratures le flux du matin eft plus grand que celui du foir.

Explication. Cela n'arrive que, parce que les flux vont toujours en diminuant depuis les fizigies jufqu'aux quadratures. Par une raifon contraire, depuis les quadratures jufqu'aux fizigies, le flux du foir doit être plus grand que celui du matin.

Troifieme Phénoméne. Le flux eft plus grand, lorfque la Lune eft périgée, que lorfqu'elle eft apogée.

Explication. C'eft parce que la Lune périgée eft plus près de la Terre que la Lune apogée, & que l'attraction fe fait en raifon inverfe des quarrés des diftances.

Quatrieme Phénoméne. Le flux eft plus grand, lorfque la Lune fe trouve dans l'équateur.

Explication. C'eft fans doute parce que les eaux qui font fous l'équateur font moins pefantes, comme nous l'avons démontré dans l'article de la *gravité des corps*, & par conféquent plus faciles à élever que les autres. Par une raifon contraire le flux eft moindre, lorfque la Lune eft dans les tropiques, parce que les eaux qu'elle a à élever font plus pefantes.

PHÉNOMÉNES DE CHAQUE ANNÉE.

Les trois premiers phénoménes de chaque année font ceux-ci. 1°. Le flux eft plus grand, lorfque le Soleil eft

périgée,

périgée, que lorfqu'il eft apogée. 2°. Le flux eft confidérable, lorfque dans le tems de l'équinoxe, la Lune fe trouve dans quelqu'une de fes fizigies. 3°. Le flux eft moins confidérable, lorfque dans le tems de l'équinoxe, la Lune fe trouve dans quelqu'une de fes quadratures. L'explication de ces trois phénoménes eft parfaitement femblable à celle que nous avons donnée plus haut. Que l'on fe fouvienne feulement que la Lune eft dans un des tropiques, lorfque dans le tems de l'équinoxe elle eft en quadrature avec le Soleil. Les autres phénoménes de chaque année demandent une explication plus étendue.

Quatrieme Phénoméne. Lorfqu'il y a en même tems équinoxe & nouvelle ou pleine Lune, le flux du matin eft égal à celui du foir.

Explication. C'eft parce que ce jour-là le Soleil & la Lune ne quittent pas l'équateur.

Cinquieme Phénoméne. Dans les nouvelles & pleines Lunes d'été, les flux du matin font moindres que ceux du foir.

Explication. En voici la raifon phyfique : la Terre pendant l'été eft plus éloignée du Soleil que pendant l'hyver. Depuis la fin du mois de Juin, elle s'approche toujours plus & du Soleil & de l'équateur ; donc le flux doit toujours augmenter, & par conféquent le flux du matin doit être moindre que celui du foir. C'eft fur-tout dans les nouvelles & pleines Lunes que l'on s'en apperçoit, parce que ces jours-là le flux eft plus confidérable. Par une raifon contraire depuis la fin du mois de Décembre, le flux du matin doit être, dans le tems des fizigies, plus grand que celui du foir ; les obfervations aftronomiques nous apprennent que le Soleil n'eft jamais plus près de nous, que vers la fin de Décembre.

Il fuit évidemment de cette explication 1°. qu'en fuppofant toutes les autres chofes égales, le flux, pendant l'hyver, doit être un peu plus grand que pendant l'été.

Il fuit 2°. que le flux doit être un peu plus grand quelque tems avant, que quelque tems après l'équinoxe du printems ; depuis la fin du mois de Décembre nous nous éloignons toujours plus du Soleil. Par une raifon contraire, le flux doit être un peu plus grand, quelque tems après, que quelque tems avant l'équinoxe d'automne.

Tome II. B

La facilité avec laquelle nous venons d'expliquer les principaux phénomènes que nous préfentent le flux & le reflux de la Mer, nous prouve déja d'une maniere bien fenfible la parfaite conformité qui fe trouve entre le fyftéme de Newton & les loix les plus conftantes de la nature ; s'il reftoit encore quelque doute là-deffus, il feroit bientôt diffipé par la folidité avec laquelle les Newtoniens répondent aux difficultés que les Cartéfiens ont coutume de leur propofer.

Leur oppofe-t-on 1°. que la Méditéranée devroit avoir fon flux & fon reflux comme l'Océan ? Ils répondent que fuivant les régles de la bonne Phyfique, la Méditéranée ne doit avoir ni le vrai flux, ni le flux par communication ; elle ne doit pas avoir le vrai flux, puifqu'elle n'eft pas fous la zone torride ; elle ne doit pas avoir le flux par communication, puifqu'elle ne communique avec l'Océan, que par le petit détroit de Gibraltar.

Les Marins remarquent cependant que les grands flux fe font quelquefois un peu fentir 1°. fur les côtes de l'Andaloufie, parce qu'elles ne font qu'à deux pas du détroit ; 2°. dans le golfe de Venife, parce que dans le tems des grands flux les eaux de l'Océan font portées par le détroit de Gibraltar jufques fur les côtes du Péloponéfe ; des côtes du Péloponéfe elles font réfléchies fur les côtes d'Italie, & des côtes d'Italie dans le golfe de Venife ; ce Phénoméne doit être fenfible dans ce golfe qui n'a que très-peu de largeur, & beaucoup de longueur. Enfin dans ce bras de la Méditéranée, que l'on nomme l'*Euripe*, l'on obferve quelquefois 14 flux & 14 reflux dans l'efpace de 24 heures ; les Marins attribuent ces flux & ces reflux irréguliers aux vents innombrables qui régnent fur cette Mer ; aux eaux qui y entrent par des canaux fouterrains avec une impétuofité incompréhenfible ; & aux courans qui y font très-fréquents.

Si la Mer méditéranée n'eft pas fujette aux flux & aux reflux ordinaires, la Mer de Dannemark que l'on nomme la *Mer Baltique*, & la grande Mer d'Afie que l'on nomme la *Mer Cafpienne*, doivent y être encore moins fujettes ; celle-là ne communique avec l'Océan que par le petit détroit de *Sund*, & celle-ci n'a avec lui aucune communication fenfible.

Enfin l'Océan feptentrional qui fe trouve à plus de

65 degrés de latitude & dont les mers de la Norvége & du Groenland font partie , est exempt du flux & du reflux, parce qu'il est trop éloigné de la zone torride ; siége unique du vrai flux & du vrai reflux. Un simple coup d'œil jetté sur quelque carte hydrographique , convaincra le Lecteur de la solidité des réponses des Newtoniens.

Leur oppose-t-on 2°. que les eaux ne parviennent à leur plus grande hauteur , qu'environ trois heures après le passage de la Lune par le méridien , ce qui paroit renverser l'explication qu'ils ont donnée du troisieme Phénoméne diurne ? Ils vous feront remarquer que cela n'arrive que lorsqu'il s'agit du flux & du reflux par communication , & non pas lorsqu'il s'agit du vrai flux & du vrai reflux , dont il étoit question dans l'explication du 3ᵉ. Phénoméne diurne. Or il n'est pas étonnant que la communication du vrai flux & du vrai reflux ne se fasse que par une action successive ; n'éprouvons-nous pas nous-mêmes que la chaleur au cœur de l'été est plus grande à 3 heures , qu'à midi, quoiqu'à 3 heures le Soleil soit moins perpendiculaire qu'à midi ?

L'on expliquera par les mêmes principes pourquoi le flux arrive plus tard à *Dunkerque* , qu'à *S. Malo*. Tout le monde sçait que *Dunkerque* dont la latitude est de 51 degrés 2 minutes 4 secondes , est plus éloignée de l'endroit où arrivent le vrai flux & le vrai reflux , que *S. Malo* dont la latitude n'est que de 48 degrés ; 38 minutes & 50 secondes.

Leur oppose-t-on 3°. que puisque dans l'endroit du vrai flux & du vrai reflux, le Soleil & la Lune n'élévent les eaux de l'Océan qu'à 12 pieds , ces mêmes eaux ne devroient pas pendant le flux s'élever à *Brest* à 60 pieds , à *S. Malo* à 80 pieds , & à *Bristol* à plus de 100 pieds. Mr. Euler qui répond au nom des Newtoniens à cette difficulté , remarque que si les 12 pieds que le Soleil & la Lune élévent sous la zone torride, parvenoient jusqu'à nos côtes dans le tems du vrai reflux, toutes les villes maritimes en seroient submergées. A *Brest* , à *S. Malo* , & à *Bristol* l'Océan est très-tesserré ; il faut donc que les eaux gagnent en hauteur ce qu'elles perdent en largeur & en étendue.

Leur oppose-ton 4°. que si la Lune élevoit les eaux de la Mer, elle devroit élever les pailles, le sable, les

pierres qui fe. trouvent fur la furface de la Terre; puifque ces différens corps ont beaucoup moins de fubftance,
que les eaux de l'Océan.

Un peu d'attention, *répondent les Newtoniens*, à la différence qu'il y a entre un *tout* folide & un *tout* liquide,
empêchera toujours de propofer une pareille objection
comme infoluble. Les eaux de la Mer, quoique élevées à 12 pieds, continuent à faire partie de la Terre;
ce qui n'arriveroit pas à une pierre détachée de la furface de notre globe, & fufpendue en l'air par l'action
de la Lune. Si une pierre ainfi fufpendue ne fait plus
partie de la Terre, elle doit être prefque infiniment plus
attirée par la Terre, que par la Lune, puifqu'elle n'eft
qu'à environ 1500 lieues du centre de la Trere, &
qu'elle eft à environ cent mille lieues du centre de la
Lune, cinquante fois moins groffe que la Terre; fi cette
pierre ainfi fufpendue eft prefque infiniment plus attirée
par la Terre, que par la Lune, je ne puis jamais me
repréfenter la Lune comme détachant une pierre de la
Terre, & la tenant fufpendue en l'air.

Concluons de-là qu'il n'y a pas attraction mutuelle fenfible, entre la Lune & un corps placé fur la furface
de la Terre, mais entre la Lune & la Terre.

Quelques Newtoniens ont cherché dans les loix de
l'Hydroftatique une réponfe à cette difficulté; ils prétendent que l'Océan qui fe trouve fous la zone torride,
n'eft pas élevé par l'action immédiate de la Lune fur
fes eaux, mais par l'action immédiate de la Lune fur
l'athmofphére terreftre qui correfpond à ces mêmes eaux.
Voici comment ils expliquent leur penfée : la Lune,
difent-ils, agit fur l'athmofphére terreftre, avant que d'agir
fur les eaux de la Mer; cet aftre eft tellement placé,
que fon action doit fe faire beaucoup plus fentir fur la
partie de l'athmofphére terreftre qui correfpond à la
zone torride, que fur la partie de l'athmofphére qui correfpond aux zones tempérées. Si la Lune attire beaucoup plus la partie de l'athmofphére qui correfpond à
la zone torride, que la partie qui correfpond aux zones
tempérées; celle-là doit être plus légère que celle-ci.
Un pareil Phénoméne ne peut pas arriver, fans que les
eaux de l'Océan qui fe trouvent fous les zones tempérées,
foient plus preffées vers le centre de la Terre, que les
eaux qui fe trouvent fous la zone torride. Les eaux de

l'Océan qui se trouvent sous les zones tempérées, ne peuvent pas être plus pressées vers le centre de la Terre que les eaux qui se trouvent sous la zone torride, sans que celles-ci s'élèvent plus que celles-là, puisque ce n'est que par un semblable méchanisme que nous voyons tous les jours les eaux ordinaires s'élever dans les pompes aspirantes à la hauteur de 32 pieds ; donc la Lune doit plus élever les eaux de la Mer dans la zone torride, que dans les zones tempérées.

Il n'en est pas ainsi des corps solides, *continuent les mêmes Newtoniens*. L'on auroit beau diminuer la gravité de la colonne d'air ; l'on auroit beau même ôter la colonne d'air qui pressoit le milieu d'un monceau de sable, sans rien changer à celles qui pressent ses extrêmités ; l'on ne verroit jamais ce milieu s'élever en bosse ; donc l'on a eu tort de conclure que les pailles, le sable & les pierres qui se trouvent sur la surface de la Terre, devoient être élevées par l'action de la Lune, parce que cet astre élève les eaux de l'Océan à la hauteur de 12 pieds. Telles sont les deux réponses que les Newtoniens apportent à la prétendue démonstration de quelques Cartésiens contre l'attraction ; il me paroît que la premiere est assez solide, pour faire regarder la seconde comme presque inutile.

Leur oppose-t-on 5°. que le Soleil attirant beaucoup plus la masse totale de la Terre, que la Lune ne l'attire, il ne devroit pas avoir à l'élévation des eaux aussi peu de part, que le prétendent les Newtoniens.

Mais que l'on se rappelle que ce phénoméne ne dépend pas d'une attraction absolue, mais d'une attraction purement relative ; & l'objection tombera d'elle-même. Mettons cette réponse dans tout son jour. Le Soleil & la Lune ne produisent le flux & le reflux, que parce qu'ils attirent plus les eaux avec lesquelles ils sont en conjonction, que le centre de la Terre, & qu'ils attirent plus ce centre que les eaux avec lesquelles ils sont en opposition ; donc il s'agit ici d'attraction purement relative, & non pas d'attraction absolue. Cette différence d'attraction n'est presque pas sensible pour le Soleil. Cet astre est éloigné des eaux avec lesquelles il est en conjonction de 20625 rayons terrestres, du centre de la Terre de 20626, & des eaux en opposition de 20627 : qu'est-ce que 1 vis-à-vis une somme aussi considérable &

Mais la différence d'attraction est infiniment sensible, lorsqu'il s'agit de la Lune. Ce satellite n'est éloigné des eaux en conjonction que de 59 rayons terrestres, de 60 du centre de la Terre, & de 61 des eaux en opposition : 1 de plus ou de moins sur une somme aussi modique ne doit pas être négligé ; il doit même produire un assez grand trouble sur la surface de la Terre, que l'on suppose, dans toute cette question, couverte des eaux de l'Océan. Cette force perturbatrice n'est pas cependant capable de déranger les oscillations des pendules ; l'action que le Soleil & la Lune peuvent avoir sur ces sortes de corps, est la même pour toutes leurs parties.

FONTAINES. Il y a deux fameux sentimens sur l'origine des fontaines, celui des Cartésiens & celui des Anticartésiens. Les premiers prétendent que l'eau de la Mer se rend par des conduits souterrains dans des réservoirs pratiqués dans l'intérieur de la Terre, & sur-tout dans l'intérieur des montagnes, & que ce sont ces réservoirs que l'on doit regarder comme la source de toutes les fontaines que nous voyons sur la surface de notre globe. Ce sentiment est évidemment contraire à l'expérience ; nous voyons tarir, ou du moins diminuer considérablement la plupart des fontaines, après une longue interruption de pluyes ; donc ce n'est pas de la Mer seule qu'elles tirent leur origine.

Les Anticartésiens au contraire prétendent qu'il n'y a point de communication souterraine entre la Mer & les cavernes creusées par le Tout-Puissant dans l'intérieur des montagnes ; mais ils ajoutent que les eaux qui proviennent des rosées, des neiges & des pluyes, trouvent diverses ouvertures pour s'insinuer dans le corps des montagnes & des collines ; s'arrêtent sur des lits, tantôt de pierre, tantôt de glaise, & forment, en s'échappant de côté par le premiere ouverture qui se présente, une fontaine passagere ou perpétuelle, selon l'étendue & la profondeur du bassin qui les rassemble. C'est-là le sentiment de l'élégant Auteur du Spectacle de la nature. Le fait le plus frappant qu'il apporte, est un calcul tiré des Ouvrages de Mr. Mariotte. Ce grand Physicien prétend qu'en mettant les choses sur le plus bas pied, les terres qui fournissent l'eau de la Seine à Paris, reçoivent chaque année de la pluye sept cent quatorze

milliards, cent cinquante millions de pieds cubes d'eau ;
tandis qu'en mettant les chofes fur le plus haut pied,
il ne paffe chaque année fous les arches du Pont
Royal que deux cens vingt milliards, deux cens quarante millions de pieds cubes d'eau de Seine. Mais il
me paroît que fi Mr. Mariotte avoit bien calculé la
quantité d'eau néceffaire à l'entretien des arbres, des
plantes & des habitans de la terre, foit raifonnables
foit irraifonnables ; s'il avoit fur-tout examiné la quantité d'eau que le Soleil éléve en vapeurs, il n'auroit pas
trouvé l'eau de pluie auffi fuffifante qu'il le foutient,
pour entretenir les fontaines & les rivieres. L'expérience
nous apprend que, fi l'on expofe pendant une année au
grand air un vafe dans lequel on ait eu foin d'entretenir une certaine quantité d'eau, le Soleil en aura plus
élevé en vapeurs, que la pluie ne lui en aura fourni.
D'ailleurs quand même la Seine trouveroit dans l'eau de
pluie qui tombe aux environs de Paris, une provifion
fuffifante pour fon entretien, en pourroit-on dire autant
de toutes les rivieres du monde par rapport à l'eau de
pluie qui tombe fur le refte de la furface de la Terre ?
Bien des Phyficiens pourroient révoquer en doute la
bonté de cette conféquence. Enfin nous fommes fûrs
qu'il y a des fontaines qui viennent immédiatement de
la Mer, puifqu'elles ont leur flux & leur reflux comme
l'Océan ; telles font non-feulement les fontaines que l'on
voit près de Cadix, de Bourdeaux, mais encore une
infinité d'autres que l'on trouve dans différents pays du
monde, dont il n'eft pas néceffaire de faire ici l'énumération. Toutes ces réflexions nous engagent à adopter en
partie le fentiment des Cartéfiens, & en partie celui des
Anticartéfiens ; auffi affurons-nous fans craindre de nous
tromper, qu'il y a des fontaines qui viennent uniquement
de la Mer, d'autres qui viennent uniquement des
pluyes & des neiges, d'autres enfin qui viennent en partie de la Mer, & en partie des pluyes & des neiges.
La facilité avec laquelle nous répondons aux différentes
queftions que l'on a coutume de faire fur cette matiere,
nous eft un fûr garant de la bonté de l'hypothéfe que
nous embraffons.

Premiere Queftion. Pourquoi bien des fontaines ont-
elles leur flux & leur reflux comme la Mer ?

Ces fontaines communiquent par des conduits fouterrains avec cet élément, dont elles ne font pas fort éloignées.

Seconde Queſtion. Pourquoi bien des fontaines tariſſent-elles dans les tems de féchereſſe ?

Ces fortes de fontaines ne doivent leur origine qu'aux neiges & aux pluyes.

Troiſieme Queſtion. Pourquoi certaines fontaines, dans les tems des plus grandes féchereſſes, diminuent-elles conſidérablement, fans cependant tarir jamais ?

Ces fontaines viennent en partie des eaux de la Mer, & en partie des eaux de pluye.

Quatrieme Queſtion. Comment eſt-ce que la Mer peut fournir de l'eau douce à certaines fontaines ?

Il eſt vraiſemblable que la fécrétion du fel d'avec l'eau fe fait dans les fables qui couvrent le fond de la Mer. Auſſi trouve-t-on à de très-petites diſtances de la Mer, des fontaines & des puits d'eau douce ; le puits d'eau douce, par exemple, que l'on voit fur le rivage de Calais, ne peut venir que de l'Océan, puiſqu'il augmente pendant le tems du flux, & qu'il diminue pendant le tems du reflux.

Cinquieme Queſtion. Comment la Mer peut-elle fournir de l'eau à des fontaines dont la fource eſt beaucoup plus élevée que le lit de la Mer ?

Pour répondre à cette difficulté d'une maniere fatisfaifante, il faut affurer que ces fontaines communiquent avec la Mer par des conduits capillaires ; nous avons expliqué en fon lieu pourquoi dans ces fortes de tubes les liquides s'élevoient néceſſairement au-deſſus de leur niveau. Telles font les queſtions les plus intéreſſantes que l'on a coutume de faire, lorfque l'on parle de l'origine des fontaines. Les expériences fuivantes nous ferviront à en expliquer quelques autres qui, pour être moins néceſſaires, n'en font pas moins agréables.

Premiere Expérience. Jettez différens corps, par exemple, certains bois dans une fontaine qu'on trouve près de Clermont en Auvergne ; ces différens corps feront cha gés en pierre.

Explicati n. Les eaux de la fontaine que l'on trouve près de Clermont en Auvergne, font chargées de grains de fable & de petites pierres infenfibles. Ces grains de fable & ces petites pierres entrent dans les pores de certains corps que l'on jette dans cette fontaine, les rendent plus maffifs & plus durs, & , s'il m'eft permis de parler ainfi, les changent en pierre. Voilà ce qu'on nomme en Phyfique *Fontaines pétrifiantes.*

L'on trouve auffi en Pologne plufieurs fontaines qui dans 5 à 6 heures changent en cuivre des lames de fer. Il eft probable que les eaux de ces fontaines traverfent des mines de cuivre , & que les particules dont elles fe chargent , entrent dans les pores du fer , pour le changer en cuivre.

Ces deux faits nous fervent à expliquer pourquoi, fi l'on enfonce un bâton dans un étang d'Irlande, & qu'on l'en retire feulement après quelques mois , la partie enfoncée jufques dans la boue fera changée en fer , & celle que l'eau feule environnera, en pierre.

Deuxieme Expérience. Buvez en affez grande quantité de l'eau d'une fontaine que l'on trouve en Paphlagenie ; vous vous trouverez auffi ivre, que fi vous aviez bû du vin en pareille quantité.

Explication. Le vin n'ennivre , que parce qu'il caufe des obftruétions dans le cerveau. L'eau de la fontaine dont on vient de parler , fe trouve chargée de corpufcules propres à caufer de pareilles obftruétions ; elle doit donc ennivrer ceux qui en boivent.

Troifieme Expérience. Buvez de l'eau d'une fontaine que l'on trouve à Senliffes, Village proche de Chevreufe : les dents vous tomberont fans fluxion & fans douleur.

Explication. Les eaux de la fontaine de Senliffes ont paffé par des endroits remplis de nitre ; elles fe font chargées, en paffant , de corpufcules de nitre très-aigus & très-propres à féparer les racines des dents : n'eft-il pas naturel que ces eaux s'infinuant comme infenfiblement dans les gencives , faffent tomber les dents fans fluxion & fans douleur ? Peut-être eft-ce par un femblable ftratagême que certains Charlatans font tomber une dent gâtée en y jettant par-deffus quelques gouttes d'une liqueur à laquelle ils ne manquent jamais de donner quelque nom extraordinaire , & qu'ils ont foin de faire payer très-cher.

Quatrieme Expérience. Mettez la main dans ces fontaines qui ont donne leur nom aux Villes d'Aix en Savoye , d'Aix en Provence &c. ; vous fentirez une chaleur très-fenfible.

Explication. Les Phyficiens ne font pas d'accord en-

tr'eux fur l'origine des eaux chaudes. Les uns affurent
que les eaux font échauffées par les feux fouterrains ,
& la preuve qu'ils en apportent ne me paroît pas mauvaife. Dans tous les endroits où il y a des volcans ,
difent-ils , l'on trouve des fontaines chaudes ; donc les
eaux ne font échauffées que par les feux fouterrains.
Telle eft , fuivant eux , l'origine non-feulemenr des eaux
d'Aix en Provence , mais encore des eaux d'Aix en Savoye , de Balaruc en Languedoc &c.

D'autres Phyficiens penfent que les eaux chaudes que
l'on nomme communément *eaux minérales* , doivent leur
chaleur aux différents minéraux dont elles font chargées.
Voici à peu-près comment ils expliquent leur fentiment.
Les eaux fouterraines , en paffant par différentes mines ,
fe chargent de différentes particules falines , ferrugineu-
fes , vitrioliques &c. ces particules jointes enfemble fermentent , & leur fermentation produit la chaleur que l'on
apperçoit dans les eaux minérales. Ne voyons-nous pas ,
ajoutent-ils , que fi l'on jette dans l'eau de la fleur de
foufre avec la limaille d'acier , l'eau fera tellement échauffée , que l'on en verra fortir des vapeurs & des fumées
chaudes ? Pourquoi le mélange d'une infinité de particules minérales ne pourroit-il pas échauffer les eaux fouterraines ?

Il me femble que nous pourrions faire , pour l'origine
des eaux chaudes , ce que nous avons fait pour l'origine
des fontaines. Les deux fentimens que nous venons de
rapporter , n'ont rien de contraire aux loix de la faine
Phyfique ; ils font confirmés l'un & l'autre par les expériences les plus fenfibles ; nous ferons donc bien de
les joindre enfemble , & d'affurer que certaines eaux
doivent leur chaleur aux feux fouterrains ; d'autres à la
fermentation de différentes particules minérales dont elles
fe font chargées , en paffant par différentes mines ; d'autres enfin doivent leur chaleur en partie aux feux fouterrains , & en partie à la fermentation de différentes
particules minérales & de différens fels dont elles font
comme imprégnées.

Cinquieme Expérience. Si l'on met la main dans une
fontaine que l'on trouve à la Chine ; l'eau paroîtra
froide au-deffus & très-chaude au fond.

Explication. Il eft probable que les eaux de la fontaine dont on parle , doivent leur chaleur à la fermen-

tation de différentes particules minérales dont elles font chargées. Les particules minérales qui se trouvent vers la surface de l'eau, se dissipent dans l'air aisément ; celles au contraire qui sont au fond, ne sçauroient se dissiper, parce qu'elles sont retenues par les couches supérieures de l'eau ; cette fontaine doit donc avoir ses eaux froides au-dessus & chaudes au fond.

Sixieme Expérience. Si l'on met la main dans une fontaine qui se trouve dans la Cyrénaïque, l'on éprouvera que l'eau en est froide le jour, & chaude la nuit.

Explication. La chaleur du jour dilate l'air qui entoure la fontaine dont nous parlons, & le froid de la nuit le condense. Les particules minérales qui se trouvent dans l'eau de cette fontaine, se dissipent aisément à travers un air dilaté, ce qu'elles ne sçauroient faire à travers un air condensé ; de pareilles eaux doivent donc être froides le jour & chaudes la nuit, puisque leur chaleur vient de la fermentation des particules minérales qu'elles renferment, & leur froid de la dissipation de ces mêmes particules.

Septieme Expérience. Approchez un flambeau allumé d'une fontaine que l'on trouve dans le Palatinat de Cracovie ; vous verrez une flamme légère se répandre sur l'eau, comme sur l'esprit de vin.

Explication. Il y a apparence que les eaux de cette fontaine, en passant par des mines de soufre & de bitume, se sont chargées de particules inflammables, auxquelles vous mettez le feu, lorsque vous en approchez avec un flambeau allumé. Ce qui nous donne lieu de faire une pareille conjecture, c'est que, si l'on transporte les eaux de cette fontaine, elles ne prennent pas feu ; preuve évidente que les particules inflammables se sont dissipées dans l'agitation du transport. C'est des entretiens Physiques du P. Regnault Jésuite, que nous avons tiré non-seulement l'explication de ce Phénoméne, mais encore celle de plusieurs autres dont nous avons rendu raison dans cet article.

Huitieme Expérience. Examinez pendant plusieurs heures ces fontaines que l'on nomme *intermittentes* ; vous les verrez couler à différentes reprises.

Explication. Les fontaines intermittentes doivent communément leur origine aux neiges. Les rayons du Soleil interrompus par des pointes de rocher, donnent-ils à diverses reprises sur un monceau de neige ? ils produisent nécessairement des écoulemens intermittens, ou des fontaines intermittentes.

Neuvieme Expérience. Vers le lever du Soleil, couchez-vous de votre long, le menton sur la terre, & regardez ou la surface, ou un peu au-dessus de la surface de la campagne ; vous verrez en certains endroits une vapeur humide qui s'élévera en ondoyant.

Explication L'expérience nous apprend que c'est aux sources d'eau qu'on trouve dans ces endroits-là, que l'on doit attribuer ce phénoméne. Ainsi cherchez-vous quelque source d'eau pour votre campagne ? faites exactement tout ce qui est marqué dans la préparation de cette 9e. expérience, & ordonnez ensuite que l'on creuse dans l'endroit d'où vous aurez vû s'élever une vapeur humide ; soyez sûr que les travailleurs ne manqueront pas de vous avertir qu'ils ont trouvé de l'eau. Il y a encore d'autres moyens de connoître quels sont les endroits où l'on peut trouver de l'eau en creusant. 1°. Les joncs, les roseaux, les aulnes, les saules ne viennent bien que dans les endroits où il y a de l'eau. 2°. Des nuées de petites mouches ne volent guéres contre terre après le Soleil levé, que dans les endroits où, en creusant, l'on peut trouver des sources d'eau.

Fontaine de Compression.

La fontaine de compression est une fontaine artificielle de cuivre ou de fer blanc dont une moitié est remplie d'eau, & l'autre moitié contient un air extraordinairement comprimé. Lorsque l'on ouvre le robinet de cette fontaine, l'on voit l'eau en sortir avec impétuosité & s'élever jusqu'à une hauteur prodigieuse ; pourquoi ? parce que l'air comprimé presse la surface de l'eau avec toute la force que lui donne son ressort, & l'oblige à s'échapper en forme de jet par le tuyau qui se trouve au milieu de la fontaine, & qui descend presque jusqu'au fond.

Fontaine de Héron.

La fontaine artificielle dont nous allons expliquer le méchanisme, a été inventée par un célébre Physicien nommé *Héron.* Elle est composée de deux bassins qui sont exactement fermés, & qui communiquent ensemble par un tuyau de 3 à 4 pieds de hauteur. L'on remplit d'abord prefqu'entierement de vin le baſſin ſupérieur de la fontaine ; l'on met enſuite de l'eau dans le baſſin inférieur ; cette eau chaſſe l'air de ce dernier baſſin & l'oblige à monter par le canal de communication dans le baſſin ſupérieur. Ce nouvel air gravite ſur la ſurface du vin , & le fait ſortir en forme de jet. Voilà ſans doute pourquoi les Phyſiciens Charlatans définiſſent la fontaine de *Héron* , une fontaine qui donne du vin , lorſqu'on lui donne de l'eau.

FORCE. Les Phyſiciens entendent par la force d'un corps le produit qui provient de la maſſe multipliant la viteſſe. Le corps A a-t-il 10 livres de maſſe , ou de quantité de matiere avec 10 degrés de viteſſe , & le corps B n'a-t-il que 5 livres de maſſe avec 5 degrés de viteſſe ? celui-ci n'aura que 25 degrés de force , tandis que celui-là en aura 100 Les principales forces que l'on conſidére en Phyſique ſont les forces centrifuge , centripéte , d'inertie , de projection , & les forces vives & mortes. Nous allons en parler dans les 5 articles ſuivans.

Force Centrifuge.

Tout corps qui décrit une ligne courbe , *par exemple*, un cercle , fait à chaque inſtant un effort réel pour s'éloigner du centre de ſon mouvement & pour s'échapper par la tangente ; c'eſt cet effort que l'on nomme *Force Centrifuge*. Ce ne ſont pas ſeulement les loix les plus conſtantes du mouvement qui dépoſent en faveur de l'exiſtence de cette force , comme il eſt prouvé dans l'article du *mouvement en ligne courbe* ; ce ſont encore les expériences les plus communes & les plus faciles à faire. En effet , fait-on tourner une pierre dans une fronde ? ſa force centrifuge eſt cauſe que la corde de la fronde demeure tendue ; fait-on circuler un gobelet plein d'eau ? la force centrifuge du fluide lui fait faire effort contre le fonds du vaſe , & l'empêche de ſe répandre. En déterminant dans l'article ſuivant la valeur de la force centripéte d'un corps qui décrit une circonférence circulaire, nous déterminerons en même tems la valeur de ſa force centrifuge ; nous avons démontré , en parlant du cercle, la parfaite égalité qu'il y avoit entre ces deux forces.

Force Centripéte.

L'on entend par la force centripéte , ou , par la force de gravité des corps , cette force qui pouſſe les corps

vers un centre commun , *par exemple* , vers le centre
de la Terre, & dont la direction est une ligne qui va
aboutir à ce centre. Tout corps qui décrit un cercle ,
est animé d'une force centripéte combinée avec une force
de projection , comme il est démontré dans les articles
du *mouvement courbe en général* & du *mouvement cir-*
culaire en particulier. L'on demande maintenant quelle
est la valeur de la force centripéte d'un corps qui décrit un cercle? les Newtoniens démontrent qu'elle est
égale au quarré de la vitesse de ce corps , divisé par le
diamétre du cercle qu'il décrit. Supposons , *disent ils* , que
le corps B avec 10 dégres de vitesse parcoure le cercle O
Fig. 1 Pl. 1 dont le diamétre B C a 20 pieds ; sa force
centripéte sera égale au quarré de 10 divisé par 20, c'est-
a-dire , à 100 divisé par 20 ; ou bien, pour m'exprimer
plus clairement, la force centripéte du corps A dans tous
les points du cercle O sera de 5 degrés.

Pour démontrer cette proposition que l'on doit regarder comme une proposition fondamentale , les Newtoniens supposent que l'arc B H est un arc infiniment petit , & qu'il est parcouru dans un tems infiniment petit
par le corps B ; cela supposé , voici comment ils procédent.

1°. Puisque l'arc B H est infiniment petit , l'angle C
du triangle B H C est infiniment petit , & par conséquent
il peut être compté pour rien sans aucune erreur sensible.

2°. L'arc infiniment petit B H doit être regardé comme
une ligne droite.

3°. Nous avons démontré dans l'article qui commence
par le mot *Géométrie*, que les trois angles du triangle
B H C valent 180 degrés ; & que l'angle B en vaut lui
seul 90 ; donc l'angle H en vaudra sensiblement 90 , &
par conséquent le triangle B H C sera sensiblement rectangle en H.

4°. Il est encore démontré que la ligne H F tirée perpendiculairement de l'angle droit H sur le diamétre B C ,
forme un petit triangle B H F qui a tous ses angles egaux
à ceux du grand triangle B H C , ou pour parler plus
clairement, il est démontré que le triangle B H F & le
triangle B H C sont équiangles.

5°. Il est enfin démontré que, puisque le grand triangle
B H C & le petit triangle B H F sont équiangles ; ces
deux triangles ont leurs côtés correspondants proportion-

nels ou en raifon directe , c'eft-à-dire , il eft démontré que l'on dira ; le plus grand côté B C du grand triangle B H C , eft à fon plus petit côté B H , comme le plus
grand côté B H du petit triangle B H F , eft à fon plus
petit côté B F. Ces trois démonftrations fuppofées , voici
comment raifonnent les Newtoniens.

Puifque dans la proportion que nous venons d'énoncer ,
B C fe trouve le premier terme , B H le fecond & le
troifieme , & B F le quatrieme , il eft évident que l'on
aura la jufte valeur de B F en multipliant B H par B H ,
c'eft-à-dire , en prenant le quarré de B H , & en divifant ce quarré par B C , comme nous l'avons expliqué
en parlant de la raifon directe ; donc B F eft égal au quarré
de B H , divifé par le diamétre B C ; mais B H marque la
viteffe , & B F la force centripéte du corps B , puifque
B H marque l'efpace parcouru par le corps B , & B F
l'efpace que parcouroit ce même corps en s'approchant
du centre O , s'il n'avoit que fa force centripéte ; donc
la force centripéte d'un corps qui décrit un cercle , eft
égale au quarré de la viteffe divifé par le diamétre du
cercle parcouru.

La force centripéte fuit encore la raifon inverfe des
quarrés des diftances au centre des forces , comme nous
l'avons expliqué & démontré dans l'article de la *Lune* ,
fans avoir aucun recours à la Géométrie & à l'Algébre.

Enfin la force centripéte a d'autres qualités dont on
trouvera le détail dans l'article de la *Gravité.*

Force d'Inertie.

Tout corps confidéré précifément comme corps , eft
effentiellement indifférent au repos ou au mouvement.
L'effet néceffaire de cette indifférence eft de faire per-
févérer le corps dans l'état où il fe trouve. En effet ,
fi un corps en repos exigeoit le mouvement , ou fi un
corps en mouvement exigeoit le repos , il ne feroit plus
indifférent au repos ou au mouvement. Les Phyficiens ont
donc raifon d'avancer qu'il y a dans la nature une vraie
force qui exige que les corps confervent l'état où ils
fe trouvent ; c'eft cette force qu'ils nomment *Force d'Inertie*:
ils affurent qu'elle eft toujours proportionnelle à la maffe
ou à la quantité de matiere ; ils ont raifon ; & l'expérience journaliere nous apprend que la réfiftance qu'oppofe au mouvement un corps de 20 livres , eft double

de celle qu'oppofe un corps de 10 livres , lorfque ces deux corps font en repos ; il en eft de même de la réfiftance qu'ils oppofent au repos , lorfqu'ils font en mouvement.

Force Motrice.

Tout ce qui imprime du mouvement à un corps s'appelle en Phyfique *Force Mortice.*

Force Projectile.

Le corps B , *Fig.* 1 , *Planch.* 1 , parcourt l'arc B H en vertu de deux forces , dont l'une , variable en raifon inverfe des quarrés des diftances , eft repréfentée par B F , comme nous venons de le remarquer dans l'article de la *Force centripéte ;* & l'autre , conftante & uniforme , eft repréfentée par la ligne B G ; c'eft cette force que l'on nomme *projectile* , ou de *projection.*

FORCE VIVE & MORTE. Ce font-là deux épithétes que quelques Phyficiens modernes , à la tête defquels on doit mettre Mr. Léibnitz , donnent à la force des corps. De tout tems on avoit multiplié la maffe d'un corps par fa viteffe pour avoir fa quantité de force. Demandoit-on autrefois à un Phyficien la différence qu'il falloit mettre entre la force du corps A & celle du corps B , dans l'hypothéfe que le premier eût avec une maffe de 2 livres , 10 degrés de viteffe , & le fecond 5 degrés de viteffe avec une maffe de 8 livres ? Pour la trouver , il multiplioit chaque maffe par fa viteffe ; & il concluoit que la force du corps A : à la force du corps B :: 20 : 40 , c'eft-à-dire , il concluoit que le corps A n'avoit que la moitié de la force du corps B. Cette maniere de mefurer la force d'un corps qui a paru très-méchanique aux Archimédes , aux Defcartes , aux Newtons &c. ne paroit pas phyfique aux Léibnitiens. Suivant ceux-ci il faut diftinguer deux fortes de force , les *forces mortes* & les *forces vives.* Nous fuppofons que ceux qui voudront comprendre leurs raifons , auront préfent à l'efprit ce que nous avons dit dans l'article de la *Statique.* Voici à peuprès comment ils procédent.

La *force morte* n'eft qu'une tendance au mouvement , un fimple effort qui fubfifte dans un corps , malgré l'obftacle étranger qui l'empêche à tout moment de produire un mouvement local. Telle eft la force d'un corps pefant

sont suspendu par un fil, ou soutenu par une table horizontale ; il ne descend pas, je le sçais, mais il descendroit ef-
fectivement, si le fil ou la table ne lui opposoit pas un obstacle invincible. Suivant les Léibnitiens, cette espèce de force a pour mesure de sa quantité la masse multipliée par
l'effort actuel que fait ce corps pour descendre, c'est-à-
re, par sa vitesse dispositive.

La *force vive* est celle qui réside dans un corps, lorsqu'il
est dans un mouvement actuel. Telle est la force d'un corps
qui tombe par sa pesanteur, lorsqu'il a déja acquis quelques
degrés de vitesse ; telle est la force d'un ressort qui se dé-
bande lui-même ; telle est enfin la force d'un boulet de canon chassé par l'action de la poudre. Les Léibnitiens assurent que cette force est toujours proportionnelle à la masse
multipliée par le quarré de sa vitesse. Le corps A, par
exemple, descend-il pendant 1 *instant*, & le corps B pendant 2 *instans* ; le premier n'aura acquis qu'un degré de vitesse, tandis que le second en aura acquis deux, suivant tous
les principes de la *Statique*. Les défenseurs des *forces vives*
prétendent qu'en supposant ces deux corps égaux en masse,
la *force* du corps A : à la *force* du corps B : : le quarré de
la vitesse du corps A représenté par le nombre 1 : au quarré de la vitesse du corps B représenté par le nombre 4, c'est-
à-dire, ils prétendent que la *force* du corps A n'est que le
quart de celle du corps B. Ils regardent les expériences suivantes comme une vraie démonstration de la bonté de leur
sentiment.

Première Expérience. Prenez deux balles de plomb A
& B, d'une masse & d'une figure parfaitement égales. Laissez tomber la balle A pendant une *seconde*, & la balle B
pendant deux *secondes* de tems. La première ne parcourra
que 15 pieds, & la seconde en parcourra 60 ; donc l'espace parcouru par la balle A : à l'espace parcouru par la
balle B : : 1 : 4 ; donc, disent les Léibnitiens, la *force* de la
balle A : à la *force* de la balle B : : 1 : 4 ; donc la *force* de
la balle A : à la *force* de la balle B : : le quarré de la vitesse
de la balle A : au quarré de la vitesse de la balle B ; car la
première a 1 degré, & la seconde 2 degrés de vitesse ;
donc les *forces vives* sont proportionnelles, non pas aux
simples vitesses, mais aux quarrés des vitesses.

Seconde Expérience. Prenez deux balles de plomb C &
D, égales en masse & en figure. Repoussez en haut la balle
C en lui donnant autant de vitesse qu'elle en auroit acquis,

en tombant librement fur la terre pendant une *feconde*. Faîtes la même opération fur la balle D, avec cette différence que vous lui communiquerez autant de viteffe, qu'elle en auroit acquis, en tombant librement fur la terre pendant deux *fecondes* de tems; la première remontera à la hauteur de 15, & la feconde à la hauteur de 60 pieds; & l'une & l'autre remonteront dans un tems égal à celui qu'elles auroient employé à defcendre; donc la balle C parcourt quatre fois moins d'efpace que la balle D; donc la *force* de la balle C n'eft que le quart de la *force* de la balle D; mais la balle C a reçu une viteffe qui eft la moitié de celle qu'on a communiquée à la balle D; donc la *force* de la balle C : à la *force* de la balle D : : le quarré de la vîteffe de celle-là : au quarré de la viteffe de celle-ci; donc les *forces vives* font proportionnelles, non pas aux fimples viteffes, mais aux quarrés des viteffes.

Troifième Expérience. Prenez deux boules de plomb M & N égales en maffe & en figure. Faites-les tomber fur une terre molle, la première de la hauteur de 15, & la feconde de la hauteur de 60 pieds; le creux que fera dans la terre la boule M ne fera que le quart de celui que fera la boule N; mais celle-ci n'a, *par les principes de la Statique*, que 2 degrés de viteffe, tandis que celle-là en a 1; donc la *force* de la boule M : à la *force* de la boule N : : le quarré de la viteffe de la première : au quarré de la viteffe de la feconde; donc les *forces vives* font proportionnelles, non pas aux fimples viteffes, mais aux quarrés des viteffes.

Quatrième Expérience. Prenez deux boules de plomb R & S, dont la première ait 4 livres, & la feconde 1 livre de maffe. Faites-les tomber fur une terre molle, la boule R de la hauteur de 15 pieds, & la boule S de la hauteur de 60 pieds; elles feront dans la terre des creux parfaitement égaux entr'eux; donc ces deux boules ont égale *force*. Mais en multipliant leur maffe par leur viteffe, elles n'auroient pas égale *force*, puifque la boule R a 4 livres de maffe & 1 degré de viteffe, & la boule S a 1 livre de maffe & 2 degrés de viteffe; donc il faut multiplier leur maffe par le quarré de leur viteffe, c'eft-à-dire, donc il faut multiplier 4 livres de maffe par 1 degré de viteffe, & 1 livre de maffe par 4 degrés de viteffe; donc les *forces vives* fuivent la proportion, non pas des fimples viteffes, mais des quarrés des viteffes.

Cinquième Expérience. Ayez une table de marbre enduite d'une légère couche de fuif ou de cire. Ayez deux boules d'ivoire F & H , égales en maffe & en figure. Faites-
les tomber fur cette table de marbre , la boule F de la
hauteur de 15 , & la boule H de la hauteur de 60 pieds ;
l'impreffion que fera fur cette table la boule F ne fera
que le quart de celle que fera la boule H. Mais fi
les *forces* étoient comme les fimples viteffes , l'impreffion
de la boule F devroit être la moitié de l'impreffion de la
boule H , puifque celle-ci n'a qu'une viteffe double de la
viteffe de celle-là ; donc les *forces vives* font proportionnelles , non pas aux fimples viteffes , mais aux quarrés des
viteffes.

Sixième Expérience. Ayez deux boules d'ivoire G & O ,
dont la première ait 4 livres & la feconde 1 livre de maffe.
Faites-les tomber fur la table de marbre dont nous venons
de parler , la première de la hauteur de 15 , & la feconde de la hauteur de 60 pieds. L'impreffion qu'elles feront
fur la table fera la même ; donc leur *force* fera la même.
Mais leur *force* ne peut pas être la même , fi l'on multiplie leur maffe par leur viteffe , puifque la boule G a 4
de maffe & 1 de viteffe , & la boule O 1 de maffe &
2 de viteffe. Donc l'on doit multiplier leur maffe par le
quarré de leur viteffe , fi l'on veut trouver une égalité
de *force* dans ces deux boules ; donc les *forces vives* font
proportionnelles , non pas aux fimples viteffes , mais aux
quarrés des viteffes.

Ces expériences fuppofées , voici comment raifonnent les
Léibnitiens. Toute force eft proportionnelle à fon effet ;
mais l'effet des *forces vives* eft toujours proportionnel au
quarré de la viteffe ; donc les *forces vives* font proportionnelles aux quarrés des viteffes.

Je n'ai jamais été le défenfeur des *forces vives* ; j'avois
cependant quelque peine à ne pas admettre un raifonnement qui paroit être la conféquence immédiate de fix expériences que j'ai eu cent fois occafion de faire. Incer-
tain fur le parti que je prendrois , & fatigué par les
raifons *pour* & *contre* que me donnoient d'un côté *Stub-
ner* & de l'autre *Mac-laurin* , j'étois prefque déterminé
à ne pas traiter ce point de Phyfique , lorfqu'on me
communiqua la fçavante & l'admirable Differtation de Mr.
de Mairan fur *l'eftimation & la mefure des forces motrices
des corps.* Je la lus avec le même plaifir que m'avoient

caufé fes Ouvrages fur l'*aurore boréale* & *fur la glace.*
Mes doutes furent bientôt diffipés ; auffi, guidé par ce
grand maître, crois-je pouvoir avancer les deux propofitions fuivantes.

Première Propofition. *Le raifonnement que tirent les*
Léibnitiens des fix Expériences précédentes, eft un vrai pa-
ralogifme.

Démonftration. Pierre & Paul font en marche avec les
mêmes obftacles ; Pierre fait 1 lieue dans 1 heure &
Paul 4 lieues dans 2 heures. Il eft évident que l'effet
que produit la force du premier n'eft que le quart de
l'effet que produit la force du fecond. Je ferois cependant un vrai paralogifme, fi je concluois de-là que la
force du premier n'eft que le quart de la force du fecond ; pourquoi ? parce que Paul ne peut pas avoir une
force quadruple de celle de Pierre, qu'autant qu'il parcourra 4 lieues dans 1, & non pas dans 2 heures. D'où
viendroit donc le défaut de mon raifonnement ? Ce feroit fans doute de ce que dans une occafion où il s'agit
d'un efpace parcouru, je ne ferois pas attention au tems
que l'on a mis à le parcourir.

Telle eft la conduite des Léibnitiens dans la *première*
Expérience dont les cinq fuivantes ne font qu'une répéti-
tion. La Balle B, je le fçais, parcourt 60 pieds, tandis
que la balle A n'en parcourt que 15 ; mais la balle B
emploie 2 *fecondes* de tems à les parcourir, tandis que la
balle A n'en emploie qu'une ; donc les *forces* de ces deux
balles ne font pas en raifon des efpaces parcourus, confi-
dérés abfolument, mais en raifon des efpaces parcourus
divifés par le tems employé à les parcourir ; donc la *for-*
ce de la balle A : à la *force* de la balle B : : $\frac{15}{1}$: $\frac{60}{2}$; mais
$\frac{15}{1}$: $\frac{60}{2}$: : 1 : 2, donc la *force* de la balle A : à la *force* de la
balle B : : 1 : 2 ; donc la *force* de la balle A eft la moitié
& non pas fimplement le quart de la *force* de la balle B ;
donc les *forces vives* font, comme les *forces mortes*, proportionnelles, non pas aux quarrés des viteffes, mais aux
fimples viteffes ; donc le raifonnement que tirent les Léibnitiens des expériences précédentes eft un vrai paralogifme.

Seconde Propofition. *L'expérience prouve que les* forces
vives ne font pas proportionnelles aux quarrés des viteffes.

Démonftration. Je fuppofe que la boule A & la boule
B font parfaitement élaftiques ; je fuppofe encore que la
première a 3 livres de maffe avec 1 degré de viteffe, &

la feconde 1 livre de maffe avec 3 degrés de viteffe ; je fuppofe enfin que ces deux boules fe choquent par des mouvemens contraires : l'expérience m'apprend qu'il en refulte un retour en arrière après le choc avec les mêmes viteffes qu'avant le choc ; donc les boules A & B avoient avant le choc des forces égales. Mais elles n'auroient pas eu avant le choc des forces égales , fi les *forces vives* euffent été proportionnelles aux quarrés des viteffes ; en voici la preuve. La boule A à laquelle j'ai donné 3 livres de maffe & 1 degré de viteffe , n'auroit eu que 3 degrés de force ; la boule B qui joint 3 degrés de viteffe à une maffe d'une livre , auroit eu 9 degrés de force ; donc les boules A & B n'auroient pas eu , avant le choc , des forces égales , fi les *forces vives* euffent été proportionnelles aux quarrés des viteffes. Mais , de l'aveu de tous les Méchaniciens , les boules A & B ont , avant le choc , des forces égales ; donc les *forces vives* font proportionnelles , non pas aux quarrés des viteffes , mais aux fimples viteffes , lorfque les maffes font égales ; & elles font proportionnelles aux produits des maffes par les fimples viteffes , lorfque les maffes font inégales.

Tels font les argumens qu'apporte contre les *forces vives* Mr. de Mairan dans fa differtation dont nous avons donné l'analyfe entière dans un ouvrage plus confidérable que celui-ci. Ils font affez convaincants pour nous faire conclure que la *force motrice* des corps n'eft jamais en elle-même , ni dans fes effets , que proportionnelle à la fimple viteffe , c'eft-à-dire , aux efpaces parcourus divifés par le tems employé à les parcourir. Concluons encore que la diftinction que l'on a voulu mettre entre les *forces vives* & les *forces mortes* , n'a fervi qu'à jetter de l'obfcurité & du doute fur une matière d'elle-même très-claire & tout-à-fait inconteftable.

FORME. Chaque corps a une forme qui lui vient de l'arrangement & de la configuration de fes parties fenfibles & infenfibles.

FOSSILES. Tout ce que l'on tire du fein de la terre peut s'appeller *foffile*. Les métaux & les pierres précieufes tiennent le premier rang parmi les foffiles.

FOYE. Le foie eft un compofé de différentes glandes propres à féparer d'avec le fang une liqueur acide & jaunâtre que l'on nomme *Bile* ; auffi eft-il toujours joint à une petite veffie remplie d'une bile très-amère que l'on

nomme *fiel* ; il eſt placé à droite , & il eſt attaché au
diaphragme dont il modére les mouvemens par ſa peſanteur.

FOYER. L'on nomme *Foyer* l'endroit où ſe réuniſſent
les rayons de lumière. Les verres convexes & les miroirs
concaves ont leur foyer , comme nous l'avons expliqué
dans la Dioptrique & dans la Catoptrique.

FRACTION. On appelle *Fraction* deux chiffres l'un ſur
l'autre , ſéparés par une ligne ; ces deux chiffres ſignifient
une , ou pluſieurs parties de l'unité , Ainſi $\frac{1}{4}$ ſignifie un
quart. Le chiffre ſupérieur ſe nomme *numérateur* & l'inférieur *dénominateur*. Comme les fractions ſe rencontrent ,
pour ainſi dire , à chaque pas dans tous les livres de Phyſique , le Lecteur ſera bien aiſe d'en trouver ici les régles ;
nous ſuppoſons qu'il n'ignore pas celles de l'Arithmétique
ordinaire.

Première Régle. *Réduire les Fractions à une même dénomination.*

Exemple.

A	B
$\frac{2}{3}$	$\frac{3}{4}$
C	D
$\frac{8}{12}$	$\frac{9}{12}$

Explication. Pour réduire la fraction A &
la fraction B à une même dénomination ,
ſans changer leur valeur ; il faut multiplier
les deux termes de la fraction A par le dénominateur de la fraction B , & l'on aura la
fraction C ; il faut auſſi multiplier les deux
termes de la fraction B par le dénominateur de la fraction A , & l'on aura la fraction D ; or la fraction C & la fraction D ont toutes les
deux 12 pour dénominateur & repréſentent la même valeur que la fraction A & la fraction B ; donc la fraction
A & la fraction B ont été réduites à une même dénomination.

Remarquez que ſi l'on vouloit réduire à une même dénomination un nombre entier & une fraction , par-exemple , 3 & $\frac{2}{5}$, il faudroit commencer par réduire 3 en fraction en mettant 1 deſſous , & il faudroit enſuite opérer
ſelon la méthode précédente. Ainſi $\frac{3}{1}$ & $\frac{2}{5}$ réduits à un

même dénominateur , vous donneront $\frac{15}{5}$ & $\frac{2}{5}$

Seconde Régle. *Additionner des fractions.*

Exemple. **Explication.** Pour additionner les fractions A
& B, il faut d'abord les réduire à un même
dénominateur, & l'on aura les fractions C &
D; il faut ensuite additionner les deux numérateurs des fractions C & D, sans changer
leur dénominateur, & l'on aura la fraction
E qui représentera la somme totale des fractions A & B additionnées ensemble.

A	B
$\frac{2}{3}$	$\frac{3}{5}$

C	D
$\frac{10}{15}$	$\frac{9}{15}$

E
$\frac{19}{15}$

Troisieme Regle. *Soustraire une fraction d'une autre.*

Exemple. **Explication.** Pour soustraire la fraction B de
la fraction A, réduisez d'abord ces deux fractions à un même dénominateur, & vous aurez
les fractions C & D; ôtez ensuite le numérateur de la fraction D, du numérateur de
la fraction C, & le restant vous donnera ce
que vous cherchez, c'est-à-dire, la fraction E.

A	B
$\frac{3}{4}$	$\frac{2}{3}$

C	D
$\frac{9}{12}$	$\frac{8}{12}$

E
$\frac{1}{12}$

Quatriéme Régle. *Multiplier une fraction par une autre.*

Exemple. **Explication.** Pour avoir la fraction C,
c'est-à-dire, pour avoir le produit de la fraction A par la fraction B, l'on a multiplié les
numérateurs l'un par l'autre & les dénomi-
nateurs l'un par l'autre, & l'on a eu $\frac{2}{6}$ c'est-
à-dire, $\frac{1}{3}$.

A	B
$\frac{2}{3}$	$\frac{1}{2}$

C
$\frac{2}{6}$

L'on sera d'abord surpris que le produit $\frac{2}{6}$
soit plus petit que le multiplicande $\frac{2}{3}$; mais la surprise
cessera si l'on se rappelle que dans toute multiplication
le produit est toujours égal à la somme du multiplicande pris autant de fois qu'il y a d'unités dans le multiplicateur; or dans le multiplicateur B l'unité ne s'y trouve qu'une demi-fois; donc le produit C ne doit être que
la moitié du multiplicande A, c'est-à-dire, ne doit être
que $\frac{2}{6}$ ou $\frac{1}{3}$.

C 4

Mais, *dira-t-on*, deux tiers de fol valent 8 deniers, & la moitié d'un fol vaut 6 deniers. Si je multiplie 3 deniers par 6 deniers, j'aurai pour produit 48 deniers ; pourquoi donc, en multipliant ⅔ de fol par ½ de fol, n'ai-je que ⅓ de fol, ou 4 deniers.

Cette difficulté, tout-à-fait propre à embarrasser un commençant, n'est dans le fond qu'une vétille. Je n'ai, il est vrai, dans le cas proposé que le tiers d'un fol pour produit ; mais c'est le tiers d'un fol quarré, s'il m'est permis de parler de la forte, parce que par la multiplication toutes les mesures font élevées au quarré ; or le tiers d'un fol quarré vaut 48 deniers, puisqu'un fol quarré en vaus 144 ; donc dans le cas préfent j'ai pour produit 48 deniers.

Cinquieme Régle. *Divifer une fraction par une autre.*

Exemple.   *Explication.* Voulez-vous divifer la fraction
  A   B   A par la fraction B ? multipliez d'abord le nu-
  3   1   mérateur 3 de la fraction A par le dénomina-
  —   —   teur 2 de la fraction B ; multipliez enfuite le
  4   2   numérateur 1 de la fraction B par le déno-
      C   minateur 4 de la fraction A, & ces différen-
      6   tes multiplications vous donneront la fraction
      —
      4

C qui est le quotient de la fraction A divifée par la fraction B.

Le quotient C paroîtra d'abord exorbitant. Mais que l'on fe rappelle que la divifion est une opération dans laquelle l'unité est au quotient, comme le divifeur est au dividende ; donc l'opération précédente n'est bonne, que parce que je puis dire, 1 est à la fraction C, comme la fraction B est à la fraction A ; donc C doit valoir ⅔ ou 1 ½ ; donc le quotient C n'est pas un quotient exorbitant, car 1 est autant inférieur à ⁶⁄₄, que ½ l'est à ¾.

Sixieme Régle. *Réduire une fraction à de moindres termes.*

Exemple.   *Explication.* Pour réduire la fraction A à de
  A   B   moindres termes, divifez par un même nom-
  15 3   bre, par exemple, par le nombre 5, fon nu-
  —   —   mérateur & fon dénominateur, & de cette
  25 5   divifion il naîtra néceffairement la fraction B, laquelle,

quoiqu'exprimée en de moindres termes, vous répréfentera cependant la même fomme.

Corollaire. Il fuit de-là qu'une fraction dont le numérateur & le dénominateur ne peuvent pas être divifés par le même nombre, ne fçauroit être réduite à de moindres termes.

REMARQUE.

On éléve à une puiffance quelconque une fraction réduite, en élevant fon numérateur & fon dénominateur à la puiffance demandée. La fraction $\frac{1}{4}$ a donc pour quarré $\frac{9}{16}$, & pour cube $\frac{27}{64}$. De même on tire d'une fraction réduite une racine quelconque, en tirant de fon numérateur & de fon dénominateur la racine demandée. La fraction $\frac{4}{16}$ a donc $\frac{2}{4}$ ou $\frac{1}{2}$ pour racine quarrée ; & la fraction $\frac{8}{27}$ a $\frac{2}{3}$ pour racine cubique. Cherchez *Extraction*.

Fraction Décimale.

Les fractions décimales font des fractions qui ont pour dénominateur les quantités 10, 100, 1000, 10000, &c. Voici ce qu'un Phyficien ne fçauroit ignorer fur cet article. 1°. On n'écrit jamais le dénominateur de ces fortes de fractions ; on fçait qu'il contient toujours autant de zero, qu'il y a de chiffres dans le numérateur de la fraction; on fçait encore que ces zero font toujours précédés de l'unité ; on fçait enfin que les premiers chiffres féparés des autres par une virgule font des nombres entiers qui n'appartiennent pas à la fraction décimale. Ainfi 3 , 42 figrifie 3, $\frac{42}{100}$; 25 , 243 fignifie 25, $\frac{243}{1000}$; 0, 0042 fignifie 0, $\frac{0042}{10000}$ ou bien, $\frac{42}{10000}$.

De tout cela concluez 1°. que lorfque la quantité commence par 0, & que ce 0 eft féparé du refte par une virgule, comme vous venez de le voir dans le dernier des trois exemples précédents, la fraction décimale n'a aucun nombre entier.

2°. Que lorfque la fraction n'a qu'un chiffre, fon dénominateur eft 10 ; lorfqu'elle en a 2, il eft 100 ; lorfqu'elle en a 3, il eft 1000 ; lorfqu'elle en a 4, il eft 10000, &c.

3°. Que les fractions dont il eft parlé dans la table qui fe trouve à la fin de l'article fur la *denfité des corps*, font des fractions décimales qui ont 1000 pour dénominateur.

4°. Que puifque l'on n'écrit jamais le dénominateur des fractions décimales, l'on doit opérer fur ces fortes de fractions comme fur les nombres entiers. Ces opérations fe réduifent à 7 principales.

Premiere Régle. Additionner des fractions décimales.

Exemple.

A. 2 , 34
B. 1 , 306
C. 3 , 4654
_____
D. 7 , 1114

Explication. Pour additionner les 3 fractions A , B , C , dont la premiere a 100 pour dénominateur, la feconde 1000 , & la troifieme 10000, il faut les ranger l'une fous l'autre, comme nous avons fait dans l'exemple précédent , & il faut opérer fur ces trois fractions comme fur trois nombres entiers ; leur fomme totale fera repréfentée par la fraction D.

Seconde Régle. Souftraire une fraction décimale d'une autre.

Exemple.

A. 4 , 522
B. 2 , 94
_____
C. 1 , 582

Explication. Pour fouftraire la fraction B dont le nombre entier eft 2 & dont le dénominateur eft 100 , de la fraction A qui a 4 pour nombre entier & 1000 pour dénominateur, il faut mettre la fraction B fous la fraction A, comme nous avons fait dans l'exemple précédent , & il faut opérer fur ces deux fractions comme fur deux nombres entiers ; le reftant fera repréfenté par la fraction C.

Troifieme Régle. Multiplier une fraction décimale par une autre.

Exemple.

Multiplicande A 2 , 32
Multiplicateur B 5 , 42
_____
         4   64
        92   8
      11   60
_____
Produit C. 12 , 57 44

Explication. Pour multiplier la fraction A dont le nombre entier eft 2 & le dénominateur 100 , par la fraction B qui a 5 pour nombre entier & 100 pour dénominateur, il faut 1°. confidérer ces fractions comme deux nombres entiers, fans prendre même garde aux virgules qui féparent les premiers chiffres des autres. Il faut 2°. mettre le multiplicateur B fous le multiplicande A, & opérer comme dans la multiplication ordinaire. Il faut 3°. dans le produit C féparer par une virgule autant de chiffres fur la droite, qu'il y a de décimales tant dans le multiplicande A, que dans le multiplicateur B. L'on a observé toutes ces régles dans l'exemple précédent ; aussi a-t-on mis une virgule entre le chiffre 2 & le chiffre 5 du produit C.

Quatrieme Régle. Diviser une fraction décimale par une autre.

Exemple.

Dividende. A 8, 5 2 6 4
Diviseur. B 3, 4 2
6, 8 4
Quotient D 1, 6 8 6
2, 4 9   3,4 2
1, 3 6 8
3,1 8 4
3,4 2
3,0 7 8
1 0 6

Explication. Pour diviser la fraction A dont le nombre entier est 8 & le dénominateur 10000, par la fraction B dont le nombre entier est 3, & le dénominateur 100, il faut opérer fur ces deux fractions comme fur deux nombres entiers, sans jamais prendre garde aux virgules qui séparent les premiers chiffres des autres, & vous trouverez pour quotient 2, 49, c'est-à-dire, $2, \frac{49}{100}$.

Remarquez que lorsque le quotient est trouvé, il en faut séparer par une virgule autant de chiffres fur la droite, qu'il y a plus de décimales dans le dividende A que dans le diviseur B ; c'est ce qu'on a observé dans l'exemple précédent, puisqu'on a mis une virgule entre le chiffre 4 & le chiffre 2 du quotient D.

Remarquez encore que l'on peut sans conséquence négliger ce qu'il y a eu de reste après la dernière opération ; cela prouve feulement qu'il est impossible de diviser exactement 8, 5264 par 3, 42.

Cinquième Régle. Réduire une fraction non décimale en décimale.

Exemple.

A	B	A	D
$\frac{2}{5}$	$\frac{4}{10}$	$\frac{2}{5}$	$\frac{40}{100}$

Explication. Pour réduire la fraction A en décimale, sans changer sa valeur, par-exemple, pour réduire la fraction A en une fraction qui ait 10 pour dénominateur, j'ajoute un 0 au numérateur 2, ce qui me donne 20 ; je divise 20 par l'ancien dénominateur 5, & le quotient 4 me donnera le numérateur de la fraction décimale que je cherche. En effet $\frac{2}{5}$ & $\frac{4}{10}$ représentent la même quantité sous différens termes.

Si j'avois voulu réduire la même fraction A à une fraction qui eut eu 100 pour dénominateur, j'aurois ajouté deux o au numérateur 2 ; j'aurois fait fur le numérateur 200 les mêmes opérations que je viens de faire fur le numérateur 20, & j'aurois trouvé la fraction D qui repréfente la même fomme que la fraction A.

Sixième Régle. Extraire la racine quarrée d'un nombre compofé d'entiers & de décimales.

Exemple.	*Racine quarrée.*
7 , 8 4	2 , 8.

Explication. La racine quarrée de 7 , 84 eft 2 , 8. En effet multipliez 2 , 8 par 2 , 8, vous aurez pour produit 7 . 84. Pour tirer cette racine, l'on a confidéré 7 , 84 comme un nombre entier , & l'on a opéré fur ce nombre mixte fuivant les régles détaillées dans l'article qui commence par le mot *Extraction.* Il faut remarquer cependant que la racine quarrée n'a jamais que la moitié des décimales données. Il faut encore remarquer que fi le nombre dont il faut extraire la racine quarrée , n'a pas un nombre pair de décimales, il faut le rendre pair , en y ajoutant un zero. Ainfi au lieu de tirer la racine quarrée de 2 , 452 , vous la tirerez de 2 , 4520 ; de même au lieu de tirer la racine quarrée de 2 , 4 , vous la tirerez de 2 , 40. Au refte 2 , 4 = 2 , 40 & 2 , 452 = 2 , 4520.

Septième Régle. Extraire la racine cubique d'un nombre A compofé d'entiers & de décimales.

Exemple.	*Racine cubique.*
A. 1 3 , 8 2 4	B. 2 , 4

Explication. Le nombre 3 eft évidemment la racine cubique du nombre A, qu'on a extraite fuivant les régles de l'article qui commence par le mot *Extraction.* Il faut cependant remarquer que la racine cubique n'a jamais que le tiers des décimales données. Il faut encore remarquer que fi le nombre dont il faut extraire la racine cubique , n'a pas précifément 3 , ou 6 , ou 9 , ou 12 décimales &c , il faut le compléter par un nombre convenable de zero. Ainfi au lieu de tirer la racine cubique de 9 , 45 , vous la tirerez de 9 , 450 ; de même au lieu de tirer la racine cubique de 4 , 5292 , vous la tirerez de 4 , 529200, parce que 9 , 45 = 9 , 450 & 4 , 5292 = 4 , 529200.

Fraction de Fraction.

L'on donne ce nom à une ou à plusieurs parties d'une fraction.

Exemple.   Ainsi la fraction A, c'est-à-dire, la moitié de
A   B   deux troisièmes, est une fraction de fraction.

$$\frac{1 \cdot 2}{2 \cdot 3} = \frac{2}{6}$$

Pour réduire ces sortes de fractions à une seule fraction, sans changer leur valeur, l'on n'a qu'à multiplier le numérateur de l'une par le numérateur de l'autre, & le dénominateur de l'une par le dénominateur de l'autre ; le produit vous donnera une fraction qui représentera la même somme que la fraction de fraction. C'est-là ce qu'on a fait dans l'exemple supérieur ; l'on a multiplié 1 par 2 pour avoir un nouveau numérateur, & 2 par 3 pour avoir un nouveau dénominateur ; & le produit a donné la fraction B qui sous différens termes représente la même somme que la fraction A.

FROID. Les Physiciens ont coutume de diviser le froid en absolu & en rélatif. Le froid absolu est une privation totale de chaleur ; ainsi un corps ne contient-il aucune particule de feu, seule cause de la chaleur, ou ne contient-il ces sortes de particules que dans un repos parfait ? il sera absolument froid. Le froid rélatif n'est qu'une diminution sensible de chaleur & par conséquent un corps doit nous paroître plus froid qu'auparavant, lorsqu'il perd une certaine quantité de particules ignées, ou bien, lorsque ces sortes de particules perdent quelque chose de leur mouvement. Mr. De Mairan dans son excellente differtation fur la glace a ramaffé les causes principales du froid rélatif. Elles font au nombre de six. Le Soleil, dit-il, est la principale cause de la chaleur ; aussi la distance où l'on est de cet astre a-t-elle toujours été regardée comme la première cause du froid ; c'est pour cela sans doute que le froid doit être plus vif dans les trois planétes supérieures, Mars, Jupiter & Saturne, que dans les deux planétes inférieures, Vénus & Mercure. Le froid rélatif vient en second lieu de la situation oblique d'un pays par rapport au Soleil. S'il fait plus froid dans la zone tempérée, que dans la zone torride, c'est sans doute parce que celle-là reçoit les rayons du Soleil moins perpendiculairement que celle-ci : il en est de même de la zone glaciale par rapport à la zone tempérée. L'athmofphére qui entoure la terre, & dont nous avons parlé en son lieu, est la troisième cause du froid que nous

reſſentons. Pourquoi ? Parce que non-ſeulement elle empêche beaucoup de rayons ſolaires de parvenir juſqu'à nous,
mais encore parce qu'elle cauſe dans ceux qui y parviennent une réfraction qui diminue conſidérablement leur
mouvement. Certains corpuſcules qui ſe mêlent à l'air que
nous reſpirons, & qui retardent le mouvement de la matière ignée, tels que ſont les corpuſcules de ſel, de nitre,
&c. ſont regardés avec raiſon par les Phyſiciens comme la
quatrième cauſe du froid rigoureux que l'on éprouve en
certains pays. Rome & Pekin, par exemple, ſont à peu-près
au même degré de latitude ; il fait cependant très-chaud
dans la première de ces deux Villes, & très-froid dans la
ſeconde. Pourquoi ? Parce que le nitre eſt très-abondant à
Pekin & très rare à Rome ; il en eſt de même de la Normandie & de l'Ukraine ; il fait beaucoup moins de froid
dans la première de ces deux Provinces, que dans la ſeconde, quoique leur ſituation par rapport au Soleil ſoit à
peu-près la même. Certains vents & ſur-tout le vent du
Nord qui nous apporte des corpuſcules de ſel & de nitre,
ſont la cinquième cauſe du froid que nous avons en certains tems de l'année. Enfin Mr. de Mairan apporte pour
ſixième cauſe du froid rélatif la ſupreſſion totale, ou en
partie, des exhalaiſons chaudes que le feu central doit envoyer néceſſairement dans l'athmoſphére terreſtre. L'exiſtence d'un feu que le Créateur a allumé dans les entrailles de la terre, eſt conſtatée aſſez clairement, non-ſeulement par les flammes que vomiſſent le Mont Etna & le
Mont Véſuve, mais encore par les ſecouſſes terribles dont
la terre n'eſt que trop ſouvent agitée.

FROTTEMENT. Le frottement, ou la réſiſtance que
trouve un corps qui ſe meut ſur la ſurface d'un autre, eſt
un des principaux obſtacles à la conſervation du mouvement
primitivement imprimé. Je n'en ſuis pas ſurpris : la ſurface
des corps même les plus polis n'eſt réellement qu'un aſſemblage de petites éminences & de petites cavités. Deux ſur-
faces de cette eſpèce ne ſçauroient ſe toucher, ſans que
les éminences de l'une n'entrent dans les cavités de l'autre, comme il arrive à peu-près à une pelote de velours
que l'on poſe ſur un tapis de même étoffe. Mr. l'Abbé
Nollet, de qui nous avons pris cette comparaiſon, & qui
nous a fourni tout ce que nous allons dire dans cet article, diſtingue deux eſpèces de frottements. Le frottement
de la première eſpèce conſiſte à appliquer ſucceſſivement

les mêmes parties d'une furface à différentes parties de l'autre, comme quand on fait glisser un livre fur une table. Le frottement de la feconde efpèce a lieu, lorfque l'on fait toucher fucceffivement différentes parties d'une furface à différentes parties d'une autre, comme lorfqu'on fait rouler une boule fur un billard. Tous les Phyficiens conviennent que plus les furfaces qui gliffent les unes fur les autres ont d'inégalités, plus auffi la réfiftance occafionée par les frottemens, de quelque efpèce qu'ils foient, eft confidérable ; mais cette queftion de Phyfique contient bien d'autres points, qu'il n'eft pas auffi facile de décider ; voici ce que l'on peut regarder comme fûr depuis les expériences de Mr. Nollet.

1°. Le frottement de la premiere efpèce fait beaucoup plus de réfiftance que celui de la feconde ; c'eft pour cela fans doute que lorfqu'on craint qu'une charrête ne fe précipite en defcendant trop vite, on en enraye les roues, c'eft-à-dire, on les empêche de tourner fur leur axe. Tout le monde voit qu'une roue enrayée exerce fur le pavé un frottement de la premiere efpèce, & qu'une roue qui tourne fur fon effieu, en exerce un de la feconde.

2°. Le frottement augmente par l'augmentation des furfaces, toutes chofes égales d'ailleurs. Pourquoi ? parce que l'inégalité des furfaces étant la caufe premiere des frottemens, l'on ne peut pas augmenter l'étendue qui frotte, fans faire croître le nombre de ces inégalités. Voilà pourquoi une eau emmenée par un tuyau cylindrique dont le diamètre eft de deux pouces, éprouve moins de frottement, que fi elle étoit emmenée par un tuyau cylindrique dont le diamètre ne fût que d'un pouce. En effet, le premier tuyau avec une circonférence feulement double, contient 4 fois plus d'eau que le fecond ; donc l'eau emmenée par le premier tuyau doit éprouver moins de frottement, que fi elle eut été emmenée par le fecond.

3°. La preffion fait croître la réfiftance du frottement, de quelque efpèce qu'il foit. Pourquoi ? Parceque, lorfque la preffion augmente, les parties qui s'engagent mutuellement, s'engagent bien plus avant, & réfiftent davantage au mouvement qui tend à les féparer. C'eft pour cela fans doute que les machines qui font leur effet en petit, ne le font pas toujours, lorfqu'on vient à les exécuter en grand. Tout le monde voit que dans les modéles, le frottement occafionné par la preffion eft, pour ainfi dire, infenfible,

& que dans la machine exécutée en grand, il est pour l'ordinaire très-confidérable.

4°. A proportions égales, la réfiftance des frottements augmente plus confidérablement par les preffions, que par les furfaces : Mr. Nollet a éprouvé qu'en doublant les furfaces, la réfiftance des frottements n'augmente que d'environ un quart, & qu'en doublant les preffions elle augmente de près de la moitié. Cet habile Phyficien tire de ces 4 régles un grand nombre de conféquences pratiques ; nous allons rapporter les principales.

Premiere Conféquence. Lorfque l'on veut diminuer la réfiftance des frottements, on doit enduire les furfaces de quelque matiere graffe ; par ce moyen on remplit les inégalités les plus groffieres, & on rend les furfaces plus propres à gliffer l'une fur l'autre ; auffi graiffe-t-on les moyeux des roues ; met-on de l'huile aux charnières, &c.

Deuxième Conféquence. Les habits & les meubles, à caufe des frottements auxquels ils font expofés, ne peuvent durer qu'un certain tems.

Troifième Conféquence. Les rafoirs, les couteaux, les haches, &c. perdent bientôt par les frottements le fil de leur tranchant.

Quatrième Conféquence. Les matières les plus dures font figurées au gré de l'ouvrier par les frottements de la lime.

Cinquième Conféquence. Les jets d'eau, à caufe des frottements, ne s'élévent jamais à la hauteur à laquelle ils devroient monter, eu égard à leur quantité de mouvement.

FUSIL-A-VENT. Quiconque a vu des fufils-à vent, a dû s'appercevoir qu'un air extraordinairement comprimé par le moyen d'une pompe foulante logée dans la croffe, y tient lieu de poudre & chaffe une balle qui va porter la mort à 70 pas. Qu'on life ce que nous avons dit fur l'air, & l'on trouvera la raifon phyfique de ce phénoméne.

G

GÉOMÉTRIE. Nous prenons ici la *Géométrie*, non pas précifément pour une fcience qui apprend à mefurer la terre, mais pour une fcience qui démontre les propriétés de l'étendue ; & c'eft dans ce fens qu'on doit la regarder comme abfolument néceffaire à un Phyficien. Il n'eft rien de comparable à la Géométrie d'*Euclide* ; ce fera fur-tout dans les Ouvrages de cet Auteur, que nous

puiferons

puiferons tout ce que nous avons à dire dans ce long & important article.

Des vérités fondamentales de la Géométrie.

Les vérités fondamentales de la Géométrie font des *Définitions*, des *Axiomes* & des *Suppofitions*.

Définitions.

Définition premiere. On nomme *folide* toute grandeur dont on confidére les 3 dimenfions, je veux dire la longueur, la largeur & la profondeur, ou, l'épaiffeur. Demande-t-on, par exemple, quel eft le poids d'un corps ? ce corps eft alors confidéré comme un *folide* ; parce que plus il fera long, large & profond ou épais, plus fon poids fera confidérable.

Définition feconde. La *furface* eft une grandeur dont on ne confidére que la longueur & la largeur. Arpente-t-on une terre ? on la prend pour une furface ; parce que plus elle aura de longueur & de largeur, plus grand fera le nombre d'arpens qu'elle contiendra. Il n'eft pas néceffaire de faire remarquer que la profondeur ne peut augmenter, ni diminuer en aucune maniere fon étendue.

Définition troifieme. La *ligne* eft une grandeur dont on ne confidére que la longueur. Demande-t-on combien une tour eft éloignée d'une autre ? l'efpace qui les féparc, fe prend alors pour une ligne ; parce que plus il fera long, plus les tours feront éloignées.

Définition quatrieme. Le *point* eft ce dont on ne confidére ni la longueur, ni la largeur, ni la profondeur. Les deux tours dont nous venons de parler, *par exemple*, font regardées comme deux points, parce qu'il n'eft pas néceffaire de connoître leur longueur, leur largeur & leur épaiffeur, pour fe former une idée nette de leur éloignement. Les points terminent la ligne qui n'eft qu'une fuite de points. Les lignes terminent la furface qui n'eft qu'un tiffu de lignes, & les furfaces terminent le folide qui n'eft qu'un tas de furfaces, mifes les unes fur les autres.

Définition cinquieme. La *ligne droite* eft celle qui va directement, & par le plus court chemin, d'un point à un autre ; la *ligne courbe* eft celle qui ne va pas directement d'un point à un autre. La ligne BD, *Fig.* 1. *Pl.* 2. eft droite, & la ligne BHD eft courbe.

Définition fixieme. On nomme *angle* l'ouverture de deux

Tome II.   D lignes qui fe touchent en un point , & qui ne forment pas une même ligne. Les deux lignes C D & C F , *Fig.* 1. *Pl.* 2. qui fe rencontrent au point C, forment l'angle DCF.

Remarquez que lorfqu'on défigne un angle par 3 lettres , celle du milieu marque le fommet de cet angle.

Définition feptieme. Le *cercle* eft une figure dont toutes les extrêmités font également éloignées d'un de fes points que l'on nomme le *centre*. La *Fig.* 1. de la *Planche* 2, par exemple , repréfente un vrai cercle. La *circonférence* de ce cercle eft la ligne courbe ABHD qui l'entoure; fon *centre* eft le point C ; fes *rayons* CF, CB, CD font des lignes droites égales entre elles, qui font tirées du centre à la circonférence ; fes *diamétres* BCD & GCF font des lignes droites égales entre elles qui paffent par le centre & qui vont aboutir à deux points directement oppofés de la circonférence ; un *arc* eft une partie de la circonférence, comme BMG , ou GAD ; un *fecteur* eft une figure mixte compofée de deux rayons , & de l'arc compris entre ces deux rayons, comme GCD , ou FCD ; la *tangente* eft une ligne qui étant prolongée, même des deux côtés , touche le cercle fans le couper ; la *fécante* au contraire coupe la circonférence.

Définition huitieme. On nomme *fegment* d'un cercle une partie de la circonférence terminée par une ligne droite , & cette ligne droite s'appelle *corde*. L'arc GMB , *Fig.* 1. *Pl.* 2 , eft un vrai fegment, dont la ligne BG eft la corde.

Définition neuvieme. Un angle eft dans un fegment , lorfque la corde de ce fegment lui fert de bafe. L'angle AKV, *Fig.* 8. *Pl.* 2 , eft dans le fegment AK*b*V ; il en eft de même de l'angle A*b*V.

Définition dixieme. Deux cercles égaux font ceux qui ont, ou leurs rayons , ou leurs diamétres égaux.

Définition onzieme. Les arcs font les mefures des angles. Pour mefurer , *par exemple*, l'angle FCD, *Fig.* 1. *Pl.* 2. prenez le fommet C de cet angle pour centre d'un cercle que vous décrirez à *volonté* , & dont vous diviferez la circonférence en 360 parties égales, que vous appellerez *degrés* ; comptez enfuite combien de ces parties égales contient l'arc FD ; & s'il en contient 40 ou 50 , vous conclurez que l'angle FCD eft de 40 ou de 50 degrés.

Définition douzieme. L'angle droit a 90 degrés , & par conféquent il eft mefuré par le quart de la circonférence du cercle ; l'*angle obtus* mefuré par un arc plus grand que le quart de la circonférence, a plus de 90 degrés ; & l'*angle aigu* mefuré par un arc moindre que le quart de la circonférence, a moins de 90 degrés. L'angle HCI, *Fig.* 15. *Pl.* 2, eft droit ; l'angle ACI eft obtus ; l'angle ACE eft aigu.

Définition treizieme. Une ligne eft *perpendiculaire* fur une autre, lorfqu'elle ne panche pas plus d'un côté que de l'autre, ou, pour parler géométriquement, deux lignes font perpendiculaires l'une fur l'autre, lorfqu'elles forment un angle droit. La ligne EM, *Fig.* 2. *Pl.* 2. eft perpendiculaire fur la ligne FD.

Définition quatorzieme. Deux lignes font *parallèles*, lorfque toutes les lignes perpendiculaires que l'on peut tirer entre deux, font égales entre elles. Sur ce principe les deux lignes AB & CD, *Fig.* 4. *Pl.* 2. font parallèles.

Définition quinzieme. Un *triangle rectiligne* eft une figure terminée de 3 lignes droites. Les Figures 2 & 3 de la Planche 2, vous donnent 4 triangles rectilignes. Si les 3 lignes font égales, le triangle eft *équilatéral* ; s'il y en a deux d'égales, il eft *ifofcèle* ; fi elles font toutes inégales, il eft *fcaléne.*

Le triangle fe divife aufli en *rectangle, obtufangle* & *acutangle.* Le premier a un angle *droit*, le fecond un angle *obtus*, & le troifieme tous fes angles *aigus.*

Remarquez que lorfqu'on compare un triangle avec un autre, les côtés correfpondans, *par exemple*, les deux bafes, s'appellent *côtés homologues.*

Définition feizieme. Un *quadrilatère régulier* eft une figure compofée de 4 angles & de 4 côtés parallèles de deux en deux. Les figures 5 & 6 de la Planche 2, vous fournillent plufieurs quadrilatères réguliers. Les Géométres en comptent 4 efpèces, le *quarré*, le *quarré long*, le *rhombe* & le *rhomboïde.* Le *quarré* a tous fes côtés égaux & tous fes angles droits. Le *quarré long* a tous fes angles droits, mais il n'a que fes côtés oppofés égaux. Le *rhombe* a fes côtés égaux, mais il n'a pas fes angles droits. Le *rhomboïde* n'a pas fes angles droits, & il n'a que fes côtés oppofés égaux.

Remarquez que tout quadrilatère régulier a le nom de *parallélogramme.*

Définition dix-feptième. Une *diagonale* eft une ligne droite tirée d'un angle d'un quadrilatère régulier à l'an-

gle qui lui eſt directement oppoſé. Telle eſt la ligne
EF, *Fig. 9. Pl. 2.*

Définition dix-huitième. On donne le nom de *propofi-*
tion à toute vérité qui a befoin d'être démontrée. Il en
eſt de différente efpèce. Les vérités purement ſpéculati-
ves s'appellent *théorêmes* ; les *probiêmes* nous apprennent
à faire quelque opération ; un *lemme* eſt une vérité priſe
feulement pour en démontrer une autre ; un *corollaire* eſt
comme le fruit qu'on doit recueillir d'une propoſition
démontrée.

Définition dix-neuvième. Les axiomes font des vérités
connues de tout le monde.

Axiomes principaux.

1°. Le tout eſt plus grand qu'aucune de ſes parties.

2°. Deux grandeurs égales à une troiſième, font égales entre elles.

3°. Si on augmente, ou ſi on diminue également deux
choſes égales, elles reſteront égales ; mais ſi on les augmente, ou ſi on les diminue inégalement, elles deviendront inégales.

4°. Les quantités doubles, triples, quadruples, &c.
de quantités égales, font égales entre elles.

5°. Les quantités qui font les moitiés, les tiers, les
quarts de quantités égales, font égales entre elles.

6°. Deux lignes, deux figures, &c. font égales, lorſqu'étant miſes l'une ſur l'autre, elles conviennent parfaitement, c'eſt-à-dire, lorſque celle qui eſt par-deſſus
couvre exactement celle qui eſt par-deſſous.

7°. Deux lignes droites ne ſçauroient renfermer un efpace.

Suppofitions.

1°. D'un point quelconque à un point quelconque on
peut tirer une ligne droite.

2°. D'un centre quelconque à un intervalle quelconque
on peut décrire un cercle.

3°. Il n'eſt point de ligne droite ſur laquelle on ne
puiſſe tirer une ligne perpendiculaire.

4°. Il n'eſt point de ligne droite à laquelle on ne puiſſe
tirer une ligne parallèle.

5°. Toute ligne, tout angle, tout arc, &c. peuvent
ſe diviſer en deux parties égales.

Propofitions du premier Livre d'Euclide nécefaires à un Phyficien.

Sept Propofitions & quelques Corollaires renfermeront tout ce qu'il y a de nécefaire en Phyfique dans les 48 Propofitions du premier Livre d'Euclide.

Propofition premiere. Deux triangles font égaux, quand ayant chacun deux côtés homologues égaux, l'angle compris par ces côtés eft égal dans chacun.

Explication. L'on me donne le triangle BAC, & le triangle DEF *Fig.* 2. *Pl.* 2. & l'on m'avertit que le côté AB eft égal au côté ED, le côté AC au côté EF, & l'angle A égal à l'angle E que l'on fuppofe n'avoir pas encore été partagé par la ligne EM ; je dis que ces deux triangles font parfaitement égaux entre eux.

Démonftration. Appliquez le côté EF fur le côté AC, non-feulement il le couvrira, mais encore, à caufe de l'égalité qui fe trouve entre l'angle A & l'angle E, le côté ED tombera fur le côté AB & le couvrira. Voici donc comment on doit raifonner : fi les deux côtés EF & ED du triangle DEF couvrent exactement, l'un le côté AC, & l'autre le côté AB du triangle BAC, la bafe FD tombera fur la bafe CB ; pourquoi ? parce que deux lignes droites ne pouvant pas renfermer un efpace, par *l'axiome* 7, la bafe FD ne peut tomber ni en deffous de la bafe CB, *par exemple*, au point K, ni en deffus de la même bafe, *par exemple*, au point H ; donc tout le triangle FED couvrira tout le triangle BAC ; donc, par *l'axiome* 6, le triangle FED fera égal au triangle BAC ; donc deux triangles font égaux, quand ayant chacun deux côtés homologues égaux, l'angle compris par ces côtés eft égal dans chacun.

Corollaire premier. Dans tout triangle ifofcéle les angles fur la bafe font égaux. En effet, du fommet du triangle ifofcéle DEF, *Fig.* 2. *Pl.* 2. tirez la ligne perpendiculaire EM qui partage la bafe FD en 2 parties égales au point M ; il eft évident, *par la Propofition premiere*, que le triangle FEM, eft égal au triangle DEM, puifque ces deux triangles ont deux côtés homologues égaux, & que l'angle compris par ces côtés eft droit dans chacun ; donc l'angle F du triangle FEM eft égal à l'angle D du triangle DEM ; mais l'angle F & l'angle D font deux angles fur la bafe FD du triangle ifofcéle D E F ; donc dans tout triangle ifofcéle les angles fur la bafe font égaux.

Corollaire fecond. Tout triangle dont les angles fur la bafe font égaux eft ifofcéle. En effet, le triangle F E M, par *la Propofition premiere*, eft égal au triangle D E M ; donc le côté F E eft égal au côté D E ; mais le côté F E & le côté D E font deux côtés fur la bafe du triangle D E F ; donc le triangle D E F a fes deux côtés fur la bafe égaux ; donc il eft ifofcéle ; donc &c.

Propofition fecond. Deux triangles qui ont tous leurs côtés homologues égaux, font égaux entre-eux.

Explication. Si le triangle A B C & E D F, *Fig. 2. Pl. 2.* font tels, que le côté A B foit égal au côté D E, le côté B C, au côté D F, & le côté A C au côté E F ; je dis que l'angle B fera égal à l'angle D, l'angle A à l'angle E, & l'angle C à l'angle F. Pour le démontrer, du point B comme centre avec le rayon A B ou E D, décrivez l'arc de cercle A G, & du point C comme centre avec le rayon C A ou F E, décrivez l'arc de cercle A M qui coupera néceffairement le premier au point A.

Démonftration. Tranfportez le côté D F du triangle E D F fur le côté B C du triangle A B C, de telle façon que le point F tombe fur le point C, & le point D fur le point B, il arrivera néceffairement que le point E du triangle E D F tombera fur le point A du triangle A B C. En effet, le point A du triangle A B C aboutira évidemment au point d'interfection des deux arcs A G & A M, puifque le premier de ces arcs a été décrit avec le rayon A B, & le feçond avec le rayon C A ; mais le point E du triangle E D F doit aboutir auffi au point d'interfection des deux arcs A G & A M, car ces deux arcs ont été décrits l'un avec le rayon E D & l'autre avec le rayon F E ; donc le point E du triangle E D F tombera fur le point A du triangle A B C ; donc le triangle E D F couvrira le triangle A B C ; donc par l'*axiome* 6 ces deux triangles feront égaux ; donc deux triangles qui ont tous leurs côtés homologues égaux, font égaux entre eux.

Propofition troifieme. Si deux triangles ont un côté égal, & les deux angles qui font aux extrêmités de ce côté égaux entre eux, ces deux triangles feront égaux en tout fens.

Explication. Suppoſons que dans les deux triangles A B C & D E F, *Fig.* 3. *Pl.* 2. le côté A C ſoit égal au côté D F, l'angle A à l'angle D, & l'angle C à l'angle F; je dis que ces deux triangles ſeront égaux en tout ſens. Pour le démontrer, prolongez le côté D E juſqu'au point H, & tirez les lignes F G, F H.

Démonſtration. 1°. Le côté A B dans le cas préſent eſt néceſſairement égal au côté D E, puiſqu'il ne peut être ni moindre, ni plus grand que ce côté; en voici la preuve ſenſible. Avance-t-on que le côté A B eſt moindre que le côté D E? alors on pourra ſuppoſer le côté A B égal à une partie du côté D E, *par exemple*, à la partie D G; mais une pareille ſuppoſition eſt impoſſible, parce que *par la premiere Propoſition* le triangle A B C & le triangle D G F ſeroient égaux entre eux; donc l'angle D F G ſeroit égal à l'angle A C B. Mais celui-ci eſt déja ſuppoſé égal à l'angle D F E; donc l'angle D F G ſeroit égal à l'angle D F E; donc le *tout* ſeroit égal à quelqu'une de ſes *parties*; donc le côté A B ne peut pas être moindre que le côté D E.

L'on prouvera avec la même facilité que, dans l'hypothéſe préſente, le côté A B ne peut pas être plus grand que le côté D E; pourquoi? parce qu'alors l'on pourroit ſuppoſer le côté A B égal au côté D E prolongé juſqu'au point H; donc *par la Propoſition premiere*, le triangle A B C ſeroit égal au triangle D H F; donc l'angle D F H ſeroit égal à l'angle A C B. Mais celui-ci eſt déja ſuppoſé égal à l'angle D F E; comme il eſt aiſé de s'en convaincre, en reliſant *l'explication* de cette *troiſieme Propoſition*; donc l'angle D F H ſeroit égal à l'angle D F E; donc le *tout* ſeroit égal à quelqu'une de ſes *parties*; donc dans le cas préſent le côté A B ne peut être ni moindre, ni plus grand que le côté D E; donc il lui eſt égal.

2°. Le triangle A B C & le triangle D E F ont l'angle A égal à l'angle D, le côté A B égal au côté D E, & le côté A C égal au côté D F; donc *par la premiere Propoſition*, ces deux triangles ſont égaux entre eux; donc ſi deux triangles ont un côté égal, & les deux angles qui ſont aux extrêmités de ce côté égaux entre eux, ces deux triangles ſeront égaux en tout ſens.

Corollaire premier. Si l'on avoit ſuppoſé le côté A C égal au côté D F, le côté B C au côté F E, & l'angle A C B plus grand que l'angle D F E, l'on auroit eu le

D 4

côté A B plus grand que le côté D E. En voici la démonſtration.

1°. Le côté D E, dans l'hypothéſe que nous venons de faire, ne peut pas être égal au côté A B, parce qu'alors les triangles A B C & D E F dont les côtés homologues feroient égaux, auroient *par la Propoſition ſeconde*, l'angle D F E égal à l'angle A C B; ce qui eſt contre la ſuppoſition préſente.

2°. Le côté D E ne peut pas être plus grand que le côté A B, parce qu'alors en faiſant une partie quelconque D G égale au côté A B, & en tirant le côté F G égal au côté B C, l'on auroit *par la Propoſition ſeconde*, l'angle D F G égal à l'angle A C B; ce qui eſt impoſſible, puiſque l'angle A C B a été ſuppoſé plus grand que l'angle D F E.

Corollaire II. Si deux triangles ont deux côtés homologues égaux, mais ſi l'angle formé par les deux côtés du premier eſt plus grand que l'angle formé par les deux côtés du ſecond, le troiſieme côté du premier ſera plus grand que le troiſieme côté du ſecond.

Corollaire III. Si deux triangles ont deux côtés homologues égaux, mais ſi le troiſieme côté du premier eſt plus grand que le troiſieme côté du ſecond, l'angle oppoſé au troiſieme côté du premier ſera plus grand, que l'angle oppoſé au troiſieme côté du ſecond.

Corollaire IV. Si dans un triangle un côté eſt plus grand qu'un autre, l'angle oppoſé au plus grand côté ſera plus grand que l'angle oppoſé au côté qui eſt moindre.

Corollaire V. Si dans un triangle un angle eſt plus grand qu'un autre, le côté oppoſé au plus grand angle ſera plus grand que le côté oppoſé à l'angle qui eſt moindre.

Corollaire VI. Tout triangle qui a ſes trois côtés égaux, a auſſi ſes trois angles égaux.

Corollaire VII. Dans le triangle D E F, *Fig. 2. Pl. 2.* le côté D F pris ſolitairement eſt plus petit, que les côtés D E & E F pris enſemble. En effet, D F étant une ligne droite, il doit y avoir moins de chemin pour aller directement du point F au point D, que pour aller du point F au même point D en paſſant par le point E. Ce que nous avons dit du triangle D E F, nous pouvons le dire de tout triangle rectiligne; donc dans tout triangle rectiligne deux côtés pris enſemble font toujours plus grands que le troiſieme.

Propoſition quatrieme.. Deux lignes droites qui ſe coupent, forment 4 angles dont chacun eſt égal à celui qui lui eſt oppoſé au ſommet.

Explication. L'on me donne les deux lignes B D & G F , *Fig.* 1. *Pl.* 2. qui ſe coupent au point C , & qui forment les angles 1 , 2 , 3 & 4; je dis que l'angle 1 eſt égal à l'angle 4, & l'angle 2 à l'angle 3. Pour le démontrer , du point C comme centre, je décris le cercle A B H D.

Démonſtration. Les deux angles 1 & 3 valent 180 degrés , puiſqu'ils ſont meſurés par le demi-cercle B G D ; de même les deux angles 3 & 4 qui ſont meſurés par le demi-cercle G B F valent 180 degrés ; donc la ſomme des deux angles 1 & 3 eſt égale à la ſomme des deux angles 3 & 4. Cela ſuppoſé , voici comment je raiſonne : de la ſomme des deux angles 1 & 3 ôtez l'angle 3 , & de la ſomme des deux angles 3 & 4 ôtez le même angle 3 , les deux reſtants de ces deux ſommes ſeront égaux, *par l'axiome* 3 ; mais les deux reſtants ſont préciſément les deux angles 1 & 4 oppoſés au ſommet C , donc les angles oppoſés au ſommet ſont égaux.

L'on prouvera de la même maniere que les angles 2 & 3 ſont égaux entre eux.

Corollaire I. Une ligne droite tombant ſur une autre, forme ou 2 angles droits , ou 2 angles qui équivalent à deux droits , parce qu'ils ſont meſurés par la demi-circonférence.

Corollaire II. La ligne E F , *Fig.* 4. *Pl.* 2. qui coupe les deux paralléles A B & C D , fait les angles 2 & 3 égaux ; pourquoi ? parce que les deux lignes A B & C D étant paralleles , la ligne E F doit être autant inclinée ſur l'une que ſur l'autre. Les Géométres appellent les angles 2 & 3 , des angles *alternativement oppoſés.*

Corollaire III. La ligne E F fait encore les angles 2 & 5 égaux. En effet , l'angle 2 eſt égal à l'angle 3 *par le Corollaire précédent* ; l'angle 5 eſt égal au même angle 3 *par la Propoſition quatrieme* ; donc, *par l'axiome ſecond ,* l'angle 2 eſt égal à l'angle 5. On appelle ces deux angles , des *angles alternes externes.*

Corollaire IV. Enfin la ligne E F fait les angles 3 & 1 égaux. En effet l'angle 3 eſt égal à l'angle 5 *par la Propoſition quatrieme* ; l'angle 1 par la même raiſon eſt égal à l'angle 2 qui lui même vient d'être démontré égal à l'angle 5 ; donc *par l'axiome second* l'angle 3 eſt égal à l'angle 1. On nomme ces deux angles *alternes internes.*

Corollaire V. Une ligne droite qui coupe deux paralléles fait avec elle des angles alternativement oppoſés égaux, des angles alternes externes égaux & des angles alternes internes égaux.

Corollaire VI. Si une ligne droite coupe tellement deux autres lignes, que tous les angles que nous venons de nommer ſoient égaux entre eux, ces deux lignes feront paralléles ; pourquoi ? parce que cela n'arrive, que lorſque ces deux lignes ſont préciſément poſées de la même maniere l'une à l'égard de l'autre.

Propoſition cinquieme. Si l'on prolonge quelque côté que ce ſoit d'un triangle, l'angle extérieur ſera égal aux deux intérieurs oppoſés.

Explication. Si dans le triangle BAC, *Fig.* 3. *Pl.* 2. l'on prolonge le côté AC, juſqu'au point T, l'angle extérieur BCT ſera lui ſeul égal aux deux angles intérieurs B, A qui lui ſont oppoſés. Pour le démontrer, tirez la ligne MN parallèle au côté AB ; elle partagera l'angle extérieur BCT en 2 angles que je nomme l'angle 1 & l'angle 2.

Démonſtration. 1°. Les lignes paralléles AB & MN ſont coupées par la ligne BC ; donc l'angle 1 eſt égal à l'angle B, *par le Corollaire quatrieme de la Propoſition quatrieme.*

2°. *Par le même Corollaire* l'angle 3 eſt égal à l'angle A.

3°. L'angle 3 & l'angle 2 ſont oppoſés au ſommet ; donc *par la Propoſition quatrieme*, l'angle 3 eſt égal à l'angle 2. Mais l'angle 3 vient d'être démontré égal à l'angle A ; donc *par l'axiome ſecond* l'angle 2 eſt égal à l'angle A.

4°. L'angle extérieur BCT n'eſt qu'un compoſé des deux angles 1 & 2 ; donc ſi ces deux angles ſont égaux l'un à l'angle B & l'autre à l'angle A, l'angle extérieur BCT ſera lui ſeul égal aux deux intérieurs oppoſés B & A.

Corollaire I. Les 3 angles du triangle BAC ſont égaux aux deux angles ACB & BCT ; mais ces deux derniers équivalent à deux angles droits *par le Corollaire premier de la Propoſition quatrieme* ; donc les 3 angles du triangle BAC, & par conſéquent les 3 angles de tout triangle rectiligne équivalent à deux angles droits.

Corollaire II. Lorsque dans un triangle il y a un angle ou obtus ou droit, les deux autres font aigus.

Corollaire III. Puisque les triangles équilatéraux ont leurs angles égaux, il s'enfuit évidemment que chaque angle d'un triangle équilatéral vaut 60 degrés.

Corollaire IV. Deux triangles ne peuvent pas avoir 2 angles égaux, fans être équiangles, c'eft-à-dire, fans avoir tous leurs angles égaux.

Propofition fixieme. Deux quadrilatéres réguliers qui font fur la même bafe & qui font renfermés entre les mêmes parallèles, ont leurs deux furfaces égales.

Explication. Les deux quadrilatéres réguliers A B C D & C D E F *Fig.* 5. *Pl.* 2. qui font fur la bafe CD, & qui font renfermés entre les mêmes parallèles, ont leurs deux furfaces égales, c'eft-à-dire, fi vous les mefurez avec la même mefure, la furface du quadrilatére A B C D ne contiendra pas plus de fois cette mefure commune, que la furface du quadrilatére D C E F.

Démonftration. 1°. Le côté AB eft égal au côté CD *par la Définition feizieme* ; par la même raifon le côté E F eft égal au côté CD ; donc *par l'axiome fecond* le côté AB eft égal au côté EF.

2°. Ajoutez le côté BE au côté AB ; ajoutez le même côté BE au côté EF, vous aurez *par l'axiome troifieme* la fomme ABE égale à la fomme BEF.

3°. Le triangle DAE & le triangle CBF ont leurs côtés homologues égaux. En effet le côté A E vient d'être démontré égal au côté BF ; le côté AD eft égal au côté BC, & le côté DE eft égal au côté CF *par la Définition feizième* ; donc *par la Propofition feconde* le triangle D A E eft égal au triangle CBF.

4°. Du triangle D A E ôtez le petit triangle B G E, & du triangle CBF ôtez le même triangle BGE, il reftera *par l'axiome troifieme*, le trapéze A B D G égal au trapéze G C E F.

5°. Au trapéze A B D G ajoutez le triangle D G C ; & au trapéze G C E F ajoutez le même triangle D G C, vous aurez *par l'axiome troifieme* le quadrilatére A B C D égal au quadrilatére D C E F ; donc deux quadrilatéres réguliers qui font fur la même bafe & qui font renfermés entre les mêmes parallèles, ont leurs deux furfaces égales.

Corollaire I. Deux quadrilatéres réguliers qui font fur deux bafes égales & qui font renfermés entre les mêmes parallélles, ont leurs furfaces égales, pourquoi ? parce qu'il n'y a point de différence entre prendre deux fois la même bafe, & prendre deux bafes égales.

Corollaire II. La moitié du quadrilatére ABCD eft égale à la moitié du quadrilatére DCEF *par l'axiome cinquieme.*

Corollaire III. Les furfaces de deux triangles qui ont la même bafe & qui font renfermés entre les mêmes parallélles, font égales entre elles, pourquoi ? parce que ces deux triangles font chacun la moitié de deux quadrilatéres égaux. Qu'un triangle foit précifément la moitié d'un quadrilatére régulier, cela eft évident à quiconque jettera les yeux fur la Fig. 9. de la Pl. 2. En effet, le triangle DEF & le triangle EFG, ont le côté EF commun, & les angles aux extrêmités de ce côté égaux entre eux, *par le Corollaire quatrieme, de la Propofition quatrieme;* donc *par la Propofition troifieme,* le triangle DEF eft égal au triangle EFG; donc le triangle DEF eft précifément la moitié du quadrilatére EDFG.

Corollaire IV. Si un quadrilatére & un triangle ont une même bafe & font renferms entre les mêmes parallélles, la furface du quadrilatére fera double de la furface du triangle.

Propofition feptieme. Dans un triangle rectangle le quarré fait fous l'hypothénufe, c'eft-à-dire, fous le côté oppofé à l'angle droit, eft égal à la fomme des quarrés faits fur les deux autres côtés de ce triangle.

Explication. Je fuppofe que le triangle ABC *Fig. 6. Pl.* 2. eft rectangle en B, c'eft-à-dire, je fuppofe que l'angle B du triangle ABC eft droit; je dis que le quarré ACDE fait fous le côté AC, eft égal au quarré ABFG fait fur le côté AB, & au quarré CBHJ fait fur le côté CB. Pour le démontrer, du point B je tire la ligne BL paralléle au côté AE; du même point B je tire la ligne BE, & du point F la ligne FC.

Démonftration. 1°. Les deux triangles FAC & BAE ont le côté AC égal au côté AE, puifque ce font deux côtés du même quarré ACDE; ils ont encore le côté AF, égal au côté AB, puifque le quadrilatére ABFG, eft fuppofé un quarré parfait; ils ont enfin l'angle FAC compofé de l'angle droit FAB & de l'angle aigu BAC,

égal à l'angle B A E composé de l'angle droit C A E &
du même angle aigu B A C ; donc *par la Proposition premiere* le triangle F A C est égal au triangle B A E.

2°. Le quarré A B F G est fait sur le côté A F , & il
se trouve renfermé entre les deux parallèles A F & G B C ;
de même le triangle F A C est fait sur le côté A F , & il
se trouve renfermé entre les parallèles A F & G B C ;
donc *par le Corollaire quatrieme de la Proposition sixieme,*
le quarré A B F G est double du triangle F A C.

3°. Par la même raison le quadrilatére A E K L est
double du triangle B A E, puisque l'un & l'autre sont
faits sur le côté A E , & sont renfermés entre les parallèles A E & B L ; donc *par l'axiome quatrieme* le
quadrilatére A E K L est égal au quarré A B F G.

4°. L'on démontrera de la même manière que le quadrilatére C K D L est égal au quarré B C H J ; donc tout
le quarré A C D E est égal aux deux quarrés A B F G &
B C H J. Telles sont les propositions du premier Livre
d'Euclide qu'il n'est pas permis à un Physicien d'ignorer;
il n'en est pas ainsi de celles que contient le second Livre du même Auteur ; il n'en est aucune dont on ne
puisse se passer en Physique ; aussi n'en ferons-nous pas
ici l'abrégé.

*Propositions du troisieme Livre d'Euclide nécessaires à un
Physicien.*

Le troisieme Livre d'Euclide a pour objet le cercle.
Il contient , comme presque tous les autres, des théorémes & des problémes ; ceux-ci sont au nombre de 6 ,
& ceux-là au nombre de 31. Nous renfermerons dans
trois propositions & dans quelques corollaires tout ce qu'il
y a dans ce Livre de nécessaire en Physique.

Proposition premiere. Trouver le centre d'un cercle.
Explication. L'on me demande le centre du cercle A
E B F *Fig.* 7. *Pl.* 2. Pour le trouver 1°. je prends *à volonté* deux points de la circonférence de ce cercle, & par
ces deux points je tire la corde E F. 2°. Je divise cette
corde en 2 parties égales au point K. 3°. Je tire par le
point K la ligne perpendiculaire A B que je divise en 2
parties égales au point C ; je dis que le point C est le
centre que l'on demande.

Démonstration. Si le centre du cercle A E B F se trouve dans la ligne A B , il est évident qu'il sera au point

C *par la définition même du rayon* ; mais il ne peut pas être hors de la ligne A B. En effet suppoſons-le au point D, & tirons les lignes D F, D K & D E ; qu'arrivera-t-il ? Les triangles E D K & F D K auront 1°. le côté E K égal au côté K F, puiſque la corde E F a été diviſée en 2 parties égales au point K ; ils auront 2°. le côté D E égal au côté D F, puiſque ce feront deux rayons du cercle A E B F ; ils auront 3°. le côté D K commun ; donc ces deux triangles auront leurs côtés homologues égaux ; donc *par la propoſition deuxieme du premier Livre* ils feront égaux en tout ſens ; donc l'angle E K D ſera égal à l'angle D K F ; donc la ligne D K ſera perpendiculaire ſur la ligne E F *par la définition treizieme* ; donc l'angle D K F ſera droit ; mais cela eſt impoſſible, puiſque la ligne A B étant ſuppoſée perpendiculaire ſur la ligne E F, l'angle C K F eſt droit ; donc le centre du cercle A E B F ne peut pas ſe trouver au point D, ni en tout autre point hors de la ligne A B ; donc il doit ſe trouver au point C.

Corollaire premier. Toute ligne qui coupe perpendiculairement en 2 parties égales la corde d'un arc, & qui va aboutir à 2 points oppoſés de la circonférence d'un cercle, eſt un diamétre.

Corollaire ſecond. Si un diamétre coupe en deux parties égales une corde, il la coupera perpendiculairement ; & s'il la coupe perpendiculairement, il la coupera en deux parties égales.

Propoſition deuxieme Toute ligne perpendiculaire à l'extrêmité d'un diamétre, tombe hors du cercle & le touche en un ſeul point.

Explication. Suppoſons que la ligne A N *Fig. 7. Pl. 2.* ſoit tirée perpendiculairement à l'extrêmité du diamétre A B, je dis qu'elle n'aura que le point A de commun avec la circonférence du cercle C, & que tous ſes autres points ſe trouveront hors de cette circonférence. Pour le démontrer, tirons la ligne C V.

Démonſtration. Si dans un cercle régulier le point V de la tangente A N touchoit la circonférence du cercle C, le côté C V oppoſé à l'angle droit A ſeroit égal au côté C A oppoſé à l'angle aigu V ; mais cela eſt impoſſible, *par le corollaire cinquieme de la propoſition troiſieme du Livre premier* ; donc le côté C V eſt plus grand que le côté C A ; donc ſi le cercle C eſt régulier, le point V doit ſe trouver hors de ſa circonférence.

Ce que l'on a dit du point V, on le dira d'un point quelconque de la tangente A N qui ne fera pas le point A ; donc toute ligne perpendiculaire à l'extrêmité d'un diamétre, & par conféquent toute tangente tombe hors du cercle & le touche en un point feulement.

Corollaire I. Si la tangente A N touche la circonférence du cercle C au point A, la ligne C A tirée du centre C au point de contact A, lui fera perpendiculaire ; pourquoi ? parce qu'on ne peut pas fuppofer que toute autre ligne tirée du point C, par exemple, la ligne C V, lui foit perpendiculaire.

Corollaire II. Tout rayon eft perpendiculaire à fa tangente ; & voilà pourquoi les Géométres affurent que tout rayon eft perpendiculaire à fa circonférence.

Propofition troifieme. Dans un cercle l'angle au centre eft double de l'angle à la circonférence, lorfque ces deux angles infiftent fur le même arc.

Explication. L'angle M C T dont le fommet eft au centre, & l'angle M B T dont le fommet eft à la circonférence du cercle A E B F, *Fig. 7 Pl.* 1 infiftent tous les deux fur le même arc M T ; je dis que pour cette raifon-là même l'angle M C T eft double de l'angle M B T. Pour le démontrer je tire la ligne B C A.

Démonftration. 1°. Les deux angles fur la bafe B M du triangle ifofcéle B C M font égaux entr'eux, *par le Corol--laire premier de la propofition premiere du Livre premier.*

2°. L'angle extérieur M C A eft égal aux deux angles intérieurs placés fur la bafe B M du triangle B C M, *par la propofition cinquieme du Livre premier* ; donc l'angle extérieur M C A eft double de l'angle M B C, l'un des deux angles placés fur la bafe B M.

3°. Par la même raifon l'angle extérieur A C T eft double de l'angle intérieur T B C ; donc tout l'angle M C T eft double de tout l'angle M B T ; donc l'angle au centre eft double de l'angle à la circonférence, lorfque ces deux angles infiftent fur le même arc.

Corollaire I. Puifque l'angle M C T eft mefuré par tout l'arc M T, l'angle M B T doit être mefuré par la moitié de l'arc M T ; donc l'angle à la *circonférence* eft mefuré par la moitié de l'arc fur lequel il infifte.

Corollaire II. Si un angle à la *circonférence* infifte fur le demi cercle, il eft droit ; s'il infifte fur un arc plus grand que le demi cercle, il eft obtus ; fi enfin il infif-

te fur un arc moindre que le demi cercle, il eft aigu.
La raifon en eft évidente ; un angle à la *circonférence*
eft mefuré par la moitié de l'arc fur lequel il infifte.

Corollaire III. Les angles à la *circonférence* qui infiftent fur un même arc de cercle, font égaux entre eux.

Corollaire IV. Dans tout quadrilatére infcrit dans un
cercle les angles oppofés équivalent à deux angles droits.
En effet les deux angles K*b*V & KAV du quadrilatére AK*b*V *Fig.* 8. *Pl.* 2. font mefurés par la moitié de
toute la circonférence du cercle dans lequel ce quadrilatére eft infcrit ; il en eft de même des angles AV*b* &
AK*b* ; donc dans tout quadrilatére infcrit dans un cercle, les angles oppofés équivalent à deux angles droits.

Corollaire V. L'angle NAB *Fig.* 7. *Pl.* 2. formé par
la tangente NA & par le diamétre AB que l'on peut
regarder comme la corde du demi cercle AEB, eft
mefuré par la moitié de ce demi cercle, puifque c'eft
un angle droit, *par le Corollaire premier de la Propofition feconde de ce troifieme Livre* : il en feroit de même
de toute autre corde & de toute autre tangente ; donc
l'angle formé par une tangente & par une corde quelconque, eft mefuré par la moitié de l'arc que la corde foutend.

Telles font les propofitions du 3ᵉ. Livre d'Euclide néceffaires à un Phyficien. Comme le 4ᵉ. du même Auteur
ne fert qu'à ceux qui veulent s'addonner à la Géométrie
pratique, nous n'en ferons pas ici l'abrégé.

Propofitions du cinquieme Livre d'Euclide néceffaires à un Phyficien.

Les proportions font abfolument néceffaires en Phyfique ; auffi confeillons-nous aux amateurs de cette Science
de s'attacher à l'étude du cinquieme Livre d'Euclide ;
nous allons en donner l'abrégé avec le plus de foin
qu'il nous fera poffible.

Définitions.

Définition premiere. Un *tout* a fes parties *aliquotes* &
fes parties *aliquantes.* Les parties *aliquotes* font celles
qui *étant* répétées un certain nombre de fois, mefurent
exactement le *tout.* Ainfi 3 eft une partie *aliquote* de 12.
Les parties *aliquantes* font celles qui étant répétées un
certain nombre de fois ne peuvent jamais mefurer exactement le *tout* ; 5, *par exemple*, eft une partie aliquante de 12.

Définition

Définition deuxieme. La *raison* d'une grandeur à une autre, c'est le rapport qu'il y a entre deux grandeurs de même espèce. Il y a une vraie *raison* entre 12 & 6, parce qu'il y a un vrai rapport de 12 a 6. La premiere grandeur dont une *raison* est composée, se nomme *antécédent* & la seconde se nomme *conséquent.*

Définition troisieme. La *raison* est *multiple*, lorsque l'antécédent contient plusieurs fois son *conséquent*; elle est *sous-multiple*, lorsque *l'antécédent* est contenu plusieurs fois dans son *conséquent.* La *raison* de 12 à 2 est *multiple*, & la *raison* de 2 à 12 est *sous-multiple.*

Remarquez que lorsque *l'antécédent* contient 2, 3 ou 4 fois son *conséquent*, la *raison* est *double*, *triple* ou *quadruple*; mais qu'elle est *sous-double*, *sous-triple*, ou *sous-quadruple*, lorsque *l'antécédent* est contenu 2, 3 ou 4 fois dans son *conséquent.*

Remarquez encore que le chiffre qui marque combien de fois un *antécédent* contient son *conséquent*, ou, est contenu dans son *conséquent*, se nomme *exposant* de la *raison.* Le chiffre 2, *par exemple*, est *l'exposant* de la *raison* double, & la fraction $\frac{1}{2}$ celui de la *raison* sous-double.

Définition quatrieme. Deux *raisons* font égales entre elles, lorsque l'antécédent de la premiere contient autant de fois son *conséquent*, que l'antécédent de la seconde contient le sien; ou bien lorsque *l'antécédent* de la premiere est autant de fois contenu dans son *conséquent*, que l'antécédent de la seconde est contenu dans le sien. Ainsi la *raison* de 4 à 2 est égale à la *raison* de 20 à 10, & la *raison* de 8 à 16 est égale à la *raison* de 50 à 100.

Définition cinquième. L'on nomme *proportion géométrique* le rapport qu'il y a entre deux *raisons* égales. Il y a *proportion géométrique* entre ces 4 grandeurs 4, 2, 12, 6, parce que 4 est à 2, comme 12 est à 6, ou pour marquer les choses à la façon des Géométres 4 : 2 : : 12 : 6.

Remarquez que ces 4 grandeurs font appellées *proportionnelles.*

Remarquez encore que la premiere & la derniere de ces 4 grandeurs se nomment les deux *extrêmes*, & la seconde avec la troisieme se nomment les deux *moyennes.*

Remarquez enfin que dans toute *proportion Géométrique* les deux antécédents ont le nom de *grandeurs homole-*

gues ; il en eſt de même des deux *conféquens.* 4 & 12 dans la proportion ſupérieure ſont deux *grandeurs homologues* ; 2 & 6 le ſont auſſi.

Définition ſixième. 3 Grandeurs ſont en *proportion continue*, lorſque la premiere eſt à la ſeconde, comme la ſeconde eſt à la troiſième. 3, 6 & 12, *par exemple*, ſont en *proportion continue*, parce que l'on peut dire 3 : 6 :: 6 : 12. La grandeur 6 qui eſt en même tems *conféquent* de la premiere *raiſon*, & *antécédent* de la ſeconde, ſe nomme *moyenne proportionnelle.*

Définition ſeptieme. 4 Quantités ſont en *raiſon directe*, lorſque le premier & le troiſieme *termes* d'une *proportion Géométrique* appartiennent à une grandeur, & le ſecond avec le quatrieme termes de la même *proportion* appartiennent à une autre *grandeur.* Suppoſons, par exemple, que *Pierre* faſſe 4 lieues, & *Paul* 2 lieues en 2 heures ; il eſt évident que la viteſſe de *Pierre* : à la viteſſe de *Paul* :: 4 lieues : à 2 lieues ; il eſt encore évident que le premier & le troiſieme *termes* de cette *proportion* appartiennent à *Pierre*, & que le ſecond avec le quatrieme termes appartiennent à *Paul* ; auſſi aſſure-t-on en Phyſique, que deux corps qui parcourent différens eſpaces dans un même tems ont leur viteſſe en *raiſon directe* des eſpaces parcourus. Si *Pierre* avoit fait 4 lieues en 2 heures, & *Paul* 1 lieue en 1 heure, l'on auroit eu la proportion ſuivante ; 4 lieues : à 1 lieue :: le quarré de 2 heures repréſenté par le chiffre 4 : au quarré de 1 heure repréſenté par le chiffre 1 ; auſſi auroit-on dit dans cette occaſion que les eſpaces parcourus étoient en *raiſon directe* des quarrés des tems employés à les parcourir, ou que les eſpaces parcourus étoient en *raiſon directe doublée* des temps employés à les parcourir.

Par la même raiſon ſi *Pierre* avoit fait 27 lieues en 3 heures, & *Paul* 1 lieue en 1 heure, les eſpaces parcourus auroient été en *raiſon directe* des cubes des temps, ou en *raiſon directe* triplée des tems employés à les parcourir, parce que le cube de 3 eſt 27 & le cube de 1 eſt 1.

Définition huitieme. 4 Quantités ſont en *raiſon inverſe* ou *réciproque*, lorſque le premier & le quatrieme termes d'une *proportion Géométrique* appartiennent à une grandeur, & le ſecond avec le troiſieme termes de la même *proportion* appartiennent à une autre grandeur. 12 lieues, *par exemple*, ſont-elles parcourues en 3 heures par *Pierre* & en 6 heures par *Paul* ? l'on aura la pro-portion suivante ; la vitesse de *Pierre* : à la vitesse de *Paul* : : 6 heures : à 3 heures. Tout le monde voit que le premier & le quatrieme termes de cette *proportion* ap-partiennent à *Pierre*, & que le second avec le troisieme termes de la même *proportion* appartiennent à *Paul* ; aussi avance-t-on comme un principe en Physique que deux corps qui parcourent le même espace en différens tems ont leur vitesse en *raison inverse* des tems emplo-yés à les parcourir.

Si *Pierre* avoit parcouru 4 lieues en 1 heure, & *Paul* 1 lieue en 2 heures, l'on auroit dit ; l'espace parcouru par *Pierre* : à l'espace parcouru par *Paul* : : le quarré de 2 heures représenté par le chiffre 4 : au quarré de 1 heure représenté par le chiffre 1 ; aussi auroit-on assuré dans cette occasion que les espaces parcourus étoient en *raison inverse* ou *réciproque* des quarrés des tems em-ployés à les parcourir.

Par la même raison si *Pierre* avoit parcouru 27 lieues en 1 heure, & *Paul* 1 lieue en 3 heures, les espaces parcourus auroient été en *raison inverse* des cubes des tems employés à les parcourir.

Définition neuvieme. Il n'y a jamais *raison composée* sans multiplication ; deux corps, *par exemple*, inégaux en *den-sité* & en *volume* ont leur *poids* en *raison composée* des *densités* & des *volumes*, pourquoi ? parce qu'on ne con-noit leur *poids* respectif, qu'en multipliant leur *densité* par leur *volume*. En effet si l'on veut comparer le *poids* d'une masse d'or dont le *volume* est 2 & la *densité* 19 avec le *poids* d'une masse d'eau dont le *volume* est 6 & la *densité* 1, l'on doit dire ; le *poids* de l'or : au *poids* de l'eau : : 38 : 6.

Axiome premier. Deux *Raisons* égales à une troisieme sont égales entre elles ; en effet

$$6 : 3 : : 24 : 12$$
$$8 : 4 : : 24 : 12$$
donc
$$6 : 3 : : 8 : 4$$

Par le même principe, si de plusieurs *raisons* la pre-miere est égale à la seconde, la seconde est égale à la troisieme, &c. la premiere sera nécessairement égale à la troisieme.

E 3

Exemple.

$$4 : 2 :: 16 : 8$$
$$16 : 8 :: 20 : 10$$
donc
$$4 : 2 :: 20 : 10$$

Ordinairement les deux premieres *proportions* se marquent en cette manière.

$$4 : 2 :: 16 : 8 :: 20 : 10$$

Axiome second. Deux grandeurs égales ont un même rapport, ou une même *raison* à une troisieme grandeur. Si la grandeur A & la grandeur B , *par exemple* , sont égales ; le rapport de la grandeur A à la grandeur C sera le même que celui de la grandeur B à la grandeur C.

Par une conséquence évidente deux grandeurs sont égales entre elles , lorsqu'elles ont un même rapport à une troisieme.

Axiome troisiemé. Deux *touts* sont comme leurs moitiés , leurs tiers , &c.

$$16 : 12 :: 8 : 6$$
de même
$$16 : 12 :: 4 : 3$$

Axiome quatrieme. Lorsque l'on multiplie 2 grandeurs par une troisieme , les deux *produits* sont entre eux comme les deux *multiplicandes.* Multipliez par 3 les 2 quantités 4 & 8 , vous aurez d'un côté 12 & de l'autre 24. Or $12 : 24 :: 4 : 8$, donc les deux *produits* sont comme les deux *multiplicandes.*

Axiome cinquieme. Si l'on divise 2 grandeurs par une troisieme , les *quotiens* sont entre eux comme les *dividendes.* Divisez par 5 les deux quantités 30 & 60 , vous aurez pour *quotiens* d'un côté 6 & de l'autre 12 ; or $6 : 12 :: 30 : 60$, donc les deux *quotiens* sont comme les deux *dividendes.*

Proposition fondamentale.

Dans toute proportion Géométrique le *produit des extrèmes* est égal au *produit des moyennes.*

S'il ne s'agissoit ici que de 4 quantités numériques , il ne seroit pas nécessaire de démontrer cette proposion ; elle seroit démontrée par l'expérience que chacun en pourroit faire. Mais comme l'on n'opère pas toujours sur des nombres, nous ne sçaurions nous dispenser d'en venir à une démonstration universelle. Je dis donc que si A : B : : C : D, le *produit* de la grandeur A multipliant la grandeur D, c'est-à-dire, AD sera égal au *produit* de la grandeur B multipliant la grandeur C, c'est-à-dire, au *produit* BC. Tout le monde sçait qu'on multiplie une lettre par l'autre, en mettant une lettre à côté de l'autre.

Démonstration. Puisque A : B : : C : D, supposons 1°. que je multiplie la *grandeur* A par le *conséquent* D, & la grandeur B par le même conséquent D, le *produit* sera d'un côté AD & de l'autre BD & j'aurai par l'*axiome quatrieme* la proportion A : B : : AD : BD.

Supposons 2°. que je multiplie la *grandeur* C par le *conséquent* B, & la *grandeur* D par le même *conséquent* B, j'aurai par l'*axiome quatrieme* la proportion géométrique C : D : : BC : BD.

3°. Puisque par supposition A : B : : C : D, j'ai les 3 proportions géométriques suivantes.

1re. Proportion A : B : : C : D
2e. Proportion A : B : : AD : BD
3e. Proportion C : D : : BC : BD
Donc par l'axiome premier AD : BD : : C : D
Mais par la proportion 3e C : D : : BC : BD
Donc par l'Axiome premier AD : BD : : BC : BD

Donc par *l'axiome second* les deux quantités AD & BC sont égales entre elles, parce qu'elles ont un même rapport à la quantité BD.

Proposition inverse.

4. Grandeurs sont en proportion géométrique, lorsque le *produit* des *extrêmes* est égal au *produit* des *moyennes*.

Explication. L'on me donne les 4 grandeurs A, B, C, D & l'on suppose que le *produit* AD est égal au *produit* BC, je dis que A : B : : C : D.

Démonstration. 1°. Si je multiplie les grandeurs A & B par la grandeur D, j'aurai par l'*axiome quatrieme* la proportion A : B : : AD : BD.

2°. Si je multiplie les deux grandeurs C & D par la grandeur B, j'aurai par *le même axiome* la proportion C : D : : BC : BD.

3°. L'on suppose que le *produit* A D est égal au *produit* B C : donc il sera indifférent de mettre B C pour A D ; donc l'on a les 2 Proportions suivantes.

1re. Proportion A : B : : B C : B D

2e. Proportion C : D : : B C : B D

Donc par l'Axiome premier A : B : : C : D.

Corollaires.

Corollaire I. Si 4 quantités sont *proportionnelles*, l'antécédent de la premiere *raison* : à l'antécédent de la seconde : : le *conséquent* de la premiere *raison* : au *conséquent* de la seconde ; c'est-là ce que l'on nomme argumenter *alternando*.

Exemple.

12 : 6 : : 8 : 4
donc
12 : 8 : : 6 : 4

c'est-là argumenter *convertendo*.

Corollaire II. Si 4 quantités sont *proportionnelles*, le *conséquent* de la premiere *raison* : à son *antécédent* : : le *conséquent* de la seconde *raison* : à son *antécédent* ;

Exemple.

12 : 6 : : 8 : 4
donc
6 : 12 : : 4 : 8

quent de la seconde *raison* joints ensemble : à leur *conséquent*. C'est-là argumenter *componendo*.

Corollaire III. Si 4 quantités sont *proportionnelles*, l'antécédent & le *conséquent* de la premiere *raison* joints ensemble : à leur *conséquent* : : l'antécédent & le *conséquent*

Exemple.

12 : 6 : : 8 : 4
donc
18 : 6 : : 12 : 4

l'excès de l'antécédent sur le *conséquent* : au *conséquent*. C'est-là argumenter *dividendo*.

Corollaire IV. Si 4 quantités sont *proportionnelles*, dans la premiere *raison* l'excès de l'antécédent sur le *conséquent* : au *conséquent* : : dans la seconde *raison*

Exemple.

12 : 3 : : 8 : 2
donc
9 : 3 : : 6 : 2

nes au premier & au dernier *termes* du second rang.

Corollaire V. Dans une proportion d'égalité ordonnée, le premier & le dernier *termes* du premier rang sont *proportionnels* au premier & au dernier *termes* du

Exemple.

L'on vous donne

1°. les 3 quantités 12, 6, 3

L'on vous donne

2°. les 3 quantités 8, 4, 2

L'on voit 3°. que 12 : 6 : : 8 : 4

L'on voit 4°. que 6 : 3 : : 4 : 2

donc

12 : 3 : : 8 : 2

Corollaire **VI.** Dans une *Proportion d'égalité troublée*, le premier & le dernier *termes* du premier rang sont proportionnels au premier & au dernier *termes* du second rang.

Exemple.

L'on vous donne
1°. les 3 quantités 12, 6, 2
L'on vous donne
2°. les 3 quantités 24, 8, 4
L'on voit 3°. que 12 : 6 :: 8 : 4
L'on voit 4°. que 6 : 2 :: 24 : 8
donc
12 : 2 :: 24 : 4

La vérité de ces six corollaires est fondée sur ce principe, 4 *grandeurs sont en proportion géométrique*, *lorsque le produit des extrêmes est égal au produit des moyennes*.

REMARQUE.

Ne confondons pas *proportion géométrique* avec *proportion arithmétique* ; 4 grandeurs sont en *proportion arithmétique*, lorsque la quantité par laquelle la premiere diffère de la seconde, est égale à la quantité par laquelle la troisieme diffère de la quatrieme. Ainsi les 4 grandeurs 1 . 2 . 3 . 4. sont en proportion arithmétique ; & l'on peut dire 1 . 2 : 3 . 4, c'est-à-dire, 1 est à 2, comme 3 est à 4 ; parce que de même que le nombre 1 marque la différence qu'il y a entre la grandeur 1 & la grandeur 2 ; de même aussi le nombre 1 marque la différence qu'il y a entre la grandeur 3 & la grandeur 4.

Concluez de-là que dans une Proportion arithmétique la somme des *extrêmes* est égale à la somme des *moyennes*, c'est-à-dire, concluez de-là que si vous ajoutez d'un côté le premier terme de la Proportion arithmétique au quatrieme, & de l'autre le second terme au troisieme, vous aurez deux sommes égales. En effet, servez-vous de l'exemple précédent & ajoutez d'un côté 1 à 4, & de l'autre 2 à 3, vous aurez deux sommes, chacune de 5.

Concluez encore que l'on se sert de la multiplication pour la Proportion géométrique, & de l'addition pour la Proportion arithmétique.

Propositions du sixieme, onzieme & douzieme Livres d'Euclide nécessaires à un Physicien.

Il ne s'agit ici que d'appliquer les régles des Proportions

à quelques figures dont l'usage est très-fréquent en Physique.

Lemme.

On connoit l'aire d'un *rectangle* en multipliant sa hauteur par sa base.

Explication. 1°. Toute figure composée de 4 côtés & de 4 angles droits est un *rectangle*.

2°. L'espace renfermé entre les 4 côtés d'un rectangle prend le nom d'*aire*.

3°. Je suppose que le *rectangle* A B C D *Fig.* 5. *Pl.* 2. ait sa hauteur A D de 5 pieds & sa base D C de 3 ; je dis que son *aire* sera de 15 pieds.

Démonstration. Représentez-vous la ligne A D se promenant sur la ligne D C paralléllement à elle-même ; l'on concevra que l'*aire* du rectangle A B C D est entièrement formée, lorsque la ligne A D partie du point D, sera arrivée au point C. Cela supposé, voici comment je raisonne : pour exprimer le chemin qu'a fait la ligne A D, il faut prendre autant de fois le nombre de pieds qu'elle contient, qu'il y a d'unités dans la ligne D C, c'est-à-dire, il faut multiplier la hauteur A D par la base D C ; mais le chemin qu'a fait la ligne A D n'est autre chose que l'aire du rectangle A B C D ; donc pour exprimer l'aire de ce rectangle il faut multiplier la hauteur A D par la base D C.

Proposition premiere Les rectangles qui ont même hauteur, sont en raison directe de leurs bases.

Explication. Les deux quadrilatéres A K L E & C K D L *Fig.* 6. *Pl.* 2. qui ont même hauteur, sont de vrais rectangles, parce qu'ils ont leurs 4 angles droits. Je dis donc que le *rectangle* A K L E : au rectangle C K D L : : la base E L : à la base D L. Pour le démontrer, je fais la base E L de 10 pieds., la hauteur E A de 12, la base D L de 2 pieds & la hauteur L K de 12.

Démonstration. 1°. L'aire du *rectangle* A K L E contient 120 pieds, & l'aire du *rectangle* C K D L en contient seulement 24, puisqu'on connoit l'aire d'un *rectangle* en multipliant sa hauteur par sa base ; donc le rectangle A K L E : au rectangle C K D L : : 120 pieds : à 24 pieds.

2°. 120 pieds : à 24 pieds : : 10 pieds : à 2 pieds ; donc par l'*axiome premier du cinquieme Livre*, le *rectangle* A K L E : au rectangle C K D L : : 10 pieds : à 2 pieds.

3°. La base E L du *rectangle* A K L E est de 10

pieds, & la base DL du *rectangle* CKDL de 2 pieds ; donc le *rectangle* AKLE : au *rectangle* CKDL :: la base EL : à la base DL.

4°. Le *rectangle* AKLE qui a pour base EL, & le *rectangle* CKDL qui a pour base DL, ont la même hauteur ; donc deux *rectangles* qui ont même hauteur sont en raison directe de leurs bases.

Corollaire I. Les *rectangles* sont en raison composée de leur base & de leur hauteur, puisqu'on conçoit l'espace que renferment les 4 côtés d'un *rectangle* en multipliant sa base par sa hauteur.

Corollaire II. Ce que nous avons dit des *rectangles* doit s'appliquer à toute sorte de quadrilatéres réguliers, puisqu'un quadrilatére régulier est égal à un *rectangle* qui a même base & même hauteur que lui, *par la Proposition sixieme du Livre premier.*

Corollaire III. Puisqu'un triangle est la moitié d'un quadrilatére régulier, pourvû que le triangle & le quadrilatére ayent même base & même hauteur, *par le Corollaire quatrieme de la Proposition sixieme du Livre premier ;* il s'ensuit évidemment que deux triangles qui ont même hauteur sont entre eux comme leurs bases ; il s'ensuit encore que deux triangles qui ont même base sont entre eux comme leurs hauteurs. La raison en est évidente ; deux touts sont entre eux comme leurs deux moitiés, donc si deux quadrilatéres qui ont même hauteur sont entre eux comme leurs bases, deux triangles qui ont même hauteur seront nécessairement en raison directe de leurs bases.

Proposition deuxieme. Si dans un triangle l'on tire une ligne parallele à l'un des côtés, elle coupera les deux autres côtés proportionnellement.

Explication. Si dans le triangle DCE *Fig. 9. Pl. 2.* l'on tire BA parallele à DE, je dis que les côtés CD & CE seront coupés proportionnellement, c'est-à-dire, je dis que l'on aura la proportion suivante CB : BE :: CA : AD. Pour le démontrer, je tire les lignes EA & DB.

Démonstration. 1°. Les deux triangles BAD & EBA qui ont la même base BA & qui sont renfermés entre les mêmes paralleles BA & DE, sont égaux entre eux, *par le Corollaire troisieme de la Proposition sixieme du Livre premier.*

2°. Les 2 triangles EBA & BAD ont un même rapport au triangle ABC, *par l'Axiome second du Livre cinquieme*, & l'on peut dire, le triangle EBA : au triangle ABC :: le triangle BAD : au même triangle ABC.

3°. Si je prends CB pour la base du triangle ABC , & BE pour la base du triangle EBA, j'aurai *par le Corollaire troisieme de la Proposition précédente* cette proportion ; le triangle ABC : au triangle EBA :: la base CB : à la base BE, puisque ces deux triangles qui vont aboutir au point A , ont évidemment même hauteur.

4°. L'on démontrera de la même manière que le triangle ABC : au triangle BAD :: la base CA : à la base AD.

5°. L'on a donc la proportion continue suivante ; CB : BE :: ABC : EBA :: ABC : BAD :: CA : AD ; donc par *l'Axiome premier du Livre cinquieme* , CB : BE :: CA : AD ; donc si dans un triangle l'on tire une ligne parallèle à l'un des côtés, elle coupera les deux autres côtés proportionnellement.

Proposition troisieme. Les triangles semblables ou équiangles ont en proportion les côtés qui sont autour des angles égaux.

Explication. L'on me donne les deux triangles BCA & EFD, *Fig. 9. Pl. 2.* & l'on m'assure que l'angle C est égal à l'angle F, l'angle A à l'angle D , & l'angle B à l'angle E. Je dis que ces deux triangles auront en proportion les côtés qui sont autour des angles égaux, c'est-à-dire, je dis que BC : AC :: EF : DF ; ce que nous dirons des côtés qui sont autour des angles égaux C & F, pourra s'appliquer aux côtés qui sont autour des angles égaux B & E, A & D.

Démonstration. Puisque les deux triangles BCA & EFD sont supposés équiangles, transportez le triangle EFD sur le triangle BCA ; le triangle EFD occupera l'espace qu'occupe le triangle HCJ, & par conséquent tout ce que l'on dira du triangle HCJ devra s'appliquer au triangle EFD.

2°. Les angles HJC & BAC sont supposés égaux ; donc, *par le Corollaire sixieme de la Proposition quatrieme du Livre premier*, les deux lignes AB & JH sont paralleles.

3°. *Par la Proposition seconde de ce sixieme Livre*, l'on a la proportion suivante ; BH : HC :: AJ : JC, donc , *componendo*, l'on dira, BC : HC :: AC : JC ; mais HC est égal à E F & J C à D F ; donc B C : E F : : A C : D F ; donc, *alternando* , B C : A C : : E F : D F ; donc les triangles semblables ou équiangles ont en proportion les côtés qui se trouvent autour des angles égaux.

Corollaire I. Toute ligne parallele à l'un des côtés d'un triangle , partage le triangle de telle sorte, que le petit est semblable au grand , c'est-à-dire , équiangle avec le grand. Car si l'on suppose HJ parallele à A B , l'angle H sera égal à l'angle B , l'angle J à l'angle A , & l'angle C sera commun au grand triangle B C A & au petit triangle H C J ; donc ces deux triangles seront équiangles ; donc toute ligne parallele à l'un des côtés d'un triangle , partage le triangle de telle sorte que le petit est semblable au grand.

Corollaire II. Deux lignes qui se coupent dans un cercle , se coupent en proportion réciproque , c'est-à-dire , puisque les deux lignes A *b* & K V se coupent au point *e* dans le cercle C , *Fig.* 8. *Pl.* 2. je dis que l'on aura la proportion suivante, A *e* : *e* K : : *e* V : *e b*. En voici la preuve.

1°. Les deux triangles A *e* K & *b e* V sont équiangles , puisque les angles en *e* opposés au sommet sont égaux , *par la Proposition quatrieme du Livre premier* ; que les angles A K *e* & V *b e* qui insistent sur l'arc A H V, & les angles K A *e* & *b* V *e* qui insistent sur l'arc K *b* sont égaux entre eux, *par le Corollaire troisieme de la Proposition troisieme du troisieme Livre.*

2°. *Par la Proposition supérieure* , l'on a la proportion suivante , A *e* : *e* K : : *e* V : *e b* ; donc les deux lignes A *b* & K V se coupent en proportion réciproque , puisque le premier & le dernier termes de cette proportion appartiennent à la ligne A *b* , & le second avec le troisieme termes à la ligne K V ; donc deux lignes qui se coupent dans un cercle se coupent en proportion réciproque , ou en raison inverse.

Corollaire III. Lorsque deux lignes se coupent dans un cercle , le rectangle sur les segmens de l'une est égal au rectangle sur les segmens de l'autre, c'est-à-dire , le rectangle fait sur les segmens A *e* & *e b* est égal au rectangle fait sur les segmens K *e* & *e* V. En effet l'on a *par le Corollaire précédent*, la proportion suivante , A *e* : *e* K : : *e* V : *e b* ; donc , *par la Proposition fondamentale du Livre cinquieme*, A *e* multipliant *e b* est égal à *e* K multipliant *e* V : mais A *e* multipliant *e b* donne pour produit le rectangle fait sur les segmens A *e* & *e b* ; & *e* K multipliant

E V donne pour produit le rectangle fait sur les segmens
e K & e V ; donc le rectangle fait sur les segmens A e &
e ó est égal au rectangle fait sur les segmens e K & e V ;
donc lorsque deux lignes se coupent dans un cercle, le
rectangle sur les segmens de l'une est égal au rectangle
sur les segmens de l'autre.

Corollaire IV. Si d'un point hors d'un cercle l'on tire
deux lignes dont l'une soit tangente & l'autre sécante, le
quarré de la tangente sera égal à un rectangle fait sur
toute la sécante & sur le segment extérieur. Si du point A,
par exemple, qui se trouve hors du cercle B D M F C,
Fig. 10. Pl. ... l'on tire la tangente AB & la sécante
A C D, le quarré formé sur la tangente AB sera égal à
un rectangle qui auroit pour base la sécante A D & pour
hauteur le segment A C. En voici la preuve.

1°. Les deux triangles ABD & ABC ont l'angle A
qui leur est commun, & les angles A B C & A D B égaux,
puisque le premier est mesuré par la moitié de l'arc BC,
*par le Corollaire cinquieme de la Proposition troisieme du
Livre troisieme,* & que le second a précisément la même
mesure, *par le Corollaire premier de la même Proposition,* donc ces deux triangles sont équiangles.

2°. Puisque les deux triangles A B D & A B C sont
équiangles, l'on aura, *par la Proposition précédente,* la
proportion suivante, A D : A B : : A B : A C ; donc, *par
la Proposition fondamentale du Livre cinquieme,* A D multipliant A C est égal à AB multipliant A B ; mais A B
multipliant A B donne le quarré formé sur la tangente
A B, & A D multipliant A C donne un rectangle qui a
pour base la sécante A D & pour hauteur le segment
A C ; donc le quarré de la tangente est égal à un rectangle fait sur toute la sécante & sur le segment exterieur.

Proposition quatrieme. Deux triangles qui ont un angle
égal & les côtés autour de cet angle proportionnels,
sont semblables.

Explication. Si les deux triangles B C A & D F E,
Fig. 9. Pl. 2. ont les angles C & F égaux, & que B C
: A C : : F E : D F, je dis que ces deux triangles seront
semblables ou équiangles. Pour le démontrer, faites sur
la base EF le triangle F E G semblable au triangle B C A.

Démonstration. 1°. Puisque les triangles BCA & FEG
sont supposés semblables, l'on aura, *par la Proposition
précédente,* la proportion suivante, B C : A C : : F E : G E ;

mais l'on a déjà *par fuppofition*, BC : AC :: FE : DF ;
donc l'on aura *par l'Axiome premier du Livre cinquieme* ,
FE : GE :: FE : DF ; donc , *alternando* , FE : FE ::
GE : DF , mais le côté FE eft égal au côté FE ; donc
le côté GE eft égal au côté DF.

2°. Les deux triangles DFE & FEG ont le côté FE
commun, le côté GE égal au côté DF & l'angle DFE
égal à l'angle FEG ; donc, *par la Propofition premiere du
Livre premier* , ces deux triangles font égaux entre eux.

3°. Le triangle BCA eft femblable au triangle FEG ;
donc il eft femblable au triangle DFE qui vient d'être
démontré égal au triangle FEG ; donc deux triangles
qui ont un angle égal, & les côtés autour de cet angle
proportionnels , font femblables ou équiangles.

Propofition cinquieme. Dans tout triangle rectangle la
perpendiculaire tirée de l'angle droit fur le côté oppofé ,
partage le grand triangle en deux petits triangles qui lui
font femblables, & qui font femblables entre eux.

Explication. Dans le triangle ABC rectangle en B ,
Fig. 6. Pl. 2. la perpendiculaire BK partage le grand triangle ABC en deux petits triangles BKC & BKA femblables au grand & par conféquent femblables entre eux.

Démonftration. 1°. Le grand triangle ABC & le petit
triangle BKC ont chacun un angle droit, l'un en B, &
l'autre en K , & l'angle C leur eft commun ; donc ils font
équiangles & par conféquent femblables.

2°. Le grand triangle ABC & le petit triangle BKA
ont chacun un angle droit, l'un en B, & l'autre en K ,
& l'angle A leur eft commun ; donc ils font équiangles &
par conféquent femblables.

3°. Les deux petits triangles BKC & BKA font
chacun femblables au grand triangle ABC ; donc ils
font femblables entre eux ; donc la perpendiculaire BK
partage le grand triangle ABC en deux petits triangles
qui lui font femblables, & qui par conféquent font femblables entre eux.

Corollaire I. La perpendiculaire BK eft moyenne proportionnelle entre les fegmens qu'elle fait fur la bafe AC.
En effet les deux triangles BKC & BKA font femblables ; donc *par la Propofition troifieme de ce Livre* l'on
peut dire , CK : BK :: BK : KA.

Corollaire II. La fameufe Propofition feptieme du Livre
premier devient un Corollaire de la Propofition précé-

dente ; & elle fe démontre plus facilement encore par le moyen des proportions , que par le moyen des lignes, L'on ne fera pas fâché de trouver ici cette feconde démonftration.

1°. Les deux triangles BKC & ABC font équiangles ; donc , *par la Propofition troifieme de ce Livre* , CK : BC :: BC : AC ; donc , *par la Propofition fondamentale du Livre cinquieme* , CK multipliant AC , c'eft-à-dire , le rectangle CKDL eft égal à BC multipliant BC, c'eft-à-dire , au quarré BCIH.

2°. Les deux triangles BKA & ABC font équiangles ; donc l'on pourra dire, AK : AB :: AB : AC ; donc AK multipliant AC , c'eft-à-dire , le rectangle AKLE eft égal à AB multipliant AB , c'eft-à-dire , au quarré ABFG.

3°. Les deux rectangles CKDL & AKLE forment précifément le quarré ACDE fait fur la bafe AC ; donc dans un triangle rectangle , le quarré fait fur la bafe AC eft égal aux deux quarrés faits fur les deux autres côtés,

Propofition fixieme. Les triangles qui ont un angle égal & dont les côtés autour de cet angle font en proportion réciproque, font égaux entre eux.

Explication. L'on me donne les deux triangles ABC & DBE , *Fig.* 11. *Pl.* 2. dont les angles en B , oppofés au fommet, font égaux ; & l'on fuppofe que CB : BD :: BE : AB ; je dis que ces deux triangles feront égaux. Pour le démontrer, je tire la ligne AD.

Démonftration. 1°. Les deux triangles ABC & ABD ont même hauteur , puifqu'ils vont aboutir tous les deux au point A ; donc , *par le Corollaire troifieme de la premiere Propofition de ce Livre* , l'on a la proportion fuivante ; le triangle ABC : au triangle ABD :: la bafe CB : à la bafe BD.

2°. Par la même raifon les deux triangles DBE & ABD qui vont tous les deux aboutir au point D , donnent la proportion fuivante ; le triangle DBE : au triangle ABD :: la bafe BE : à la bafe AB.

3°. L'on a donc ces deux proportions ;

ABC : ABD :: CB : BD.   DBE : ABD :: BE : AB.

4°. L'on a par fuppofition , CB : BD :: BE : AB ; donc au lieu d'employer la raifon de BE à AB , je pourrai employer celle de CB à BD ; donc je pourrai dire ,

ABC : ABD :: CB : BD. DBE : ABD :: CB : BD.

5°. *Par l'axiome premier du Livre cinquieme*, l'on pourra dire ABC : ABD :: DBE : ABD; donc *alternando*, ABC : DBE :: ABD : ABD ; mais le triangle ABD est égal au triangle ABD; donc le triangle ABC est égal au triangle DBE ; mais ces deux derniers triangles ont une angle égal & les côtés autour de cet angle en proportion réciproque ; donc les triangles qui ont un angle égal & dont les côtés autour de cet angle sont en proportion réciproque, font égaux entre eux.

Proposition septieme. Les triangles semblables sont en raison doublée de leurs côtés homologues, c'est-à-dire, sont comme les quarrés de leurs côtés homologues.

Explication. Si les deux triangles ABD & FEG, *Fig. 12. Pl. 2*, sont semblables, l'on aura la proportion suivante ; le triangle ABD : au triangle FEG :: le quarré de BD : au quarré de EG. Pour le démontrer, je tire la ligne AC, de façon que BD : EG :: EG : BC.

Démonstration. 1°. Les triangles ABD & FEG sont semblables ; donc, *par la proposition troisieme de ce Livre*, l'on dira ; AB : BD :: FE : EG; donc *alternando*, AB : FE :: BD : EG; mais, *par construction*, BD : EG :: EG : BC; donc, *par l'axiome premier du Livre cinquieme* AB : FE :: EG : BC; donc, *par la précédente*, les deux triangles ABC & FEG font égaux, puisqu'ils ont les angles B & E égaux, & les côtés autour de ces angles en proportion réciproque ; donc tout ce qu'on dira du triangle ABC pourra s'appliquer au triangle FEG.

2°. Lorsque 3 grandeurs sont en proportion Géométrique, la premiere : à la troisieme :: le quarré de la premiere : au quarré de la seconde. Puisque, *par exemple*, 4 : 2 :: 2 : 1 ; l'on pourra dire, 4 : 1 :: le quarré de 4, c'est-à-dire, 16 : au quarré de 2, c'est-à-dire, 4. Cela supposé, voici comment je raisonne ; *par construction*, BD : EG :: EG : BC ; donc BD : BC :: le quarré de BD : au quarré de EG.

3°. Les deux triangles ABD & ABC ont même hauteur ; donc, *par le corollaire troisieme de la proposition premiere de ce Livre*, le triangle ABD : au triangle ABC :: BD : BC ; mais BD : BC :: le quarré de BD : au quarré de EG ; donc, *par l'axiome premier du Livre cinquieme*, le triangle ABD : au triangle ABC :: la quarré de BD : au quarré de EG.

4°. Le triangle A B C a déja été démontré égal au trian=
gle F E G ; donc le triangle ABD : au triangle FEG :: le
quarré de BD : au quarré de EG ; donc les triangles femblables font en raifon doublée de leurs côtés homologues.

Corollaire I. Si 4 lignes font en proportion , les poligones femblables que l'on conftruira fur ces lignes ,
feront auffi en proportion. Pourquoi ? parce que ces poligones feront , *par la précédente* , comme les quarrés de
ces lignes ; mais les quarrés de 4 lignes proportionnelles font en proportion ; donc les poligones femblables
que l'on conftruira fur 4 lignes proportionnelles , feront en proportion. Ainfi , *Fig.* 13. *Pl.* 2, fi AB : CD ::
GH : KI, l'on pourra dire , le poligone E : au poligone
F :: le poligone L : au poligone M.

Si quelqu'un doutoit que les quarrés de 4 lignes proportionnelles , demeuraffent en proportion ; voici comment il pourroit s'en convaincre. Suppofons 4 lignes
dont la premiere foit de 2 pieds, la feconde de 4 , la
troifieme de 5 , & la quatrieme de 10 ; ces 4 lignes
feront évidemment proportionnelles , je dis que leurs
quarrés feront en proportion. En effet 4 · 16 :: 25 : 100 ;
mais 4 eft le quarré de la premiere ligne , 16 celui de la
feconde , 25 celui de la troifieme & 100 celui de la
quatrieme ; donc 4 lignes proportionnelles ont leurs
quarrés en proportion.

Corollaire II. Deux poligones femblables infcrits dans
des cercles , font entre eux comme les quarrés des diamètres des cercles dans lefquels ils font infcrits. Si, *par
exemple ,* le poligone A B C D E, *Fig.* 14. *Pl.* 2 , eft femblable au poligone F G H K L , le premier : au fecond ::
le quarré du diamétre AM : au quarré du diamétre FN.
En voici la preuve.

1°. Puifque les deux poligones dont nous parlons font
femblables , l'arc AB fera femblable à l'arc FG , c'eft-
à-dire , contiendra autant de degrés que l'arc FG; donc
l'angle AMB fera égal à l'angle FNG, *par le corollaire
troifieme de la propofition troifieme du troifieme Livre.*

2°. L'angle ABM qui infifte fur le demi-cercle AEM
eft égal à l'angle FGN qui infifte fur le demi-cercle
FLN , *par le corollaire fecond de la même propofition ;*
donc le triangle AMB eft femblable au triangle FGN ,
*par le corollaire quatrieme de la propofition cinquieme du
Livre premier.*

3°. Les

3°. Les deux triangles femblables A M B & F G N donnent , *par la propofition troifiéme de ce Livre* , la proportion fuivante A B : F G :: AM : F N ; donc ces 4
lignes font proportionnelles ; donc , *par le corollaire précédent* , le poligone fur A B : à un poligone femblable
fait fur F G :: le poligone fur A M : à un poligone femblable fait fur F N. Mais les deux poligones A B C D E &
F G H K L font deux poligones femblables faits l'un fur
A B , l'autre fur F G ; de même le quarré de A M & le
quarré de F N font deux poligones femblables faits l'un
fur A M & l'autre fur F N ; donc le poligone ABCDE :
au poligone F G H K L : : le quarré du diamétre .A M : au
quarré du diamétre F N.

Corollaire III. Deux cercles font deux poligones femblables d'une infinité de côtés ; donc ils font entre eux
comme les quarrés de leurs diamétres ; donc , fi , de deux
cercles , l'un a un diamétre de deux pieds , & l'autre un
diamétre d'un pied , l'aire du premier : : à l'aire du fecond
: : 4 : 1.

Corollaire IV. L'on doit appliquer aux folides ce que
nous avons dit des figures planes , avec cette différence
qu'au lieu de parler de quarré , nous devons parler de cube. Pourquoi ? parce qu'un *folide* eft le produit de fes trois
côtés multipliés les uns par les autres ; ou , ce qui revient
au même , parce qu'un *folide* eft le produit d'une bafe qui
eft un plan , par une hauteur. Ainfi puifque deux poligones
femblables font entre eux comme les quarrés de leurs côtés homologues , deux folides femblables feront entre'eux
comme les cubes de leurs côtés homologues ; mais deux
fphéres font deux folides femblables ; donc deux fphéres
font entre-elles comme les cubes de leurs diamétres. Ainfi
fi de deux fphéres , l'une a 1 pied , & l'autre 2 pieds de
diamétre , la premiere : à la feconde : : 1 : 8.

Il n'eft pas néceffaire de prouver que deux folides font
femblables , lorfqu'ils font équiangles , & lorfqu'ils ont
en proportion les côtés qui font .autour des angles égaux.

GÉOMÉTRIE PRATIQUE. C'eft l'application des Principes que nous avons pofés dans l'article précédent &
dans celui de la Trigonométrie. Elle a été inventée en
Egypte où elle ne fervit d'abord qu'à fixer les limites
des champs & des campagnes que les inondations du Nil
avoient fouvent confondues. L'ufage qu'en font aujour-
d'hui les Phyficiens eft beaucoup plus étendu. Ils s'en

fervent pour mefurer toute forte de lignes, de furfaces & de folides, quelle qu'en foit la longueur, la largeur & l'epaiffeur. La Géométrie pratique contient donc la *Longimétrie*, la *Planimétrie* & la *Stéréométrie* dont nous avons parlé dans leurs articles rélatifs, & dans celui du *compas de proportion*.

GLACE. M^r. de Mairan dans fon excellent Traité fur la glace fuppofe, comme autant de principes, les vérités fuivantes. Il faudroit n'avoir pas préfentes à l'efprit les caufes phyfiques de la fluidité, de la chaleur & du froid, pour être tenté de les révoquer en doute.

Premiere Vérité. L'eau qui fe change en glace ne perd fa fluidité, que parce que fes molécules infenfibles perdent leur mouvement en tout fens.

Seconde Vérité. Les molécules aqueufes ne perdent leur mouvement en tout fens, que lorfqu'il y a évaporation d'une grande partie de particules ignées, renfermées auparavant dans le fein de l'eau, & diminution de mouvement dans celles qui reftent.

Troifieme Vérité. L'athmofphére qui nous environne, contient moins de particules ignées dans un tems froid, que dans un tems chaud.

Quatrieme Vérité. Les particules ignées qui fe trouvent dans l'athmofphére, lorfque le tems eft froid, ne font pas en fi grand mouvement, que lorfque le tems eft chaud.

Cinquieme Vérité. L'athmofphére contient plus de particules falines & nitreufes dans un tems froid, que dans un tems chaud.

Sixieme Vérité. L'eau après fa congélation, contient plus de particules de fel & de nitre, qu'avant fa congélation.

Septieme Vérité. Les particules ignées qui fe trouvent dans l'eau, tendent toujours à fe mettre en équilibre avec les particules ignées qui fe trouvent dans l'athmofphére. Ces vérités une fois fuppofées, demande-t-on à M. de Mairan par quel méchanifme l'eau dans un tems froid fe change en glace? trois caufes principales concourent à cet effet, répond ce Sçavant Phyficien. 1°. Dans un tems froid il fort du fein de l'eau une grande quantité de particules ignées; fans cela l'équilibre dont nous avons parlé en propofant la *feptieme Vérité*, ne pourroit pas fubfifter. 2°. Les particules ignées qui demeurent dans le fein de l'eau perdent beaucoup de leur mouvement; cette perte eft fans doute occafionnée par les particules falines & nitreufes que différens vents font entrer en ligne droite dans une eau prête à fe gêler. 3°. Ces mêmes particules falines & nitreufes entrent comme autant de coins dans les pores des molécules aqueufes, les bouchent exactement, empêchent les particules ignées & de s'y infinuer, & de communiquer aux parties infenfibles de l'eau leur mouvement en tout fens ; l'eau doit donc perdre fa fluidité & fe changer en glace. Les expériences fuivantes vont confirmer la bonté de ce fiftême.

Premiere Expérience. Prenez une certaine quantité d'eau, & expofez-la à l'air dans un tems froid ; cette eaufe gêlera & occupera un plus grand efpace, qu'auparavant.

Explication. Cette augmentation de volume vient fans doute, non-feulement du grand nombre de particules nitreufes & falines que l'eau reçoit quelque tems avant fa congélation ; mais elle vient fur-tout de la dilatation de l'air intérieur. En effet l'air renfermé dans la glace ne communiquant plus avec l'air extérieur, & n'étant plus par conféquent en équilibre avec lui, a commencé à fe dilater ; dilaté, il a foulevé les molécules de l'eau dans le tems qu'elle étoit fur le point de fe gêler ; ces molécules foulevées ont occupé un plus grand efpace & ont communiqué à la maffe entière une augmentation de volume.

Seconde Expérience. Prenez une bouteille de verre ; rempliffez-la à moitié d'eau ; bouchez-la exactement & prefque hermétiquement, & expofez-la à l'air dans le tems même que le thermométre fe trouve bien au deffous du point de la congélation. Si vous ne remuez pas la bouteille, l'eau acquerra plufieurs degrés de froid audelà de celui de la congélation ordinaire, fans cependant fe gêler ; mais fi vous agitez l'eau contenue dans la bouteille, fur le champ l'eau fera parfemée de glaçons.

Explication. Cette expérience que nous devons à Mr. Fahréneith, membre de la Société Royale de Londres, nous prouve évidemment que les molécules fenfibles de l'eau, ne fçauroient s'accrocher les unes avec les autres, lorfqu'elles ne font pas un peu agitées.

Troifieme Expérience. Prenez deux morceaux de glace égaux entr'eux ; mettez le morceau A dans la Machine du vuide, & laiffez le morceau B expofé en plein air ; fi celui-ci demeure 6 minutes 14 fecondes à fe dégeler dans

l'air libre : celui-là n'emploira que 4 minutes à se fondre dans la Machine du vuide.

Explication. Ce qui fond la glace, c'est la matière ignée contenue dans l'athmosphère ; plus cette matière ignée a de force, & plus facilement aussi la glace est fondue. Il est probable qu'il y a plus de matière ignée
dans le récipient de la Machine pneumatique, après
qu'on en a pompé l'air, qu'il n'y en avoit, avant qu'on
le pompât. La raison en est sensible : la place qu'occupoit l'air qu'on a pompé, est occupée en partie par des
particules ignées qui entrent dans le récipient par les
pores du verre. Il est encore problable que l'air, par ses
spirales & ses rameaux, affoiblit considérablement le mouvement de la matière ignée ; donc la matière ignée a
plus de force dans le récipient, qu'hors du récipient ;
donc la glace doit plutôt se fondre dans le récipient de
la Machine du vuide, que lorsqu'elle est exposée en
plein air.

Quatrieme Expérience. Prenez 2 morceaux de glace égaux
entr'eux ; posez le morceau A sur une assiéte d'argent
& le morceau B sur une assiéte de bois ; quoique l'argent soit plus froid que le bois, cependant le morceau
A sera plutôt fondu que le morceau B.

Explication. L'argent est plus froid que le bois, j'en
conviens, & voilà pourquoi il paroit d'abord que le
morceau de glace B placé sur une assiéte de bois, devroit plutôt se fondre, que le morceau de glace A placé
sur une assiéte d'argent. Mais l'argent est plus lisse que
le bois ; ce qui ne peut manquer de produire une application plus prompte, un contact plus parfait de la glace qu'on met dessus ; & comme la glace ne se fond,
que parce qu'elle touche un corps moins froid qu'elle,
il n'est pas étonnant qu'elle se fonde plutôt sur l'argent
que sur le bois. Mr. Haguenot a fait cette expérience
devant la Société Royale de Montpellier, & il a trouvé
qu'un morceau de glace se fondoit plutôt sur l'argent,
que sur la paume de la main.

Cinquieme Expérience. Prenez 4 morceaux de même
glace égaux entr'eux ; saupoudrez le morceau de glace
A de sel marin bien sec & bien pulvérisé, ensorte que
cette poudre fasse tout autour une espece de croute ;
saupoudrez le morceau de glace B de sel ammoniac, le
morceau de glace C de salpétre, & laissez le morceau

de glace E fans y rien mettre ; fi ces morceaux de glace font portés dans un endroit où il regne une chaleur
naturelle ou artificielle , égale à celle qui regne dans les
Caves de l'Obfervatoire de Paris , le morceau de glace A
fera fondu dans moins d'une heure ; le morceau de glace
B 5 à 6 minutes après ; le morceau de glace C fera près
de 2 heures à fondre ; & le morceau de glace pure du-
rera près de 5 heures $\frac{1}{2}$.

Explication. Les pointes des corpufcules falins font
comme autant de coins qui écartent çà & là les particules intégrantes de l'eau glacée ; donc les fels doivent précipiter la fonte de la glace , & ils doivent la précipiter
d'autant plus, qu'ils ont des corpufcules plus acides. Concluons de-là que le fel marin a des corpufcules plus tran-
chans & plus aigus que le fel ammoniac , & le fel ammoniac des corpufcules plus aigus que le falpétre.

Sixieme Expérience. Mettez de l'eau dans une bouteille
dont le verre foit affez mince ; plongez cette bouteille dans
un vafe d'une capacité convenable , & entourez-la d'un
mélange de glace & de fel pilés ; vous verrez cette eau fe
glacer bientôt.

Explication. Le mélange de glace & de fel pilés eft plus
froid que la glace fimple, puifque le thermométre à efprit
de vin defcend plus bas, lorfqu'il eft plongé dans ce
mélange, qu'il ne defcend lorfqu'il eft plongé dans la glace pilée. Cela fuppofé , voici comme raifonne Mr. de
Mairan qui nous a fourni tout ce que nous avons dit
dans cet article : quelque froid que foit le mélange de
glace & de fel, il n'eft pas cependant abfolument defti-
tué de matière ignée ; ce mélange fert d'athmofphére à
l'eau que l'on veut faire glacer ; la matière ignée contenue
dans cette eau doit donc, pour garder les régles de l'é-
quilibre, fortir en grande partie par les pores du verre ,
entrer dans le mélange de glace & de fel , & procurer
par fon abfence la congélation de l'eau renfermée dans
la bouteille.

Il fuit de-là que fi vous mettez un mélange de glace &
de fel dans un verre, & fi vous plongez le verre dans
l'eau , une partie de l'eau du vaiffeau fe glacera autour
du verre.

Il fuit encore qu'en jettant du fel ammoniac pulvérifé
dans l'eau, on peut avoir une eau plus froide que la glace.

Il fuit enfin que fi l'on plonge une bouteille d'eau pure moins froide que la glace dans ce mélange d'eau & de fel ammoniac, elle s'y gêlera ; & c'eſt ainſi, en effet, que l'on peut parvenir à faire, au milieu de l'été, de la glace ſans glace.

Septieme Expérience. Donnez à un morceau de glace la forme d'un verre lenticulaire, & préſentez-le au ſoleil ; il raſſemblera à ſon foyer les rayons de cet aſtre preſque en auſſi grande quantité, & il aura preſque autant de force que les meilleures loupes de verre. Avec ces ſortes de loupes Mr. de Mairan alluma de la poudre à canon au ſoleil du mois de Janvier.

Explication. Que l'on ſe rappelle ce que nous avons dit dans l'article de la *Dioptrique* ſur les verres lenticulaires, & l'on verra que ce n'eſt pas la qualité de la matière qui augmente ou qui diminue la force des rayons ſolaires qu'elle laiſſe paſſer à travers, mais ſeulement ſa forme extérieure, plus ou moins propre à raſſembler ces rayons. C'eſt ainſi que les plantes ſont quelquefois brulées par l'eau même, lorſqu'après la gêlée ou un brouillard épais, le ſoleil vient à donner obliquement ſur les gouttes ſphériques dont elles demeurent couvertes : car ce ſont autant de verres lenticulaires dont le foyer n'étant qu'à une très-petite diſtance de leur ſurface, ne peut manquer de porter en pluſieurs endroits aſſez préciſément ſur la plante, pour l'y brûler.

GLANDE. Les glandes ſont des corps globuleux, couverts d'une forte membrane, & deſtinés vraiſemblablement à purifier le ſang de toutes les humeurs qui pourroient lui être nuiſibles. Warthon qui s'eſt fait un nom parmi les Anatomiſtes, ne craint pas de mettre à cet uſage cette fameuſe glande ſituée entre le troiſieme & le quatrieme ventricule du cerveau, que Deſcartes appelle *glande pinéale*, parce qu'elle eſt faite à peu-près comme une-pomme de pin, & qu'il regarde comme le trône d'où l'ame préſide à toutes les opérations du corps. Cet ingénieux ſyſtême fut abandonné par les Phyſiciens, dès qu'il fût conſtaté que l'on pouvoit vivre avec la glande pinéale pétrifiée. Silvius la trouva telle dans le corps d'un homme qui venoit d'expirer, & qui avoit joui quelque tems auparavant de la ſanté la plus parfaite.

GLOBE. *Voyez* Sphére.

GLOBULE. Les Phyſiciens appellent *globule*, tout petit corps rond.

GLOTTE. La glotte est une fente ovale, capable de contraction & de dilatation. Elle se trouve vers la racine de la langue au commencement de la *trachée-artére*.

GOSIER. Le gosier ou l'œsophage est un canal qui se trouve vers la racine de la langue & qui descend jusques dans l'estomac. Son commencement se nomme *pharinx*. C'est par ce canal que passent tous les alimens que nous prenons.

GOUT. Le gout est un des 5 sens externes. Il a pour objet les saveurs, & pour principal organe la langue, comme vous le trouverez expliqué en cherchant les mots, *Saveur* & *Langue*.

GRAIN. Le grain est la *Soixante-douzieme* partie d'un poids qu'on nomme *gros*.

GRAINE. La graine d'un arbre est une semence que l'arbre produit pour la conservation de son espèce. On ne doute pas en Physique que chaque graine, quelque petite qu'elle soit, ne contienne son arbre, quelque grand qu'il puisse être ; c'est-là même une des meilleures preuves que l'on puisse apporter, lorsqu'on assure qu'il est impossible de concevoir jusqu'à quel point la matière est divisible.

GRAVITATION. Voyez l'article de l'*attraction mutuelle*.

GRAVITÉ. Pour nous rendre intelligibles dans une matière aussi difficile que celle-ci, nous nous bornerons dans cet article aux seuls corps sublunaires ; ce que nous dirons de ceux-ci par rapport à la terre, l'on pourra le dire facilement des Cométes & des Planétes par rapport au Soleil : tout le monde avoue que la même cause qui fait retomber sur la terre une pierre jettée en l'air, précipiteroit les planétes & les cométes dans le sein du Soleil, si elles étoient abandonnées à elles-mêmes. C'est-là une vérité que nous avons déja avancée en parlant de l'*attraction* ; nous supposons que le Lecteur l'a présente à l'esprit, de même que toutes les régles que nous avons données dans cet article.

Etre *grave*, c'est tendre vers un centre ; aussi les Physiciens regardent-ils comme parfaitement synonimes les termes de *gravité* & de *force centripéte*. Mais quelle est la cause de la gravité des corps ? C'est l'attraction ; & la facilité avec laquelle nous expliquons tous les Phénoménes que nous présente ce point de Physique, & qu'aucun Physicien avant Newton n'avoit expliqué d'une manière probable, nous est un sûr garant de la bonté & de la beauté du sistême du sçavant Anglois.

Premiere Queſtion. Pourquoi une pierre jettée en l'air, retombe-t-elle fur la terre ?

La terre a beaucoup plus de maſſe que cette pierre ; elle doit donc beaucoup plus attirer cette pierre, qu'elle n'en eſt attirée, & par conféquent la pierre doit retomber fur la terre.

Seconde Queſtion. Pourquoi une pierre jettée en l'air, retombe-t-elle fur la terre par une ligne perpendiculaire ?

Les corps fublunaires font attirés au centre de la terre. Ils tombent donc fur la terre par une ligne qui paſſeroit par fon centre ; mais une telle ligne, de l'aveu de tous les Géométres, eſt perpendiculaire à la furface de la terre ; donc une pierre jettée en l'air doit retomber fur la terre par une ligne perpendiculaire.

Troiſieme Queſtion. Pourquoi les corps fublunaires font-ils attirés au centre, & non pas à la furface de la terre ?

Toutes les parties dont le globe terreſtre eſt compoſé, attirent une pierre qui tombe ; cette pierre ne peut pas aller trouver en même-tems chaque partie de la terre priſe en particulier, puiſque ces parties différentes font féparées les unes des autres ; que fera-t-elle donc pour s'accommoder à tant de directions différentes ? elle tendra vers un point commun, c'eſt-à-dire, vers le centre de la terre ? Il en arrive de même à un corps que l'on pouſſe en même-tems horizontalement & perpendiculairement ; il ne fuit ni la direction horizontale ni la direction perpendiculaire, mais il prend une direction commune à toutes les deux, je veux dire la direction par la diagonale, comme nous l'avons démontré dans l'article du *mouvement en ligne diagonale.*

Quatrieme Queſtion. Pourquoi la gravité des corps eſt-elle en raiſon inverſe des quarrés des diſtances au centre de la terre, c'eſt-à-dire, pourquoi un corps éloigné du centre de la terre de deux rayons terreſtres, ou, de trois mille lieues, tomberoit-il quatre fois moins vite, que s'il n'en étoit éloigné que d'un rayon terreſtre ou de quinze cent lieues ?

Puiſque la gravité eſt l'effet néceſſaire de l'attraction, elle doit fuivre les mêmes loix que l'attraction ; mais l'attraction fuit la raiſon inverſe des quarrés des diſtances, comme nous l'avons prouvé en fon lieu ; donc la gravité doit fuivre la raiſon inverſe des quarrés des diſtances.

Cinquieme Queſtion. Pourquoi les corps fublunaires font-ils moins graves fous l'équateur, que fous les poles ?

Deux eaufes concourent à cet effet. 1°. La terre eft un fphéroïde élevé vers fon équateur & applati vers fes poles, comme nous l'avons démontré dans l'article de la *terre* ; donc les corps fublunaires placés fous l'équateur font plus éloignés du centre de la terre, que lorfqu'ils font placés fous les poles ; donc ils doivent être moins attirés fous l'équateur, que fous les poles ; donc ils doivent être moins graves fous l'équateur, que fous les poles. 2°. La terre a, de 24 en 24 heures, un mouvement de rotation fur fon axe, comme nous l'avons expliqué en propofant l'hypothéfe de *Copernic* ; tous les corps qui fe trouvent dans l'atmofphére terreftre participent à ce mouvement ; les corps qui font placés fous l'équateur parcourent tous les jours l'équateur terreftre, & les corps qui font placés près des poles ne parcourent tous les jours qu'un cercle encore plus petit qu'un des cercles polaires ; donc les corps qui font placés fous l'équateur ont plus de viteffe de rotation & par conféquent plus de force centrifuge, que les corps qui font placés fous les poles ; donc les corps qui font placés fous l'équateur ont moins de force centripéte & par conféquent moins de gravité que les corps qui font placés fous les poles, puifque la force centrifuge & la force centripéte font deux forces directement oppofées. Ceux à qui cette dernière explication paroîtroit un peu obfcure, n'auroient qu'à jetter les yeux fur les articles des *forces centripéte* & *centrifuge* ; ils y trouveront toutes les lumières néceffaires pour l'intelligence de cet article.

C'eft ici le lieu de parler de la découverte que fit Mr. Richer, lorfqu'il fut en 1672 a l'Ifle de Cayenne fituée à peu-près à 5 degrés de latitude. Il obferva que fon pendule à fecondes décrivoit à la Cayenne fon arc plus lentement qu'à Paris, & par conféquent retardoit affez confidérablement. Tout le jeu du pendule vient de fa gravité, comme nous l'avons expliqué dans l'article du *centre de gravité* ; donc le même pendule étant moins grave à la Cayenne qu'à Paris, devoit tomber plus lentement à la Cayenne qu'à Paris ; donc il devoit retarder dans cette Ifle. Ce fut pour obvier à cet inconvénient que Mr. Richer raccourcit fon pendule d'environ une ligne & quart, afin qu'ayant un plus petit arc à décrire, il le parcourut auffi vîte que celui qu'il décrivoit à Paris. Nous renvoyons à l'article de la *Statique* l'explication des autres Phénoménes qui regardent la defcente des corps.

GRAVITÉ SPÉCIFIQUE. La denſité , la gravité rélative , & la gravité ſpécifique ſont trois mots ſynonimes.
Voyez l'article de la *denſité.*

GRÊLE. Voyez l'article des *météores aqueux.*

GROS. Le gros eſt la *Huitieme* partie d'une once.

H

HÉMISPHÉRE. On nomme *hémiſphére* la moitié d'une
ſphére ou d'un globe.

HERMÉTIQUEMENT. On bouche *Hermétiquement* un
tube de verre , lorſqu'on le bouche avec ſa propre matiere , en fondant une de ſes extrêmités à la lampe.
C'eſt à un ouvrier nommé *Hermés* que nous devons cette
invention,

HÉTÉROGÉNE. Un corps hétérogéne eſt un corps
compoſé de parties qui ne ſe reſſemblent pas.

HOMOGÉNE. Un corps eſt homogéne , lorſqu'il eſt
compoſé de parties ſemblables.

HORIZON. L'horizon eſt un grand cercle dont nous
renvoyons la deſcription à l'article de *la ſphére.*

HORIZONTAL. On appelle *Horizontal* tout ce qui
eſt paralléle à l'horizon.

HYDRAULIQUE. L'Hydraulique eſt une ſcience qui
apprend à conduire les eaux d'un lieu à un autre. Elle
eſt fondée ſur des principes que nous allons poſer , ſur-
tout dans la ſeconde partie de l'article ſuivant.

HYDROSTATIQUE. L'Hydroſtatique eſt une ſcience
qui apprend à mettre en équilibre tantôt les corps ſolides avec les corps fluides , tantôt deux fluides homogénes , & tantôt deux fluides hétérogénes. C'eſt-là
l'ordre que nous allons ſuivre dans cet article. Nous
ſuppoſons que l'on ſe formera , avant que de le lire ,
une idée nette de la *denſité* ou de la *gravité ſpécifique*
des corps.

PREMIERE PARTIE.

Des Solides comparés avec les Fluides.

L'on n'aura point de peine à rendre raiſon des phénoménes innombrables que nous préſente cette premiere
partie de l'Hydroſtatique , ſi l'on fait attention aux régles ſuivantes.

Premiere Régle. *Un corps ſolide a-t-il autant de gra-*

vité spécifique, que le fluide dans lequel on le plonge ?
il ne surnagera pas, mais il demeurera dans l'endroit où
on l'aura d'abord placé.

Seconde Régle. *Un corps solide a-t il plus de gravité
spécifique que le fluide dans lequel on le plonge ? il doit
tomber au fond.*

Troisieme Régle. *Un corps solide a-t-il moins de gravité spécifique que le fluide dans lequel on le plonge ? il
surnagera.*

On ne doit pas être plus surpris de ces trois régles,
qu'on l'est de voir le bassin A d'une balance tantôt en
équilibre avec le bassin B, tantôt soulevant le bassin B,
& tantôt soulevé par le bassin B. Le premier cas arrive,
lorsque vous mettez dans le bassin A un poids exactement égal à celui que vous avez mis dans le bassin B;
le second cas a lieu, lorsque le bassin A contient un
poids plus fort que celui que l'on a placé dans le bassin
B; l'on voit le troisieme cas se vérifier, lorsqu'il y a
dans le bassin A un poids moins pesant que dans le
bassin B.

Quatrieme Régle. *Lorsqu'un solide plongé dans un fluide
vient à surnager, la gravité spécifique du fluide est à la
gravité spécifique du solide, comme toute la hauteur du
solide est à la hauteur de la partie submergée.* Supposons,
par exemple, que le corps A dont la hauteur est de 6
pieds soit plongé dans l'eau, & qu'il surnage de 4 pieds,
je dis que la gravité spécifique de l'eau l'emporte autant sur la gravité spécifique du corps A, que 6 pieds
l'emportent sur 2 pieds. La raison en est évidente ; 2
pieds d'eau chassés par le corps A pésent autant que tout
le corps A haut de 6 pieds ; donc l'eau a une gravité
spécifique triple de celle du corps A.

Cinquieme Régle. *Le poids que perd un corps solide
plongé dans un fluide totalement ou en partie, est toujours
égal au poids du volume de fluide qu'il a déplacé.* Si le
corps B, par exemple, plongé dans l'eau a déplacé deux
livres de ce fluide, le corps B pesé dans l'eau aura deux
livres de moins, que s'il étoit pesé dans l'air. Pourquoi ?
parce qu'il est soutenu par une colonne d'eau capable de
tenir en équilibre un poids de deux livres. Les différens
Corollaires que nous allons tirer de ces 5 régles, serviront d'explication à plusieurs phénoménes intéressans que
nous avons tous les jours sous les yeux.

Corollaire I. Il n'eſt pas difficile aux poiſſons de monter , de deſcendre , & d'être comme ſuſpendus & immobiles au milieu de l'eau; l'expérience nous apprend qu'ils
ont dans leurs corps une double veſſie remplie d'air ,
laquelle , dilatée ou reſſerrée à propos , diminue ou augmente leur gravité ſpécifique , ſans apporter aucun changement à leur poids abſolu.

Corollaire II. Les oiſeaux doivent voler auſſi facilement dans les airs , que les poiſſons nagent dans les eaux.
Les oiſeaux ont d'eux-mêmes , il eſt vrai , plus de peſanteur qu'un égal volume d'air , puiſque bleſſés mortel-
lement ils tombent à terre ; mais pour ſe procurer une
légéreté ſpécifique très-conſidérable , ils n'ont qu'à ſe
dilater la poitrine , étendre leurs aîles & augmenter leur
volume , ſans acquerir plus de peſanteur abſolue.

Ajoutez à cela que l'oiſeau frappe l'air avec ſes aîles ,
à peu-près comme le Battelier frappe l'eau avec ſes rames.

Corollaire III. Les nageurs naturellement plus péſans
qu'un égal volume d'eau , ont ſoin de diminuer leur gravité ſpécifique en ſe dilatant la poitrine , en étendant les
pieds & les bras , & tenant la tête hors de l'eau , & en
produiſant pluſieurs mouvemens contraires à celui de la
peſanteur.

Corollaire IV. Les gens qui apprennent à nager font
très-prudemment , lorſqu'ils ſe garniſſent le corps de ca-
lebaſſes remplies d'air ; ils forment un tout plus léger
qu'un égal volume d'eau.

Corollaire V. Les hommes & les animaux qui ſe noyent
vont d'abord au fond , parce qu'ils ont plus de gravité
ſpécifique que l'eau ; mais quelques jours après on les
voit ſurnager , parce que les ſels qui étoient dans leur
corps , ont été diſſous par l'eau.

Corollaire VI. Les barques , les bateaux , les vaiſſeaux ſont tellement conſtruits , que quelque conſidérable que ſoit leur cargaiſon , ils ſont toujours plus légers que le volume d'eau auquel ils répondent. Auſſi
n'eſt-il pas difficile de remettre à flot un navire qui a
échoué ſur le ſable , ou qui eſt évaſé. On y attache ,
dans le tems de la marée baſſe , de grandes caiſſes remplies d'air ; à la marée montante , l'eau ne manque pas
de l'enlever , & de le mettre en état d'être tiré à bord.

Corollaire VII. L'aréométre , c'eſt-à-dire , une petite
phiole de verre à long col , fermée hermétiquement ,

pleine d'air & dont le fond eft garni d'un peu de mercure, doit furnager, parce que le volume compofé d'air,
de verre & de mercure, eft plus léger que le volume
de liqueur correfpondant. L'aréométre cependant s'enfonce plus ou moins, fuivant que la liqueur eft plus ou
moins légère, parce qu'une liqueur plus légère eft moins
capable de le foutenir, qu'une liqueur plus pefante. On
ne peut révoquer en doute quelqu'un de ces corollaires,
fans nier l'exiftence de quelqu'une des trois régles que
nous avons établies au commencement de cette premiere partie. Les corollaires fuivans dépendent de la
quatrieme & *cinquieme Régles.*

Corollaire VIII. Plus un fluide eft denfe, & plus le
corps folide qu'on y plonge perd de fon poids, parce
que le poids qu'il perd eft toujours égal au poids du
volume de fluide qu'il a déplacé.

Corollaire IX. Plus un corps folide, plongé dans un
fluide, a de volume, & plus il perd de fon poids; parce
qu'il déplace alors une plus grande quantité de fluide.

Corollaire X. Un Pêcheur remue fans peine fon filet
rempli de poiffons, tout le tems qu'il eft dans l'eau.

Corollaire XI. Un homme dans l'eau ne nous paroit
pas pefer une ou deux livres, quoiqu'il en péfe une cen-
taine, parce qu'il a chaffé un volume d'eau d'un poids
prefqu'égal.

Nous joindrons à ces corollaires quelques ufages fon-
dés fur les régles que nous avons données.

Premier Ufage. Si l'on veut connoître la gravité fpécifique de deux corps folides, *par exemple*, de l'or & du
fer, voici la méthode dont il faut fe fervir. 1°. Prenez
un morceau d'or & un morceau de fer, dont le volume
foit parfaitement le même. 2°. Pefez le morceau d'or
d'abord dans l'air & enfuite dans l'eau, vous trouverez
qu'il a perdu dans l'eau la 19e *partie* de fon poids, c'eft-
à-dire, qu'il ne pefera que 18 onces dans l'eau, fuppofant qu'il en pesât 19 dans l'air. 3°. Ce que vous avez
fait par rapport au morceau d'or, faites-le par rapport
au morceau de fer, & vous trouverez que le fer perd
dans l'eau la *huitieme partie* de fon poids. Cela fait,
voici comment vous raifonnerez :- l'or eft dix-neuf fois
plus pefant que l'eau, tandis que le fer n'eft que 8
fois plus pefant que l'eau; donc la gravité fpécifique de
l'or l'emporte autant fur la gravité fpécfiique du fer, que

le nombre 19 l'emporte fur le nombre 8 ; ou pour parler dans les termes de l'art, la gravité fpécifique de l'or
eft à la gravité fpécifique du fer, comme 19 eft à 8.

Second Ufage. L'on doit fe fervir à peu-près de la même
méthode pour connoître la gravité fpécifique de deux corps
plus légers que le fluide dans lequel on les jette. Si l'on
me donne, *par exemple*, le corps A & le corps B hauts
chacun de 4 pieds, & que l'on m'affure que le corps A
s'enfonce dans l'eau de 2 pieds, & le corps B d'un
pied feulement, je dois conclure que la gravité fpécifique du corps A eft double de celle du corps B ; parce que
plus un corps eft pefant & plus il s'enfonce dans un fluide.

Troifieme Ufage. Lorfque l'on veut fçavoir de combien
la gravité fpécifique d'un folide l'emporte fur la gravité
fpécifique de l'eau, il faut d'abord pefer le folide dans
l'air, & enfuite dans l'eau. Cela fait, l'on peut dire
que la gravité fpécifique du folide l'emporte autant fur la
gravité fpécifique de l'eau, que le poids que le folide
avoit, lorfqu'on l'a pefé dans l'air, l'emporte fur le poids
que le folide a perdu dans l'eau. C'eft en fuivant cette
méthode que l'on a découvert que l'or étoit dix-neuf fois
plus pefant que l'eau. Ce fut par la même voie qu'Archiméde découvrit que la couronne du Roi *Hieron* n'étoit
pas d'or pur ; pefée dans l'eau, elle ne perdit pas précifément la *dix-neuvieme partie* du poids qu'on lui avoit
trouvé, lorfqu'on l'avoit pefée dans l'air.

Quatrieme Ufage. Pour connoître la gravité fpécifique
de deux fluides, voici la méthode dont il faut fe fervir.
1°. A l'une des extrêmités de la balance hydroftatique D,
Fig. 2. Pl. 1, fufpendez par un crin de cheval un corps
quelconque A qui foit rélativement plus pefant que les
fluides dont vous cherchez la gravité. 2°. Pefez ce corps
dans l'air, c'eft-à-dire, mettez-le en équilibre avec certains poids que vous jetterez dans le baffin E de la balance hydroftatique. 3°. Plongez enfuite ce même corps
A dans l'eau, fans y plonger le baffin E ; l'équilibre
ceffera, parce que le corps A doit perdre de fon poids
autant que pefoit le volume d'eau qu'il a chaffé. 4°. Otez
quelque poids du baffin E, afin que l'équilibre foit re-
tabli : fuppofons que le poids ôté foit 1. 5°. Faites les
mêmes opérations pour le mercure, & s'il faut ôter 13
poids pour retablir l'équilibre, vous aurez droit de conclure que le mercure a 13 fois plus de gravité fpécifique que l'eau.

Cinquieme Ufage. Ayez une aiguille ; pofez-la horizontalement fur la furface de l'eau avec toute la délicateffe imaginable. Si elle eft féche, elle furnagera, parce qu'environnée d'une athmofphére ou d'air ou de quelqu'autre fluide auffi léger que l'air, elle forme un tout rélativement plus léger que le volume d'eau correfpondant. Mais fi l'aiguille eft mouillée, elle ira au fond du vafe, parce que privée d'une athmofphére femblable, elle eft plus pefante que le volume d'eau correfpondant.

Sixieme Ufage. Prenez un tube de verre fermé hermétiquement des deux côtés, purgé d'air, & rempli à moitié d'une eau exactement purgée d'air ; toutes les fois que vous remuerez cette eau, vous entendrez un coup fec à peu-près femblable à celui que vous entendriez, fi vous aviez mis un morceau de glace dans le tube. N'en foyez pas furpris. Ce qui empêche l'eau de frapper les extrémités du tube de verre, à peu-près comme le feroit un morceau de glace, c'eft non-feulement l'air qu'elle doit divifer en tombant, mais encore celui qu'elle contient dans elle-même, qui ne fert qu'à féparer fes molécules les unes d'avec les autres. L'on a paré à ce double inconvénient en purgeant d'air & le tube & l'eau qu'il contient ; l'on doit donc entendre un coup fec, lorfque l'on fait paffer adroitement l'eau d'úne extrêmité du tube dans l'autre.

SECONDE PARTIE.

Des Liquides Homogénes.

On nomme *liquide* ou *fluide homogéne* celui qui eft compofé de parties femblables. C'eft celui qui va faire le fujet de cette feconde Partie de l'Hydroftatique.

Premiere Propofition. Deux fluides homogénes qui fe trouvent dans deux tubes communiquans, font en équilibre, & ils s'élévent toujours à la même hauteur dans les deux branches, lors même qu'elles font de différente capacité.

Explication. Suppofons que l'on mette de l'eau dans les deux tubes communiquans A B C D & H G E F, *Fig.* 3. *Pl.* 1 ; fuppofons encore que la largeur du premier tube foit de 4 pieds, & celle du fecond d'un pied feulement ; fuppofons enfin que dans le tube A B C D l'eau s'élève jufqu'à la ligne A B ; je dis que dans le tube H G E F l'eau s'élèvera jufqu'à la ligne H G.

Démonstration. L'eau contenue dans le petit tube HGEF a quatre fois plus de viteſſe que l'eau contenue dans le grand tube ABCD, puiſqu'il eſt impoſſible d'incliner le tube ABCD & de faire deſcendre l'eau d'un pied, *par exemple*, juſqu'au point M, ſans faire monter en même tems de 4 pieds, c'eſt-à-dire, juſqu'au point K, l'eau contenue dans le tube HGEF. Cela ſuppoſé, voici comment je raiſonne : l'eau contenue dans le tube ABCD a 4 de maſſe & 1 de viteſſe ; l'eau contenue dans le tube HGEF a 4 de viteſſe & 1 de maſſe ; donc ces deux quantités d'eau ont égale force, ſuivant les principes que nous avons établis dans l'article des *Forces* ; donc ces deux quantités d'eau doivent être en équilibre, & s'élever à la même hauteur dans les deux tubes ABCD & HGEF. Nous expliquerons en ſon lieu pourquoi cette régle ſouffre une exception, lorſqu'il s'agit de deux tubes communiquans dont l'un eſt capillaire, & l'autre ne l'eſt pas.

Corollaire I. C'eſt ſur ce principe, qu'eſt fondée la conduite des eaux que l'on veut faire jaillir dans les airs pour embellir un parterre ; ces ſortes de jets s'éleveroient auſſi haut que leurs ſources, s'il n'y avoit point d'air à diviſer ; ſi l'eau qui jaillit, ne retomboit pas ſur celle qui la ſuit & ne l'affoibliſſoit pas par ſa chute ; enfin ſi l'eau qu'on conduit, ne perdoit pas de ſa force par les frottemens qu'elle a à eſſuyer contre les parois des canaux par leſquels elle paſſe.

Corollaire II. Le lieu où l'on veut conduire une eau, ne doit pas être plus élevé que celui d'où elle vient ; il ne faut pas même que ces deux lieux ſoient de niveau. Mr. l'Abbé Nollet remarque à cette occaſion, que dans tous les aqueducs, dans les tuyaux de conduite, dans les canaux où l'on veut qu'il y ait écoulement, l'on donne communément demi ligne d'inclinaiſon par toiſe.

Corollaire III. Les colonnes d'un fluide homogéne contenu dans un ſeul vaſe doivent ſe mettre en équilibre, & s'élever à la même hauteur ; parce que ces colonnes priſes de deux en deux ſont comme dans deux tubes communiquans.

Seconde Propoſition. La preſſion qu'exerce un fluide homogéne ſur le fond du vaſe dans lequel il eſt contenu, eſt toujours en raiſon compoſée de la baſe & de la hauteur du fluide.

Explication.

Explication. Suppofons que le vafe A & le vafe B foient remplis d'eau ; fuppofons encore que le vafe A ait 3 pieds de bafe & 6 de hauteur , & le vafe B 2 pieds de bafe & 3 de hauteur ; je dis que la preffion que l'eau exercera fur le fond du vafe A fera exprimée par 3 multipliant 6 , c'eft-à-dire , par 18 , & la preffion que l'eau exercera fur le fond du vafe B par 2 multipliant 3 , c'eft-à-dire , par 6 ; ou , pour parler en termes de l'art, je dis que la preffion que l'eau exercera fur le fond du vafe A , l'emportera autant fur la preffion que l'eau exercera fur le fond du vafe B , que 18 l'emporte fur 6. C'eft-là ce que l'on nomme *raifon compofée de la bafe & de la hauteur.*

Démonftration. La bafe d'un fluide marque fa maffe , & fa hauteur fa viteffe ; donc le fluide contenu dans le vafe A a 3 de maffe & 6 de viteffe , & le fluide contenu dans le vafe B a 2 de maffe & 3 de viteffe; donc, fuivant les principes que nous avons établis dans l'article des *Forces*, le fluide contenu dans le vafe A a une force repréfentée par le nombre 18 , tandis que le fluide contenu dans le vafe B n'a qu'une force repréfentée par le nombre 6. Ce principe inconteftable une fois fuppofé , voici comment je raifonne : la preffion qu'exerce un fluide fur le fond du vafe dans lequel il eft contenu, eft l'effet immédiat de fa force ; donc la preffion exercée fur le fond du vafe A eft exprimée par le nombre 18 , & la preffion exercée fur le fond du vafe B eft exprimée par le nombre 6 ; donc la preffion qu'exerce un fluide homogéne fur le fond du vafe dans lequel il eft contenu , eft toujours en raifon compofée de la bafe & de la hauteur du fluide.

Corollaire I. Lorfque deux fluides homogénes ont même bafe & différente hauteur , la preffion qu'ils exercent fur le fond des vafes dans lefquels ils font contenus , eft en raifon directe des hauteurs. Suppofons, *par exemple* , que le vafe A rempli d'eau ait 1 de bafe & 4 de hauteur, & le vafe B rempli d'une eau femblable ait 1 de bafe & 1 de hauteur ; le fond du vafe A fera 4 fois plus preffé que le fond du vafe B. Pourquoi ? parce que le fluide contenu dans le vafe A a 4 de force , tandis que le fluide contenu dans le vafe B n'a que 1 de force.

Corollaire II. Si l'on fait au fond de ces deux vafes un trou femblable , & qu'il s'écoule dans une minute

une livre d'eau par le trou pratiqué au fond du vafe B ;
il s'écoulera dans un tems égal par le trou pratiqué au
fond du vafe A , non pas 4 livres, mais feulement deux
livres d'eau ; parce que les deux livres d'eau qui s'écoulent dans une minute par le trou pratiqué au fond du
vafe A , ont 2 de viteſſe , & par conféquent elles donnent un effet quadruple de celui que donne une livre
d'eau qui s'écoule par le trou pratiqué au fond du vafe
B , laquelle n'a que 1 de viteſſe. Auſſi les Phyficiens aſſurent-
ils que les eaux qui s'écoulent par les trous égaux , font
comme les racines quarrées des hauteurs. Tout le monde
ſçait que 2 eſt la racine quarrée de la hauteur 4, & 1
la racine quarrée de la hauteur 1.

TROISIEME PARTIE.

Des Fluides Hétérogénes.

Les fluides hétérogénes qui vont faire le fujet de cette
troiſieme Partie de l'Hydroſtatique , font les fluides qui
ont une denſité différente ; tels font , par exemple , le
mercure & l'eau : nous avons déja remarqué que le
premier étoit 13 fois plus denſe que le fecond.

Premiere Propoſition. Lorſque deux fluides hétérogénes
fe trouvent dans deux tubes communiquans , ils ne s'élévent pas à la même hauteur ; parce que le fluide plus
denſe ayant plus de maſſe & autant de viteſſe, que le
fluide moins denſe , le premier auroit néceſſairement plus
de force que le fecond , & par conféquent ces deux
fluides ne pourroient pas fe mettre en équilibre.

Corollaire. La denſité d'un fluide marque fa maſſe , &
la hauteur fa viteſſe.

Seconde Propoſition. Lorſque deux fluides hétérogénes fe
trouvent dans deux tubes communiquans , ils ont leur
hauteur en raifon inverſe de leur denſité. Suppofons ,
par exemple , que le mercure & l'eau fe trouvent dans
deux tubes communiquans , la hauteur de l'eau l'emportera autant fur la hauteur du mercure , que la denſité
du mercure l'emporte fur la denſité de l'eau. Nous voyons
en effet que 1 pouce de mercure tient en équilibre 13
pouces d'eau , parce que 1 pouce de mercure a 1 de
viteſſe & 13 de maſſe , & 13 pouces d'eau ont 1 de maſſe
& 13 de viteſſe.

Corollaire I. Dans le Barométre une colonne de mercure de 29 pouces de hauteur doit être en équilibre avec

tne colonne d'air de la hauteur de l'athmofphére terreftre. L'air eft environ neuf cent fois moins denfe que
l'eau , & l'eau environ 13 fois moins denfe que le mercure.

Corollaire II. Dans les *pompes afpirantes* dont le méchanifme n'eft pas différent de celui des *feringues ordinaires*, l'eau doit s'élever jufqu'à 32 pieds. En effet une
colonne d'eau de 32 pieds de hauteur doit être en équilibre avec une colonne d'air de la hauteur de l'athmofphére terreftre , parce qu'une colonne d'eau de 32 pieds
de hauteur , eft en équilibre avec une colonne de mercure de 29 pouces.

Corollaire III. L'on peut tellement verfer le vin fur
l'eau , que ces deux liqueurs ne fe mêlent pas enfemble.
En effet mettez d'abord l'eau dans le verre ; mettez enfuite une tranche légère de pain fur l'eau ; fi vous laiffez couler doucement du vin fur le pain , le vin comme
plus léger que l'eau , occupera la partie fupérieure du
verre & l'eau la partie inférieure. Ce phénoméne n'a pas
lieu , lorfque vous verfez le vin fur l'eau avec précipitation ; parce que le vin aquiert dans fa chute affez de
force , pour divifer les particules de l'eau , fe répandre
dans leurs pores , fe mêler & s'embarraffer rrès-étroi-
tement avec elles.

HYÉNE. Les Phyficiens Naturaliftes ont trop parlé de
l'Hyéne, pour ne pas la faire connoître à nos Lecteurs.
L'Hyéne eft un animal quadrupéde. Sa hauteur approche de celle du loup & ne l'égale pas. Ses pattes ont
affez de rapport avec celles du même animal. Son poil
eft extrêmement droit & roide , fingulierement fur l'épine
du dos jufques au fommet de la tête. Sa peau eft fe-
mée de tâches de différentes couleurs , parmi lefquelles
le blanc , le noir & le fauve dominent le plus fouvent.
L'Hyéne n'a point de col ; de forte que quand elle veut
regarder ou derriere ou à fes côtés , elle eft obligée
de fe tourner toute entiere. Autre particularité non moins
remarquable , l'Hyéne n'a pour dents que deux os con-
tinus dans toute la longueur des deux machoires. Elle
établit ordinairement fa demeure dans des cavernes au
bord des fleuves. Là elle eft à portée de fondre fur les
Voyageurs qui prenent terre en des rivages déferts , ou
fur d'autres bêtes fauves qui vienent boire ou fe baigner ;
car l'Hyéne fe nourrit prefque indifféremment de toutes
fortes de chairs. Elle préfére cependant la chair humaine ;

& c'eſt peut-être ce qui a donné occaſion de dire qu'elle en faiſoit ſon unique aliment. Elle en eſt extrêmement avide, il eſt vrai, & les cadavres humains, même enſevelis depuis pluſieurs jours, flattent encore ſa gloutonnerie. Auſſi aſſure-t-on qu'elle eſt d'une merveilleuſe ſagacité à découvrir les tombeaux, & d'une activité incroyable à y fouiller. C'eſt une des obſervations d'Ariſtote.

Après la chair humaine, l'Hyéne paroit ſingulierement friande de celle des chiens ; & pour les prendre, elle ruſe avec eux. Elle imite les ſoupirs & les cris d'un homme, qui rend par le vomiſſement une médecine. A ces cris, à ces ſoupirs le chien approche ; & auſſitôt l'Hyéne en fait ſa proye.

On a bien encore voulu que l'homme lui-même devienne quelquefois la victime de la ſupercherie de cet animal. Il ſe gliſſe, dit-on, près d'un hameau ; il prête l'oreille. Si les payſans s'entr'appellent par leurs noms, l'Hyéne en retient un, qu'elle eſt bien attentive à ne pas oublier. Sur le tard, la voilà en embuſcade ; & comme elle imite parfaitement la voix humaine, elle implore à grands cris le malheureux dont elle ſçait le nom. Celui-ci ſe croit appellé par un de ſes camarades, il accourt à la voix, & l'Hyéne l'aſſaille & le dévore.

Les hommes à leur tour uſent d'artifice pour prendre l'Hyéne, & ils y réuſſiſſent aſſez ſouvent. Elien & Pline d'après Ariſtote, parlent d'un chaſſeur, qui en avoit pris ſeul juſqu'à onze, dont dix étoient mâles ; car les femelles, ſoit timidité, ſoit fineſſe propre de leur ſexe, tombent rarement dans le piége.

Voici ce que raconte de cette chaſſe artificieuſe *Abraham Ecchelenſis*, ce ſçavant Maronite, qui a contribué à l'édition de la polyglotte de *le-Jai*. Rien, dit-il, n'eſt plus ſingulier que la chaſſe à l'Hyéne. Il n'y faut d'autres armes, que des inſtrumens de muſique ; ni d'autres chaſſeurs, que des muſiciens. Un air, une chanſon vulgaire calment la férocité de cet animal. Au premier ſon qu'il entend retentir au fond de ſa taniere, il vient ſe préſenter à l'ouverture. Auſſi-tôt les inſtrumens s'uniſſent aux voix. L'Hyéne ſenſible à cette mélodie s'approche des chaſſeurs, les flatte, ſe laiſſe careſſer. Cependant on lui jette adroitement un licol & une muſeliere ; & la muſique ne ſert plus qu'à célébrer la captivité de l'Hyéne & le triomphe des chaſſeurs. Qu'on

ne s'inquiéte point au reste en ces occasions du choix
des muficiens. Les orphées de nos carrefours seroient
affez habiles pour y réuffir.

Nous avons avec l'Hyéne plufieurs rapports d'utilité.
Non, ce n'eft point ici un monftre uniquement créé
pour nous affliger par des maux trop réels, ou du moins
par des allarmes bien fondées. Ennemi redoutable à la
vérité, s'il triomphe de notre foibleffe, fa défaite payera
notre victoire par les avantages les plus importans. Pline
affure que la chair de l'Hyéne prife en aliment, & fpé-
cialement fon foie, eft merveilleux contre la morfure du
chien enragé; que fi l'on frotte la morfure avec fa graiffe,
& que l'on en étende fa peau fur le malade, il en
fera foulagé fur le champ. Scribonius Largus, fameux
Médecin, rapporte qu'ayant été informé qu'un vieux Bar-
bare, qui avoit été jetté dans l'Ifle de Crête par une
tempête dans laquelle fon vaiffeau avoit échoué, &
qui y étoit entretenu aux dépens de l'État, guériffoit
tous ceux qui avoient été mordus par des chiens enra-
gés, quoiqu'ils fuffent attaqués d'hydrophobie, qu'ils hur-
laffent, & qu'ils euffent des convulfions, feulement en
leur attachant quelque chofe au bras gauche; il eut la
curiofité de fçavoir ce que ce pouvoit être, & de s'ad-
dreffer pour cet effet à Zopire, Médecin de Gordium,
qu'il eut l'avantage de recevoir chez lui : il me dit fran-
chement, *ajoute Scribonius*, pour reconnoître la poli-
teffe avec laquelle je l'avois reçu, que ce fecret confif-
toit en un morceau de peau d'Hyéne enveloppé dans de
l'étoffe.

Toutes ces particularités intéreffantes font tirées d'une
fçavante differtation qui fut lue à la Société royale de
Lyon en l'année 1755, & qui l'année fuivante fut imprimée à Paris chez Daniel Chaubert & Claude Hériffant.
Le P. de Tolomas, Jéfuite la fit à l'occafion d'une Hyéne
qu'on affure avoir paru dans le Lyonnois & les Provinces voifines vers les derniers mois de 1754, & pendant
1755 & 1756.

HYGROMÉTRE. On nomme *hygrométre* un inftrument
météorologique deftiné à nous indiquer l'état actuel de
l'athmofphére terreftre par rapport à l'humidité & à la
féchereffe. Pour avoir un bon hygrométre, *dit M. Nollet*,
tendez foiblement dans une fituation horizontale & dans
un endroit à couvert de la pluye, quoiqu'expofé à l'air

libre , une corde de chanvre de 10 à 12 pieds de longueur ; attachez au milieu de cette corde un fil de léton
au bout duquel vous ferez pendre un petit poids qui fervira d'*index* , & qui correſpondra à une petite échelle
diviſée en pouces & en lignes , à peu-près comme ſont
celles des barométres ; vous aurez un inſtrument dont
l'*index* en montant vous marquera les degrés d'humidité ,
& ceux de ſéchereſſe en deſcendant. La raiſon en eſt
évidente ; l'humidité raccourcit les cordes & la ſéchereſſe
les allonge , puiſqu'une corde perd de ſa longueur lorſqu'on la mouille ; donc dans un tems humide la corde
de chanvre qui forme l'hygrométre , doit être plus tendue que dans un tems ſec ; donc dans un tems humide
l'*index* doit monter , & dans un tems ſec il doit deſcendre.

Le même M. Nollet remarque qu'on fait ſouvent des
hygrométres avec un bout de corde de boyaux que l'on
fixe d'un côté à quelque choſe de ſolide , & que l'on
attache par l'autre perpendiculairement à une petite tra-
verſe qui tourne à meſure que la corde ſe tord ou ſe
détord , & qui marque ſur la circonférence d'un cadran,
les degrés de ſéchereſſe & d'humidité. Mais cette derniere eſpèce d'hygrométres , *continue le même Auteur* ,
n'eſt bonne que pour amuſer les enfans , parce que la
corde qui en eſt l'ame , eſt contenue comme dans un
étui où l'air ne ſe renouvelle que peu ou point.

HYPERBOLE. L'hyperbole eſt une courbe dont
nous avons parlé à l'article des *Sections coniques*. Nous
ne connoiſſons aucun corps en Phyſique qui ait un
mouvement hyperbolique ; auſſi nous contenterons-nous
de remarquer que l'orbite hyperbolique eſt moins courbe
que l'orbite parabolique , parce qu'il eſt démontré qu'un
corps qui décriroit une hyperbole devroit avoir plus de
force centrifuge , qu'un corps qui décriroit une parabole.

HYPOTHÉSE. L'*hypothéſe* & la *ſuppoſition* ſont deux
termes ſynonimes. On ne nie l'hypothéſe , que lorſqu'elle
renferme des choſes impoſſibles.

HYVER. L'hyver eſt une des quatre ſaiſons de l'année.
Il commence le 21 Décembre , tems auquel le Soleil
paroît ſous le premier degré du ſigne du *Capricorne* , &
il dure tout le tems que le Soleil paroît ſous ce ſigne ,
& ſous les deux ſuivans , ou pour parler plus phyſique-
ment , nous avons l'hyver , lorſque la terre parcourt les

fignes du *Cancer* , du *Lion* & de la *Vierge*. C'est dans l'article du *Froid* , que l'on verra pourquoi l'hyver est pour nous une saison si rigoureuse.

J

JAUNE. Le jaune est la troisieme des 7 couleurs primitives , comme nous l'avons expliqué dans l'article des *Couleurs*.

JEJUNUM. Nous avons remarqué dans l'article des *Boyaux* , que le *jejunum* étoit le second des intestins grêles, & qu'il portoit ce nom , parce qu'on le trouvoit presque toujours vuide.

ILÉON. L'*iléon* est le troisieme des intestins grêles ; nous avons avertis , en parlant des boyaux , que l'*iléon* tiroit son nom des tours & des retours dont il s'entortille.

IMAGE. C'est la peinture & la ressemblance qui se fait des objets , lorsqu'on les oppose à une surface bien polie. Le but principal de la Catoptrique dont nous avons donné les éléments dans le *Tome* 1. *pag.* 148 & *suivantes* , c'est de déterminer le lieu où se trouve l'image d'un objet vû par le moyen d'un miroir. Lorsqu'il s'agit d'un miroir plan , le problême n'est pas difficile à résoudre ; il est sûr que l'image d'un objet vû par un miroir de cette espèce , paroît toujours au point de concours de la cathéte d'incidence & des rayons réfléchis. Mais cette proposition n'est pas toujours exactement vraie , lorsqu'il s'agit des miroirs courbes. Soit , *par exemple* , le miroir concave R M K , *Fig.* 20. *Pl.* 2. soient les deux rayons de lumiere infiniment près l'un de l'autre B M , B *m* envoyés par le point B sur la surface concave du miroir R M K , & réunis au point F après la réflexion. Il est évident que l'image du point B sera au foyer F ; l'on auroit par tout ailleurs , non pas une , mais deux images du point B. Mais il n'est pas moins évident que le point F n'est pas le point de concours des rayons réfléchis avec la cathéte d'incidence B L ; donc il n'est pas toujours exactement vrai dans les miroirs courbes que l'image de l'objet paroisse au point de concours de la cathéte d'incidence & des rayons réfléchis. Ce qui est toujours vrai dans toute sorte de miroirs , c'est que le lieu de l'image est nécessairement dans le point où deux rayons incidents infiniment proches l'un de l'autre , viennent se couper après la réflexion. Ce point, je l'avoue, est pour l'ordinaire le point de concours de la cathéte d'incidence & des rayons réfléchis ; mais cela ne se trouva-t-il faux qu'une seule fois, il n'en faudroit pas d'avantage pour nous empêcher de lui donner le nom d'*axiome*. M. le Marquis de l'Hôpital de qui nous avons tiré cette théorie, a calculé dans son *Traité des infiniment petits*, art. 113, la longueur de MF. Il fait le rayon incident BM $= y$. Du point C, centre du miroir, il abaisse sur BM la perpendiculaire CE, & il fait EM $= a$. L'équation qui lui vient après cette préparation ; est MF $= \dfrac{ay}{2y - a}$ $= \dfrac{EM \times BM}{2BM - EM}$. Voyez-en la démonstration la plus rigoureuse à l'article que nous venons de citer. Pour les images que l'on a par réfraction, nous en avons déterminé le lieu aux articles de ce Dictionnaire qui commencent par les mots, *Dioptrique*, *Lunette* & *Microscope*.

IMAGINATION. L'ame spirituelle a le pouvoir de se représenter sous des images sensibles & corporelles les objets absens, comme s'ils étoient réellement présens. C'est-là ce que l'on appelle *imagination* ou *fantaisie*. Cette puissance de l'ame, ou plutôt ce sens interne a son organe dans la partie *calleuse* du cerveau qui se trouve au-dessus du centre ovale. Cette substance ferme & solide nous paroît plus propre que la substance *cendrée* à recevoir & à conserver les images que les esprits vitaux vont y graver. L'on dit assez communément que les gens à imagination ont une vivacité qui dégénère en une espèce de folie ; l'on a raison ; accoutumés à se représenter les choses sous les images les plus vives & les plus frappantes, ils prennent tout au tragique, & si la réflexion ne venoit au secours, ils puniroient, par les châtimens les plus rigoureux, des fautes quelquefois très-légères.

IMMERSION. Le point de l'immersion d'un astre est l'instant où il se cache par rapport à nous.

INCLINAISON. Une ligne est inclinée sur un plan, lorsqu'elle penche plus d'un côté que d'un autre. Celui des deux angles qui se trouve aigu, s'appelle *angle d'inclinaison*.

INDICTION. Le cycle de l'indiction est l'espace de 15 années. *Voyez* dans l'article du Calendrier cette matiere traitée assez au long.

INDIGO. L'indigo est la sixieme des couleurs primitives, comme on peut le voir dans l'article des *couleurs* ;
c'est un violet bleuâtre très-vif & très-brillant.

INERTIE. Cherchez *Force d'inertie*.

INFLEXIBLE. Un corps est inflexible, lorsque par la
compression il ne change pas de figure ; tels sont les corps
durs dont nous avons parlé fort au long dans l'article
de la *Dureté*.

INFLUENCES. Le vulgaire toujours ignorant & su-
perstitieux s'imagine follement que la Lune influe sur la
crue des cheveux, la plénitude des huitres & des écre-
visses, la réussite de ce qu'on séme & de ce qu'on plante, &c. C'est-là une erreur que l'on ne doit réfuter
que par un grand éclat de rire ; l'expérience nous apprend que la lumiere de la Lune rassemblée au foyer
du meilleur miroir concave qui ait encore paru, ne donne
pas le moindre degré de chaleur.

INSECTE. Les insectes sont des animaux dont le corps
est comme coupé par des espèces d'anneaux qui en divisent la longueur. Les chenilles, *par exemple*, & les vers
à soie sont de vrais insectes qui se changent en *chrisa-
lides*, & qui deviennent enfin *papillons*. Le nom de *chrisalide* leur vient sans doute de la couleur d'or dont quelques endroits de leurs corps brillent dans ce nouvel état.
Le vers à soie métamorphosé en *chrisalide*, (nous pourrions dire à peu-près la même chose de la chenille,)
n'a presque plus aucune apparence d'animal, nul mouvement, nul besoin de nourriture, nul signe de vie. Pour
se garantir des accidens qui pourroient lui arriver dans
cet état de foiblesse, il se file une coque dont la matiere est une richesse pour nous. Quelque tems après il
perce sa coque, il sort en forme de papillon, & voilà
la troisieme métamorphose. L'on peut donc assurer que
les vrais insectes passent leur vie dans trois états bien
différens, dans l'état d'*insecte*, dans l'état de *chrisalide* &
dans l'état de *papillon*. Ceux qui seroient curieux de voir
cette matiere traitée à fond, n'ont qu'à lire les ouvrages
de M. de Réaumur. Quelque longs qu'ils paroissent
d'abord, on n'y trouve que des choses très-utiles &
très-amusantes.

INSIPIDE. On nomme *insipide* un corps qui n'a point
de saveur. C'est le manque de sel qui rend un corps insipide.

INSPIRATION. Inspirer, c'est recevoir dans la capacité de la poitrine une partie de l'air extérieur qui nous environne. Nous avons expliqué en parlant de la poitrine, par quel méchanisme se fait l'*inspiration*.

INTERCALAIRE. Un nombre intercalaire est un nombre que l'on insère périodiquement entre deux autres. Le vingt-neuvieme jour du mois de Février, *par exemple*, est un jour intercalaire, parce que, chaque quatrieme année, on ajoute un jour à ce mois, qui pour l'ordinaire n'en a que 28.

INTESTINS. Les intestins & les boyaux dont nous avons fait un article particulier, sont deux termes synonimes.

JOUR. Le jour renferme l'espace de 24 heures, parce que c'est-là le tems que la Terre emploie à faire un tour sur son axe, comme nous l'avons expliqué dans l'article de Copernic.

ISOLER. On isole un corps, lorsqu'on l'empêche de communiquer avec certains autres. Les Physiciens emploient souvent ce terme, sur-tout, lorsqu'il s'agit de l'Électricité.

JUPITER. Jupiter est la seconde des planétes supérieures. Son globe sensiblement sphérique est environ 1170 fois plus gros & environ quatre fois moins dense que celui de la Terre. Son mouvement de rotation sur son axe se fait en 9 heures, 50 minutes, d'Occident en Orient ; & son mouvement périodique qui se fait aussi d'Occident en Orient, ne s'acheve que dans l'espace de 12 années, ou pour parler plus exactement, 11 années, 315 jours, 14 heures & 36 minutes. Jupiter parcourt une ellipse inclinée à l'écliptique de 1 degré, 19 minutes & 38 secondes. Les nouvelles observations mettent cette Planéte dans sa plus grande distance du Soleil à environ 119900, & dans sa plus petite distance 108900 rayons terrestres. Un rayon terrestre contient 1433 lieues. Consultez l'article de *Copernic*, & vous verrez pourquoi Jupiter dérange si souvent le cours des autres Planétes.

K

KÉPLER. Jean Képler né à Wiel dans le pays de Wirtemberg le 27 Décembre de l'année 1571, a trouvé deux loix qui l'ont fait regarder comme le Pere

de l'Aftronomie. Nous allons en donner l'explication &
la démonftration. Il n'eft maintenant aucun Profeffeur de
Phyfique qui ne fe croie obligé de mettre en état ceux
qui lui font confiés, d'en comprendre toute la force.

Premiere Loi. *Les Aires Aftronomiques parcourues par les
Planétes, font comme les tems employés à les parcourir.*

Explication. 1°. Les Aftronomes appellent *rayon veéteur*
d'une Planéte qui tourne autour du Soleil, une ligne
droite tirée du centre du Soleil au centre de la Planéte.
Ainfi les lignes A F, C F, M F, *Fig.* 12. *Pl.* 1, font autant de rayons veéteurs de la Planéte A qui parcourt,
autour du Soleil placé au foyer F, l'ellipfe AMHM.

2°. L'efpace contenu dans le triangle A F C formé
par les deux rayons veéteurs A F, C F, & par la ligne
courbe A C, repréfente l'aire aftronomique de la Planéte A, lorfqu'elle va du point A au point C. Par la
même raifon l'efpace contenu dans le triangle C F M repréfente l'aire aftronomique de la même Planéte A,
lorfqu'elle va du point C au point M.

3°. Si la planéte A met autant de tems à aller du point
A au point C, que du point C au point M, l'on pourra
affurer que l'aire aftronomique A F C eft égale à l'aire
aftronomique C F M; & voilà ce que Képler a voulu dire, lorfqu'il a avancé que les aires aftronomiques parcourues par les planétes, étoient comme les tems employés
à les parcourir.

4°. Pour démontrer cette propofition, voici comment
je procéde. 1°. Je prens les deux lignes A B & B E,
Fig. 22. *Pl.* 2. pour le commencement de la courbe que
décrit la planéte A autour du foleil S dans deux inftans
égaux, *par exemple*, dans les deux premieres minutes de
fon cours périodique. 2°. Sur la ligne A X je prens B C
égal à B A. 3°. Je tire la ligne F E paralléle à la ligne
B C. 4°. Je finis le parallélogramme, en tirant la ligne C E
paralléle à la ligne B F. 5°. Je tire la ligne ponétuée C S,
& je dis que fi la planéte A ne met pas plus de tems à aller du point B au point E, qu'elle en a mis à aller du
point A au point B, l'aire B S E fera égale à l'aire A S B.

Démonftration. 1°. Le triangle A S B eft égal au triangle
B S C. En effet ces deux triangles font faits fur deux bafes
égales A B & B C, & ils ont même hauteur, puifqu'ils
vont tous les deux aboutir au point S; donc on peut les
regarder comme ayant la même bafe, & comme étant

renfermés entre deux lignes parallèles ; donc ils sont égaux entre eux, par la démonstration que l'on trouvera dans l'article *Géométrie page* 60 ; donc le triangle A S B est égal au triangle B S C.

2°. Par les mêmes principes le triangle B S E est égal au triangle B S C, puisque ces deux triangles sont faits sur la base B S, & qu'ils se trouvent entre les parallèles B S & C E ; donc le triangle A S B est égal au triangle B S E, par l'axiome que deux grandeurs égales à une troisieme, sont égales entre elles.

Corollaire I. Plus les aires sont près du foyer E, *Fig.* 12. Pl 1. plus leurs bases sont grandes ; parce que près du foyer F les rayons vecteurs sont fort petits. L'aire C F M parcourue dans une heure, *par exemple*, n'est pas plus grande que l'aire A F C, parcourue dans un tems pareil, quoique la base C M soit plus grande que la base A C.

Corollaire II. Les planétes doivent aller plus vite près du périhélie H, que près de l'aphélie A ; elles manqueroient à la premiere Loi de Képler, si dans un tems donné elles ne parcouroient pas près du périhélie une plus grande base, que près de l'aphélie.

Corollaire III. L'aire d'une planéte quelconque gagne sensiblement en base ce qu'elle perd en rayon vecteur.

Corollaire IV. Deux aires égales dont l'une est à l'aphélie & l'autre au périhélie, ont leurs bases en raison inverse des rayons vecteurs, à prendre les choses sensiblement, c'est-à-dire, la base de l'aire qui se trouve au périhélie, l'emporte autant sur la base de l'aire qui se trouve à l'aphélie, que les rayons vecteurs de celle-ci l'emportent sur les rayons vecteurs de celle-là.

Corollaire V. En prenant toujours les choses sensiblement, l'on a raison d'assurer que les planétes ont leur vitesse en raison inverse de leur distance au foyer ; puisque leur vitesse est représentée par les bases, & leur distance par les rayons vecteurs des aires.

Seconde Loi. Les quarrés des tems périodiques des planétes qui tournent autour d'un centre commun, sont comme les cubes de leurs distances à ce centre.

Explication. 1°. Le tems périodique d'une planéte est le tems qu'elle emploie à parcourir son orbite autour du Soleil. La Terre a pour tems périodique 1, Mars 2, parce que la Terre met 1 an, & Mars 2 ans à parcourir d'occident en orient autour du Soleil les 12 signe du zodiaque.

2°. Un nombre se multipliant lui même produit son quarré.

Ainsi le quarré du tems périodique de la Terre est 1, & le quarré du tems périodique de Mars est 4; parce que le quarré de 1 est 1, & le quarré de 2 est 4.

3°. Le nombre qui se multiplie lui-même est la racine du quarré. Ainsi 1 est la racine du quarré 1, & 2 celle du quarré 4.

4°. Toutes les fois qu'une racine multiplie son quarré, elle produit son cube. Ainsi 8 est le cube de 2, parce que la racine 2 multipliant son quarré 4, produit 8.

5°. Pour avoir le cube de la distance de la Terre au Soleil, il faut d'abord multiplier 33,000,000 de lieues par lui-même, & l'on aura le quarré 1, 089, 000, 000, 000, 000; il faut ensuite multiplier ce quarré par sa racine 33, 000, 000, & l'on aura le cube que l'on cherche, c'est-à-dire, 35, 937, 000, 000, 000, 000, 000, 000. Une pareille opération ne paroit effrayante, qu'à ceux qui n'ont point d'idée d'arithmétique. Il n'est rien de si facile que de multiplier trente-trois millions par trente-trois millions; il faut seulement multiplier 33 par 33, & ajouter 12 zero au produit 1089. Par la même raison il doit être aisé de multiplier le quarré de trente-trois millions par sa racine; l'on doit pour cela multiplier 1089 par 33, & ajouter 18 zero au produit 35937.

6°. La régle de 3 est une opération dans laquelle à trois nombres donnés, l'on cherche un quatrieme proportionnel, ensorte que l'on puisse dire, le premier est au second, comme le troisieme est au quatrieme. Pour trouver ce quatrieme nombre, l'on multiplie le troisieme par le second ou le second par le troisieme; l'on divise le produit par le premier nombre, & le quotient donne toujours le quatrieme nombre proportionnel que l'on cherche. Si aux trois nombres 2, 6, 4, *par exemple*, l'on veut trouver un quatrieme proportionnel, l'on doit multiplier 6 par 4, diviser par 2 le produit 24, & le quotient 12 donnera le nombre que l'on demande. En effet 2 est à 6, comme 4 est à 12; ou pour marquer les choses comme font les Géométres; 2 : 6 : : 4 : 12.

7°. Lorsque l'on connoit les tems périodiques de 2 planétes qui tournent autour d'un centre commun, & la distance de l'une des deux à ce centre; l'on doit employer la seconde loi de Képler pour connoitre la distance de l'autre. Je sçais, *par exemple*, que la Terre demeure un an,

& Mars deux ans à tourner autour du Soleil ; je fçais encore que la Terre eft éloignée du Soleil de 33 millions de lieues ; pour connoitre la diftance de Mars , je dirai ; *la quarré du tems périodique de la Terre , eft au quarré du tems périodique de Mars ; comme le cube de la diftance de la Terre au Soleil , eft au cube de la diftance de Mars ;* & voilà ce que Képler a voulu dire, lorfqu'il a avancé que les quarrés des tems périodiques des planétes étoient comme les cubes de leurs diftances au Soleil.

8°. Pour trouver le cube de la diftance de Mars au Soleil , je multiplie le cube de la diftance de la Terre par le quarré du tems périodique de Mars ; je divife le produit par le quarré du tems périodique de la Terre ; & le quotient me donne le cube que je cherche.

9°. Une fois que je connois le cube de la diftance de Mars , j'extrais la racine cubique qui me donne la fimple diftance de cette planéte au Soleil. C'eft par ce moyen qu'on a découvert que Mars étoit éloigné du Soleil d'environ 52 millions de lieues. C'eft en employant cette même régle que l'on connoitra de combien de millions de lieues les autres planétes font éloignées du Soleil. Il ne faut, pour en venir à bout, que fçavoir les régles de l'Arithmétique la plus commune.

10°. Lorfque l'on connoit les diftances de deux planétes au Soleil, & le tems périodique de l'une des deux, il eft facile de connoitre le tems périodique de l'autre ; parce que l'on peut affurer que les cubes des diftances de deux planétes qui tournent autour du Soleil, font comme les quarrés de leurs tems périodiques.

11°. De tout ce que nous avons dit jufqu'à préfent , concluons que fi l'on connoit les diftances des planétes au Soleil, on le doit à la feconde loi de Képler.

12°. Pour démontrer cette feconde Loi , je fuppofe comme un principe inconteftable que deux corps qui tournent circulairement autour d'un centre commun, ont leur viteffe en raifon inverfe des racines quarrées de leur diftance. Si le corps A , *par exemple* , eft éloigné d'une lieue , & le corps B de 4 lieues du centre C, la viteffe du corps A : à la viteffe du corps B : : la racine quarrée de 4, c'eft-à-dire , 2 : à la racine quarrée de 1, c'eft-à-dire , 1.

Si l'on vouloit exprimer algébriquement cette proportion, l'on diroit, $\frac{r}{t} : \frac{R}{T} : : \sqrt{R} : \sqrt{r}$. En voici la preuve :

la vitesse est toujours égale à l'espace parcouru, divisé par le tems employé à le parcourir ; dans cette occasion les espaces parcourus sont des circonférences de cercle ; les circonférences de cercle sont comme leurs rayons ; donc la vitesse du corps A peut être représentée par le rayon du cercle qu'il décrit, divisé par le tems employé à le décrire, c'est-à-dire par r divisé par t, ou $\frac{r}{t}$. Par la même raison la vitesse du corps B sera représentée par $\frac{R}{T}$. De plus la distance du corps B à son centre C, est un rayon ; donc la racine quarrée de la distance du corps B à son centre C pourra être représentée par $\sqrt{R}$. Par la même raison la racine quarrée de la distance du corps A à son centre C, sera représentée par $\sqrt{r}$; donc au lieu de dire, la vitesse du corps A : à la vitesse du corps B : : la racine quarrée de 4 lieues : à la racine quarrée d'une lieue ; l'on pourra dire, $\frac{r}{t} : \frac{R}{T} : : \sqrt{R} : \sqrt{r}$.

13°. Je nomme $\frac{r}{t}$ la vitesse de la Terre dans son orbite, & $\frac{R}{T}$ la vitesse de Mars. Je nomme encore t le tems périodique de la Terre, & T le tems périodique de Mars ; donc $t\,t$ représentera le quarré du tems périodique de la Terre, & T T le quarré du tems périodique de Mars. Je nomme enfin r la distance de la Terre, & R la distance de Mars au Soleil ; donc r^3 sera le cube de la distance de la Terre, & R³ le cube de la distance de Mars au Soleil. Je dis que l'on aura la proportion suivante, $t\,t : T\,T : : r^3 : R^3$, c'est-à-dire, le quarré du tems périodique de la Terre : au quarré du tems périodique de Mars : : le cube de la distance de la Terre au Soleil : au cube de la distance de Mars au Soleil.

Démonstration. 1°. Par le principe que nous avons posé num. 12°. & dont tous les Méchaniciens conviennent, l'on aura cette proportion ; la vitesse de la Terre dans une orbite regardée comme circulaire : à la vitesse de Mars dans une pareille orbite : : la racine quarrée de la distance de Mars au Soleil : à la racine quarrée de la distance de la Terre au Soleil ; ou bien, $\frac{r}{t} : \frac{R}{T} : : \sqrt{R} : \sqrt{r}$.

2°. Ces quatre quantités algébriques font réellemènt quatre racines quarrées en proportion géométrique. Or quatre racines quarrées ne peuvent pas être en proportion géométrique, fans que leurs quarrés le foient auſſi; donc fi l'on peut dire $\frac{r}{t} : \frac{R}{T} :: \sqrt{R} : \sqrt{r}$; l'on·pourra dire $\frac{rr}{tt} : \frac{RR}{TT} :: R : r.$

3°. Dans toute proportion géométrique le *produit* des quantités extrêmes eſt égal au *produit* des quantités moyennes; donc la dernière proportion donnera l'équation fuivante, $\frac{r^3}{tt} = \frac{R^3}{TT}$, c'eſt-à-dire, le cube de la diſtance de la Terre au Soleil, diviſé par le quarré de ſon tems périodique eſt égal au cube de la diſtance de Mars au Soleil, diviſé par le quarré de ſon tems périodique.

4°. Deux fractions égales multipliées en croix, donnent deux produits égaux, par-exemple, $\frac{1}{3} = \frac{2}{6}$ donnent $6 = 6$; donc l'équation $\frac{r^3}{tt} = \frac{R^3}{TT}$ donnent $r^3 TT = R^3 tt.$

5°. En décompoſant cette équation, l'on aura $tt : TT :: r^3 : R^3$, c'eſt-à-dire, le quarré du tems périodique de la Terre : au quarré du tems périodique de Mars :: le cube de la diſtance de la Terre au Soleil : au cube de la diſtance de Mars au Soleil; mais c'eſt-là préciſément la ſeconde Loi de Képler; donc la ſeconde Loi de Képler eſt ſuſceptible d'une vraie & rigoureuſe·démonſtration.

Remarquez, 1°. Quelques-uns, au lieu d'énoncer la ſeconde loi de Képler, comme nous l'avons fait, la propoſent de la manière ſuivante : *les tems périodiques de deux planétes qui tournent autour du Soleil, ſont comme les racines quarrées des cubes de leurs diſtances à cet Aſtre.*

2°. La ſeconde Loi de Képler peut encore ſe propoſer ainſi : *les diſtances des planétes au Soleil, ſont comme les racines cubiques des quarrés de leurs tems périodiques autour de cet Aſtre.*

3°. Les trois manières dont on peut propoſer la ſeconde loi de Képler conduiſent au même terme; il me paroit cependant que la première manière eſt moins embrouillée que les deux autres.

Remarquez enfin que ſi les planétes décrivoient des cercles

tles autour du Soleil, la feconde loi de Képler fe vérifie-
roit dans tous les points de leurs orbites. Mais elles dé-
érivent des ellipfes ; auffi cette feconde loi ne fe vérifie-t-
elle à l'égard des planétes, que lorfqu'elles fe trouvent
vers l'extrêmité de leur pet't axe ; parce qu'elles ont alors
une viteffe égale à celle qu'elles auroient, fi elles décrivoient un cercle qui eut pour rayon leur rayon veĉteur,
& pour centre celui des deux foyers auquel fe trouve
le Soleil.

L

LANGUE. La langue eft un mufcle compofé d'une infinité de fibres entrelacées les unes dans les autres.
Les Phyficiens diftinguent dans la langue trois membra-
res ; la membrane extérieure ou l'épiderme ; la membrane du milieu ou la *réticulaire*, qui tire fon nom des trous
dont elle eft percée ; enfin la troifieme membrane ou la
membrane nerveufe qui n'eft que la production des nerfs
de la cinquieme & de la feptieme conjugaifon. Cette membrane eft couverte d'une infinité de petites *houpes* qui paffent par les trous de la membrane réticulaire, & qui s'é-
lèvent jufqu'à l'épiderme de la langue. Ce font ces houpes
nerveufes que nous regardons comme le principal organe
du gout ; pourquoi ? parce que les faveurs ne peuvent pas
faire impreffion fur l'épiderme de la langue, fans picoter
les houpes nerveufes dont nous parlons ; ces houpes nerveufes ne peuvent pas être picotées, fans que les nerfs de
la cinquieme & feptieme conjugaifon dont elles forment
les extrêmités, foient remués, & fans que l'impreffion
foit portée jufqu'au centre ovale, d'où ces nerfs tirent
leur origine, & où nous plaçons le vrai fiége de l'ame.

LANTERNE MAGIQUE. La lanterne magique inventée par le Pere Kircher, Jéfuite Allemand, eft un inftrument qui appartient en même tems à la catoptrique & à
la dioptrique ; auffi ceux qui auront préfens à l'efprit les
principes que nous avons établis en expliquant ces deux
traités de Phyfique, n'auront aucune peine à en comprendre tout le méchanifme. Ils verront d'abord que l'on
met au fond de la boîte un miroir concave de métal,
afin que les rayons envoyés par la chandelle placée au foyer de ce miroir, foient réflechis parallèles fur des figures peintes en petit avec des couleurs fort tranfparentes
fur des verres très minces que l'on a mis au commence-

ment du tuyau mobile de la lanterne magique. Ils ver‑
ront ensuite que puisque ces petites figures peintes sur le
verre, & vivement éclairées par derriere, n'envoyent sur
la muraille que des rayons de lumière qui ont passé par
deux verres convexes dont on a eu soin de garnir le tu‑
yau de la lanterne, ils verront, dis je, que ces petites fi‑
gures doivent être peintes en grand sur la même muraille :
une des principales propriétés des verres convexes, est de
grossir les objets. Ils verront enfin que puisque les ver‑
res convexes représentent les objets dans une situation
opposée à celle qu'ils ont, l'on fait très‑bien de renver‑
ser les figures que l'on veut représenter sur la muraille
dans leur état naturel.

Remarquez que la lanterne magique dont M. l'Abbé
Nollet nous donne la description dans le cinquieme vo‑
lume de ses leçons physiques page 567, a son tuyau mo‑
bile garni de trois verres lenticulaires. Mais alors il faut
mettre les objets d'abord après le premier verre lenticu‑
laire, & il faut placer la chandelle un peu plus bas que
le foyer du miroir de métal, afin que les rayons de lu‑
mière soient réfléchis divergens par la surface de ce miroir.

Remarquez encore que l'on peut faire une lanterne ma‑
gique sans le secours d'un miroir de métal. L'on place d'a‑
bord une chandelle allumée au fond de la boîte : après
la chandelle l'on met un verre convexe ; d'abord après ce
verre convexe, l'on met les objets, & à quelque distance
des objets l'on met un second verre convexe qui les re‑
présente en grand sur la muraille.

LARME. Au‑dessus de l'œil, assez près du petit angle,
est située une glande à laquelle les Anatomistes ont donné
le nom de *lacrymale*. Elle filtre une eau qui sert à humec‑
ter le globe de l'œil, & qui se rend dans une cavité que
l'on nomme *sac lacrymal*. C'est de cette cavité que la com‑
pression des muscles occasionnée par la douleur, la joie, le
rire, &c. fait sortir une humeur que nous appellons *larme*.

LARME BATAVIQUE. Les trois expériences suivantes
renferment tous les Phénoménes que nous présente une
espèce de larme de verre que l'on nomme assez commu‑
nément *batavique*, parce qu'on a commencé à la travailler
en Hollande appellée en latin *Batavia*.

Première Expérience. Prenez un peu de la matière fon‑
due dont on fait les verres ; laissez‑la couler & tomber
dans un vase plein d'eau ; laissez refroidir dans l'eau la

partie la plus épaisse & la plus pesante qui coule sans se détacher tout-à-fait, & qui s'allonge en forme de larme; frappez avec un marteau la tête de cette larme, elle ne se brisera pas.

Explication. Les parties frappées ne peuvent pas être disposées en forme de voute, sans se soutenir les unes les autres; elles doivent donc être à l'épreuve de vos coups.

Seconde Expérience. Rompez l'extrêmité de la queue de la larme batavique; elle s'écartera tout d'un coup en poussière blanche à deux ou trois pieds à la ronde.

Explication. La larme batavique est un composé de surfaces de verre mises les unes sur les autres. Puisque c'est dans l'eau que l'on a laissé refroidir le corps de cette larme, il s'ensuit évidemment que la première surface a ses parties beaucoup mieux rapprochées & beaucoup mieux liées que la seconde; la seconde surface beaucoup mieux que la troisieme, ainsi des autres jusqu'à la derniere qui renferme un grand nombre de bulles d'air que l'on voit rassemblées au centre. Lorsque vous rompez l'extrêmité de la queue de la larme batavique, l'air extérieur entre avec impétuosité dans le corps de la larme, & chasse l'air intérieur de la place qu'il occupoit. Celui-ci pénétre de surface en surface jusqu'à la premiere; & comme il a suivi des routes qui alloient toujours en se rétréciffant, parce que les premieres surfaces ont leurs parties beaucoup mieux rapprochées que les autres, il a acquis une force qui l'a mis en état de faire éclater la larme en mille pièces.

Le Pere Regnault, Jésuite, remarque dans ses entretiens physiques que l'air extérieur entrant par la queue rompue de la larme batavique, fait à peu-près ce que fait l'air qu'on laisse rentrer trop vite dans le récipient de la machine pneumatique, auquel on a adapté le tuyau d'un baromètre. Cet air trouvant tout-à-coup accès par le bout inférieur du baromètre, lance le mercure en haut, avec tant de violence, qu'il brise le tuyau en plusieurs pieces.

Troisieme Expérience. Au lieu de faire refroidir dans l'eau la larme batavique, laissez-la refroidir dans l'air, & rompez ensuite l'extrêmité de la queue; la larme ne se brisera pas.

Explication. Les larmes qui se refroidissent dans l'air ne se brisent pas, parce que leurs différentes couches ou surfaces qui se refroidissent lentement & presque en mêmetems, laissent des interstices égaux.

H 2

C'eſt apparemment pour la même raiſon que les larmes re-cuites ne ſe briſent pas plus que les larmes refroidies dans l'air.

LARYNX. Le larinx eſt le commencement de la tra-chée artère.

LATITUDE. La latitude d'une Ville eſt la diſtance qu'il y a entre le *Zénith* de cette Ville & l'équateur céleſte. Nous avons dit en ſon lieu qu'une perſonne a ſon *Zénith* au point du Ciel qui ſe trouve préciſément ſur ſa tête ; l'on a donc raiſon d'avancer que tous les pays qui ſont ſous la ligne, n'ont point de latitude, puiſqu'ils ont leur *Zénith* dans l'équateur ; & que ceux qui ſont ſous les poles, ont la plus grande latitude poſſible, puiſque leur *Zénith* eſt éloigné de l'équateur de 90 degrés.

C'eſt ſur le cercle méridien que ſe comptent les degrés de latitude. *Avignon, par exemple*, a 43 degrés, 57 mi-nutes, 25 ſecondes de latitude boréale, parce que l'arc de ſon méridien compris entre l'équateur céleſte, & le *Zénith* de cette Ville eſt de 43 degrés, 57 minutes, 25 ſecondes. Cette latitude s'appelle *boréale*, parce que *Avi-gnon* ſe trouve dans la partie *boréale* de la ſphére. Ceux qui auroient eu quelque peine à comprendre cet arti-cle, n'ont qu'à ſe former une idée de la ſphére, & ils verront combien il eſt aiſé d'entrer dant ces ſortes de connoiſſances. Conſultez la Table alphabétique des lati-tudes boréales & méridionales des principales villes du monde, que nous avons miſe à la fin de ce Volume.

LENTILLE. *Lentille, verre lenticulaire & verre convexo-convexe* ſont trois termes Synonimes.

LÉTON. Le léton eſt un compoſé de cuivre rouge & de calamine. L'expérience nous apprend que 100 li-vres de calamine, & 100 livres de cuivre rouge ſondues enſemble ne donnent que 150 livres de léton.

LEVIER. Cherchez *Méchanique.*

LIBRATION DE LA LUNE. C'eſt un mouvement preſque inſenſible par lequel les taches de la Lune pa-roiſſent à chaque révolution de cet aſtre, d'abord s'ap-procher, puis s'écarter du centre de cette Planéte, enfin ſe retablir à peu-près dans le même état où elles étoient auparavant. La grande cauſe de cette libration eſt que la Lune eſt ſujette à pluſieurs inégalités conſidérables dans chacune de ſes révolutions autour de la Terre, tandis que ſon mouvement de rotation eſt uniforme. Cher-chez *Lune.*

LIEU. Le *lieu* d'un corps eft la place ou l'efpace que ce corps occupe. C'eft vouloir perdre le tems que de parler en Phyfique de la diftinction que l'on doit mettre entre le *lieu externe* & le *lieu interne*.

LIEUE. Les lieues fe divifent en grandes, moyennes & petites. Les premieres contiennent 3000, les moyennes ou communes 2400, & les petites 2000 pas géométriques. Un degré célefte correfpond à 25 lieues communes de France.

LIGNE. La ligne droite eft celle qui va directement, & la ligne courbe eft celle qui ne va pas directement d'un lieu à un autre. *Voyez*-en la formation phyfique dans les articles du mouvement en ligne droite & en ligne courbe.

LIMAÇON. On ne fçauroit fe difpenfer en Phyfique d'examiner par quel méchanifme fe forment les coquillages ; expliquer la formation de celui du limaçon, c'eft en même tems rendre raifon de celle de tous les coquillages de la mer & des rivieres. M. Pluche dans fon Spectacle de la nature dit là-deffus les chofes les plus curieufes & les plus vraies ; nous allons rapporter ce qu'il y a de plus intéreffant dans le neuvieme entretien du tome premier. Cet élégant Auteur, après nous avoir fait remarquer que le toît fous lequel le limaçon loge, réunit une extrême dureté avec la plus grande légéreté, nous affure que la nature a pourvu cet animal de quatre lunettes d'approche pour l'informer de tout ce qui l'environne. En effet, fes quatre prétendues cornes font quatre nerfs optiques, fur chacun defquels il y a un très-bel œil ; le limaçon peut non-feulement allonger & diriger comme il veut ces efpèces de lunettes, il peut encore les tirer, les tourner & les renfermer felon fon befoin. La nature qui l'a fi bien logé & éclairé, lui a donné, au lieu de jambes, deux grandes peaux mufculeufes qui, en fe déridant, s'allongent, & qui en ferrant de nouveau leurs plis de devant, fe font fuivre de ceux de derriere, & de tout le bâtiment qui pofe deffus. Après ces remarques dignes d'un Phyficien attentif & judicieux, M. Pluche en vient au point le plus difficile à expliquer, c'eft la formation du coquillage. Il nous affure après Malpighi, Lewenhock, & M. de Reaumur que le limaçon fort de fon œuf avec une coquille toute formée, proportionnée à celle de fon corps, & à la coque de l'œuf qui la contenoit. Cette coquille est la base d'une autre qui va toujours en augmentant. La petite coquille, telle qu'elle est sortie de l'œuf, occupe toujours le centre de celle que l'animal, devenu plus grand, se forme en ajoutant de nouveaux tours à la premiere ; & comme son corps ne peut s'allonger que vers l'ouverture, ce n'est que vers l'ouverture que la coquille reçoit de nouveaux accroissemens. La matiere en est dans le corps de l'animal même. C'est une liqueur, ou une colle composée de glu & de petits grains pierreux très-fins. Ces matieres passent par une multitude de petits canaux & arrivent jusqu'aux pores dont la surface de ce corps est toute criblée. Trouvant tous les pores fermés sous l'écaille, elles se détournent vers les parties du corps qui sortent de la coquille, & qui se trouvent à nud. Ces particules de sable & de glu transpirent au-dehors ; elles s'épaississent en se collant ou en se séchant au bord de la coquille. Il s'en forme d'abord une simple pellicule, sous laquelle il s'en assemble une autre, & sous celle-ci une troisieme. De toutes ces couches réunies, se forme une croute toute semblable au reste de l'écaille. Quand l'animal vient encore à croître, & que l'extrémité de son corps n'est pas suffisamment vêtue, il continue à suer & à bâtir par le même moyen. Telle est la formation physique de la coquille du limaçon ; les expériences suivantes démontreront la bonté de cette explication.

Premiere Expérience. Prenez plusieurs limaçons ; cassez légerement quelque portion de leur écaille, sans les blesser eux-mêmes ; mettez-les ensuite sous des verres avec de la terre & des herbes ; vous appercevrez que la partie de leurs corps qui étoit sans couverture, & qu'on voyoit par la fracture, se couvrira bientôt d'écaille comme toutes les autres.

Explication. Une espèce d'écume ou de sueur coule tout à la fois par tous les pores du corps du limaçon ; cette écume poussée peu-à-peu par une autre qui coule dessous, est amenée à niveau de la premiere ou de l'ancienne ; durcie, elle doit former une portion d'un vrai coquillage.

Seconde Expérience. Faites une fracture à la coquille d'un limaçon ; prenez une petite peau qu'on trouve sous la coque d'un œuf de poule, & glissez-la proprement entre le corps du limaçon & les extrémités de la fracture; la petite peau empêchera le fuc formateur de couler au-dehors; & ce fuc s'épaiffira entre la pellicule & le corps de l'animal.

Explication. Cette expérience nous prouve que l'écaille ne travaille pas elle-même à fe rétablir; le fuc qui en auroit coulé fe feroit répandu fur la petite peau, & l'auroit cachée à mefure que le trou fe feroit rempli.

Troifieme Expérience. Caffez légérement à un limaçon quelque portion de fa coquille; il la racommodera; mais la piéce fera pour l'ordinaire d'une couleur différente du refte.

Explication. Différentes caufes peuvent concourir à cet effet. La qualité des nourritures, la bonne ou la mauvaife fanté de l'animal, l'inégalité de fon tempérament félon les âges, les altérations qui peuvent arriver aux différens cribles de fa peau, & mille autres accidens de cette efpèce peuvent tantôt changer, tantôt affoiblir certaines teintes, & diverfifier le tout à l'infini.

LIMBE. Les Aftronomes ont donné le nom de *limbe* aux bords du Soleil & de la Lune.

LIQUIDE. Nous prenons, avec le commun des Phyficiens, *fluide & liquide* dans un même fens. *Voyez* ce que nous avons dit de ces fortes de corps dans l'*Hydroftatique.*

LIVRE. La livre ordinaire, ou la livre *poids de marc* contient feize onces.

LOGARITHMES. Les logarithmes font des nombres artificiels qu'on fubftitue aux nombres ordinaires, pour changer toutes les efpèces de multiplications en additions, & toutes les efpèces de divifions en fouftractions. Quoique ce terme appartienne directement à la Géométrie, nous ne pouvons nous difpenfer de le faire connoître; il eft peu de livres de Phyfique où l'on n'en faffe mention. D'ailleurs nous en ferons un grand ufage dans l'article de la *trigonométrie.* C'eft pour faire entrer fans peine le Lecteur dans le fens de la définition des logarithmes, que nous allons pofer les principes fuivans.

Premiere Vérité. Quatre quantités font en proportion géométrique, lorfque la premiere eft à la feconde, comme la troifieme eft à la quatrieme. Si l'on me donne, *par exemple*, les quatre quantités 6, 3, 8, 4; je pourrai affurer qu'elles font en proportion géométrique, parce que de même que 6 contient deux fois 3, de même 8

H 4

contient deux fois 4. Les Géométres, au lieu de dire tout de fuite 6 eft à 3, comme 8 eft à 4, difent, pour être plus courts, 6 : 3 .:: 8 : 4.

Deuxieme Vérité. Lorfque l'on a les trois premiers termes d'une proportion géométrique, & que l'on veut trouver le quatrieme, l'on doit multiplier le fecond terme par le troifieme, divifer le produit par le premier terme, & le quotient vous donnera le quatrieme terme que vous cherchez. L'on me donne, *par exemple*, les trois quantités 6, 3, 8; fi je veux en trouver un quatrieme qui finiffe la proportion, je multiplierai 3 par 8; je diviferai le produit 24 par 6, & le quotient 4 me donnera la quatrieme quantité que je demande. En effet, 6 : 3 :; 8 : 4. C'eft-là ce que l'on appelle *régle de trois*; c'eft, comme vous venez de le voir, une opération dans laquelle à trois nombres donnés l'on cherche un quatrieme proportionnel géométrique.

Troifieme Vérité. Quatre grandeurs font en proportion arithmétique, lorfque la quantité par laquelle la premiere différe de la feconde, eft égale à la quantité par laquelle la troifieme différe de la quatrieme. Si l'on me donne, *par exemple*, les 4 nombres 10, 11, 20, 21; je pourrai affurer qu'ils font en proportion arithmétique, parce que de même que le nombre 1 marque la différence qu'il y a entre 10 & 11, le même le nombre 1 marque la différence qu'il y a entre 20 & 21. Par la même raifon les nombres naturels 1, 2, 3, 4 &c. font en proportion arithmétique.

Quatrieme Vérité. Lorfque l'on a les trois premiers termes d'une proportion arithmétique, & que l'on veut trouver le quatrieme, l'on doit additionner le fecond & le troifieme termes, ôter de cette fomme le premier terme, & le reftant vous donnera le quatrieme terme que vous cherchez. L'on me donne, *par exemple*, 10, 11, 20; & l'on me dit de finir la proportion arithmétique; pour en venir à bout, j'additionnerai 11 & 20; de la fomme 31 j'ôterai 10, & le reftant 21 me donnera ce que je demande. En effet, nous avons déja remarqué que les 4 nombres 10, 11, 20, 21 étoient en proportion arithmétique. C'eft là ce que l'on pourroit nommer, *régle de trois arithmétique*, parce que par cette opération l'on trouve à trois nombres donnés un quatrieme proportionnel arithmétique.

Cinquieme Vérité. Le *finus* droit d'un arc ou d'un angle mefuré par cet arc, n'eft autre chofe qu'une ligne perpendiculaire tirée d'une des extrêmités de cet arc fur le diamétre qui paffe par l'autre extrêmité. Ainfi la ligne AD, *Fig.* 15. *Pl.* 2, eft en même tems *finus* droit de l'arc AE, de l'arc AI & de l'angle ACE. Le rayon eft toujours *finus* droit d'un quart de cercle; il a le nom de *finus* total, parce que c'eft le plus grand des *finus* droits. CH, *par exemple*, *finus* droit du quart de cercle EH, a le nom de *finus* total. Les Géometres, pour ne pas tomber dans leur calcul dans aucune erreur fenfible, divifent le *finus* total en dix millions de parties, & les autres *finus* droits à proportion, fuivant qu'ils appartiennent à des arcs plus grands ou plus petits.

Sixieme Vérité. La tangente d'un arc de cercle eft une ligne droite qui touche le cercle à l'une des extrêmités de cet arc, & qui eft prolongée jufqu'à ce qu'elle rencontre une feconde ligne qui part du centre du cercle, & qui paffe par l'autre extrêmité de l'arc; cette feconde ligne fe nomme la *fécante.* La ligne EF, *par exemple*, eft la tangente, & la ligne CF la fécante de l'arc EA, *Fig.* 15. *Pl.* 2. Les Géométres ont divifé les tangentes & les fécantes en encore plus de parties que les *finus*, comme on peut le voir dans les tables des *finus*, *tangentes* & *fécantes.*

Septieme Vérité. De même qu'en Arithmétique la connoiffance de trois nombres conduit à la connoiffance d'un quatrieme, comme nous l'avons remarqué dans la *feconde Vérité*; de même en Trigonométrie la connoiffance de trois parties d'un triangle rectiligne conduit à la connoiffance des trois autres parties de ce même triangle. Si je connois, *par exemple*, le côté AC, le côté AB & l'angle B du triangle CBA, *Fig.* 16. *Pl.* 2. il me fera facile de connoître la valeur de l'angle C; la Trigonométrie me fournira pour cela les régles les plus sûres & les plus faciles.

Huitieme Vérité. Les trois parties que l'on doit connoître dans un triangle rectiligne pour arriver à la connoiffance des trois autres, doivent être deux côtés & un angle, ou deux angles & un côté, ou trois côtés. Si l'on ne connoiffoit que les trois angles d'un triangle rectiligne, l'on ne pourroit jamais parvenir à la connoiffance du triangle en entier, parce que deux triangles rectilignes inégaux peuvent avoir leurs trois angles égaux.

Neuvieme Vérité. L'opération par laquelle on parvient à la connoissance de quelque partie d'un triangle, s'appelle *résolution de ce triangle.* C'est par la règle de proportion que se fait cette résolution. Supposons, *par exemple*, que je sçache que le côté A D du triangle C A D, *Fig.* 12. *Pl.* 2, est de 150, le côté A C de 50 toises, & l'angle C de 100 degrés ; si je veux avoir la valeur de l'angle D, je me sers de la régle de Trigonométrie qui m'assure que les côtés d'un triangle sont entre eux comme les *sinus* droits des angles opposés à ces mêmes côtés, & je dis : 150 toises, *valeur du côté A D*, sont à 9848077, *valeur du sinus d'un angle de* 100 *degrés* ; comme 50 toises, *valeur du côté A C*, sont à un quatrieme terme que je cherche. Pour le trouver, je multiplie le second terme 9848077 par le troisieme terme 50 ; je divise le produit 492403850 par le premier terme 150, & le quotient me donne un *sinus* droit dont la valeur est 3282692. Je cherche dans mes tables trigonométriques à quel angle correspond ce *sinus* ; je trouve que c'est à un angle de 19 degrés, 10 minutes, & je conclus que c'est-là la valeur de l'angle D.

Si l'on me demande comment j'ai pu trouver dans les tables trigonométriques le *sinus* d'un angle de 100 degrés, puisque dans ces sortes de tables les *sinus* ne vont que jusqu'à 90 degrés : je réponds que dans cette occasion j'ai pris le *sinus* d'un angle de 80 degrés. Nous avons prévenu cette difficulté dans la *cinquieme Vérité*, en disant que la ligne A D étoit en même tems *sinus* droit du petit arc A E & de son supplément A I, *Figure* 15. *Planche* 2.

Telle est la methode dont on s'est servi jusqu'à environ l'année 1614. Elle étoit sujette à deux grands inconvéniens. Il falloit pour arriver à la connoissance de quelque partie d'un triangle, employer la multiplication & la division, opérations très-longues & très-ennuyantes, lorsqu'il s'agit de deux nombres considérables, & dans lesquelles il n'est que trop facile de se tromper. Le célébre Jean Néper, Ecossois, Baron de Merchiston, entreprit de substituer dans les calculs trigonométriques à la multiplication & à la division, l'addition & la soustraction, opérations très-courtes, quelque grands que soient les nombres dont il s'agit , & dans lesquelles les fautes sont presque impossibles. Il lui falloit, pour venir à bout de son dessein, trouver des nombres qui fussent en proportion arithmétique, & qui correspondissent aux anciens nombres qui étoient en proportion géometrique. Il réussit dans sa pénible & utile entreprise, & c'est par le moyen des régles qu'il a données, que l'on a dressé des tables où l'on trouve non-seulement les logarithmes des *sinus* & *des tangentes* des arcs depuis une minute jusqu'à 90 degrés, mais encore les logarithmes pour les nombres naturels depuis l'unité jusqu'à 10000. Ces logarithmes sont entre eux en proportion arithmétique ; voici comment on s'en sert. Je suppose que dans le triangle A C D , *Fig.* 12. *Pl.* 2. je connoisse le côté A D de 150, le côté A C de 50 toises, & l'angle C de 100 degrés ; si je veux connoître l'angle D , je chercherai dans mes tables le logarithme de 150 , que je trouverai de 2,1760913 , le logarithme de 50 qui vaut 1,6989700 ; & le logarithme du *sinus* d'un angle de 100 degrés dont la valeur est 9,9933515.

Ces trois logarithmes une fois trouvés , je dirai ; 2,1760913 , *valeur du logarithme du côté A D* , est a 9,9933515 , *valeur du logarithme du sinus d'un angle de* 100 *degrés ;* comme 1,6989700 , *valeur du logarithme du côté A C* , est à un quatrieme logarithme que je cherche. Pour le trouver , j'additionne le second logarithme 9,9933515 , avec le troisieme 1,6989700 ; de la somme 11,6923215 , je soustrais le premier logarithme 2,1760913 , & le restant me donne un logarithme qui vaut 9,5162302. Je cherche dans mes tables à quel angle correspond ce logarithme ; je trouve que c'est à un angle de 19 degrés , 10 minutes , & je conclus que c'est-là la valeur de l'angle D. M^r. l'Abbé de la Caille a donc eu raison de dire dans ses élémens de Mathématiques , que les logarithmes sont des nombres artificiels qu'on substitue aux nombres ordinaires , pour changer toutes les espèces de multiplications en additions , & toutes les espèces de divisions en soustractions. M. Ozanam les avoit défini avant lui des nombres qui gardent la progression arithmétique , tandis que ceux dont ils sont logarithmes gardent la géométrique. La solution des questions suivantes jettera un grand jour sur cet article.

Premiere Question. Comment s'y est-on pris pour construire les tables des logarithmes ?

L'on a fuppofé que le logarithme de 1 étoit, 0,0000000;
le logarithme de 10 étoit 1,0000000 ; le logarithme de
100 étoit 2,0000000; le logarithme de 1000 étoit 3,0000000,
&c. En effet, de même que les quatre nombres 1, 10, 100,
1000 font en proportion géométrique, de même les 4 logarithmes (0,0000000) (1,0000000) (2,0000000)
(3,0000000) font en proportion arithmétique. Cet arrangement a eu lieu dans tout le cours de l'exemple fuivant.

Nombres en proportion Géométrique.	Logarithmes de ces nombres.
1	0 , 0000000
10	1 , 0000000
100	2 , 0000000
1000	3 , 0000000
10000	4 , 0000000
100000	5 , 0000000
1000000	6 , 0000000
10000000	7 , 0000000
100000000	8 , 0000000

L'on a trouvé, en fuivant la même méthode, que le logarithme du nombre 2 étoit 0,3010300 ; celui du nombre 3 étoit 0,4771212, &c. Voyez-en toutes les opérations dans le Livre que nous avons intitulé, *le Guide des
jeunes Mathématiciens dans l'étude des Élémens de Mathématique de M. l'Abbé de la Caille*, depuis la page 47 jufqu'à la page 54.

Seconde Queſtion. Pourquoi le premier chiffre des logarithmes eſt-il toujours féparé des autres par une virgule ?

C'eſt parce que ce premier chiffre eſt *la caractériſtique* du
logarithme. Pour peu que l'on ait fait attention à l'exemple
fupérieur, l'on a dû remarquer que *cette caractériſtique* eſt
toujours moindre d'une unité que les figures dont le nombre naturel eſt compofé. Le nombre 100000000 a 9 figures, & fon logarithme 8,0000000 a le chiffre 8 pour *caractériſtique*.

Troiſieme Queſtion. Pourquoi a-t-on donné le nom de *caractériſtique* au premier chiffre d'un logarithme ?

C'eſt parce qu'il fert à faire connoître de combien de
caractéres eſt compofé le nombre qui répond à un logarithme donné. En effet, fi l'on me donne le logarithme
3,7574719, je vois d'abord qu'il appartient à un nombre
de 4 chiffres, puifque fa *caractériſtique* eſt 3.

Quatrieme Queſtion. A quoi répond la ſomme de deux logarithmes, *par exemple*, à quoi répond 3,0000000, ſomme compoſée de 1,3010300, *logarithme du nombre* 20, & de 1,6989700, *logarithme du nombre* 50 ?

3,0000000, eſt le logarithme du produit de 50 par 20, c'eſt-à-dire, de 1000. Ainſi au lieu de multiplier un nombre par un autre *par exemple*, 80 par 55, j'ajoute le logarithme de 80 au logarithme de 55, leur ſomme me donnera un logarithme qui dans les tables ſe trouvera à côté de 4400, *produit du nombre* 80 *multiplié par* 55. Pour ſe convaincre de la ſolidité de cette réponſe, que l'on faſſe attention à la démonſtration ſuivante.

Dans toute multiplication l'unité : au multiplicateur : : le multiplicande : au produit ; donc les 4 nombres 1, 55, 80, 4400 ſont en proportion géométrique ; donc leurs logarithmes ſont en proportion arithmétique ; donc la ſomme des logarithmes des nombres 1 & 4400 eſt égale à la ſomme des logarithmes des nombres 55 & 80 ; mais le logarithme du nombre 1 eſt 0,0000000 ; donc le logarithme du ſeul nombre 4400 eſt égal aux logarithmes des nombres 55 & 80 ; donc la ſomme des logarithmes de deux nombres donnés eſt égale au logarithme de leur produit.

Cinquieme Queſtion. A quoi répond la différence qui ſe trouve entre deux logarithmes, *par exemple*, à quoi répond 1,3010300, différence qui ſe trouve entre 2,0000000, *logarithme de* 100, & 0,6989700 *logarithme de* 5 ?

Cette différence répond au nombre 20, c'eſt-à-dire, au quotient de 100 diviſé par 5. En voici la démonſtration.

Dans toute diviſion l'unité : au quotient : : le diviſeur : au dividende ; donc les 4 nombres 1, 20, 5, 100 ſont en proportion géométrique ; donc leurs logarithmes ſont en proportion arithmétique ; donc la ſomme des logarithmes des nombres 1 & 100 eſt égale à la ſomme des logarithmes des nombres 20 & 5 ; mais le logarithme de l'unité eſt 0,0000000 ; donc le logarithme du nombre 100 eſt égal aux logarithmes des nombres 20 & 5 ; donc ſi du logarithme du nombre 100 on ôte le logarithme du nombre 5, l'on aura pour *reſtant* le logarithme du nombre 20 ; donc la différence des logarithmes de deux nombres donnés eſt égale au logarithme de leur quotient. Ainſi au lieu de diviſer un nombre par un autre, *par exemple*, 1000 par 10, je prends la différence qu'il y a entre le logarithme de 1000 & celui de 10 ; cette différence me donnera un logarithme qui dans les tables se trouvera à côté de 100, quotient du nombre 1000 divisé par le nombre 10. Ces deux méthodes épargnent beaucoup de peine aux calculateurs, lorsqu'il s'agit de multiplier ou de diviser de grands nombres. Ce n'est pas là le seul avantage que l'on retire des logarithmes.

USAGE

Des logarithmes dans l'extraction des racines quarrées.

Un nombre se multipliant lui-même produit son quarré. Le quarré de 6, *par exemple*, est 36, parce que 6 multipliant 6 donne 36. Ainsi extraire la racine d'un quarré proposé, c'est trouver le nombre, qui, en se multipliant lui-même, a produit ce quarré. L'on me donne le nombre 2025, & l'on me dit d'en extraire la racine quarrée ; pour en venir à bout, voici comment j'opére sans le secours des logarithmes.

1°. Je souscris des points de deux en deux chiffres, à commencer par celui qui est à ma droite, c'est-à-dire, par 5. Le nombre de ces points est le nombre des chiffres de la racine que je cherche. Ainsi la racine du quarré 2025 aura deux chiffres.

2°. Je prends les deux premiers chiffres du quarré proposé, & j'examine s'ils forment un quarré parfait ; je trouve que non, parce qu'il n'y a point de nombre qui, en se multipliant lui-même, produise 20 ; je cherche donc quel est le plus grand quarré renfermé dans 20.

3°. Le plus grand quarré renfermé dans 20, c'est 16 ; j'en extrais la racine quarrée, & je la marque au quotient.

4°. Je mets 16 sous 20.

5°. Je soustrais 16 de 20, il me reste 4, voilà la premiere opération faite.

6°. Pour commencer la seconde opération, je double mon quotient 4, & j'ai 8.

7°. Je descens à côté du 4 qui m'étoit resté de ma derniere soustraction, le troisieme & le quatrieme chiffres du quarré proposé, c'est-à-dire, je descens 25, & j'ai 425.

8°. J'écris sous 425 le quotient que j'ai doublé, c'est-à-dire, 8, de telle sorte que ce diviseur 8 se trouve sous le chiffre 2 du dividende 425.

9°. J'examine combien de fois 8 est dans 42 ; & comme il y est 5 fois, je marque 5 non-seulement dans mon quotient, mais encore à côté de 3, tellement que j'ai dans mon quotient 45, & 85 sous 425.

10°. Je multiplie 85 par 5, & j'ai précisément 425 ; ce qui prouve que 2025 est un quarré parfait dont la racine est 45. En effet multipliez 45 par 45, vous aurez 2025 ; donc l'opération a été bien faite.

11°. S'il étoit resté quelque chose après la derniere opération, ç'auroit été une preuve que le nombre proposé n'étoit pas un quarré parfait ; alors le quotient que vous auriez trouvé, auroit été la racine quarrée du plus grand quarré qu'il y eut eu dans le nombre sur lequel vous auriez opéré. A mesure qu'on lira ces régles, l'on doit jetter les yeux sur l'exemple suivant.

Exemple.

Quarré parfait.

```
    2025
      16
    ―――
     425
      85
     425
    ―――
  Quotient.
      45
```

12°. Telle est la méthode dont on doit se servir, lorsque l'on ne connoit pas les logarithmes : mais lorsqu'on en a quelque idée, l'on doit bien se garder de la mettre en usage. Pour avoir la racine quarrée de 2025, cherchez d'abord dans vos tables le logarithme de ce nombre, c'est 3,3064250. Prenez ensuite la moitié de ce logarithme, c'est 1,6532125. Voyez enfin à quel nombre répond dans vos tables le logarithme 1,6532125 ; & comme il se trouve à côté de 45, vous conclurez que c'est-là la racine quarrée de 2025, & que pour avoir la racine quarrée d'un nombre donné, l'on doit prendre la moitié du logarithme de ce nombre, laquelle sera le logarithme de la racine quarrée qu'on demande. Voici sur quelle démonstration cette méthode est fondée.

L'unité : à la racine quarrée : : la racine quarrée : à son quarré ; donc les quatre nombres 1, 45, 45 & 2025 sont en proportion géométrique ; donc leurs logarithmes sont en proportion arithmétique ; donc la somme des logarithmes des nombres 1 & 2025 est égale au double du logarithme de la racine 45 ; mais le logarithme de l'unité est 0,0000000 ; donc le logarithme de 2025 est égal au double, c'est-à-dire, est double du logarithme de la racine 45 ; donc la moitié du logarithme d'un quarré vous donne le logarithme de sa racine. Cette opération seroit seule capable de nous faire comprendre combien grand est le service qu'a rendu aux sciences le fameux Néper ; l'opération suivante nous le fera encore mieux connoître.

U S A G E

Des logarithmes dans l'extraction des racines cubiques?

Le cube est le produit d'un quarré parfait multiplié par sa racine. 8 , *par exemple*, est le cube de 2 , parce qu'en multipliant 2 par 2 , j'ai son quarré parfait 4 ; & en multipliant 4 par sa racine 2 , j'ai 8. S'il faut extraire la racine cubique du cube parfait 9261, voici comment je suis obligé d'opérer, si je ne veux pas me servir des logarithmes.

1°. Je souscris des points de 3 en 3 chiffres à commencer par celui qui est à ma droite, c'est-à-dire, par 1. Il doit y avoir dans la racine que je cherche autant de chiffres, qu'il y a de points souscrits.

2°. Comme le chiffre 9 qui seul répond au second point souscrit, n'est pas un cube parfait, je prens le plus grand cube qui se trouve dans ce nombre, c'est-à-dire, 8.

3°. J'écris le cube 8 sous le chiffre 9.

4°. Je marque dans mon quotient la racine cubique de 8, c'est 2.

5°. Je souftrais 8 de 9, il me reste 1.

6°. A côté de 1 je descens les trois chiffres qui me restent, c'est-à-dire, 261, j'ai 1261, & voilà la première opération faite.

7°. Pour faire la seconde opération, je prends 3 fois le quarré de mon quotient 2, ce qui dans le cas présent me donne 12.

8°. Je mets ce 12 sous 1261, de telle sorte que le chiffre 1 du diviseur 12 réponde au chiffre 1 du dividende 1261.

9°. J'opère comme dans la division ordinaire, & par conséquent je mets 1 au quotient.

10°. Je multiplie le diviseur 12 par le quotient 1, & j'écris le produit sous le diviseur 12.

11°. Je prends 3 fois le quarré de 1, *second chiffre de mon quotient*, que je multiplie par 2, *premier chiffre du même quotient*, ce qui dans le cas présent me donne 6.

12°. J'écris ce produit 6 de telle sorte qu'il réponde aux dizaines du dividende 1261.

13°. Je prends le cube de 1 *second chiffre de mon quotient*.

14°. J'écris ce cube 1 de telle sorte qu'il réponde à l'unité du dividende 1261.

15°. J'additionne ces trois nombres ainsi rangés, & j'ai précisément 1261, ce qui prouve que 21 est réellement la racine

racine cubique du cube propofé. En effet multipliez 21 par 21, vous aurez 441 ; multipliez enfuite le quarré 441 par fa racine 21, le produit fera 9261. S'il eût refté quelque chofe après la dernière opération, le nombre propofé n'auroit pas été un cube parfait, & je n'aurois eu que la racine cubique du plus grand cube qui fe fut trouvé dans ce nombre.

16°. Lorfque le cube propofé a trois chiffres dans fa racine, l'on fe comporte dans la troifieme opération, comme l'on a fait dans la feconde, avec cette différence que l'on regarde les deux racines déja trouvées, comme ne faifant qu'une feule racine. Toutes ces régles vont s'éclaircir dans l'exemple fuivant fur lequel on doit toujours avoir l'œil, lorfque l'on opére fuivant l'ancienne méthode.

Exemple.

Cube parfait.

9261
8
———
1261
12
———
12
6
1
———
1261

Rac. cubique.

21

17°. L'on s'épargne bien de l'embarras, lorfque l'on fçait fe fervir des logarithmes. Pour trouver dans le moment la racine cubique de 9261, je cherche d'abord dans mes tables trigonométriques le logarithme de ce cube que je trouve 3,9666579 ; je prends enfuite le tiers de ce logarithme, c'eft-à-dire, 1,3222193 ; j'examine enfin à quel nombre répond ce nouveau logarithme ; & comme il répond à 21, je conclus non-feulement que 21 eft la racine cubique de 9261, mais je conclus encore en général que pour trouver la racine cubique d'un nombre propofé, l'on doit prendre le tiers du logarithme du cube donné, & que ce fera-là le logarithme de la racine cubique qu'on demande. La démonftration en eft fenfible.

Le cube 9261 eft le produit de la racine 21 multipliant fon quarré 441 ; donc le logarithme de 9261 eft égal aux logarithmes des nombres 21 & 441, *par la démonftration que nous avons apportée dans la réponfe à la queftion quatrieme de cet article ;* mais le logarithme de 441 eft double du logarithme de 21, *par la démonftration que nous avons donnée lorfque nous avons appris à extraire les racines quarrées par le moyen des logarithmes ;* donc le logarithme de 9261 eft triple du logarithme de fa racine cubique 21 ; donc en général le logarithme de la racine cubique d'un nombre propofé eft le tiers du logarithme du cube donné.

18°. Comme la multiplication, la divifion & l'extraction des racines, foit quarrées, foit cubiques, reviennent, pour ainfi dire, à chaque pas en Phyfique, le Lecteur ne trouvera pas que nous nous foyons trop étendu fur cet article.

Le même principe nous a engagé à donner à la fin de ce Dictionnaire l'abrégé de la table des logarithmes. Nous avons appris à la fin de cette table, comment il faut s'en fervir, & comment on pourra trouver les logarithmes qui y manquent. Nous terminerons cet article par les remarques fuivantes; elles font néceffaires.

Remarque I. Le logarithme du nombre 1 étant (*queftion 1 de cet article*) 0, 0000000, il paroit que les fractions ne doivent pas avoir des logarithmes. En effet, *dit-on*, un nombre fractionnaire eft moindre que l'unité, & il n'eft rien de moindre que zero; donc les fractions ne doivent pas avoir des logarithmes. Elles en ont cependant; & c'eft là une difficulté qu'il ne faut pas manquer de réfoudre à la fin de cet important article.

Les fractions ont des logarithmes, j'en conviens; mais ce font des logarithmes affectés du figne —, des logarithmes négatifs, & par conféquent des logarithmes qui répondent a des quantités moindres que 0. Pour avoir, *par exemple*, le logarithme de la fraction $\frac{20}{80}$, voici comment il faut s'y prendre; cherchez dans vos tables les logarithmes des \nombres 80 & 20; ce font 1.9030900 & 1.3010300. Otez le fecond du premier; le reftant affecté du figne négatif, fera le logarithme que vous demandez. La fraction $\frac{20}{80}$ aura donc pour logarithme — 0.6020600. Ces opérations font fondées fur la démonftration fuivante.

$80 \times \frac{20}{80} = 20$; donc (*queftion 4 de cet article*) le logarithme de 80 ajouté au logarithme de $\frac{20}{80}$, doit donner le logarithme de 20. Mais — 1.9030900 ajouté à — 0.6020600 $= 1,3010300$; donc le logarithme de 80 ajouté au logarithme de $\frac{20}{80}$ donne réellement le logarithme de 20; donc il eft auffi évident que le logarithme de $\frac{20}{80}$ eft — 1.6020600, qu'il eft évident que le logarithme de 80 & de 20 font, l'un 1,9030900, & l'autre 1.3010300.

Faut-il trouver la fraction à laquelle répond un loga-

rithme négatif ? cherchez dans les tables à quel nombre répond ce logarithme pris pofitivement ; divifez l'unité
par ce nombre, & vous aurez la fraction que vous demandez. *Exemple*. Le logarithme — 0.6020600 pris pofitivement répond au nombre 4. Divifez l'unité par 4, &
affurez que — 6020600 eft le logarithme de la fraction $\frac{1}{4}$.
En effet $\frac{20}{80} = \frac{1}{4}$. Tout ce qui refte à démontrer, c'eft
que $\frac{1}{4}$ doit avoir pour logarithme — 0.6020600 ; la chofe
n'eft pas difficile à faire.

$4 : 1 :: 1 : \frac{1}{4}$; donc leurs logarithmes font en progreffion arithmétique (*queftion 1 de cet article*). Mais le logarithme du terme moyen eft 0 (*même queftion*) ; donc
la fomme des logarithmes des extrêmes doit être 0. Mais
—+ 0,6020600 *logarithme de* 4, & — 0,6020600 logarithme de $\frac{1}{4} = 0$; donc il eft auffi évident que — 0,6020600
eft le logarithme de $\frac{1}{4}$, qu'il eft évident que —+ 0,6020600
eft le logarithme de 4.

Ce que nous avons dit des fractions ordinaires, doit
s'appliquer aux fractions décimales. Pour trouver le logarithme de $0,25 = \frac{25}{100}$, cherchez dans vos tables les logarithmes des nombres 100 & 25 ; ce font 2.0000000 &
1.3979400 ; ôtez le fecond du premier ; le reftant affecté du figne négatif, c'eft-à-dire, — 0.6020600 fera le
logarithme de $\frac{25}{100}$. En effet — 0.6020600 eft le logarithme de $\frac{1}{4} = \frac{25}{100}$.

De ce que nous avons dit jufqu'à préfent, il fuit évidemment que — 1.6901961 eft le logarithme de $\frac{1}{49}$, parce
que 1.6901961 eft le logarithme de 49. Je fuppofe maintenant qu'il faille extraire la racine quarrée de $\frac{1}{49}$, en opérant fur fon logarithme ; je prens la moitié de — 1.6901961
$= — 0.8450980$, & je foutiens que c'eft-là le logarithme de la racine quarrée de $\frac{1}{49}$. En effet — 0.8450980 eft
le logarithme de $\frac{1}{7}$. Mais $\frac{1}{7}$ eft la racine quarrée de $\frac{1}{49}$;
donc — 0.8450980 eft le logarithme de la racine quarrée
de $\frac{1}{49}$. De même le logarithme de $\frac{1}{27}$ eft — 1.4313638,
parce que 1.4313638 eft le logarithme de 27. S'il faut extraire la racine cubique de $\frac{1}{27}$, en opérant fur fon logarithme, je prens le tiers de — 1.4313638 $= — 0.4771212$; &

je prétens que c'est-là le logarithme de la racine cubique de $\frac{1}{27}$. En effet —0.4771212 est le logarithme de $\frac{1}{3}$. Mais $\frac{1}{3}$ est la racine cubique de $\frac{1}{27}$; donc —0.4771212 est le logarithme de la racine cubique de $\frac{1}{27}$.

Remarque II. Les nombres composés *d'entiers* & de *fractions* ont leurs logarithmes. Comment faut-il s'y prendre pour les trouver ? le voici.

L'on demande le logarithme de $2 \frac{3}{4}$. Vous le trouverez en opérant ainsi. 1°. Réduisez en une fraction improprement dite $2 \frac{3}{4}$, vous aurez $\frac{11}{4}$. 2°. Prenez les logarithmes de 11 & de 4 ; ce sont 1,0413927 & 0.6020600 3°. Otez celui-ci de celui-là ; le restant 0.4393327 sera (*question 5 de cet article*) le logarithme de 11 divisé par 4, ou de $\frac{11}{4}$.

Remarque III. Il seroit plus naturel de réduire $\frac{3}{4}$ en fraction décimale, & de chercher le logarithme du *tout*, après que la réduction auroit été faite. Voici comment il faut opérer. 1°. $2 \frac{3}{4} = 2,75$. 2°. Cherchez le logarithme de 275 ; c'est 2.4393327. 3°. Donnez à ce logarithme 0 pour caractéristique, parce que la fraction décimale 2,75 a un nombre entier dont la caractéristique est 0, (*quest. 2 de cet art.*) & vous trouverez, comme ci-dessus, que 0.4393327 est la caractéristique de $2 \frac{3}{4} = \frac{11}{4} = 2,75$.

Si l'on demande le logarithme de $25 \frac{3}{4}$, ou de 25,75, cherchez le logarithme de 2575 ; c'est 3.4107772. Donnez à ce logarithme 1 pour caractéristique, parce que la fraction décimale 25,75 a un nombre entier dont la caractéristique est 1 (*question 2 de cet article*) ; vous conclurez que 1.4107772 est la caractéristique de $25 \frac{3}{4} = 25,75$.

LOGEMENT. La Physique usuelle a eu trop de part à la manière dont les hommes ont cherché à se garantir, dans tous les tems, des injures de l'air, pour ne pas faire dans un ouvrage comme celui ci au moins l'histoire intéressante des changemens qui sont arrivés dans leurs logemens. Nous la trouvons dans le premier entretien du tome septieme du Spectacle de la nature ; nous allons faire l'abrégé des quarante pages qu'il contient. Les avances des rochers, les antres & les enfoncemens furent d'abord les premieres retraites des hommes. Des maisons de bois, ou plutôt, des ramées informes & des entrelas d'osier, garnis

de terre , fuccéderent bientôt après le déluge aux ta-
nieres , & aux noirs fouterrains qui avoient d'abord fervi
d'hofpice aux enfans de Noé dans leurs courfes. La
jufte crainte de détruire les bois fit naître chez les Gau-
lois & dans toute la Germanie ces *rotondes* , c'eft à-
dire , ces bâtimens couverts de jonc ou de chaume , &
terminés en cône , comme nos glaciéres. Un trou pratiqué à la pointe de ce dôme ruftique donnoit l'échap-
pement à la fumée. Le foyer un peu enfoncé au
milieu de la place , & entretenu avec de fimples charbons , réjouiffoit la famille difperfée à l'entour. L'on
voit encore les reftes de cette méthode & la forme de
ces logemens dans les villages de Lorraine , d'Allema-
gne & de Pologne. Les Egyptiens , les Grecs & les
Romains fuivirent dans leurs bâtimens des régles bien
différentes.

Les Égyptiens amenerent par la navigation les pierres,
les marbres & toutes les matieres propres à bâtir , qu'ils
ne trouvoient qu'au fond de l'Afrique. Ils mirent du
grand dans leurs édifices. De-là ces magnifiques habita-
tions en forme de terraffes & tous ces beaux monumens
qu'il falloit rendre fupérieurs aux inondations , & indef-
tructibles à tous les efforts de l'eau. Le bois n'entroit
prefque pour rien dans leurs bâtimens. Le pays en donnoit peu , & alternativement expofé à l'air , puis à l'eau,
il n'auroit pas été de durée.

Les Grecs de qui nous viennent les plus belles pratiques de la Géométrie , la correction dans le deffein ,
les ordres d'architecture , les belles proportions & les
principes de tous les beaux arts , bâtirent avec encore
plus d'élégance que les Égyptiens.

Enfin les Romains n'ont jamais paru plus grands , que
dans leurs aqueducs , leurs chemins , leurs ponts ; témoins fur-tout à Nifmes , ces monumens (a) antiques
que la rigueur des tems a refpectés. Leur noble fim-
plicité frappera toujours ce grand nombre d'étrangers que
la curiofité n'attire d'abord dans cette Ville , que pour
admirer les embelliffemens (b) modernes dont les hé-
ritiers de la magnificence romaine ont orné l'ancienne
émule de la maîtreffe du monde.

(a) Les Arênes & la Maifon quarrée.
(b) Les ouvrages de la Fontaine.

I 3

LOIX GÉNÉRALES DE LA NATURE. Le Créateur, en tirant ce monde du néant, l'a soumis à des régles que l'on nomme *Loix générales de la nature* ; telles sont, suivant tous les Physiciens, les régles du mouvement soit simple soit composé ; telles sont encore, suivant les Newtoniens, les loix de la gravitation mutuelle des corps. Lorsque dans l'explication d'un phénoméne l'on en est arrivé à une loi générale de la nature, l'on ne peut pas demander, sans se deshonorer, quelle est la cause physique de cette loi ; l'on doit sçavoir que le Maître suprême est le seul à qui l'on puisse avoir recours dans cette occasion.

LONGIMETRIE. C'est une science qui apprend à mesurer les lignes, c'est-à-dire, les quantités qu'on considére comme n'áyant que celle des trois dimensions qu'on appelle *longueur*. Cette premiere partie de la Géométrie pratique contient non-seulement des problêmes curieux, tels que sont ceux qui regardent la mesure des distances ; mais encore des problêmes dont l'usage est très-commun en Physique, tels que ceux qui apprennent à trouver des quatriemes, des troisiemes, des moyennes proportionnelles. Nous avons résolu la plupart de ces problêmes dans l'article du *Compas de proportion*. Aussi nous contenterons-nous dans celui-ci de résoudre le problême suivant.

PROBLÊME.

Mesurer la hauteur d'un objet quelconque, *par exemple*, d'une tour.

Construction. Pour mesurer la hauteur de la tour AB, *Fig.* 18. *Pl.* 2, 1°. je place horizontalement un miroir plan au point C. 2°. Je me retire jusqu'à ce que je voie le point A peint dans le miroir. 3°. Je mesure DE, distance perpendiculaire de mon œil à mes pieds. 4°. Je mesure EC, distance de mes pieds au centre du miroir C. 5°. Je mesure CB, distance du centre du miroir C à la tour AB. 6°. Je fais la proportion suivante, EC : DE ¿: CB : AB. 7°. Je multiplie DE par CB ; je divise le produit par EC ; le quotient me donnera la hauteur de la tour AB.

Démonstration. Les deux triangles rectangles DEC & ABC sont équiangles, puisque l'angle de réflexion DCE est égal à l'angle d'incidence ACB ; donc, *par la prop.* 3. *de notre* 6ᵉ *livre de Géométrie* , EC : DE : : CB : AB.

Corollaire. Plantez un bâton parallélement à la poſition de la tour dont vous cherchez la hauteur. Meſurez la longueur de l'ombre du bâton , ſa hauteur , & la longueur de l'ombre de la tour. Faites enſuite la proportion ſuivante , la longueur de l'ombre du bâton : à ſa hauteur : : la longueur de l'ombre de la tour : à ſa hauteur.

LONGITUDE. La longitude d'une Ville eſt la diſtance qu'il y a entre le premier méridien , c'eſt-à-dire , entre le méridien de l'*Iſle de fer* , & le méridien de la Ville dont on cherche la longitude. C'eſt l'arc de l'équateur céleſte intercepté entre ces deux méridiens qui détermine tous les degrés de longitude. Avignon , *par exemple* , en a une de 22 degrés , 26 minutes. Conſultez la Table des longitudes que vous trouverez à la fin de ce volume. Nous n'avons conné notre Table qu'en degrés , minutes & ſecondes géométriques ; rien n'eſt plus facile que de la réduire en heures , minutes & ſecondes de tems ; l'on n'a pour cela qu'à ſçavoir qu'un degré géométrique équivaut à 4 minutes de tems , une minute de degrés à 4 ſecondes de tems , & une ſeconde de minutes à 4 tierces de tems. La longitude d'Abbeville , *par exemple* , marquée en tems ſeroit de 1 heure , 18 minutes , 12 ſecondes , parce qu'elle eſt de 19 degrés , 33 minutes géométriques.

LONGITUDE EN MER. Trouver la longitude en Mer, c'eſt trouver en même tems & l'heure qu'il eſt ſur le navire , & l'heure qu'il eſt ſous un méridien dont la longitude eſt connue , *par exemple* , ſous le méridien du départ. La différence des heures donnera la différence des méridiens à quiconque ſçait qu'un degré géométrique équivaut à 4 minutes de tems , une minute de degré à 4 ſecondes de tems , & une ſeconde de minutes à 4 tierces de tems. Les inſtrumens aſtronomiques donnent avec la dernicre exactitude l'heure qu'il eſt ſur le navire. Il ne s'agit donc , pour l'entiere réſolution du problême , que de conſtruire une montre dont la marche uniforme , malgré l'agitation de la Mer, conſerve toujours l'heure qu'il eſt ſous le méridien du départ.

On publia en Angleterre en 1714 , la 12ᵉ année du regne de la Reine Anne , un acte du Parlement , par

I 4

lequel la Nation britannique promit vingt mille livres sterling de récompense à celui qui découvriroit les longitudes en mer, à un demi degré près, ou 10 lieues marines; quinze mille livres, si on ne les découvroit qu'à deux tiers de degré près; & dix mille livres à un degré près. On établit en même tems des Commissaires pour juger du mérite des recherches qui seroient présentées sur cet objet. Cette commission fut nommée le bureau des longitudes.

En conséquence de ces encouragemens M. *Jean Harrison* de Londres fit en 1726 une pendule qui pendant dix ans de suite ne s'écarta du ciel que d'environ une seconde par mois. Mais comme la pendule est nécessairement dérangée par le mouvement du vaisseau, il construisit une montre dont il fit l'essai dans un grand batteau sur une riviere par un tems orageux. Le succès surpassa ses espérances. Il la transporta sur un vaisseau jusqu'à Lisbonne, & de Lisbonne en Angleterre; & à l'entrée de la Manche, elle donna exactement la différence entre le méridien de Lisbonne & celui du navire. Il fit ensuite successivement deux autres montres plus parfaites & moins embarrassantes que la première; la troisieme n'occupoit que quatre pieds quarrés. Ce fut pour l'encourager & l'aider à construire ces deux dernieres machines, que les Commissaires des longitudes lui donnerent en 1737 une somme d'argent.

En 1739 M. *Harrison* produisit sa seconde montre dont l'exactitude fit espérer qu'elle donneroit la longitude du navire dans les limites de l'acte du Parlement. La troisieme parut deux ans après, & elle lui procura le certificat suivant, signé par les principaux Membres de la Société royale : *Notre avis est que de semblables machines feront d'un excellent usage, tant pour déterminer la longitude à la mer, que pour corriger les cartes & la position des côtes; & nous ne sçaurions trop recommander M. Harrison aux Commissaires des longitudes, comme un homme qui mérite toute sorte d'encouragemens & de secours, pour l'aider à mettre la derniere main à cette troisieme machine.* La Société royale fit plus; elle accorda à M. Harrison en 1749 une médaille d'or, destinée à récompenser annuellement les plus belles découvertes.

En 1758 M. *Harrison* mit la derniere main à sa troisieme montre, & il présenta un Mémoire aux Commis-

faires des longitudes , pour qu'il fût ordonné de faire
l'essai de cet instrument dans un voyage aux Isles occidentales , conformément à l'acte du Parlement. Ce voyage
n'eut lieu que trois ans après, lorsque le quatrieme instrument eut été achevé.

Le 3 Octobre 1761 , M. *Harrison* écrivit aux Commissaires des longitudes , pour les prier de faire embar-
quer son fils *Guillaume* avec cette nouvelle montre sur
le vaisseau qui devoit conduire à la Jamaïque le Gouverneur *Littelton* , & de prendre toutes les précautions
nécessaires pour constater le succès de la découverte. Il
demanda les mêmes précautions pour son retour de la
Jamaïque à *Portsmouth*.

Au mois de Novembre 1761 , M. *Harrison* le fils s'embarqua à *Portsmouth* sur le *Deptford* , Capitaine *Digges*.
Les Commissaires des longitudes lui donnerent les instruc-
tions suivantes.

1°. La montre sera fermée sous quatre serrures différentes. M. *Harrison* aura la clef de l'une de ces serrures. Le Gouverneur *Littelton* aura la clef d'une autre.
Le Capitaine *Digges* aura celle de la troisieme , & le
premier Lieutenant celle de la quatrieme.

2°. Avant le départ M. *Robertson* Maître de l'Académie Royale à Portsmouth, sera chargé de régler la montre
au tems vrai de ce port , & d'en envoyer une infor-
mation exacte aux Lords de l'Amirauté. Cette observation des hauteurs égales sera faite en présence du
Commissaire *Hugues* , du Capitaine *Digges* & de M.
Harrison le fils. Le tout fut exécuté avec l'exactitude
la plus scrupuleuse.

Le 18 Novembre 1761 le vaisseau partit de Portsmouth. Pendant le voyage la montre donna les longitudes des Isles de *Porto-santo* , de *Madere* , de la *Désirade*
& de plusieurs autres dont le détail seroit trop long.

Le *Deptford* arriva à la *Jamaïque* le 19 de Janvier
1762. On fit au Port-Royal le 26 du même mois des
observations analogues à celles de *Portsmouth* , & il en
résulta que la différence entre la longitude de ce port
trouvée par la montre , & celle qui avoit été détermi-
née en 1743 par l'observation du passage de Mercure
sur le disque du Soleil , n'étoit que de 5 secondes de
tems , ce qui ne donne qu'environ un *mille* d'erreur,
tandis que l'acte du Parlement étend la pius grande ré-

compenfe jufques à 30 *milles* , ou un demi degré de
grand cercle.

Dès qu'on eut fait ces obfervations à la *Jamaïque* ,
M. *Harrifon* fe procura un certificat du Gouverneur *Littelton* , du Capitaine & du premier Lieutenant du *Deptford* ; & deux jours après il s'embarqua avec M. *Robifon*
fur un petit bâtiment nommé *le Merlin* , pour revenir
en Angleterre. Il effuya une violente tempête qui l'obli-
gea à déplacer fon inftrument qui étoit expofé à être
inondé ; il fut obligé de le mettre dans un endroit où
il éprouva les plus violentes fecouffes ; & il arriva à
Portfmouth le 26 Mars 1762. On fit dans ce port des
obfervations femblables à celles qu'on avoit faites avant
le départ, & l'on trouva que, malgré la tempête, l'erreur de la montre ne fut que de 1 minutes, 54 fecondes de tems ; ce qui ne donne qu'une erreur d'environ
18 *milles*, tandis que, comme nous l'avons déja remarqué, l'acte du Parlement étend la plus grande récompenfe à une erreur de 30 *milles*.

A fon retour M. *Harrifon* préfenta requête au Parlement d'Angleterre. On y reconnut l'utilité de fa montre
que le voyage de la Jamaïque rendoit inconteftable, &
on ordonna qu'on lui remettroit cinq mille livres fterling,
à compte de la récompenfe entiere de vingt mille livres,
qu'on lui payeroit après une nouvelle expérience, & lorfqu'il auroit développé la conftruction de fa machine.
Lorfqu'il eut reçu cette fomme, il s'embarqua pour la
Barbade le 28 de Mars 1764, après avoir reglé à *Portfmouth* fa montre avec toutes les précautions qu'on y avoit
apportées dans le premier voyage. Il arriva à la *Barbade*
le 13 Mai, & il fut de retour en Angleterre le 18 Septembre. Le Bureau des longitudes, après avoir examiné tous les certificats que lui apporta M. *Harrifon*,
décida le 9 Février 1765 d'un confentement unanime,
que la montre de M. Jean *Harrifon* avoit déterminé la
longitude dans le voyage de *Portfmouth* à la *Barbade* beaucoup en deçà des limites preferites par l'acte de la Reine
Anne : qu'il falloit lui accorder encore cinq mille livres
fterling, & réferver les autres dix mille livres pour lui
remettre, lorfqu'il auroit dévoilé le fecret de fa méthode,
& qu'il l'auroit mife à la portée de tout le monde.

En conféquence de cette réfolution, M. Jean *Harrifon*
a livré fa montre aux Commiffaires & aux Lords de

l'Amirauté, leur en a donné l'explication par écrit, &
s'eft offert à dreffer un nombre fuffifant d'ouvriers pour
conftruire autant de montres qu'il en faudroit pour fournir tous les vaiffeaux de guerre, & même les vaiffeaux
marchands d'Angleterre, dès qu'il auroit reçu le refte
de la récompenfe. Il prétend auffi obtenir les récompen-
fes qu'ont promis les autres Nations, auxquelles il fe
propofe de découvrir le fecret de fa méthode. Ce détail
intéreffant eft tiré de *l'Aftronomie des Marins*, ouvrage
que vient de mettre au jour le fçavant P. Pezenas, ancien Profeffeur d'Hydrographie au port de Marfeille.

LOUCHE. Un homme eft *louche*, lorfqu'il regarde de
travers, c'eft-à-dire, lorfque femblant regarder d'un côté,
il regarde d'un autre. Ce point de Phyfique n'eft pas auffi
facile à expliquer, qu'on pourroit d'abord fe l'imaginer ;
pour en rendre raifon, nous allons établir quelques principes que perfonne n'a jamais ofé révoquer en doute.

Premier Principe. C'eft dans la rétine rendue opaque
par la choroïde que fe peignent les objets que nous fixons.

Second Principe. Ce font les rayons de lumiere envoyés
par l'objet que nous fixons, qui vont peindre dans la rétine l'image de cet objet.

Troifieme Principe. Nous voyons diftinctement un objet,
lorfque la rétine reçoit précifément dans le point de leur
réunion les rayons de lumière qu'il envoie.

Quatrieme Principe. Nous voyons très-diftinctement un
objet, lorfque les rayons qu'il envoie vont fe réunir fur le
point le plus fenfible de la rétine.

Cinquieme Principe. Lorfque nous voulons voir un objet, nous difpofons tellement nos yeux, que les rayons
partis de cet objet viennent frapper dans les deux rétines
deux fibres fimpatiques ou homologues, c'eft-à-dire, deux
fibres qui partent du même point du cerveau.

Ces principes nous font conclure que les perfonnes louches font tellement configurées, qu'elles font obligées de
tourner de travers le globe de l'œil, lorfqu'elles veulent
que les rayons de lumière réfléchis par les objets viennent fe réunir fur la partie la plus délicate de leur rétine. Cette explication n'eft pas nouvelle en Phyfique. Voici ce que nous lifons dans les Mémoires de l'Académie,
tom. neuvieme, page 537 : (nous avons un endroit de la
rétine qui eft le plus fenfible de tous, pour être touché plus
finement par les objets ; & foit que ce foit par la délicatef-

se de cet endroit de l'organe, ou par le concours des esprits qui s'y portent plus facilement que dans les autres : lorsque la pointe des pinceaux des rayons tombe sur cet endroit, nous voyons les objets bien mieux, que lorsqu'ils tombent ailleurs. Nous prenons donc une habitude de tourner le globe de l'œil d'une certaine manière, afin que les objets que nous voulons voir distinctement fassent leur peinture sur cet endroit de la rétine. Ce point de la rétine doit être naturellement celui qui est exposé directement aux objets, afin qu'elle en soit plus sensiblement touchée, & c'est comme nous le voyons dans la plûpart des yeux. Cependant soit par une habitude, ou par un défaut de l'organe qui n'est pas assez délicat dans cet endroit-là, il y a des yeux qui sont obligés de se tourner de biais, pour faire ensorte que les objets qu'ils veulent bien voir, fassent leur peinture sur l'endroit de l'organe qu'ils ont le plus sensible, quoique les rayons qu'ils envoyent y tombent obliquement ; & c'est le défaut des vues que nous appellons *louches*.)

LOUP *Marin*. L'on trouve des animaux qui vivent tantôt dans l'air, & tantôt dans l'eau ; le loup ou le veau marin dont nous allons faire la description d'après celle que l'on trouve dans les Mémoires de l'Académie, *tome 3 Partie première*, *page* 189, est de cette espèce. C'est-là un phénomène des plus intéressans que l'on puisse proposer à un Physicien ; nous tâcherons de l'expliquer dans cet article le plus clairement qu'il nous sera possible. Ce que nous dirons du *loup marin*, s'appliquera sans peine à toute sorte d'animaux amphibies. Nous avons choisi celui-ci préférablement aux autres, parce que les Naturalistes en ont fait la dissection avec l'exactitude la plus scrupuleuse. Suivons-les comme pas à pas dans leurs recherches.

Le *loup marin* est un animal adroit, hardi, entreprenant & vivant de rapine. Sa longueur, à prendre depuis le museau jusqu'au bout des pieds de derrière, est de 23 à 30 pouces. Ses deux pieds de devant sont garnis d'ongles forts & pointus, & les deux de derrière sont étendus & joints l'un contre l'autre, comme la queue d'un poisson ordinaire. Sa queue longue d'un pouce & demi, est tout-à-fait semblable à celle d'un cerf. Sa peau, dure & épaisse, est couverte d'un poil fort court & fort roide. Il n'a point d'oreille extérieure. Ses dents sont aussi nombreuses, aussi longues & aussi aigues que celles d'un loup, & sa langue aussi large & aussi plate que celle du veau, auquel il

reſſembleroit encore parfaitement pour l'intérieur du cerveau, s'il avoit un peu moins de cervelles. Son œil a un
criſtallin preſque ſphérique à la manière ordinaire des poiſſons. La partie la plus convexe de ce criſtallin eſt en devant contre l'ordinaire. Toute la choroïde eſt enduite en
dedans d'une ſubſtance blanche & ſort opaque. Le nerf
optique entre dans le milieu de l'œil, & ſon entrée eſt
directement oppoſée au criſtallin. Les reins de cet animal ſont faits à peu près comme ceux du veau terreſtre.
Son ſoie à 6 lobes, deux grands en deſſous & en arrière,
& 4 petits en deſſus & en devant ; c'eſt entre le grand
lobe de derrière, & le premier des petits qui ſont en
devant du même côté, que ſe trouve la véſicule du fiel.
Son eſtomac eſt auſſi long qu'un inteſtin. Ses poulmons
ſont partagés en deux lobes. Son cœur eſt rond & plat, &
l'on y voit deux ventricules fort grands ; ces deux ventricules communiquent enſemble par le *trou ovale*, qui ne ſe
ferme pas, comme dans les animaux terreſtres, quelque tems
après leur naiſſance ; mais qui laiſſe circuler le ſang du
ventricule droit dans le ventricule gauche ſans paſſer par
les poulmons.

De cette diſſection anatomique, concluons que le loup
marin doit vivre auſſi facilement dans l'eau, que dans l'air.
Pour comprendre ſans peine toute la bonté de cette conſéquence,

Remarquez 1°. Que dans les hommes & dans tous les
animaux terreſtres, le ſang va de la veine cave dans le
ventricule droit du cœur ; du ventricule droit dans l'artère pulmonaire ; de l'artère pulmonaire dans la veine pulmonaire, & de la veine pulmonaire dans le ventricule
gauche.

2°. Que la poitrine des hommes, comme celle de tous
les animaux terreſtres, a deux mouvemens, l'un *d'inſpiration* & l'autre *d'expiration* ; dans le mouvement *d'inſpiration* elle ſe dilate & elle reçoit l'air extérieur ; dans le
mouvement *d'expiration* elle ſe retrécit & elle rend l'air
extérieur qu'elle avoit reçu.

3°. Que lorſque dans le mouvement *d'expiration* la poitrine ſe retrécit, les poulmons en même tems ſe compri-
ment, & le ſang qu'ils avoient reçu du ventricule droit
du cœur par l'artère pulmonaire eſt obligé de ſe rendre
dans le ventricule gauche par la veine pulmonaire. C'eſt
pour cela ſans doute que la reſpiration eſt abſolument né-

ceſſaire à la vie de l'homme & de tous les animaux terreſtres, puiſque ſans ces mouvemens alternatifs *d'inſpiration*
& *d'expiration* le ſang n'auroit pas ſon mouvement de
circulation. Il n'en eſt pas ainſi du *loup marin*, & de tous
les animaux amphibies ; comme ils ont le *trou ovale* ouvert, leur ſang va du ventricule droit au ventricule gauche
du cœur ſans paſſer auparavant par les poulmons ; il a donc
ſon mouvement de circulation dans le tems même qu'ils
ne reſpirent pas, & par conſéquent ces ſortes d'animaux
peuvent vivre dans l'eau. Appliquons ce principe à quelques
effets analogues à celui que nous venons d'expliquer.

Premiere Conſéquence. Les enfans n'ont pas beſoin de
reſpirer dans le ſein de leur mère ; leur ſang va du ventricule droit au ventricule gauche du cœur par le *trou ovale* qui
ne ſe ferme que quelque tems après leur naiſſance.

Seconde Conſéquence. Veut-on ſçavoir ſi un enfant trouvé
mort, eſt venu au monde mort ou en vie ? que l'on mette un morceau de ſon poulmon dans l'eau, & que l'on
examine s'il va au fond ou s'il nage. Va-t-il au fond ?
l'enfant étoit mort, avant que de naître ; pourquoi ? parce
que ſi l'enfant fût venu au monde en vie, il auroit reſpiré ;
s'il eût reſpiré, il ſeroit reſté de l'air dans ſes poulmons ;
s'il fût reſté de l'air dans ſes poulmons, ils auroient été rélativement plus légers qu'un pareil volume d'eau, & par
conſéquent ils auroient ſurnagé ; donc s'ils vont au fond,
l'on a droit de conclure que l'enfant étoit mort, avant que
de naître ; & s'ils nagent, l'enfant eſt venu au monde en vie.

Troiſieme Conſéquence. Ce qui cauſe la mort des noyés,
ce n'eſt pas l'eau qu'ils boivent, ils en boivent fort peu ;
c'eſt qu'ils ne peuvent pas reſpirer dans l'eau.

Quatrieme Conſéquence. Ceux qui demeurent long-tems
dans l'eau, ſans avoir beſoin de reſpirer, tels que ſont les pê-
cheurs de perles, doivent avoir le *trou ovale* ouvert. Telles
ſont les conſéquences que la configuration du corps du *loup
marin* doit nous faire tirer. Nous aurions pû orner cet article d'une infinité de traits hiſtoriques qui n'ont pas échappé à la plûpart des Naturaliſtes. Nous aurions pû dire, *par
exemple*, avec Pline que l'on faiſoit voir à Rome des *loups
marins* qui répondoient quand on les appelloit, & qui de la
voix & du geſte ſaluoient le peuple dans les théâtres ; nous
aurions pû ajouter avec *Severinus*, qu'il y a eu un *loup
marin* qui témoignoit de la joie, lorſque l'on nommoit les
Princes Chrétiens, & de la triſteſſe lorſqu'on nommoit les

Mahométans. Mais tous ces faits, vrais ou fabuleux, n'ont aucun rapport à la fin que nous nous sommes proposée dans cet article ; aussi ne cherchons-nous pas à les expliquer d'une manière physique.

LOUPE. les verres *convexo-convexes* s'appellent *loupes*. Nous en avons parlé fort au long dans la Dioptrique.

LUMIERE. Des particules de matière infiniment déliées, & presque infiniment petites, que les corps lumineux envoyent en ligne droite avec une vitesse incompréhensible ; telle est à peu près l'idée que les Newtoniens se forment de la lumiere. Ils ont raison : en effet n'est-il pas évident que la lumiere est composée de particules presque infiniment petites, puisqu'elle s'insinue à travers les pores du verre, que tout le monde sçait être un corps impénétrable à l'air que nous respirons ? N'est-il pas encore évident que le mouvement de la lumiere est un mouvement en ligne droite, puisque dans une chambre obscure où il ne se trouve que deux petits trous parfaitement correspondans, l'un à la fenêtre, & l'autre à la porte, l'on voit un rayon du Soleil entrer par l'ouverture pratiquée à la fenêtre, & sortir par celle que l'on a faite à la porte, sans éclairer l'intérieur de la chambre ? N'est-il pas enfin évident que la vitesse de la lumiere est, pour ainsi dire, incompréhensible, puisqu'on peut la regarder comme infiniment plus grande que celle du son. En effet celui-ci, par les expériences que firent en 1738, Messieurs de Turi, Maraldi, & de la Caille, ne parcourt que 173 toises de Paris dans l'espace d'une seconde de tems, & par conséquent cent quarante cinq mille trois cent vingt toises dans huit cent quarante secondes, ou dans quatorze minutes ; & nous sçavons que la lumiere parcourt dans 14 minutes environ 66 millions de lieues ; la preuve en est claire & incontestable, la voici. Jupiter est une planéte environnée de quatre espèces de Lunes que l'on nomme *satellites*, & éloignée du Soleil d'environ 143 millions de lieues. Cette Planéte se trouve tantôt apogée & tantôt périgée, c'est-à-dire, elle se trouve tantôt dans son plus grand, tantôt dans son plus petit éloignement de la terre. La différence qu'il y a par rapport à nous entre Jupiter apogée & Jupiter périgée, est très-considérable ; elle est d'environ 66 millions de lieues. Tout cela supposé, voici ce que l'expérience journalière nous apprend. Toutes les fois que Jupiter se trouve entre son premier satellite & la terre, ce satellite est éclipsé par rapport à nous, & nous ne recevons fa lumiere que lorfqu'il eft forti de l'ombre de fa planéte principale. Jupiter eft-il périgée ? Nous recevons la lumiere de ce fatellite 14 minutes plutôt ; eft il apogée ? nous la recevons 14 minutes plus tard ; donc la lumiere parcourt dans 14 minutes environ 66 millions de lieues. Nous ne ferons pas furpris de cette viteffe incroyable , fi nous faifons attention à la caufe phyfique qui la produit. C'eft à la terrible effervefcence qui regne dans le fein du Soleil, que nous devons l'attribuer.

Mais, *dira-t-on*, comment a-t-on pu fçavoir que, Jupiter étant apogée , nous recevons 14 minutes plus tard la lumiere de fon premier fatellite , que lorfque cette planéte eft perigée.

L'obfervation n'eft pas auffi difficile à faire que l'on peut fe l'imaginer. Le premier fatellite de Jupiter met quarante-deux heures & demie à décrire fon orbite autour de fa planéte principale ; donc de quarante-deux heures & demie en quarante-deux heures & demie , ce fatellite s'éclipfe par rapport à nous ; donc dans 20 fois quarante-deux heures & demie , nous aurions 20 émerfions du premier fatellite de Jupiter , fi la lumiere n'avoit pas un mouvement de tranflation. Mais nous ne les avons pas ces 20 émerfions , & nous tardons d'autant plus à les avoir, que Jupiter eft plus éloigné de la Terre ; donc l'on a pu obferver que nous recevions plus tard qu'il ne falloit, la lumiere du premier fatellite de Jupiter, après fon émerfion , lorfque Jupiter eft dans fon apogée.

L'on pourroit encore demander fi la propagation de la lumiere fe fait tellement par *émiffion* , qu'elle nous vienne du fein même du Soleil. Voici comment il paroit qu'on peut répondre à cette importante queftion , en fuppofant, comme nous l'avons prouvé en fon lieu, que le Soleil eft entouré d'une athmofphére lumineufe , & que cette athmofphére eft compofée de particules très-élaftiques , & divifée en couches contigues qui ont toutes pour centre le centre même du Soleil.

A chaque inftant les parties fubtiles dont le Soleil eft compofé , tendent à s'échapper du fein de cet aftre avec toute la viteffe que peut procurer à des corpufcules très-déliés l'effervefcence la plus terrible & la plus effroyable. Retenues par la premiere couche de l'athmofphére folaire , elles frappent avec force les particules dont elle

eft

eft formée. Ce mouvement fe communique de couche
en couche jufqu'à la derniere, qui n'étant retenue par
aucun obftacle confidérable, part avec à peu-près toute
la viteffe communiquée à la premiere couche. Veut-on
une image fenfible de ce méchanifme ? qu'on jette les
yeux fur 100 boules égales & élaftiques, rangées fur la
même ligne droite. L'on frappe la premiere, & l'on voit
comme à l'inftant la derniere partir avec d'autant plus
de viteffe, que la premiere a été frappée plus fort. Voyez
ce point de Phyfique développé dans notre *Traité de paix
entre Defcartes & Newton*, tom. 3, *depuis la page* 62 *jufqu'à la page* 86.

Ce fyftême, tout raifonnable qu'il eft, contient deux
difficultés dont il eft bon de faire connoître le foible. Si
la lumiere, *difent les Cartéfiens*, employoit 14 minutes
à parcourir 66 millions de lieues, elle mettroit plufieurs
heures à parcourir l'efpace immenfe qui fe trouve entre
la Terre & les Étoiles fixes ; donc telle Étoile feroit
réellement au méridien, lorfqu'elle nous paroîtroit à l'horizon ; & telle autre feroit depuis long-tems fous notre
horizon, lorfqu'elle nous paroîtroit fe lever. Mais ces
conféquences ne font pas foutenables ; donc le fyftême qui les fuppofe vraies, n'eft rien moins que démontré.

Pour moi j'avoue naturellement que je ne comprens
pas quel inconvénient il y a à dire qu'une telle Étoile
réellement au méridien, nous paroiffe à l'horizon. Les
premiers élémens d'Optique m'apprennent que, dans quelque endroit du Ciel que fe trouve une Étoile, elle doit
me paroître fe lever, lorfque je reçois le rayon de lumiere qu'elle m'a envoyé, lorfqu'elle étoit à l'horizon.
Ce ne fera pas donc cette premiere difficulté qui rendra infoutenable le fyftême de Newton fur la lumiere.
Examinons fi la feconde aura plus de force.

Si la lumiere, *continuent les Cartéfiens*, fe fait par
émiffion, & qu'il y ait de la lumiere dans tous les
points fenfibles qui fe trouvent entre le Soleil & les
Étoiles fixes, comme les Newtoniens font obligés d'en
convenir, l'athmofphére folaire auroit perdu depuis long-
tems toute fa fubftance ; fi grandes font les pertes qu'elle
auroit faites chaque jour. Mais l'athmofphére folaire eft
actuellement la même qu'elle étoit au commencement
du monde ; donc la lumiere ne fe fait pas par *émiffion*.

Voilà le grand argument des Cartéſiens , & voici la réponſe des Newtoniens.

La lumiere de l'athmoſphére ſolaire va ou à des corps opaques , tels que ſont les Planétes du premier & du ſecond ordre , ou à des corps lumineux , tels que ſont les Étoiles fixes. Dans le premier cas cette lumiere , après différentes réflexions qui ſe feront d'une Planéte vers une autre , ſe rendra enfin dans l'athmoſphére ſolaire ; dans le ſecond cas la perte ſera encore moins conſidérable. Le Soleil envoye de ſa lumiere aux Étoiles , je le ſçais ; mais celles-ci à leur tour n'envoient-elles pas de leur lumiere au Soleil , & ce commerce ne rend-il pas nulle la diſſipation de ſubſtance dont nous parlent les Cartéſiens.

LUMIÉRE SEPTENTRIONALE. Quelques Phyſiciens peu attentifs ont confondu la lumiere ſeptentrionale avec l'aurore boréale ; ils ont eu tort : celle-ci ne paroit que de tems en tems , celle-là au contraire eſt un phénoméne journalier. Nous liſons en effet dans une rélation du Groenland compoſée par Peyrere , que dans ces contrées il ſe lève pendant tout l'hyver une lumiere avec la nuit , qui éclaire tout le pays , comme ſi la Lune étoit en ſon plein. Plus la nuit eſt obſcure , plus cette lumiere luit. Elle fait ſon cours du côté du Nord. Elle reſſemble à un feu volant , & elle s'étend en l'air comme une haute & longue paliſſade. Elle paſſe d'un lieu à un autre avec une légéreté & une promptitude inconcevable. Elle dure toute la nuit , & elle s'évanouit avec le Soleil levant. M. de Mairan nous aſſure que l'air groſſier que l'on reſpire dans les pays près du pole arctique , & les glaces qui ſe trouvent dans ces contrées , ſont très-propres à réfléchir les rayons de lumiere , & à cauſer une clarté que les habitans du pays nomment *lumiere ſeptentrionale*. Ce grand Phyſicien fonde en partie ſon ſentiment ſur le témoignage de *Fréderic Martens* qui dans ſon voyage au Spitzberg & au Groenland , rapporte qu'il y a dans le Spitzberg , c'eſt-à-dire , aux environs du 80e. degré de latitude , ſept grandes montagnes de glace , toutes dans une même ligne & entre de hauts rochers. Elles paroiſſent d'un beau bleu , auſſi bien que la neige. Il y a des nuages autour & vers le milieu de ces montagnes. Au-deſſus de ces nuages la neige eſt fort lumineuſe. Les véritables rochers paroiſſent tout en feu. Le Soleil n'y

donne qu'une lueur pâle , & la neige au contraire y
réfléchit une lumiere fort vive. Dans ces endroits où la
glace eſt priſe en mer, on voit au-deſſus dans le Ciel
une clarté blanchâtre comme celle du Soleil. A quelque
diſtance de-là l'air paroit bleu & noirâtre. La pouſſiere
des glaçons ou de la neige répandue dans l'air ou autour des montagnes , y produit de fréquens parhélies ,
des eſpèces d'arcs-en-ciel , & pluſieurs autres phénoménes du même genre.

Concluons de-là que *Olaüs magnus* a parlé de la lumiere ſeptentrionale & non pas de l'aurore boréale , lorſqu'il a dit dans ſon Hiſtoire des peuples ſeptentrionaux
que vers la fin de l'hyver , & autour du printems on a
coutume de voir dans ces pays encore couverts de neige,
un grand cercle blanc qui s'étend ſur tout l'horizon ;
que ce cercle eſt ſurmonté de 3 ou 4 autres fort petits
qui ſemblent imiter le Soleil , & qui ſont diverſement
colorés ; mais qu'il en contient quelquefois au-dedans un
autre qui eſt noirâtre , plus grand & plus denſe que
ceux qui ſont au-dehors.

LUMIÉRE ZODIACALE. Nous ferons pour la lumiere zodiacale ce que nous avons fait pour l'aurore boréale ; nous prendrons pour guide M. de *Mairan ;* il paroit avoir épuiſé la matiere. Ce grand Phyſicien appelle
lumiere zodiacale une clarté ou une blancheur aſſez ſemblable à celle de la *voie lactée ,* que l'on apperçoit dans
le Ciel en certains tems de l'année , après le coucher
du Soleil ou avant ſon lever, en forme de lance ou de
piramide, le long du zodiaque où elle eſt toujours renfermée par ſa pointe & par ſon axe, & appuyée obliquement ſur l'horizon par ſa baſe. Elle fut découverte au
printems de l'année 1683 par M. Caſſini qui n'a pas été
le ſeul à obſerver que ſi elle n'a jamais occupé plus de
20 degrés de largeur , & 103 de longueur , elle n'a jamais occupé moins de 8 degrés de largeur & 50 de longueur, depuis le Soleil juſqu'à ſa pointe. L'Athmoſphére
ſolaire dont nous avons parlé en ſon lieu , eſt la cauſe
de ce phénoméne lumineux. M. de *Mairan* dont nous
copions les propres paroles , remarque très-ſagement que
pluſieurs des circonſtances qui ont été cauſe qu'on a
connu ſi tard la lumiere zodiacale , ou qu'on l'a con-
fondue avec quelques autres apparences céleſtes, peuvent
encore ſouvent nous empêcher de l'appercevoir. Sa po-

fition oblique & peu éloignée du plan de l'écliptique, ne nous permet gueres de la voir diftinctement & affez élevée fur l'horizon, que quelque tems après le coucher du Soleil vers la fin de l'hyver & dans le printems, ou avant le lever en automne & vers le commencement de l'hyver. La raifon en eft fenfible ; dans ces différens tems elle paroit dans les fignes boréaux qui font beaucoup plus élevés fur notre horizon que les fignes méridionaux ; fa pofition oblique ne doit pas donc alors nous empêcher de l'appercevoir. A cette raifon optique M. de Mairan ajoute deux raifons phyfiques ; un crépufcule trop fort, *dit-il*, l'empêche de fe montrer, & un trop grand clair de Lune la fait difparoître ; la premiere de ces raifons nous la cache pendant l'été, & la feconde, une grande partie de l'année dans quelque faifon que l'on fe trouve. Les obfervations que nous allons rapporter, prouveront évidemment que cette lumiere a été connue non-feulement des modernes, mais encore des anciens ; elles ferviront à démontrer l'exiftence de l'athmofphére folaire, que tous les Phyficiens regardent aujourd'hui comme la feule caufe de plufieurs phénoménes aftronomiques que l'on avoit fait entrer fans raifon dans la claffe des météores.

Année 400.

Il paroit que ce fut feulement au commencement du cinquieme fiécle que fe fit la premiere obfervation circonftanciée de la lumiere zodiacale. Voici comment parle *Nicéphore,* dans le treizieme livre de fon Hiftoire, après avoir rapporté la prife de Rome par Alaric. Il y eut encore alors une éclipfe de Soleil, pendant laquelle l'obfcurité fut fi grande, que les étoiles parurent en plein jour.... On vit auffi en même tems dans le Ciel avec le Soleil éclipfé, & au-deffus de lui, une clarté finguliere qui avoit la figure d'un cone, & que quelques perfonnes peu inftruites prirent pour une cométe. Mais il n'y avoit rien de femblable à une cométe ; car cette clarté ne fe terminoit point en queue ou chevelure de cométe, & n'avoit point d'étoile qui en pût repréfenter le noyau. C'étoit putôt une efpèce de flamme qui fubfiftoit par elle-même, femblable à celle d'une grande lampe, & d'où il partoit une lumiere fort différente de celle des étoiles..... La pofition & le mouvement de cette lumiere changerent. Elle étoit d'abord placée vers cette partie du Ciel où le Soleil se leve à l'équinoxe du printems ; ensuite elle parut couchée le long de cette partie du zodiaque qui répond à la derniere étoile de la queue de l'*Ourse*, marchant ou regardant toujours par sa pointe vers l'Occident. Et après qu'elle eût parcouru ainsi le zodiaque pendant plus de 4 mois, elle disparut Son sommet devenoit quelquefois plus aigu , & lui donnoit une figure beaucoup plus oblongue que celle du cone, après quoi se raccourcissant , elle en reprenoit quelquefois les proportions. Elle eut encore d'autres formes extraordinaires & qui ne ressembloient à aucun des phénoménes connus. Elle commença de se montrer au milieu de l'été, & continua jusqu'à la fin de l'automne.

Année 1461.

La seconde observation reglée a été faite environ l'année 1461. Les piramides de la lumiere zodiacale furent alors assez marquées , pour engager le Poëte *Pontanus* à nous représenter un pêcheur sur les bords du Nil , persuadé que les Dieux avoient enlevé dans le Ciel & confondu avec les astres les plus belles piramides de l'Égypte,

Tunc aliquis limosa agitans ad flumina Nili
Piscator , dum nocte oculos ad sidera tollit ,
Obstupuit , doluitque simul super astra referri
Pyramidas , veterumque rapi monumenta virorum ,
Ægyptumque suis superos spoliare trophæis.

Année 1650.

Ce fut environ l'année 1650 que dût se faire la troisieme observation astronomique de la lumiere zodiacale. Voici en effet l'avertissement que donne aux Mathématiciens le sçavant *Childrey* à la fin de son histoire naturelle d'Angleterre écrite environ l'an 1659. Un peu avant & un peu après le mois de Février, j'ai observé pendant plusieurs années consécutives vers les six heures du soir, & quand le crépuscule a presque quitté l'horizon , un chemin lumineux fort aisé à remarquer, qui se darde vers les pléyades , & qui semble les toucher.

Année 1683.

C'est ici la plus fameuse observation que nous ayons de la lumiere zodiacale ; elle commença en l'année 1683,

& elle fut continuée dans prefque toutes les parties du monde jufqu'en l'année 1694. Voici en quels termes M. Caffini l'annonça aux Sçavans dans le Journal de 1683... Une lumiere femblable à celle qui blanchit la voie de lait, mais plus claire & plus éclatante vers le milieu, & plus fóible vers les extrêmités, s'eft répandue par les fignes que le Soleil doit parcourir.

En l'année 1684 le Pere *Noël*, Jéfuite, voyageant dans les Indes orientales & tout proche de l'équateur, l'apperçut à la fuite du crépufcule. Je vis, *dit-il*, une lumiere femblable à la voie lactée, & fous la forme d'une grande queue de cométe qui s'élevoit jufqu'à 60 ou 70 degrés au-deffus de l'horizon, fur une amplitude de plus de 15 degrés ; après quoi elle s'abaiffoit peu-à-peu, & fe cachoit enfin, en fuivant toujours la route & le mouvement du Soleil.

En l'année 1686 M. *Fatio de Duillier* écrivit de Geneve à M. Caffini une grande lettre fur la lumiere zodiacale. Elle fut imprimée la même année à Amfterdam ; le cas qu'en fait M. de Mairan nous eft un sûr garant de fa beauté. Depuis l'année 1685, jufqu'en l'année 1694, le Pere *le Comte*, Jéfuite, affure avoir obfervé à Siam & à la Chine de longues traces d'ombre & de lumiere, qu'on voyoit fouvent le foir & le matin dans le Ciel, & aufquelles leur figure piramidale avoit fait donner le nom de *verges.*

Année 1730.

M. Caffini nous affure que le 8e. Janvier de l'année 1730, la lumiere zodiacale vers les 6 heures $\frac{1}{2}$ du foir fe terminoit par fa pointe auprès de la tête de la *Baleine*, & avoit par conféquent 85 ou 90 degrés de longueur ; & que le dix-neuvieme du même mois à la même heure, il la trouva d'environ 30 degrés plus courte.

Année 1731.

M. de Mairan obferva fouvent la lumiere zodiacale en l'année 1731, & il remarqua plufieurs fois, qu'après qu'elle avoit ceffé de paroître le foir, fous la forme de lance ou de fufeau, toute la partie du couchant demeuroit plus éclairée que le refte du Ciel, fur 30 ou 40 degrés d'amplitude.

Année 1732.

La lumiere zodiacale a paru 18 fois en l'année 1732,

c'eft-à-dire, en Janvier, le 16, le 17, le 19, le 24 &
le 26 après le crépufcule du foir ; en Février, le 15,
le 19, le 21, le 22, le 23, le 26 & le 28 fur les 7
heures du foir ; en Mars, le 15 & le 23 à la même
heure ; en Avril, le 14, le 18 & le 21 fur le foir ;
enfin en Septembre la lumiere zodiacale parut le 5 à 4
heures du matin.

Année 1733.

La lumiere zodiacale n'a paru que 10 fois en l'année
1733, je veux dire, en Janvier, le 19 ; en Février,
le 14 ; en Mars, le 8, le 9 & le 13 ; en Avril, le 4,
le 8, le 9 & le 12 ; & en Juillet, le 22.

Année 1734.

La lumiere zodiaque a paru quelquefois en l'année 1734;
mais comme elle a été prefque toujours douteufe, mal
terminée & informe, nous ne ferons pas l'énumération
de fes apparitions. Nous avons puifé toutes ces particularités dans le Traité de M. de Mairan fur l'aurore boréale & la lumiere zodiacale ; l'on n'eft pas tenté d'aller
fouiller ailleurs, lorfqu'on a le bonheur d'avoir entre les
mains un tréfor de cette efpèce.

LUNE. La Lune eft un corps opaque, fenfiblement
fphérique dont le volume eft environ cinquante fois moindre que celui de la Terre, mais dont la denfité eft à
peu-près quatre fois plus grande. Elle tourne autour de
notre globe d'Occident en Orient dans l'efpace de 27 jours,
7 heures & 43 minutes dans une orbite fenfiblement circulaire & réellement elliptique, en nous préfentant toujours la même face ou le même hémifphére ; auffi les
Aftronomes attentifs à obferver ce phénoméne n'ont-ils
pas manqué de conclure qu'elle avoit un mouvement fur
fon axe qui devoit commencer & finir avec fon mouvement périodique. Ils ont eu raifon ; en effet il eft impoffible qu'un homme parcoure une circonférence de cercle en tenant conftamment les yeux fixés vers le centre,
fans faire en même tems un tour fur lui-même. C'eft
du Soleil que la Lune reçoit toute la lumiere qu'elle envoie fur la Terre ; & le changement de fes phafes nous
le prouve d'une maniere bien fenfible. Pour vous en convaincre, jettez les yeux fur la figure 13 de la planche
2 du Tome 1, qui nous a fervi dans l'explication des
éclipfes de Lune. Il n'eft point d'aftre fur lequel les Af-

K 4

tronomes ayent plus travaillé que fur celui-ci. Pour avoir moins de peine dans la lecture de leurs ouvrages , faites attention aux remarques fuivantes.

1°. Les Aftronomes appellent *fifygies* les 2 points C & O de la conjonction & de l'oppofition ; fuivant eux la Lune eft dans les fifygies, lorfqu'elle eft nouvelle ou pleine.

2°. Lorfque la Lune va du point de conjonction C au point d'oppofition O , fes deux efpèces de cornes regardent l'Orient ; elles regardent au contraire l'Occident, lorfqu'elle remonte de l'oppofition O à la conjonction C.

3°. Quoique la Lune parcoure fon orbite dans l'efpace de 27 jours , 7 heures, 43 minutes , l'on compte cependant 29 jours , 12 heures & 44 minutes d'une nouvelle Lune à l'autre. La raifon en eft évidente ; tandis que la Lune a parcouru les 12 fignes du zodiaque , le Soleil en a paru parcourir prefque un entier , donc la Lune ne peut redevenir nouvelle , qu'après avoir parcouru réellement le figne que le Soleil a paru parcourir ; mais la Lune ne peut parcourir ce figne , que dans deux jours , 5 heures & 1 minutes ; donc l'on doit compter 29 jours , 12 heures & 44 minutes d'une nouvelle Lune à l'autre. Auffi diftingue-t-on le mois lunaire périodique d'avec le mois fynodique ; le mois périodique n'eft que de 27 jours , 7 heures , 43 minutes , & le mois fynodique eft de 29 jours , 12 heures , 44 minutes.

4°. Le mouvement diurne de la Lune d'Orient en Occident n'eft qu'un mouvement apparent; il a pour caufe le mouvement diurne de la Terre fur fon axe d'Occident en Orient , comme nous l'avons expliqué dans l'article de *Copernic.*

5°. Les Aftronomes appellent *taches de la Lune* des endroits moins propres que les autres à réfléchir vers nous la lumiere du Soleil. Parmi ces taches les unes font permanentes & les autres changeantes. Les premieres font occafionnées vraifemblablement par des bois, des antres, & peut-être par des lacs , des fleuves & des mers. Les fecondes viennent de l'ombre que répandent fur la Lune certains rochers & certaines montagnes qui fe trouvent fur fon hémifphére éclairé. En effet, le Soleil eft-il oriental par rapport à la Lune ? les taches dont nous parlons feront occidentales ; le Soleil au contraire eft-il occidental ? ces taches deviendront orientales.

6°. Il n'eft pas encore décidé parmi les Aftronomes

ſi la Lune a une athmoſphére, ou ſi elle n'en a point.
Les anciens ne lui en donnoient aucune ; les modernes
ne penſent pas tout-à-fait de même, & M. de Mairan
à la fin de ſon Traité de l'aurore boréale, prouve très-
bien qu'il n'eſt rien de moins concluant que les raiſons
que l'on a apporté juſqu'à préſent pour regarder la Lune
comme dénuée de toute athmoſphére.

Remarquez 7°. (Et c'eſt ici ce qu'il y a de plus eſſentiel
dans cet article) que la Lune péſe vers notre globe, &
que ſa peſanteur eſt en raiſon inverſe du quarré de ſa
diſtance au centre de la Terre ; c'eſt-à-dire, la peſanteur
actuelle de la Lune éloignée, comme elle l'eſt du centre
de la Terre, de quatre vingt-dix mille lieues ou de ſoixante rayons terreſtres, eſt à la peſanteur qu'elle auroit,
ſi elle en étoit ſeulement éloignée de 1500 lieues ou d'un
rayon terreſtre, comme le quarré de 1 qui eſt 1, eſt
au quarré de 60 qui eſt 3600 ; ou pour parler encore plus
clairement, la Lune a actuellement une force centripéte
vers la Terre trois mille ſix cens fois moindre qu'elle
ne l'auroit, ſi elle étoit ſeulement à quelques lieues au-
deſſus de notre globe. Pour prouver ce fait qui n'eſt autre
choſe que la démonſtration de la ſeconde loi de l'attraction mutuelle des corps, voici comment raiſonne Newton.
1°. La force centripéte d'un corps qui décrit un cercle
eſt égale au quarré de ſa viteſſe diviſé par le diamétre
du cercle parcouru, comme nous l'avons démontré nous-
mêmes dans l'article des *Forces centripétes*. Un corps, *par
exemple*, parcourt-il avec 6 degrés de viteſſe un cercle qui
ait 4 pieds de diamétre ? ſa force centripéte ſera exprimée par 36 diviſé par 4, c'eſt-à-dire, ſera exprimée par
9, parce que le quarré de 6 eſt 36, & le quotient de
36 diviſé par 4 eſt 9.

2°. L'orbite lunaire, quoique réellement elliptique,
peut être regardée, ſans s'expoſer à aucune erreur conſidérable, comme ſenſiblement circulaire, & par conſéquent la force centripéte de la Lune dans tous les points
de ſon orbite eſt égale au quarré de ſa viteſſe diviſé par
le diamétre de l'orbite lunaire.

3°. L'orbite lunaire a un rayon de quatre vingt-dix
mille lieues, & par conſéquent un diamétre de cent
quatre vingt mille lieues. Ces cent quatre vingt mille
lieues réduites en pieds, valent 2464992000, c'eſt-à-dire,
*deux milliards, quatre cens ſoixante quatre millions, neuf
cens quatre-vingt douze mille pieds.*

4°. L'on fçait que la circonférence d'un cercle eſt ſenſiblement triple de ſon diamétre ; l'on doit donc conclure que l'orbite lunaire eſt de cinq cens quarante mille lieues. Ces cinq cens quarante mille lieues réduites en pieds, valent 7394976000, c'eſt-à-dire, *ſept milliards, trois cens quatre-vingt-quatorze millions, neuf cens ſoixante-ſeize mille pieds.*

5°. La Lune parcourt ſon orbite dans l'eſpace de 27 jours, 7 heures & 43 minutes, ou bien en réduiſant le tout en minutes, dans l'eſpace de trente-neuf mille trois cens quarante-trois minutes.

6°. Puiſque la Lune parcourt ſon orbite entiere par un mouvement ſenſiblement uniforme dans l'eſpace de 39343 minutes, elle doit parcourir à chaque minute 187900 pieds, c'eſt-à-dire, *cent quatre-vingt-ſept mille neuf cens pieds*, puiſque l'on ne peut multiplier 187900 pieds par 39343 minutes, ſans avoir pour produit 7392549700 pieds, c'eſt-à-dire, ſans avoir à peu-près la valeur de l'orbite lunaire.

7°. Pour avoir la force centripéte de la Lune dans un point quelconque de ſon orbite, l'on n'a qu'à prendre le quarré de ſa viteſſe, c'eſt-à-dire, le quarré de l'eſpace qu'elle parcourt dans une minute ; diviſer ce quarré par le diamétre de l'orbite lunaire, & le quotient vous repréſentera la force centripéte de la Lune. Les Newtoniens ont fait toutes ces différentes opérations ; ils ont multiplié 187900 pieds par 187900 pieds ; ils ont diviſé le produit 35306410000 par 2464992000, *valeur du diamétre de l'orbite lunaire*, & le quotient 15 *pieds* leur a repréſenté la valeur de la force centripéte de la Lune. Ils ont conclu de-là que la Lune dans l'endroit où elle eſt, n'a dans une minute qu'une force centripéte repréſentée par une ligne de 15 pieds, & que par conſéquent abandonnée à la peſanteur dans l'endroit où elle eſt, elle ne parcouroit que 15 pieds dans une minute.

8°. La démonſtration jointe à l'expérience journaliere, nous apprend que les corps graves parcourent près de la ſurface de la Terre 15 pieds dans la premiere ſeconde de tems, & par conſéquent cinquante-quatre mille pieds dans la premiere minute, comme nous l'avons remarqué dans l'article de la *Gravité des corps.*

9°. Nous ſçavons que cinquante-quatre mille pieds ſont trois mille ſix cens fois plus grands que 15 pieds ; nous

avons donc droit de conclure, que la Lune abandonnée
à fa pefanteur dans l'endroit où elle eft, parcourroit dans
une minute un efpace trois mille fix cens fois moindre,
que fi elle tomboit des environs de la terre ; donc la Lune a actuellement une force centripéte vers la terre trois
mille fix cens fois moindre, qu'elle ne l'auroit, fi elle
étoit feulement à quelques lieues de notre globe, & par
conféquent l'attraction eft précifément en raifon inverfe
des quarrés des diftances au centre du corps attirant.

Dans tout ce calcul que nous venons de faire, & qui ne paroitra difficile & effrayant qu'à ceux qui n'ont aucune teinture d'arithmétique, nous n'avons pas fait attention à l'attraction que le Soleil exerce fur la Lune ; cette attraction
eft cependant réelle, & il eft prouvé de la maniere la
moins incontestable, que tantôt elle augmente, & tantôt
elle diminue la pefanteur de la Lune vers la terre. La Lune fe trouve-t-elle dans fes quadratures, Newton démontre que l'attraction du Soleil augmente fa pefanteur vers
la terre d'une 178ᵉ partie ? La Lune au contraire fe trouve-
t-elle dans les *fifygies*, Newton démontre que l'attraction
du Soleil diminue fa pefanteur vers la terre d'une 89ᵉ partie. C'eft cette augmentation & cette diminution fucceffive
de pefanteur vers la terre que Newton regarde comme la
caufe phyfique des irrégularités innombrables que les Aftronomes ont obfervées dans le mouvement de la Lune.
Les principales font les fuivantes : l'orbite lunaire forme
avec l'écliptique un angle d'inclinaifon qui n'eft quelquefois que de 5 degrés & une minute, & qui va quelquefois jufqu'à cinq degrés & 17 minutes. Les deux points où
l'orbite lunaire coupe l'écliptique, s'appellent le nœud afcendant ou la tête du dragon, & le nœud defcendant ou
la queue du dragon ; c'eft par le nœud afcendant que la
Lune paffe dans la partie boréale, & c'eft par le nœud
defcendant qu'elle paffe dans la partie méridionale. Ces
nœuds ne font pas fixes & permanens ; ils ont un mouvement périodique ; c'eft-à-dire, ils parcourent les 12
fignes du zodiaque d'orient en occident dans l'efpace de 19
ans, & c'eft-là ce qu'on nomme le *cycle* lunaire. Enfin
l'apogée de la Lune eft encore moins immobile que les
nœuds de fon orbite ; il correfpond tantôt à un point du
Ciel, tantôt à un autre, & les Aftronomes ont remarqué qu'il parcouroit tous les jours d'occident en orient 6
minutes, 41 fecondes, 1 tierce, & qu'il achevoit par

conféquent fon mouvement périodique dans l'efpace de 9 années. Voyez la démonftration de tous ces points intéreffants que nous venons d'indiquer , dans notre *Traité de paix entre Defcartes & Newton Tom.* 2 , *depuis la page* 192 *jufqu'à la page* 207.

LUNETTES. Les lunettes ordinaires font ou convexes ou concaves ; les premières fervent à ceux qui font fur le déclin de l'âge , comme nous l'avons expliqué dans l'article des *Presbites ;* les fecondes font utiles à ceux qui ont la vue courte , comme nous l'avons remarqué en parlant des *Myopes.* Nous devons cette importante invention à un Cordelier nommé *Bacon* qui mourut en l'année 1294. Ce n'eft pas la feule découverte ingénieufe qui ait pris naiffance dans cet Ordre célèbre.

LUNETTES A LONGUE VUE. Nous devons au hazard les lunettes à longue vue. Environ l'année 1609 , un Ouvrier de Hollande ayant regardé un objet à travers deux verres dont l'un étoit convexe & l'autre concave , s'apperçut que cet objet groffiffoit confidérablement , fans fe confondre ni changer de fituation. C'eft fans doute pour cette raifon que l'on nomme ces fortes d'inftrumens, *Télefcopes Hollandois* ou *Télefcopes de Galilée* , parce que cet Auteur a été le premier à en faire faire dans toutes les régles. Les expériences fuivantes renfermeront ce qu'il y a de plus curieux fur cette matière. Nous fuppofons que l'on a jetté un coup d'œil fur les régles que nous avons données dans l'article de la *Dioptrique ;* il eft abfolument néceffaire de les avoir préfentes à l'efprit.

Premiere Expérience. Faites différens tuyaux qui puiffent s'emboîter les uns dans les autres ; à l'extrêmité du tuyau tourné vers l'objet que l'on veut fixer , placez un verre *convexo-convexe* ou *plan-convexe* que l'on a coutume de nommer *objectif* , parce qu'il eft plus près de l'objet que l'on veut regarder , que le fecond verre dont nous allons parler ; un peu au-deffus du foyer du verre objectif , placez un verre *concavo-concave* que l'on nomme verre *oculaire* , parce qu'il eft fort près de l'œil. Vous aurez une lunette avec laquelle vous verrez les objets éloignés plus gros , plus diftincts qu'à la vue fimple , & dans leur fituation naturelle.

Explication. L'objet , *par exemple* , le château A que l'on regarde avec une pareille lunette , eft vû à travers un verre lenticulaire ; donc fuivant les principes que nous avons

établis dans la dioptrique, il doit être apperçu plus gros &
plus diftinét qu'à la vue fimple. Ce château ne nous paroitra pas renverfé, parce qu'on a eu foin de mettre un
peu au-deffus du foyer du verre *convexo-convexe*, un verre *concavo-concave* qui empêche les rayons de lumière envoyés par le château A, de fe réunir au foyer du verre
objeétif, & d'y peindre une image renverfée ; ce ne fera qu'au fond de l'œil du fpeétateur que cette image fera peinte, comme elle l'auroit été au foyer du verre objeétif ; donc, par les régles que nous avons données dans
l'article de *l'œil*, la lunette de Galilée doit repréfenter les
objets dans leur fituation natureile.

Ufage premier. Lorfqu'on ne veut fe fervir de cette lunette que pour les objets terreftres, il faut mettre un *objeétif* tiré d'une fphére de 4 pieds de diamétre, & un *oculaire* tiré d'une fphére de 4 pouces & demi de diamétre ;
le verre *objeétif* aura fon foyer à deux pieds, & par conféquent votre lunette aura 1 pied 8 pouces de longueur.

Ufage fecond. Lorfqu'on veut faire conftruire une pareille lunette pour obferver les aftres, il faut mettre un *objectif convexo-convexe* tiré d'une fphére de 24 pieds de diamétre, ou *plan-convexe* tiré d'une fphére de 12 pieds de
diamétre, & un *oculaire* tiré d'une fphére de 5 pouces &
demi de diamétre ; l'un & l'autre de ces *objeétifs* auront
leur foyer à 12 pieds, & votre lunette pourra avoir 10
pieds de longueur.

Ufage troifieme. Pour éviter les couleurs feintes des objets, il faut placer à un pouce au-deffus de *l'oculaire* un
cercle de carton fixe ; les Aftronomes font donné à ce
cercle le nom de *diaphragme*.

Ufage quatrieme. Il faut fermer chaque ouverture de la
lunette d'un couvercle pour garantir les verres des accidens, quand on ne s'en fert pas.

La lunette de Galilée ne peut avoir qu'une longueur
très limitée, & l'œil qui s'en fert ne peut embraffer que
très peu d'objets, parce que les faifceaux de lumiere qui
fortent de *l'oculaire*, étant divergens entre eux, la prunelle ne peut pas comprendre en même tems ceux qui
viennent des extrêmités d'un grand objet. C'eft pour obvier à ces inconvéniens que Képler a fubftitué la lunette
fuivante qui a beaucoup plus de champ que la premiere,
c'eft-à-dire, qui embraffe un plus grand nombre d'objets.

Seconde Expérience. Préparez différens tuyaux qui s'em-

boîtent les uns dans les autres ; à l'extrêmité du tuyau
tourné vers l'objet, placez un verre convexe qui fera le
verre *objectif* ; à l'extrêmité du tuyau tourné vers l'œil de
l'Obfervateur, placez un fecond verre convexe qui vous fervira de verre *oculaire* ; placez tellement ces deux verres,
que le foyer poftérieur du verre *objectif* concoure avec le
foyer antérieur de *l'oculaire* : vous aurez, une lunette qui
vous repréfentera les objets plus gros & plus diftincts qu'à
la fimple vue ; mais vous verrez ces objets dans une fituation renverfée.

Explication. L'objet, *par exemple*, le clocher A que l'on
regarde avec une pareille lunette, eft vû à travers deux
verres lenticulaires : donc, fuivant les principes que nous
avons établis dans la dioptrique, il doit nous paroître plus
gros & plus diftinct, qu'à la vue fimple. Par les mêmes
principes, ce clocher doit nous paroitre renverfé, parce
que les faifceaux des rayons de lumiere qui partent de fes
extrêmités, ne peignent fon image au foyer du verre objectif, qu'après s'être croifé, avant que d'y arriver.

Il paroit d'abord que le verre *oculaire* étant *convexo-convexe*, l'image du clocher A devroit être redreffé par ce fecond verre ; mais ceux qui penferoient ainfi, ne feroient
pas attention que les rayons de lumiere envoyés par l'image renverfée du clocher A n'ont pas le tems de fe croifer,
avant que d'arriver fur le verre oculaire, & que ces mêmes
rayons de lumiere arrivent à l'œil de l'Obfervateur, avant
que d'avoir pû fe réunir au foyer du même verre oculaire.

Remarquez que la grandeur apparente de l'objet vû à
travers cette efpèce de lunette, l'emporte autant fur la
grandeur apparente du même objet vû avec les fimples
yeux, que le foyer de l'objectif l'emporte fur le foyer de
l'oculaire ; ainfi fi l'objectif a un foyer 60 fois plus loin de
fa furface que l'oculaire, l'objet vû à travers cette lunette
paroitra 60 fois plus gros qu'à la vue fimple. La démonftration de cette importante vérité fe trouve dans tous les
Traités complets d'Optique. Nous renvoyons volontiers le
Lecteur à celle qu'en a donné l'Abbé de la Caille dans la
derniere édition de fes leçons d'Optique, *pag. 96 & fuivantes* ; il me paroit bien difficile d'expliquer ce point de
Phyfique d'une manière plus générale, plus précife, &
plus nette, qu'il l'a fait. Tout ce qu'il fuppofe, c'eft que
fon Lecteur eft en état de démontrer que dans les deux
triangles rectangles dont il s'agit, les tangentes font en

raifon inverfe des cotangentes. C'eft-là une propofition de Trigonométrie que l'on trouvera démontrée dans la derniere édition de fes leçons élémentaires de Mathématique, *pag.* 223, & mife dans un plus grand jour dans le commentaire que nous avons donné de ces mêmes éléments, & que nous avons intitulé *le guide des jeunes Mathématiciens dans l'étude des leçons élémentaires de Mathématique de M. l'Albé de la Caille.* C'eft à la page 103 que fe trouve l'éclairciffement dont nous parlons.

Ufage premier. Le verre objectif de ces fortes de lunettes doit être tiré d'une fphére beaucoup plus grande que celle d'où vous tirez l'oculaire ; *par exemple*, un oculaire qui auroit 3 pouces de foyer, convient à un objectif qui auroit 25 pieds de foyer. L'on trouve dans l'Optique de M. l'Abbé de la Caille une table très-exacte qui marque la proportion qu'il doit y avoir entre l'objectif & l'oculaire ; nous allons la rapporter.

TABLE

Pour les Lunettes Astronomiques.

Longueur du foyer des objectifs.	Diamétre de l'ouverture des objectifs.		Longueur du foyer de l'oculaire.		Augmentation des diamètres apparens des objets.
Pieds.	Pouces.	Lignes.	Pouces.	Lignes.	Environ.
1	0	$6\frac{1}{2}$	0	8	$20^{fois.}$
2	0	9	0	10	28
3	0	$11\frac{1}{2}$	1	$0\frac{1}{2}$	34
4	1	1	1	$2\frac{1}{2}$	40
5	1	$2\frac{1}{2}$	1	4	44
6	1	4	1	6	49
7	1	$5\frac{1}{2}$	1	$7\frac{1}{2}$	53
8	1	$6\frac{1}{2}$	1	$8\frac{1}{2}$	56
9	1	8	1	$9\frac{1}{2}$	60
10	1	9	1	11	63
11	1	10	2	0	66
12	1	11	2	2	69
14	2	$0\frac{1}{2}$	2	3	75
16	2	2	2	5	79
18	2	4	2	7	85
20	2	$5\frac{1}{2}$	2	$8\frac{1}{2}$	89
25	2	8	3	0	100
30	3	0	3	$3\frac{1}{2}$	109
35	3	3	3	7	118
40	3	6	3	10	126
45	3	8	4	$0\frac{1}{2}$	133
50	3	10	4	3	141

Usage

Usage second. Lorfque les myopes fe fervent de ces fortes de lunettes, ils doivent avancer plus que les autres
l'oculaire vers l'objectif ; par ce moyen-là, les rayons de
lumiere fortent plus divergens de l'oculaire, & c'eft juf-
tement ce qu'il faut aux myopes, comme nous l'avons
expliqué dans l'article qui les regarde.

Remarque. Lorfqu'on n'a que des aftres à obferver, il
importe fort peu que la lunette renverfe les objets ou non ;
aufli les Aftronomes fe fervent-ils de lunettes à deux verres
lenticulaires. Mais lorfqu'on veut obferver des objets terreftres, on ne paffe pas fur un pareil inconvénient. Un célébre Capucin nommé *Réita* y a obvié, en ajoutant deux
verres convexes à l'*oculaire*. Ces fortes de lunettes fervent
à obferver les objets terreftres qu'ils repréfentent dans leur
fituation naturelle ; en voici la defcription.

Troifieme Expérience. Préparez différens tuyaux qui s'emboîtent les uns dans les autres ; à l'extrêmité du tuyau
tourné vers l'objet, placez un verre convexe qui fera l'*objectif* ; dans les autres tuyaux placez trois *oculaires* convexes tirés de la même fphére ; placez tellement ces quatre
verres, que le foyer poftérieur de l'*objectif* concoure avec
le foyer antérieur du premier *oculaire* ; le foyer poftérieur
du premier *oculaire* concoure avec le foyer antérieur du fecond *oculaire* ; & le foyer poftérieur du fecond *oculaire* concoure avec le foyer antérieur du troifieme *oculaire* ; vous
aurez une lunette qui vous repréfentera les objets, *par
exemple*, l'arbre A dans fa fituation naturelle.

Explication. Le verre *objectif*, je l'avoue, vous donne à
fon foyer poftérieur l'image de l'arbre A dans une fituation
renverfée ; mais cette image renverfée envoye des rayons
divergens fur le premier *oculaire* ; ces rayons fe croifent
avant que d'arriver fur le fecond *oculaire*, au foyer poftérieur duquel ils peignent l'image de l'arbre A dans fa fituation naturelle ; cette image ainfi redreffée ne peut pas être
renverfée une feconde fois par le troifieme *oculaire*, par la
raifon que nous avons donnée en parlant de l'*oculaire* des
lunettes aftronomiques corrigées par Képler ; donc les lunettes du P. *Réita* doivent nous repréfenter les objets dans
leur fituation naturelle. La table fuivante vous donnera la
proportion qu'il doit y avoir dans ces fortes de lunettes entre l'*objectif* & les *oculaires.*

TABLE

Pour les Lunettes à quatre Verres.

Longueur du foyer des objectifs.	Diamètre de l'ouverture des objectifs.	Longueur du foyer des oculaires.	Diamètre du diaphragme au foyer de l'objectif.	Augmentation des dia mètres apparens des objets.
Pieds.	Lignes.	Lignes.	Lignes.	Fois.
1	4	16	4	9
2	6 $\frac{1}{2}$	22	5 $\frac{1}{2}$	13
3	9	26	7 $\frac{1}{2}$	17
4	11	28	9	21
5	12	30	10	24
6	13	31	10 $\frac{1}{2}$	28
7	14	34	11	30
8	15	36	11 $\frac{1}{2}$	32

SCHOLIE.

Rien n'est plus aisé que de construire une lunette à 2 ou à 4 verres, lorsque l'on connoît le foyer des verres dont elle doit être composée. Le Lecteur ne sera pas fâché de trouver ici une méthode aisée, infaillible & indépendante de tout calcul algébrique, à l'aide de laquelle il puisse connoitre le foyer d'un *objectif* ou d'un *oculaire*. La voici en peu de mots.

1°. Bouchez entièrement le jour d'une chambre bien exposée.

2°. Faites un petit trou rond au volet de la fenêtre de cette chambre.

3°. Adaptez à ce trou le verre convexe que l'on vous donne.

4°. Mettez un papier blanc à l'opposite de ce verre au-dedans de la chambre.

5°. Approchez ou reculez le papier, jufqu'à ce que vous ayez une peinture nette, diftincte & renverfée des objets extérieurs ; ce fera-là le foyer de votre verre convexe, comme nous l'avons démontré dans l'article de la *dioptrique*.

6°. Mefurez la diftance qu'il y a de votre papier au centre du verre qu'on vous a préfenté ; & s'il y a 2, 3 ou 4 pieds de diftance, vous conclurez que votre verre a 2, 3 ou 4 pieds de foyer.

Cette expérience nous a appris d'abord qu'un verre *plan-convexe* a fon foyer à peu près à la diftance du diamètre de fa convexité.

Elle nous a encore appris qu'un verre *convexo-convexe*, compofé de deux égales convexités, a fon foyer à peu-près à la diftance du demi-diamétre de fa convexité.

Elle nous a enfin appris qu'un verre *convexo-convexe*, compofé de deux convexités inégales, a fon foyer diftant à proportion de la différence des demi-diamétres des convexités. Suppofons, *par exemple*, que la convexité fupérieure du verre A B ait 10 pieds, & la convexité inférieure du même verre A B ait 16 pieds de diamétre, ce verre aura fon foyer éloigné d'un peu moins de 6 pieds de fa furface.

Au défaut du calcul, ces expériences pourroient fervir de démonftration aux formules algébriques dont on fe fert pour trouver les foyers des verres plans-convexes & convexo-convexes. Celle des verres plans-convexes eft $F = \frac{20dr}{11d - 20r}$ dans laquelle F défigne le foyer, d la diftance du verre à l'objet obfervé, r le rayon de la convexité du verre. Suppofons donc $d = 1000$ pieds, & $r = 2$ pieds, nous aurons $F = \frac{40000}{11000 - 40} = \frac{40000}{10960} = 3,659$, à peu-près ; ce qui donne à ce verre environ 4 pieds de foyer. Mais la fphére dont il eft tiré, a 4 pieds de diamétre *par hypothéfe* ; donc un verre plan-convexe a fon foyer à peu-près à la diftance du diamétre de fa convexité. Nous parlons ici du foyer des rayons à peu-près parallèles à l'axe du verre, tels que font ceux qu'envoyent les objets éloignés.

La formule $F = \frac{10dr}{11d - 10r}$ eft celle qui fert à trouver le foyer des verres convexo-convexes compofés de deux convexités égales. Dans cette formule F défigne le fo yer, d la diſtance du verre à l'objet obſervé, r le rayon de l'une & l'autre convexité. Suppoſons donc $d = 1000000$ pieds, & $r = 50$ pieds, nous aurons $F = \dfrac{500000000}{10999500}$ $= 45,45$ à peu-près ; ce qui donne à ce verre environ 45 pieds & demi de foyer. Mais la ſphére dont il eſt tiré, a 50 pieds de rayon ; donc un verre convexo-convexe compoſé de deux convexités égales a ſon foyer à peu-près à la diſtance du demi-diamétre de ſa convexité.

La formule $F = \dfrac{2cdrR}{11dR + 11dr - 20rR}$ eſt celle qui ſert à trouver le foyer des verres convexo-convexes compoſés de deux convexités inégales. Dans cette formule, comme dans les deux précédentes, F déſigne le foyer, d la diſtance du verre à l'objet obſervé, R le plus grand, & r le plus petit rayon des deux convexités. Suppoſons donc $d = 1000$ pieds, $R = 8$ & $r = 5$ pieds, nous aurons $F = \dfrac{800000}{142200} = 5,625$ à peu près ; ce qui donne à ce verre un peu moins de 6 pieds de foyer, donc un verre convexo-convexe, compoſé de deux convexités inégales, a ſon foyer diſtant à proportion de la différence des demi diamétres des convexités. Voyez les démonſtrations de ces formules dans la derniere édition des leçons d'Optique de M. l'Abbé de la Caille, *pag*. 63 & *ſuivantes*.

LUNETTE ACHROMATIQUE. C'eſt une lunette qui repréſente ſans *iris* les images des objets. Avant que d'en donner la conſtruction, mettons ſous les yeux du Lecteur le principal défaut des lunettes ordinaires.

La lumiere eſt un corps hétérogéne compoſé de rayons différemment colorés & différemment réfrangibles. Cherchez *Couleurs*. Tout verre objectif ne doit donc réunir au même point que les rayons également réfrangibles ; auſſi ſon foyer eſt-il toujours d'une étendue très-ſenſible, & contient-il autant de peintures de l'objet qu'il y a de couleurs. L'œil n'apperçoit ordinairement que la plus vive ; les autres forment autour de celle-ci une eſpèce de couronne colorée à laquelle on a donné le nom d'*iris*. C'eſt-là ſans contredit le plus grand défaut des lunettes ordinaires. Les lunettes achromatiques n'y ſont pas ſujettes, & elles ſont par-là même infiniment ſupérieures

à toutes les autres. Le Lecteur en trouvera la preuve
dans les expériences suivantes.

Expérience premiere. L'œil composé de matieres diaphanes différemment réfringentes, c'est-à-dire, des humeurs aqueuse, cristalline &. vitrée, donne les images
des objets sans *iris ;* donc la lumiere peut se réfracter,
& ne pas cependant se décomposer en différentes couleurs.

Expérience seconde. Newton nous assure dans l'expérience 8e. de la proposition 3e. de la partie seconde du
livre 1er. de son Optique, que toutes les fois que les
rayons de lumiere traversent deux milieux de densité différente, de maniere que la réfraction de l'un détruise
celle de l'autre, & que par conséquent les rayons émer-
gents soient paralléles aux incidents, la lumiere sort toujours blanche. Le mot *toujours* est ici de trop, je le
sçais. Mais n'importe, l'expérience particuliere dont parle
Newton, est incontestable, & elle prouve que la lumiere peut se réfracter, & ne pas se décomposer en différentes couleurs. Il nous assure lui-même qu'il eût du
blanc, en faisant passer la lumiere à travers des prismes
de verre qu'il plongea dans un vase de figure prismati-
que rempli d'eau.

Expérience troisieme. M. Dollond, sçavant Opticien de
Londres, a joint ensemble trois prismes. Celui du milieu
est de cristal d'Angleterre, & a son angle tourné en
haut. Les deux extrêmes sont d'un verre verdâtre que
les Anglois nomment *crownglass*, & ils ont leur angle
tourné en bas. Ces prismes, pris séparément, ou même
deux à deux, donnent les 7 couleurs ; joints ensemble,
ils donnent le blanc, quoiqu'ils reçoivent la lumiere obliquement, & qu'ils forment un prisme tronqué ; donc
la lumiere peut se réfracter, & ne pas cependant se
décomposer en différentes couleurs. Comme la machine
dont nous parlons, peut servir à la construction des *objectifs*
des lunettes achromatiques, j'en ai examiné chaque partie avec l'attention la plus scrupuleuse, & voici le ré-
sultat de mon examen : cette machine est représentée par
la figure 24e. de la planche 1.

Examen de la Machine de M. Dollond.

1°. Le pouvoir refringent du cristal d'Angleterre est
au pouvoir refringent du verre verdâtre, comme 3 est à 2.

En effet expofez au trait folaire entrant dans la chambre obfcure , d'abord un prifme de criftal d'Angleterre , & enfuite un prifme femblable de verre verdâtre ; vous verrez que la longueur du premier fpectre coloré eft à la longueur du fecond , comme 3 eft à 2.

2°. Les trois prifmes de la machine de M. Dollond forment des triangles ifofcéles acutangles. L'angle G du prifme HGI eft de 14°, 27' 18". L'angle A du prifme BAC eft de 23° , 53' 8". L'angle D du prifme EDF eft de 27° , 3' 28". C'eft après avoir mefuré les côtés de ces prifmes , que je fuis parvenu à la connoiffance de leurs angles. Dans le triangle HGI , la bafe HI a 2 lignes & 5 points , & le côté HG $=$ IG a 9 lignes, 7 points $\frac{1}{3}$. Dans le triangle BAC la bafe BC a 4 lignes & 2 points , & le côté BA $=$ CA a 10 lignes 1 point $—\frac{1}{6}$. Enfin dans le triangle EDF la bafe EF a 4 lignes 7 points $\frac{1}{3}$, & le côté DE $=$ DF a 9 lignes 10 points $\frac{1}{3}$.

3°. J'ai obfervé qu'en regardant à travers chacun des prifmes de la machine de M. Dollond , je voyois les objets élevés & le rouge en bas , lorfque je tenois la pointe du prifme en haut ; je voyois au contraire les objets abaiffés , & le rouge en haut , lorfque je tenois cette même pointe en bas.

4°. Les trois prifmes joints enfemble forment un prifme tronqué FHDG , *Fig.* 25. *Pl.* 1 , dont les deux côtés prolongés jufqu'au point de concours O , comprendroient un angle FOH , d'environ 17° , 30'.

5°. A travers les trois prifmes joints enfemble les réfractions qui décompofent la lumiere , fe détruifent néceffairement. La raifon fe préfente tout de fuite à quiconque a fous les yeux le prifme tronqué FHDG ; il eft formé de trois prifmes qui ont différents angles , différente épaiffeur , différent pouvoir refringent , & dont les deux extrêmes ont la pointe en haut , tandis que celui du milieu a la pointe en bas.

6°. La lumiere fort refractée du prifme tronqué FHDG, puifque les objets qu'on regarde à travers ce prifme , ne paroiffent pas à leur place naturelle ; donc la lumiere peut fe refracter , fans cependant fe décompofer en différentes couleurs,

Conclufion. Toutes ces obfervations me portent à croire que l'on peut faire un *objeƈtif achromatique*, c'eſt-à-dire, un objeƈtif qui donne les images ſans *iris*, en mettant un verre concavo-concave de criſtal d'Angleterre entre deux lentilles de verre verdâtre. Ce qui m'a confirmé dans cette penſée, c'eſt que toutes les fois que j'ai démonté la machine de M. Dollond, j'ai toujours eu les couleurs à travers les trois priſmes joints enſemble, lorſque j'ai manqué de mettre au milieu celui de criſtal d'Angleterre ; donc les lunettes achromatiques obvient au grand défaut des lunettes ordinaires. Voilà tout ce qu'on peut dire ſur cette matiere dans un Diƈtionnaire portatif de Phyſique. Le Leƈteur trouvera ce probléme parfaitement bien réſolu dans les ſçavantes additions que le P. Pezenas a faites à l'Optique de Smith dont il vient de nous donner la traduƈtion en 2 volumes *in quarto.*

LUNETTE CATA-DIOPTRIQUE. Les lunettes compoſées de miroirs & de verres s'appellent *Cata-dioptriques.* On leur donne ce nom, parce que la Catoptrique parle des miroirs, & la Dioptrique des verres. Le téleſcope que Newton fit conſtruire en l'année 1672 étoit *Cata-dioptrique*, puiſqu'il étoit compoſé d'un verre *convexo convexe* qui ſervoit d'*oculaire*, & de deux miroirs de métal dont l'un placé au fond du tuyau étoit concave, & l'autre placé preſque à l'ouverture du même tuyau étoit plan & de figure ovale. Ce téleſcope long ſeulement de 2 pieds produit l'effet d'une lunette ordinaire de 8 à 10 pieds. Je n'en ſuis pas ſurpris ; les verres des lunettes dioptriques ſont compoſés de parties dont la tiſſure irréguliere intercepte beaucoup de rayons de lumiere, & ils ont une ſurface dont la ſolidité en réfléchit un grand nombre ; les miroirs au contraire du téleſcope de Newton ſont d'un poli aſſez uni & aſſez brillant pour renvoyer aux yeux de l'Obſervateur preſque tous les rayons de lumiere qu'ils reçoivent des objets. Avouons-le cependant, cet inſtrument admirable avoit deux grands défauts ; non-ſeulement il renverſoit les objets, mais encore le Speƈtateur étoit obligé de regarder par un des côtés du tuyau qui contenoit les deux miroirs. Gregory obvia à ces deux inconvéniens, en ſubſtituant au petit miroir plan un petit miroir concave, & en mettant deux *oculaires* dans le petit tuyau qu'il adapta au trou qu'il fit au milieu du grand miroir concave. Nous ne nous étendrons pas davantage ſur cette correƈtion ;

L 4

nous avons traité cette matiere peut-être trop au long ,
dans l'article qui commence par le mot *Télefcope*. Nous
nous contenterons de donner ici la table de *Smith* qui
nous apprend quelles dimenfions avoient les différentes
parties de l'ancien télefcope de Newton. On n'y fait pas
mention du petit miroir plan ; M. l'Abbé de la Caille
nous affure , qu'à un miroir concave de 2 pieds de foyer ,
il faut un miroir plan ovale de 7 lignes dans fa plus
grande largeur , & de 5 dans fa plus petite.

TABLE

Pour la conſtruction d'une Lunette Cata-dioptrique.

Longueur du foyer du miroir concave.	Diamétre de l'ouverture du miroir.		Longueur moyenne du foyer de l'oculaire.		Augmentation des diamétres apparens des objets.
Pieds.	Pouces.	Lignes	lignes.	centiémes	Environ.
$\frac{1}{2}$	0	11	2	00	36 fois.
1	1	6	2	39	60
2	2	6	2	83	102
3	3	3	3	13	138
4	4	1	3	37	171
5	4	10	3	54	202
6	5	7	3	73	232
7	6	3	3	88	260
8	6	11	4	1	287
9	7	7	4	13	314
10	8	2	4	24	340
11	8	9	4	34	365
12	9	4	4	44	390

SCHOLIE.

Nous finirons cet article, comme nous avons terminé le précédent ; le Lecteur ne fera pas fâché de fçavoir comment on peut, fans le fecours de la Géométrie, trouver le foyer d'un miroir concave. Voici la méthode que l'on pourra employer, fans craindre de fe tromper.

Je fuppofe que l'on me préfente un miroir concave dont j'ignore le foyer. Pour le trouver, j'expofe 1°. ce miroir au Soleil, de telle forte qu'il lui préfente fon centre.

2°. J'approche peu-à-peu de la furface du miroir un corps combuftible, jufqu'à ce que le difque de la lumicre réfléchie paroiffe très-petit.

3°. Lorfque j'ai trouvé le point où le corps combuftible s'enflamme, je mefure la diftance qu'il y a de ce point au miroir, & fi elle eft de 2, 3 ou 4 pieds, je conclus que mon miroir a 2, 3 ou 4 pieds de foyer. Celui de l'Obfervatoire de Paris en a 3 pieds ; il met en un moment le feu à un morceau de bois que l'on y place, & le vent ne peut pas en éteindre la flamme ; les métaux s'y fondent ; les pierres y deviennent rouges comme un fer ardent ; l'ardoife, les tuiles & les os s'y changent en verre ; l'eau s'y évapore en peu de tems, &c.

Si quelqu'un avoit trouvé quelque embarras dans la *Figure* 8 de notre *Catoptrique*, il pourroit fe fervir de la méthode que nous venons de donner, pour prouver que le foyer d'un miroir concave eft placé à environ le quart du diamétre de fa concavité. Suppofons, *par exemple*, qu'un miroir concave de métal foit tiré d'une fphére qui ait 30 pieds de diamétre, il trouvera par notre expérience que fon foyer F eft éloigné d'environ 7 pieds de fa concavité. Cette régle a fait conclure à M. de Buffon que, fuppofé qu'Archiméde eut brûlé la flotte des Romains, il n'avoit pas pu fe fervir d'un miroir concave pour en venir à bout. Ne mettons, *dit il*, ces vaiffeaux qu'à 50 pas ; le miroir qui auroit produit cette efpèce de prodige auroit dû appartenir à une fphére de plus de 200 pas de diamétre. Eft-il probable qu'une portion d'une pareille fphére eût été affez concave pour enflammer du bois à une fi grande diftance.

Nous ferons remarquer en finiffant cet article, que les Phyficiens qui cherchent à fe rendre utiles au Public, devroient nous donner quelque méthode pour conftruire facilement des miroirs paraboliques ; il eft sûr qu'ils réuniroient plus de rayons à leur foyer , que les miroirs fphériques dont on a coutume de fe fervir.

LUSTRE. Le luftre étoit chez les Romains l'efpace de cinq ans.

LYCÉE. Par refpect pour le Prince des Philofophes , nous dirons que le Lycée étoit un endroit près d'Athènes , célèbre par les leçons qu'y donna Ariftote dont nous avons fait l'éloge dans l'article de ce Dictionnaire qui commence par le mot *Péripatéticiens*. Le Lycée avoit été auparavant , fuivant quelques-uns , un temple d'Apollon bâti par Lycus ; fuivant quelques autres , un lieu d'exercice bâti par Pififtrate ou par Périclès.

L'Académie & le Portique étoient encore deux écoles de Philofophie fameufes à Athènes. La première étoit une maifon & des jardins qui avoient autrefois appartenu à un Athénien nommé *Academus*. Cet endroit où le *divin Platon* dogmatifoit , étoit fitué dans le Céramique , l'un des fauxbourgs d'Athènes , à mille pas de la Ville.

Enfin le Portique étoit une efpèce de galerie auffi fameufe à Athènes par la Philofophie que Zenon y enfeigna , que par une ftatue d'airain de Mercure , & par les peintures que tous les curieux alloient y admirer.

LYCORNE. Nous étions d'abord tenté de regarder la Lycorne comme un animal fabuleux ; mais le témoignage du célèbre *Picard* qui nous affure que c'eft un poiffon qui fe trouve dans la mer du Nord , doit au moins nous faire fufpendre notre jugement. Voici comment il parle dans la relation de fon voyage d'Uranibourg , fameux Obfervatoire que fit bâtir le grand Aftronome Tycho-Brahé , dans l'Ifle Huéne , située au détroit du Sond à l'entrée de la mer Baltique , & diftante de Copenhague d'environ 6 lieues communes de France : (je ferois une trop longue digreffion , fi je voulois raconter toutes les curiofités que je vis tant dans le cabinet du Roi de Dannemark , qu'ailleurs ; mais je ne puis omettre qu'à Rofenbourg , qui eft un château aux jardins de Sa Majefté , il y a un trône fait entièrement de ces fortes de cornes que l'on dit communément être de Lycorne , & dont il y en a une dans le tréfor de faint Denis en France ; la vérité eft que c'eft la corne d'un poiffon qui fe trouve dans la mer du Nord.) Nous allons expofer dans les conféquences fuivantes notre fentiment fur cet animal.

Premiere Conféquence. La Lycorne n'eft pas un animal qui fe trouve feulement dans l'Afrique, comme l'ont écrit quelques Auteurs.

Seconde Conféquence. La Lycorne n'eft pas un animal craintif, qui vive dans les bois, comme l'ont penfé quelques Hiftoriens.

Troifieme Conféquence. L'hiftoire d'André Thevet qui affure que le Roi de Monomotapa le mena à la chaffe de la *Lycorne*, eft une fable.

Quatrieme Conféquence. Il peut fe faire que la *Lycorne* ait une corne blanche au milieu du front, ainfi que l'ont affuré quelques Naturaliftes.

Cinquieme Conféquence. Il n'eft pas probable que la *Lycorne* foit un animal amphibie, comme le prétendent *Munfter* & *Thevet.*

Sixieme Conféquence. Il eft encore moins probable que la *Lycorne* reffemble à quelqu'un des huit animaux que nous allons nommer, le Poulain, le Cheval, l'Ane, le Cerf, le Bouc, l'Éléphant, le Rhinoceros, le Levrier.

Septieme Conféquence. Il peut fe faire que la force de la *Lycorne* confifte en fa corne; il peut encore fe faire qu'elle lui ferve d'arme & de défenfe pour attaquer les plus gros poiffons. Ce fentiment n'a rien de contraire à la vraifemblance; il n'en eft pas ainfi de celui des Hiftoriens qui affurent que, quand la *Lycorne* eft pourfuivie par des chaffeurs, elle fe précipite du haut des rochers & tombe fur fa corne qui foutient tout l'effort de fa chûte, enforte qu'elle ne fe fait point de mal.

Huitieme Conféquence. La Peyrere peut avoir raifon, lorfqu'il affure dans fa rélation du Groenland que la corne de la *Lycorne* eft une dent d'un gros poiffon nommé par les uns *Narwal* & par les autres *Rohart*, qui fe trouve dans la mer glaciale.

Neuvieme Conféquence. S'il y a des Lycornes de différente groffeur, il peut fe faire que le monftre marin dont parle Paul-Louis Sachfius fût une groffe *Lycorne*; ce monftre qu'on pêche fur les côtes du Groenland, n'a qu'une feule dent; elle eft faite en forme de corne; elle a 9 pouces de long, & elle eft à fa machoire fupérieure.

Dixieme Conféquence. La corne de la *Lycorne* n'a aucune des vertus que les anciens Médecins lui attribuoient.

Onzieme Conféquence. Il ne paroît pas probable que jamais la corne de la *Lycorne* fe foit vendue 1536 écus la

livre , comme le rapporte André Racci Médecin de
Florence.

Douzieme Conféquence. L'hiſtoire de la *Lycorne* eſt encore très-incertaine ; l'on peut cependant être très-ſenſé
& ne pas regarder la *Lycorne* comme un animal fabuleux , quoiqu'en diſent les Auteurs du Dictionnaire uni-
verſel qui nous ont fourni toutes les particularités que
l'on trouve parſemées dans les douze conféquences que
nous avons tirées de la rélation du voyage de M. *Picard*
à Uranibourg.

LYMPHATIQUE. Les Latins appellent , *lymphatici* ,
les perſonnes furieuſes & extravagantes ; il me paroit que
ce nom convient auſſi bien aux perſonnes qui ont eu le
malheur d'être mordues par un chien enragé. L'expérience nous apprend que ces miſérables ont avec une ſoif
étrange une averſion inſurmontable pour l'eau : M. Aſtruc
célébre Médecin remarque à cette occaſion 1°, que la *ra-*
ge eſt une ſalive envenimée , compoſée de parties ſubtiles,
ſolides , ignées , ſalines , tranchantes & corroſives.

2°. Que les chiens ſont plus ſujets à ce mal que bien
d'autres animaux , parce qu'ils ne ſuent preſque jamais.
Leur ſang , faute de ſueur , ſe charge de particules groſſières & hétérogénes qui infectent leur ſalive , & leur
cauſent la rage.

3°. Que lorſqu'on eſt mordu par un chien enragé , la ſalive empoiſonnée de l'animal s'écoule dans le ſang & lui
communique ſon poiſon. Nous liſons dans le Journal des
Sçavans , qu'une femme ayant eu le bord de ſa robe déchi-
rée par un chien enragé , la recouſut ; elle ne fit que
rompre le fil avec ſes dents , & elle devint enragée.

4°. Que l'eau agite les ſels vénimeux dent la gorge ,
l'œſophage & l'eſtomac du malade ſont imprégnés ; c'eſt
pour cela ſans doute que ces ſortes de perſonnes ont une
ſi grande averſion pour l'eau.

5°. Que les bains réitérés dans l'eau de la mer ſont un
reméde des plus efficaces à cette maladie. Pourquoi ? parce que ces ſortes de bains cauſent des évacuations qui
emportent le poiſon. On dit qu'un Phyſicien ſentant un
accès de rage , ſe fit violence , & que s'étant plongé tout-
à-coup dans l'eau il en but tant qu'il en fut guéri ; l'eau
ſans doute émouſſa & emporta les particules vénimeuſes
qui s'étoient mêlées avec ſon ſang. Mais en voilà aſſez ſur
cet article : quelqu'un pourroit nous accuſer d'avoir porté
notre faulx dans la moiſſon d'autrui.

LYMPHE. La lymphe eſt une humeur fluide qui ſe ſépare de la maſſe du ſang, & qui eſt enfermée dans des
vaiſſeaux particuliers. Telle eſt la deſcription que fait de la
lymphe l'Auteur du Dictionnaire de Médecine d'où nous
avons tiré tout ce que nous allons dire dans cet article.
Le même Auteur raconte que le Docteur *Keil* fit l'ana-
lyſe chymique de la *lymphe*, & qu'il la trouva compoſée
de beaucoup de ſel volatil, de quelque peu de phlegme &
de ſoufre, & d'une petite quantité de terre. Il paroit démontré que la *lymphe* ſert principalement à délayer & à
perfectionner le chyle, avant qu'il ſe mêle avec la maſſe
du ſang, puiſqu'elle ſe rend de toutes les parties du corps
dans le réſervoir du chyle. Les Médecins prétendent que
toute la *lymphe* qui ſe ſépare du ſang eſt néceſſaire pour
cet uſage. Examinons maintenant comment ſe fait cette
ſéparation.

Glandes lymphatiques. C'eſt par le moyen des glandes
lymphatiques placées dans preſque toutes les parties du
corps, que la lymphe ſe ſépare de la maſſe du ſang. On
les nomme *cervicales*, *thorachiques*, *ſtomachiques*, *méſentéri-
ques*, &c. ſuivant qu'elles ſont placées dans la tête, dans
la poitrine, dans l'eſtomac ou dans le méſentére. Nous ne
croyons plus avec les Anciens que la lymphe ſe ſépare du
ſang par le moyen de quelque ferment qui ſe trouve renfermé dans les glandes lymphatiques ; nous penſons plutôt
avec le commun des Modernes que ces glandes ont une
ouverture tellement configurée, que les ſeules molécules
dont la lymphe eſt compoſée peuvent y paſſer.

Vaiſſeaux lymphatiques. Tous les conduits qui ſervent à
tranſporter la lymphe de toutes les parties du corps dans le
réſervoir du chyle, s'appellent *lymphatiques.* On pourroit
donc les nommer *cervicaux*, lorſqu'ils ſont dans la tête ;
thorachiques, lorſqu'ils ſe trouvent dans la poitrine ; *ſtomachiques*, lorſqu'ils ſont placés dans l'eſtomac ; *méſenté-
riques*, lorſqu'ils ſont dans le méſentére, &c. Quoiqu'il
en ſoit de ces ſortes de dénominations, il eſt ſûr 1°, que
la plûpart de ces vaiſſeaux ſe trouvent entre deux *glandes
lymphatiques.*

Il eſt ſûr 2°, qu'il y a beaucoup de vaiſſeaux *lymphatiques* ſur la peau & ſur le blanc de l'œil.

Il eſt ſûr 3°, que les Modernes ont trouvé beaucoup de
ces vaiſſeaux dans des viſcéres où ils n'ont encore pû découvrir aucune *glande lymphatique.*

LYNX. Les Naturaliftes ont dit du *lynx* tant de chofes merveilleufes, qu'il convient de diftinguer dans un Dictionnaire de Phyfique ce qu'il y a de vrai d'avec ce qu'il y a de romanefque dans leur narration. Il paroit d'abord que le *lynx* n'eft pas un animal fabuleux, comme l'ont prétendu quelques Phyficiens ; c'eft le loup cervier des Anciens. Ce nom ne lui vient pas de la reffemblance qu'il a avec le loup & avec le cerf ; il n'en a aucune ou prefque aucune ; il lui vient fans doute de l'acharnement avec lequel il pourfuit le dernier de ces deux animaux ; nos loups ordinaires n'en ont pas autant dans la pourfuite des moutons. Le *lynx* dont nous trouvons la defcription anatomique dans les Mémoires de l'Académie des Sciences *tome* 3, *partie* 1, *page* 127, avoit environ 4 pieds de longueur & 2 de hauteur. Sa couleur étoit fur le dos d'un roux marqué de taches noires, & fous le ventre d'un gris cendré marqué auffi de taches noires. Ses pattes de devant avoient 5 doigts, & celles de derrière 4 ; les uns & les autres étoient armés d'ongles crochus & pointus comme les lions, les ours, les tigres. Son mufeau reffembloit à celui d'un chat, il en étoit de même de fon eftomac, il en auroit été de même de fes oreilles, s'il n'y avoit pas eu au haut de chacune une houpe de poil fort noir. Il avoit 26 dents ; 4 canines, 2 à la machoire d'en haut longues de huit lignes, & 2 à la machoire d'en bas longues de fix ; 12 incifives, les fix de la machoire d'en haut étoient plus longues que les fix de la machoire d'en bas ; 10 molaires, 4 à la machoire d'en haut, & 6 à la machoire d'en bas. Sa langue longue de quatre pouces & demi, & large d'un pouce & demi reffembloit à celle du lion. L'intérieur de fa tête n'auroit rien eu de remarquable, fi fa glande pinéale avoit été un peu plus groffe. Son poulmon avoit 7 lobes ; fon cœur avoit deux pouces & demi de long fur deux de large. Sa ratte tiroit fur le rouge ; elle avoit 7 pouces de longueur fur un d'épaiffeur. Son foie avoit 7 lobes longs & étroits ; le plus long avoit 7 pouces de longueur & deux & demi de largeur fur la bafe. La véficule du fiel large d'un demi pouce, en avoit deux de longueur. Ses inteftins étoient fort courts, ils n'avoient tous enfemble que 9 pieds & demi de long. Ses reins avoient deux pouces de longueur fur un de largeur. Enfin le globe de fon œil, dont la defcription nous intéreffe infiniment, avoit un pouce de diamétre. L'humeur aqueufe étoit fort abondan-

10. Son criftallin avoit fept lignes de diamétre, & cinq d'épaiffeur, dont trois faifoient la convexité antérieure & deux la poftérieure. L'humeur vitrée étoit fort claire & fort tranfparente. Enfin fon nerf optique avoit en fon milieu un point rouge tirant fur le noir.

Telles font les principales particularités que l'on trouve dans l'hiftoire du Lynx. S'il eft vrai que cet animal ait la vue plus fubtile que les autres, cette fubtilité lui vient fans doute de l'homogénéïté qui régne dans les humeurs de fes yeux, de la flexibilité de fes ligamens ciliaires, & de la fenfibilité de fa rétine. Les conféquences que nous allons tirer de tout ce que nous avons dit jufques ici, découvriront quel eft notre vrai fentiment fur cette matière.

Premiere Conféquence. Le *lynx* n'eft pas un animal imaginaire, comme le penfent quelques Modernes.

Seconde Conféquence. Le *lynx* n'eft pas le *Thos* des Anciens, comme l'ont écrit plufieurs Auteurs. En effet le premier eft un animal fort & courageux; le fecond eft foible & timide, puifqu'Homére n'a pas cru pouvoir mieux nous repréfenter la lâcheté des Troyens, qu'en les comparant à des *Thos* qui s'enfuyent à la vue du Lion.

Troifieme Conféquence. Le *lynx* ne doit pas être confondu avec le *Panther* des Anciens, puifque celui-ci eft mis par *Oppien* au rang des bêtes les plus petites & les plus chetives, tels que font les loirs, les écureuils & les chats, & que le fecond eft regardé comme une bête féroce très-confidérable, tels que font les lions, les ours & les tigres. D'ailleurs le *Panther* n'a pas, comme le *Lynx*, une houppe de poil fur le bout de fes oreilles, qui le diftingue de tous les autres animaux.

Quatrieme Conféquence. Il eft probable qu'il n'y a point de différence entre le *lynx*, & l'animal auquel Pline a donné le nom de *Chaos*, puifque le *Chaos* que Pompée fit voir dans fon théatre n'étoit autre chofe qu'un *loup cervier* des pays feptentrionaux.

Cinquieme Conféquence. Le *lynx* ne voit pas à travers les plus épaiffes murailles, comme l'ont débité quelques Anciens. Les Auteurs du Dictionnaire univerfel prétendent que cette fable eft fondée fur une autre qu'on fait de Lyncée, l'un des argonautes, auquel on a attribué une vue fi fubtile, qu'on affuroit qu'il voyoit jufqu'aux enfers, & la Lune le premier jour qu'elle étoit dans fa conjonction.

Sixieme Conféquence. C'eft encore une fable de dire que

l'urine du *lynx* se glace, & qu'il s'en forme une pierre très-luisante. Ce que les Naturalistes appellent *pierre de lynx*, est une pierre de la longueur du petit doigt, que l'on trouve en abondance près de Caën en Normandie.

Septieme Conséquence. Il n'est rien qui prouve que le *lynx* ait la vue plus subtile que les autres animaux.

M

MACHINE. Tout instrument propre à produire du mouvement, s'appelle *machine*, comme nous l'avons observé dans la définition premiere de la Méchanique.

MARC. Un poids de 8 onces, ou de demi-livre, est un *marc*.

MARÉES. Les Marées comprennent le *flux* & le *reflux* de la mer, dont nous avons parlé fort au long en son lieu.

MARS. Les Astronomes ont donné le nom de *Mars* à la premiere des 3 Planétes supérieures. Son globe sensiblement sphérique est environ 5 fois moins gros, & presque une fois moins dense que celui de la Terre. Cette moindre densité lui vient sans doute de l'éloignement où il est du Soleil. Les planétes les plus voisines du Soleil sont aussi les plus denses, dit M. l'Abbé Sigorgne, qui dans cette occasion n'a fait que traduire Newton. Tout languiroit sur notre Terre, & l'eau y seroit perpétuellement gelée, si elle eût été mise à la place de Saturne: & si sans augmenter la consistance de ses parties, elle eût été mise à la place de Mercure, tout y seroit dans un degré d'effervescence, qui feroit bientôt évaporer tous nos fluides, & tueroit en un moment tous les animaux de notre espéce. Car la chaleur étant en raison inverse des quarrés des distances, & Mercure étant plus d'une fois plus près du Soleil que nous, la Terre à la même distance seroit à peu près sept fois plus échauffée, qu'elle ne l'est dans le plus brûlant été. Or Newton a éprouvé que l'eau boût à gros bouillons à une chaleur sept fois plus grande que celle de l'été; il faut donc, pour que Mercure ne soit pas exposé à cet inconvénient, qu'il soit de beaucoup plus dense que notre Terre; il faut encore que les planétes supérieures, soient moins denses que la nôtre, pour que tout ne languisse pas sur leur globe. Mars a, comme les autres planétes, deux mouvemens,

mens, l'un de rotation fur fon axe qui fe fait d'Occident en Orient dans 24 heures & 40 minutes, & l'autre périodique qui fe fait auffi d'Occident en Orient dans l'efpace d'environ 2 années, ou pour parler plus exactement, dans l'efpace de 1 année & 311 jours 22 heures ; il parcourt une orbite elliptique dont l'inclinaifon à l'écliptique eft de 1 degré, 50 minutes, 45 fecondes, & dont le mouvement annuel de fes nœuds d'Occident en Orient eft de 34 fecondes & 32 tierces. Les nouvelles obfervations mettent cette planéte dans fa plus grande diftance à environ 52, & dans fa plus petite diftance à environ 44 millions de lieues du Soleil ; de telle forte que la différence qu'il y a entre la plus grande & la plus petite diftance de Mars au Soleil, eft tout au plus de huit millions de lieues. Il n'en eft pas ainfi, lorfqu'il s'agit de comparer la plus grande & la plus petite diftance de Mars à la Terre ; Mars *périgée* eft environ fept fois plus près de la Terre que Mars *apogée ;* auffi le voyonsnous en certains tems très-gros & très-éclairé, & dans d'autres très-petit & très peu lumineux. Confultez l'article de *Copernic*, & vous verrez quelques autres particularités fur cette planéte. Nous dirons, en parlant de la parallaxe des aftres, comment M. l'Abbé de la Caille eft parvenu à connoître la valeur de l'angle *m p* M, *Fig.* 4. *Pl.* 1, & comment la connoiffance de cet angie l'a conduit à déterminer la parallaxe horizontale de Mars.

MASSE. Le poids, la maffe & la quantité de matiere d'un corps fignifient la même chofe en Phyfique.

MATÉRIALISME. Syftême impie & extravagant dans lequel on foutient que tout ce qui exifte eft matiere, & que par conféquent l'ame eft un corps, un affemblage de parties. C'eft à Épicure que nous devons cette doctrine abominable. Lucréce, fon fidéle difciple, nous affure que tous les atomes ont la même nature ; qu'ils font tous également principes des corps, incapab'es de penfer & d'agir. Mais il ajoute que lorfque le hazard a réuni certains atomes dans un certain ordre, ils produifent une ame. Le Poéte ne dit pas précifément quels ils font, ni quel eft cet ordre ; feulement il croit en géncral que de la quinteffence du fang, de l'air & du feu fubtiles, il peut réfulter un être capable de penfer, quoique corporel ; & que cet être périt enfin par la défunion des éléments dont il eft l'affemblage. De la puiffance il paffe bientôt à l'acte ; & voici comment il prouve qu'il n'y a point de diſtinction entre l'ame & le corps. Les deux parties de nous-mêmes, *dit-il*, ſont unies par des liens ſi étroits, qu'il eſt impoſſible de n'en pas confondre la nature. L'ame ne connoit rien que par l'entremiſe des ſens ; qu'ils ſoient altérés par une fiévre brulante ; que le ſommeil les aſſoupiſſe, l'eſprit ſe trouble & on le voit errer confuſément d'objet en objet. Il croit avec le corps : informe & brut dans les années de l'enfance, il ſe développe par des degrés inſenſibles. Sa jeuneſſe a l'éclat & la durée d'une fleur ; & s'il porte quelques fruits dans un âge plus mûr, bientôt la vieilleſſe l'affoiblit, le glace, en flétrit les reſtes languiſſants. Combien d'hommes naiſſent privés de raiſon, ou la perdent par accident ? ils en manquent, parce que les parties de leur cerveau n'ont pas eu d'abord un certain ordre, ou qu'elles ont depuis ceſſé de l'avoir. Combien d'autres ſont dégradés au point de devenir ſemblables à des bêtes féroces ? La morſure d'un chien furieux infecte la maſſe du ſang, & fait couler dans les veines un cruel poiſon : c'en eſt aſſez pour abrutir un homme : quelle différence faut-il mettre alors entre cet homme & le chien qui l'a bleſſé ! Ce ſont deux animaux que tourmente une aveugle frénéſie : tous deux ont la même fureur de mordre ; leur rage eſt égale ; leurs tranſports ſont les mêmes.

C'eſt là ſans doute le plus grand argument que puiſſent apporter les Matérialiſtes pour prouver l'indiſtinction de l'ame & du corps. Ils ne diront pas que M. le Cardinal de Polignac l'a affoibli, & que l'incomparable *Traducteur* de l'*Antilucréce* l'a préſenté de maniere à ne pas faire d'abord impreſſion ſur l'eſprit du Lecteur. Mais qu'elle eſt foible, qu'elle eſt puérile cette objection, lorſqu'on l'examine de près ! Que penſeriez-vous du raiſonnement ſuivant ? Le Muſicien eſt ſi dépendant de ſa lyre, que ſans elle il ne peut faire entendre aucun ſon : qu'elle ſoit briſée par quelque chute ; que les cordes trop lâches, ou trop tendues, ne ſoient pas montées ſur le ton ; qu'il en manque une ſeule ; qu'enfin l'intérieur ſoit rempli de corps étrangers qui le rendent moins ſonore ; le Muſicien, malgré toute ſa ſcience, ne tire point de ſon, ou n'en tire que de vicieux. Donc la lyre a autant de connoiſſance de la muſique, que le Muſicien. Donc l'inſtrument & le joueur ſont la même choſe. Ce raiſon-

nément est pitoyable : celui des Matérialistes l'est-il moins ?
Que prouve-t-il autre chose, sinon que l'homme produit
des actions auxquelles l'esprit & le corps ont part à la
fois, celui-là comme cause physique & efficiente, celui-
ci comme pur instrument & pure condition. Les Matérialistes ont beau se faire illusion à eux-mêmes, ils ne
peuvent pas ne pas goûter une pareille réponse. Aussi
doit-on les comparer à des Joueurs de gobelets qui, sé-
ducteurs sans être séduits, se divertissent de la simplicité
de leurs stupides admirateurs.

Ce qui doit nous rendre suspecte la sincérité des Physiciens Matérialistes, ce sont les étonnantes contradictions
dans lesquelles nous les voyons tomber. Comme Physiciens, ils soutiennent que toute matiere, essentiellement
indifférente aux différents états dans lesquels elle peut
se trouver, est absolument incapable de passer d'elle-même
d'un état dans un autre : comme Matérialistes, ils avancent que certaine matiere a un tel degré d'activité, qu'elle
peut produire des idées, des jugements, des raisonne-
ments &c.

Comme Physiciens, ils reconnoissent l'étendue & la
divisibilité pour des propriétés de la matiere : comme
Matérialistes, ils admettent une matiere inétendue &
indivisible ; puisqu'une modification inétendue & indivisible, telle qu'est la pensée, suppose son sujet privé
d'extension, & simple dans sa nature.

Comme Physiciens, ils disent qu'il est des dénominations qui conviennent à toute sorte de matiere ; ces dénominations sont, *être long*, *large*, *profond*, *capable de*
figure, *de couleur* &c. Comme Matérialistes, ils exceptent
de cette régle générale toute matiere qui pense ; aucun
d'eux en effet n'a encore osé demander si son ame avoit
4 ou 5 pieds de hauteur ; si elle étoit quarrée ou trian-
gulaire, rouge ou blanche &c.

Comme Physiciens, ils conviennent que tout effet doit
avoir quelque relation, quelque ressemblance avec sa
cause : comme Matérialistes, ils seroient fort embarrassés
de nous assigner le rapport qu'il y a entre une pensée,
un désir, un doute, & une matiere très subtile, mue
de telle & telle façon.

Comme Physiciens, ils sont obligés d'admettre des
causes secondes dont les unes sont libres & les autres
privées de liberté : comme Matérialistes, ils doivent

regarder toute caufe feconde comme matérielle , & par conféquent comme affujettie à une indifpenfable néceffité.

Comme Phyficiens , ils doivent dire que le hazard eft une caufe aveugle , imaginaire , chimérique , incapable de produire aucun effet qui fuppofe de l'ordre & de la fageffe : comme Matérialiftes , on ne les entend que trop fouvent attribuer au hazard l'union & la défunion des atomes dont ils compofent l'ame de l'homme.

Comme Phyficiens , ils ont fous les yeux les preuves les plus fenfibles & les plus convaincantes de l'exiftence d'un Être tout-puiffant dont la fageffe infinie gouverne l'Univers : comme Matérialiftes , ils ne nient que trop fouvent l'exiftence de l'Être fuprême , ou ils n'admettent qu'un Dieu fans providence , créateur d'un monde dont il laiffe la conduite au hazard.

Enfin comme Phyficiens , ils font Théiftes : comme Matérialiftes on doit les regarder comme de vrais Athées. Combien d'autres contradictions ne nous fourniroient pas les Matérialiftes , fi nous voulions oppofer leurs principes avec ceux de la Métaphyfique & de la Morale ? Lifez , pour vous en convaincre , l'Inftruction véritablement paftorale que donna en 1765 fur les fources de l'incrédulité de ce fiécle , M. l'Évêque de Lodéve Jean-Felix-Henri de Fumel , *page* 44 & *fuivantes*. Nous avons fait remarquer , aux articles *Dieu* & *Philofophie* , avec quel fuccès cet illuftre Prélat fait la guerre aux prétendus Philofophes de nos jours.

Il eft un Matérialifme , je le fçais , qui paroit d'abord moins révoltant que celui que nous venons de mettre fous les yeux du Lecteur , c'eft le Matérialifme de *Locke*. Cet Auteur prétend qu'il peut fe faire que l'ame foit un efprit , mais qu'il n'eft pas fûr qu'elle le foit , & qu'il n'eft pas démontré que la matiere foit incapable de penfer.

Ce Matérialifme , auffi dangereux peut-être que le premier , eft fondé fur le raifonnement fuivant. La matiere , *dit Locke dans le chapitre de l'étendue de la connoiffance, humaine* , ne nous eft pas parfaitement connue ; donc nous ne pouvons pas fixer les bornes de fa puiffance ; donc nous ne pouvons pas décider ce qu'elle peut ou ce qu'elle ne peut pas acquerir.

Eft-ce là raifonner , *répond M. le Cardinal de Polignac.* Quoi , *dit-il* , le Phyficien n'a pas encore découvert toutes les merveilles de l'aiman ; donc il ne pourra pas dire

que l'aiman n'eſt pas un animal ; donc il ne pourra pas
aſſurer que ce n'eſt point par amour qu'il attire le fer.
Le Géométre ne connoit point toutes les propriétés du
cercle ; donc il ne doit pas avancer que le cercle ne peut
pas être un triangle. Belles conféquences que celles-là !
Nous n'avons pas, j'en conviens, une connoiſſance parfaite de la nature de la matiere ; mais nous lui connoiſſons des proprietés qui excluent auſſi bien la puiſſance
de produire une penſée, que la nature du cercle exclut
la nature du triangle. Ces propriétés ſont la diviſibilité,
l'extenſion, la figure, mais ſur-tout l'inertie & l'inacti-
vité de la matiere.

Nous croyons devoir finir cet important article par ex-
horter les Matérialiſtes à lire avec attention l'ouvrage de
Locke ſur l'*entendement humain*, auquel ils donnent des
louanges ſi extatiques. Ils y trouvéront ce qu'ils n'y cher-
choient pas, je veux dire, que leur ame, ſuppoſée même
matiere, ſera conſervée éternellement par le ſouverain
Être, afin qu'elle reçoive après cette vie la récompenſe
dûe à ſes bonnes actions, ou le châtiment que méritent
ſes crimes. Voici en effet comment parle ce Philoſophe
dans le chapitre que nous avons déja indiqué : *Il eſt
évident que celui qui a commencé à nous faire ſubſiſter
ici, comme des êtres ſenſibles & intelligens, & qui nous
a conſervé pluſieurs années dans cet état, peut & nous
veut faire jouir encore d'un pareil état de ſenſibilité dans
l'autre monde, & nous y rendre capable de recevoir la
rétribution qu'il a deſtinée aux hommes, ſelon qu'ils ſe feront conduit dans cette vie.* Que les prétendus Philoſophes de nos jours apprennent donc une fois pour toutes
que leur ſage Locke regarde comme extravagant l'abominable ſyſtême de ceux qui voudroient ſe perſuader que
leur ame, mortelle de ſa nature, doit un jour perir avec
leur corps, puiſqu'il aſſure que le contraire eſt *évident*.

MATIERE. La matiere eſt une ſubſtance naturellement impénétrable, capable de diviſion, de figure, de
mouvement, de repos, en un mot naturellement étendue, c'eſt-à-dire, naturellement longue, large & profonde. C'eſt vouloir perdre le tems que de demander ſi le
Tout-Puiſſant peut ôter l'étendue à la matiere : une matiere
privée de ſon étendue ne ſeroit plus l'objet de la Phyſique.

MATIERE ſubtile cartéſienne. Voyez-en la deſcription
dans l'article des *Tourbillons ſimples & compoſés*.

MATIERE *fubtile newtonienne*. Quiconque a lû les Ouvrages de Newton & fur tout les 31 queftions qu'il
a propofées à la fin de fon *Optique*, conviendra fans peine
que ce grand homme n'a pas chaffé des efpaces céleftes
une matiere infiniment déliée qu'il appelle *éther*. Cet
éther bien différent de la matiere fubtile cartéfienne,
n'a aucun mouvement d'Occident en Orient ; n'a aucune
denfité fenfible, puifqu'il eft plus de fix cens millions de
fois moins denfe que l'eau ; aufli, quoique grave, n'op-
pofe-t-il pas aux planétes & aux cométes qui le traverfent, une réfiftance qui puiffe déranger fenfiblement
leur mouvement périodique. C'eft de cet éther newtonien
dont nous nous fervons pour expliquer une infinité de
phénoménes terreftres d'une maniere phyfique. De peur
cependant que l'on ne s'imagine que nous faifons parler
Newton à notre fantaifie, nous allons rapporter fidéle-
ment le commencement dé la vingt-deuxieme queftion.

(*An non planetæ & cometæ & craffa corpora omnia mo-
vebuntur multò liberiùs, multòque eis minùs refiftetur in
hoc æthereo medio, quàm in ullo fluido quod fpatium omne
penitùs, nullifque interjectis meatibus in totum compleat,
quodque proinde multò denfius fit quàm argentum vivum
aut aurum ? & refiftentia hujus medii annon adeò exigua
effe poterit, ut inftar nihili reputetur ? Exempli gratiâ,
fi ætherem hunc (id enim ei nomen quidni imponam)
exiftimemus 700000 partibus magis elafticum effe quàm aë-
rem noftrum, atque etiam ampliùs 700000 partibus magis
rarum ; jam ejus refiftentia ampliùs 600000000 partibus
minor foret, quàm aquæ. Tam exigua autem refiftentia per
decem millia annorum vix planetarum motibus variationem
ullam induceret, quæ fenfu percipi poffet. Quod fi quis
illud hìc quærat qui fieri poffit ut medium aliquod tàm
fit valde rarum ; oftendat is, velim, quomodò aër nofter
in athmofphærâ fuperiori rarior effe queat, quàm aurum,
ampliùs centies millies millenis partibus*) c'eft-à-dire,
(eft-ce que l'on ne verra pas les planétes, les cométes
& tous les autres corps folides fe mouvoir plus facilement & avec beaucoup moins de réfiftance dans cette efpèce d'éther, que dans tout autre fluide qui n'admettroit
aucun vuide, & qui par-là même feroit beaucoup plus
denfe que le vif argent & l'or ? ce n'eft pas encore affez :
eft-ce que la réfiftance qu'oppofera ce *milieu*, ne pourra
pas être affez petite pour être comptée, ou pour rien ;

ou comme pour rien ? En effet repréfentons-nous cet éther (car qui nous empêche de lui donner ce nom) comme fept cens mille fois plus élaftique & fept cens mille fois plus rare que l'air que nous refpirons ; dès-lors la réfiftance qu'il oppofera aux corps folides qui le traverferont fera plus de fix cens millions de fois moindre que celle de l'eau. Or à peine une réfiftance auffi infenfible pourroit-elle caufer pendant dix mille ans le moindre dérangement fenfible au mouvement des planétes. Quelqu'un peut-être me demandera , comment il peut fe faire qu'un *milieu* ait une rareté auffi incompréhenfible que celle-là ; je ne le comprends pas ; mais lui-même comprend-il comment l'air de la région fupérieure de l'athmofphére terreftre eft plus de cent millions de fois plus rare que l'or ?)

Remarquez 1°. que Newton a eu raifon de dire qu'un éther fept cens mille fois plus rare que l'air que nous refpirons , oppoferoit aux corps folides qui le traverfe-roient , une réfiftance plus de fix cens millions de fois moindre que celle de l'eau ; pourquoi ? parce que l'air que nous refpirons eft au moins 870 fois plus rare que l'eau ; donc cet éther feroit plus de fix cens millions de fois plus rare que l'eau. En effet , multipliez 700000 par 870 , vous aurez pour produit 609, 000, 000.

Remarquez 2°. que Newton fuppofe fon éther non-feulement fept cens mille fois plus rare, mais encore fept cens mille fois plus élaftique que l'air que nous refpirons. Cette prodigieufe élafticite lui fert à rendre raifon d'une infinité de phénoménes dont la caufe phyfique n'eft pas d'abord aifée à trouver.

MATRAS de Bologne. Le Matras de Bologne eft une bouteille dont le fond , fait en forme de voute, eft d'une épaiffeur confidérable. Frappez vous ce fond à coup de marteau ? laiffez-vous tomber dans la bouteille des pier-res confidérables ? le matras ne fe brifera pas ; y jettez-vous un *infenfible* de pierre à fufil, le fond tombera en piéces ; pourquoi ? parce qu'il s'eft ramaffé dans ce fond une infinité de corpufcules combuftibles que le feu con-tenu dans la pierre à fufil, & excité par le choc , ne manque pas d'enflammer. Ces particules enflammées agif-fent contre le fond du matras & le font tomber en pié-ces. Quelques-uns affurent que l'on a le même effet, lorfqu'on laiffe tomber dans le matras un morceau de diamant, d'agathe, en un mot, une matiere propre à faire une ouverture au fond du verre. Si le fait eſt vrai, l'on eſt obligé d'avoir recours à l'introduction de l'air extérieur ; & l'on doit expliquer ce phénoméne, comme nous avons expliqué celui que nous fournit la larme batavique.

MAXIMA & MINIMA. Les Géométres donnent ces noms à la mé hode qui apprend à trouver quelle a été la valeur d'une quantité variable juſqu'à un certain point, lorſque cette quantité a été dans ſa plus grande augmentation & dans ſa plus grande diminution. Ainſi chercher quelle a été la valeur de cette quantité, lorſqu'elle a été la plus grande, c'eſt chercher le *maximum*. Chercher le *minimum*, c'eſt chercher la valeur de la même quantité, lorſqu'elle a été la plus petite. La méthode de *maximis* & *minimis*, ſuppoſe non-ſeulement la connoiſſance des ſections coniques, mais encore celle du calcul infinitéſimal. Nous ſuppoſons donc que ceux qui voudront nous ſuivre dans cet article, auront lu avec attention les articles de ce Dictionnaire qui commencent par les mots *Sections coniques* & *Calcul*.

Demande-t-on, *par exemple*, quelle eſt la plus grande ordonnée au grand axe d'une ellipſe quelconque, on répondra que c'eſt la moitié du petit axe ; & pour le démontrer, l'on nommera le grand axe d'une ellipſe quelconque, $2a$; le petit axe, $2b$; une ordonnée quelconque, y ; une abſciſſe quelconque correſpondante, x. Cela ſuppoſé, voici comment on raiſonnera.

1°. Dans le point où l'ordonnée y eſt devenue la plus grande, ſon accroiſſement eſt devenu nul, ou o, & ſa différentielle dy eſt dans ce point $= o$.

2°. L'équation aux axes de l'ellipſe eſt $aayy = 2abbx - bbxx$.

3°. Cette équation différentiée devient : $aaydy = 2abbdx - 2bbxdx$.

4°. Comme l'ordonnée qu'on cherche, eſt ſuppoſée arrivée à ſon *maximum*, elle aura à ce point ſa différentielle $dy = o$; donc $2aaydy = 2aay \times dy = 2aay \times o = o$; donc l'équation du num. 3 devient $2abbdx - 2bbxdx = o$; donc $2abbdx = 2bbxdx$.

5°. Diviſons cette derniere équation par $2bbdx$, l'on aura $a = x$; donc lorſque $x = a$, alors l'ordonnée y eſt arrivée à ſon *maximum*.

6°. *a* repréfente la moitié du grand axe d'une ellipfe quelconque, & *x* une abfciffe quelconque; donc lorfque l'ordonnée a pour abfciffe correfpondante la moitié du grand axe, alors elle eft arrivée à fon *maximum*. Mais la moitié du petit axe eft une ordonnée qui a pour abfciffe correfpondante la moitié du grand axe; donc la moitié du petit axe eft la plus grande ordonnée au principal axe de l'ellipfe. L'on pourra confulter la fection 3 du Traité des infiniment petits de M. le Marquis de l'Hôpital, où cette matiere eft traitée fort au long; l'on y verra que la régle générale que l'on donne communément pour trouver le *maximum* ou le *minimum* d'une quantité variable, n'eft pas fuffifante dans tous les cas. Cette régle générale peut s'exprimer en ces termes:

*Dans le point où la quantité eft devenue la plus grande, fon accroiffement eft devenu nul, & dans le point où elle eft devenue la plus petite, fon décroiffement eft auffi devenu nul. D'où il fuit qu'ayant différentié l'équation qui exprime la quantité dont il s'agit, ou qui convient à la courbe dont il s'agit, il faut faire $=0$ la différentielle de la variable qui va en croiffant, puis en décroiffant; ou en décroiffant, puis en croiffant; & l'équation différentiée pouvant être réduite par ce moyen à des termes finis, elle exprimera le *maximum* ou le *minimum* qu'on cherche.*

MÉCHANIQUE. La méchanique, ou, la fcience du mouvement fe divife en méchanique générale & en méchanique particulière. La premiere, après avoir démontré les loix générales du mouvement & les régles qui ne manquent jamais de s'obferver dans le choc des corps élaftiques & non élaftiques, nous apprend quand eft-ce qu'un corps fe meut en ligne diagonale, en ligne courbe, en ligne circulaire, en ligne elliptique &c. Nous avons traité fort au long cette premiere partie dans les articles du *mouvement*, de la *dureté* & de l'*élafticité*. La méchanique particuliere, ou, la fcience des machines nous apprend à mettre en équilibre des poids ou des puiffances inégales. Pour nous rendre intelligible dans une queftion auffi agréable & auffi intéreffante que celle-ci, nous apporterons d'abord quelques définitions; nous établirons enfuite un principe général; nous tirerons enfin de ce principe plufieurs corollaires qui contiendront l'explication des machines que nous avons tous les jours fous les yeux.

Premiere Définition. Une machine eſt un inſtrument propre à produire du mouvement. Dans toute machine, *par exemple*, dans le levier P C M, *Fig* 5, 6 & 7 *Pl.* 1 l'on diſtingue trois choſes, la puiſſance M, le poids P & le centre de mouvement C. L'on comprend ſous le nom de *puiſſance* tout ce qui peut ſoutenir, ou, mouvoir un poids appliqué à une machine; auſſi le petit poids M eſt-il regardé en cette occaſion comme une vraie puiſſance. L'on donne le nom de *poids* à tout ce qui réſiſte à une puiſſance appliquée à une machine. Enfin l'on nomme *centre de mouvement* ce point fixe autour duquel la machine ſe meut, ou, tend à ſe mouvoir.

Seconde Définition. L'on diſtingue en méchanique trois ſortes de leviers, celui de la premiere, celui de la ſeconde & celui de la troiſieme eſpèce. Le levier de la premiere eſpèce repréſenté par *la Fig. 8. Pl.* 1. a ſon point fixe C entre la puiſſance M & le poids P. Le levier de la ſeconde eſpèce repréſenté par *la Fig. 6. de la Pl.* 1. a ſon poids P entre le point fixe C & la puiſſance M. Enfin le levier de la troiſieme eſpèce repréſenté par *la Fig* 7. *Pl.* 1. a la puiſſance M placée entre le poids P & le point fixe C.

Troiſieme Définition. La ligne de direction d'une puiſſance appliquée à une machine eſt une ligne droite ſuivant laquelle cette puiſſance ſoutient un poids, ou, le met en mouvement. La ligne de direction d'un poids appliqué à une machine eſt la ligne droite ſuivant laquelle ce poids ſe meut, ou, tend à ſe mouvoir. La ligne *m* M, *par exemple*, eſt la ligne de direction de la puiſſance M appliquée perpendiculairement au levier P C *m* Fig. 8. *Pl* 1; la ligne *m* N eſt la ligne de direction de la même puiſſance appliquée obliquement au même levier; enfin la ligne P P eſt la ligne de direction du poids P.

Quatrieme Définition. La diſtance d'une puiſſance, ou d'un poids au point d'appui d'un levier quelconque, eſt toujours marquée par la perpendiculaire tirée de ce point d'appui ſur la ligne de direction de la puiſſance, ou du poids. Ainſi la ligne C *m* perpendiculaire ſur la ligne de direction *m* M, marque de combien la puiſſance M eſt éloignée du point d'appui C; la ligne C P perpendiculaire ſur la ligne de direction P P, marque la diſtance du poids P au point d'appui C; enfin la ligne C O perpendiculaire ſur la ligne de direction O *m* N exprime la diſtance de la puiſſance N au point d'appui C.

Il ſuit de-là qu'une puiſſance dont la ligne de direction eſt perpendiculaire à la machine, eſt plus éloignée du point d'appui, que celle dont la ligne de direction eſt oblique à la machine. En effet, ſi j'applique ma main au point M, je ſerai éloigné du point d'appui C de la diſtance C m; ſi je l'applique au point N, je ſerai éloigné du même point d'appui C de la diſtance C O; or C O oppoſé à l'angle aigu m, eſt plus petit que C m oppoſé à l'angle droit O, comme il eſt démontré dans l'article *Géométrie*; donc ſi j'applique ma main au point M je ſerai plus éloigné du point d'appui C, que ſi je l'applique au point N, & par conſéquent une puiſſance dont la ligne de direction eſt perpendiculaire à la machine, eſt plus éloignée du point d'appui, que celle dont la ligne de direction eſt oblique à la même machine.

Cinquième Définition. La diſtance au point d'appui marque la viteſſe, & par conſéquent le poids M, *Fig. 5. Pl.* 1. aura plus de viteſſe que le poids P; en voici la preuve. Le levier P C M ne peut pas ſe mouvoir ſur ſon point d'appui C, ſans que le poids M parcoure le grand arc M N dans le même tems que le poids P parcoura le petit arc P S; donc le poids M a plus de viteſſe que le poids P.

Principe général de Méchanique.

Deux poids appliqués à un levier ſeront en équilibre, lorſque leurs maſſes ſeront en raiſon inverſe de leurs diſtances au point d'appui.

Explication. Je ſuppoſe que l'on applique au levier P C M *Fig.* 5. *Pl.* 1. le poids P de 4 livres & le poids M de 2 livres; je ſuppoſe encore que l'on mette le poids P à 2 pieds, & le poids M à 4 pieds du point d'appui C; il eſt évident que ces deux poids auront leurs maſſes en raiſon inverſe de leurs diſtances au point d'appui; c'eſt-à-dire, il eſt évident que la maſſe du poids P l'emportera autant ſur la maſſe du poids M, que la diſtance du poids M au point d'appui C l'emportera ſur la diſtance du poids P au même point d'appui; je dis que ces deux poids ſeront en équilibre.

Démonſtration. Le poids P a 4 de maſſe & 2 de viteſſe, donc il a 8 de force, ſuivant le principe que nous avons

établi dans l'article des *forces* : de même le poids M a
2 de maſſe & 4 de viteſſe, donc ſuivant le même principe il a 8 de force ; donc ces deux poids ont égale
force ; donc ils ſont néceſſairement en équilibre : mais
ces deux poids ont leurs maſſes en raiſon inverſe de
leurs diſtances au point d'appui C ; donc deux poids appliqués à un levier ſeront en équilibre, lorſque leurs
maſſes ſeront en raiſon inverſe de leurs diſtances au point
d'appui.

Il en ſeroit de même non-ſeulement de deux puiſ-
ſances, mais d'une puiſſance & d'un poids appliqués à
un levier. Tel eſt le principe général de la méchanique ;
il va nous ſervir à réſoudre les Problêmes ſuivans. Nous
en tirerons enſuite un grand nombre de corollaires qui
vous mettront ſous les yeux le ſpectacle le plus intéreſſant. Nous n'avons pas cru qu'il fût néceſſaire de faire
graver les machines dont nous allons parler, nous ne
ferons mention que de celles que tout le monde a eu
cent fois occaſion de voir.

PROBLÉME I.

Dans un levier de la premiere eſpèce, connoiſſant la
diſtance des extrêmités du levier au point d'appui, &
la maſſe d'un poids appliqué à l'une de ces extrêmités,
trouver un ſecond poids qui ſoit en équilibre avec le
premier.

Explication. L'on me donne le levier P C M, *Fig.* 5.
Pl. 1, & l'on ſuppoſe que P C a 2 pieds, & C M 4 pieds
de longueur ; l'on ſuppoſe encore que le poids P eſt de
200 livres ; l'on demande quel poids il faudra mettre à
l'extrêmité M, pour qu'il ſoit en équilibre avec le
poids P.

Reſolution. Vous ferez la proportion ſuivante ; la diſtance C M : à la diſtance C P : : le poids P : au poids
que vous cherchez, c'eſt-à-dire, 4 : 2 : : 200 : à un quatrieme nombre qui exprimera la maſſe du poids que vous
cherchez, & que vous trouverez en multipliant 200 par 2,
& en diviſant le *produit* 400 par 4 ; donc dans l'hypothéſe préſente un poids de 100 livres mis à l'extrêmité
M, ſera en équilibre avec un poids de 200 livres mis à
l'extrêmité P du levier P C M.

Démonſtration. Deux poids appliqués à un levier ſont
en équilibre, lorſque leurs maſſes ſont en raiſon inverſe de

leurs diſtances au point d'appui ; mais un poids de 200 livres placé à 2 pieds , & un poids de 100 livres placé à 4 pieds du point d'appui , ont leurs maſſes en raiſon inverſe de leurs diſtances au point d'appui ; donc ces deux poids doivent être en équilibre ; donc le Problême propoſé a été bien réſolu.

La ſolution auroit été la même , de quelque eſpèce qu'eût été le levier.

PROBLÉME II.

Connoiſſant la longueur d'un levier , & les deux poids qu'on veut y mettre en équilibre , déterminer où doit être ſon point d'appui.

Explication. L'on me donne le levier PCM , *Fig.* 5. *Pl.* 1 , long de 12 pieds , & les deux poids M & P , l'un de 100 & l'autre de 300 livres ; l'on demande où ſera ſon point d'appui , dans la ſuppoſition que les deux poids M & P ſoient appliqués à ce levier , & qu'ils ſoient en équilibre.

Réſolution. Vous ferez la proportion ſuivante ; la ſomme des deux poids M & P : à la longueur du levier PCM :: un des deux poids : au quatrieme terme que vous cher-chez ; c'eſt-à-dire , 400 : 12 :: 100 : à un quatrieme terme qui exprimera la diſtance du poids de 300 livres au point d'appui. Pour trouver cette diſtance , vous mul-tipliercz 100 par 12 ; vous diviſerez le *produit* 1200 par 400 ; & le *quotient* 3 vous apprendra que le point d'ap-pui du levier PCM doit être à 3 pieds du poids P , & à 9 pieds du poids M , c'eſt-à-dire , à la ligne qui ſé-pare le neuvieme pied d'avec le dixieme.

Démonſtration. Les poids M & P ainſi placés , ont leurs maſſes en raiſon inverſe de leurs diſtances au point d'ap-pui ; donc ils ſont en équilibre ; donc le Problême pro-poſé a été bien réſolu.

REMARQUE.

Dans la ſolution des deux Problêmes précédens , nous n'avons pas eu égard à la peſanteur du levier PCM, ce qu'il ne faut pas négliger dans la pratique. Reprenons donc le premier cas , & ſuppoſons que le levier PCM ait 6 pieds de longueur ; qu'il ait un poids de 200 livres à ſon extrêmité P , & un poids de 100 livres à ſon ex-trêmité M ; que le poids de 200 livres ſoit éloigné de 2

pieds , & le poids de 100 livres de 4 pieds du point
d'appui C ; & qu'enfin le levier P C M pése 12 livres.

Si l'on veut que le levier demeure immobile , voici
ce qu'il faut faire.

1°. Transportez le poids du levier à son centre de gravité , lequel dans cette occasion se trouvera précisément
au milieu, c'est-à-dire, éloigné d'un pied du point d'appui C.

2°. Faites la proportion suivante ; la distance du poids
P au point d'appui C : à la distance du centre de gravité
du levier au même point d'appui :: la pesanteur du levier : à un quatrieme terme qui vous marquera ce qu'il
faut ôter du poids P pour qu'il reste en équilibre avec
le poids M, c'est-à-dire, 2 : 1 :: 12 : 6 ; donc dans ce
premier cas 194 livres seront en équilibre avec 100 livres.

Si nous reprenions le second cas & que nous suppo-
sassions que le levier P C M eut 12 pieds de longueur
& 24 livres de poids , nous verrions, en employant la
même méthode , qu'il faudroit ôter 24 livres du poids de
300 livres , pour qu'il restât en équilibre avec un poids
de 100 livres ; pourquoi ? parce que le centre de gravité
du levier P C M seroit autant éloigné du point d'appui C,
que le poids de 300 livres en est éloigné.

Il est tems de tirer du principe général de la Méchanique les corollaires intéressans dont nous avons parlé ,
avant que de résoudre ces Problêmes.

Corollaire I. La balance ordinaire est un levier de la
premiere espèce ; la puissance est représentée par le poids
de métal que l'on met dans l'un des deux bassins ; le
poids par la marchandise que l'on met dans l'autre ; &
le point d'appui par cette espèce de clou autour duquel
se meut le *fléau* de la balance. Comme cette machine
ne doit servir qu'à mettre en équilibre deux quantités égales de matiere, le *fléau* doit être partagé en 2 parties parfaitement égales ; les deux bassins doivent être parfaitement égaux ; les cordes qui servent à les suspendre ne
doivent pas être plus pesantes les unes que les autres ;
en un mot, la balance vuide doit être , lorsqu'elle est
suspendue , dans un parfait équilibre.

Corollaire II. La *romaine* est encore un levier de la
premiere espèce ; la puissance est représentée par le poids
mobile que l'on peut avancer ou reculer à volonté ; le
poids , par la marchandise que l'on attache au crochet ;

& le point d'appui, par cette espèce de clou autour duquel la *romaine* se meut. Cette machine composée de deux bras inégaux sert à mettre en équilibre deux quantités inégales de matiere ; en effet si le poids mobile pese 10 livres, & que vous le placiez à 10 pouces du point d'appui, il sera en équilibre avec un quintal de marchandises que vous attacherez à un crochet éloigné du point d'appui d'un pouce seulement. La raison en est évidente ; la force d'un corps se connoit en multipliant sa masse par sa vitesse ; le poids mobile a 10 de masse & 10 de vitesse ; il a donc 100 de force : le quintal de marchandises a 100 de masse & 1 de vitesse ; il a donc 100 de force, & par conséquent ces deux poids doivent être en équilibre.

Corollaire III. Les ciseaux vous fournissent un double levier de la premiere espèce ; la puissance est représentée par les doigts qui menent les deux branches ; le poids par la chose que l'on veut couper ; & le point d'appui par le clou qui tient ces deux leviers en raison ; aussi les ciseaux destinés à faire de grands efforts, tels que sont ceux des Chaudronniers, des Ferblantiers, ont-ils les branches fort longues & les parties tranchantes assez courtes ; par ce moyen la puissance l'emporte facilement sur une résistance considérable. Ce que nous avons dit des ciseaux, nous devons le dire des tenailles, des pinces, des pincettes, &c. Tous ces instrumens sont autant de leviers de la premiere espèce qui tournent autour d'un point fixe commun.

Corollaire IV. Les moulins à eau ne sont qu'un assemblage de leviers de la premiere espèce ; la puissance est représentée par l'eau qui tombe sur l'extrêmité des rayons de la grande roue ; le point d'appui est situé dans tout l'axe, c'est-à dire, dans toute la ligne qui se trouve précisément au milieu du cylindre auquel ces rayons sont attachés ; & ce qui sert de poids, c'est la petite roue intérieure qui communique à la meule le mouvement qu'elle reçoit du cylindre. Les moulins *à vent* tournent par les mêmes principes que les moulins *à eau.*

Corollaire V. Le couteau de Boulanger arrêté sur une table, est un levier de la seconde espèce ; la puissance est représentée par la main qui tient le manche ; le poids par le pain qu'on entame, & le point d'appui par le point fixe autour duquel le couteau tourne.

Corollaire VI. Les rames des Bateliers sont encore des

leviers de la feconde efpèce. La main attachée à l'une des extrêmités de la rame, eft la puiffance ; le poids eft le bateau attaché au milieu ; & le point d'appui fe trouve à l'autre extrêmité de la rame qui s'appuye contre l'eau qu'elle déplace.

Corollaire V I I. Tout le méchanifme du *moulin à caffé* dépend d'un levier de la premiere efpèce. La main attachée au manche de la *manivelle* fert de puiffance ; le caffé que l'on veut moudre, fert de poids ; & l'axe du cylindre perpendiculaire auquel eft attachée la *noix*, fert de point d'appui. Comme il eft évident que la main eft plus éloignée de l'axe du cylindre, que ne le font les grains de caffé, l'on comprend d'abord pourquoi l'on a fi peu de peine, ou plutôt tant de plaifir à les moudre.

Corollaire V I I I. Ce que nous venons de dire du *moulin à caffé* doit s'appliquer au *cabeftan.* La puiffance qui le fait tourner, eft attachée à l'extrêmité du rayon, à peu-près comme la main qui fait tourner le *moulin à caffé* eft attachée au manche de la *manivelle ;* le point d'appui du *cabeftan* fe trouve dans l'axe du cylindre élevé perpendiculairement à l'horizon ; & autant que la longueur du rayon auquel la puiffance eft appliquée, l'emporte fur la ligne qui repréfente la diftance de la furface du cylindre à fon axe, autant la viteffe de la puiffance l'emporte fur celle du poids.

Le treüil ne différe du *cabeftan* que par fa pofition ; celui-ci eft perpendiculaire, & celui-là eft horizontal.

Corollaire I X. La *poulie immobile* doit être rangée parmi les leviers de la premiere efpèce, puifqu'elle a fon point d'appui à fon *centre* fitué entre le poids élevé & la puiffance qui l'éleve. Cette machine n'augmente ni ne diminue la viteffe de la puiffance auffi éloignée du point d'appui que le poids. Il n'en eft pas ainfi de la *poulie mobile*, c'eft-à-dire, de la *poulie* qui monte ou qui defcend avec le poids qui lui eft attaché. Pour peu qu'on examine cette machine avec des yeux phyficiens, l'on s'appercevra 1°. qu'elle doit être comptée parmi les leviers de la feconde efpèce, puifque le poids fe trouve placé entre le point d'appui auquel eft attachée l'une des extrêmités de la corde, & entre la puiffance appliquée à l'autre extrêmité : l'on s'appercevra 2°. que, puifque la longueur des cordes qui paffent par les mains de la puiffance, eft double de l'efpace que parcourt le poids

dans

dans un tems donné, la vitesse d'une puissance qui se sert d'une poulie mobile, doit être double de celle du poids qui lui est attaché.

Remarquez que lorsqu'on joint dans la même machine des *poulies mobiles* à des *poulies immobiles*, on les nomme *poulies moufflées*. Lorsqu'il n'y a qu'une poulie mobile, la puissance acquiert une vitesse double de celle du poids ; elle en acquerroit une quadruple, s'il y avoit dans la même machine deux *poulies mobiles* ; & une sextuple, s'il y en avoit trois. Tous ces exemples nous prouvent combien facilement on peut ramener au levier les autres machines dont nous ne parlons pas.

MÉDIASTIN. La cavité de la poitrine est partagée en 2 parties égales, l'une à droite, l'autre à gauche, par une membrane que l'on nomme *médiastin* ; elle est la continuation de la pleûre.

MEMBRANE. On donne le nom de membrane à toutes les grandes enveloppes du corps.

MÉMOIRE. Nous sçavons par expérience que nous nous ressouvenons des choses passées ; c'est-là ce que nous appellons *mémoire*. Cette puissance de l'ame, ou plutôt ce sens interne a son organe dans la *substance cendrée* du cerveau. Cette partie est assez molle pour recevoir facilement, & assez dure pour conserver pendant long-tems les vestiges des objes auxquels nous avons pensé avec une certaine attention. Les esprits vitaux vont remuer ces vestiges gravés dans l'organe de la mémoire, & déterminent l'ame à se ressouvenir des choses passées, souvent depuis bien des années.

MÉNISQUE. Verre de lunette, convexe d'un côté & concave de l'autre.

MER. La mer présente à un Physicien deux phénomènes bien intéressans, celui de son flux & de son reflux, & celui de la salure de ses eaux ; nous avons déja rendu compte du premier, il nous reste à dire deux mots du second. La salure de la mer vient des particules de sel, de nitre, de vitriol, de soufre & de bitume qui se trouvent mêlées avec ses eaux depuis le commencement du monde. En effet, mêlez ensemble 6 gros de sel marin, 23 onces, 2 gros d'eau de citerne, & 48 grains d'esprit de bitume, vous aurez une eau salée, amere & presque semblable à l'eau de la mer. L'on nous assure dans les Journaux de Trévoux qu'il n'est pas bien difficile de

deſſaler l'eau de la mer par la voie de *diſtillation*. La
nature indiquoit ce moyen, *diſent les Journaliſtes*, & M.
Gautier, Médecin de Nantes, fut un des premiers à s'en
appercevoir. Il fit réflexion que l'eau de pluie n'eſt que
l'eau de la mer diſtilée par le Soleil. Ce ſçavant Phyſicien étudia donc ſoigneuſement la maniere dont opére en
cette occaſion le grand agent de la nature, & il ima-
gina des équivalens fort heureux pour tenir lieu de ce
qui étoit inimitable dans la diſtillation naturelle de l'eau
de la mer changée en pluie. Il mit le feu, non pas deſſous,
mais deſſus l'eau, c'eſt-à-dire, il mit de l'eau de la mer
dans la *cucurbite* de ſa machine pour être échauffée &
élevée en vapeurs par le moyen d'un tambour placé au-
deſſus de l'eau, qui dans ſon ſein contenoit un feu de
bois & de charbon ; & alors on vit couler par le robinet de la citerne de la machine une eau meilleure encore que toutes celles des fontaines les plus renommées.
Ce fut le 20 Mai 1717 que M. Gautier fit ſon expérience au Port de l'Orient à bord du vaiſſeau de guerre
le *Triton* ; il alluma le feu dans le réchaud de ſa machine, & dans l'eſpace de 24 heures il eut 9 pieds cubes d'eau douce, c'eſt-à-dire, 324 pintes. Le 22 du
même mois, il ralluma le feu dans la machine, & dans
12 heures il tira 144 pintes d'eau douce. Le 25 le feu
fut encore rallumé, on eut de l'eau douce, on s'en ſer-
vit pour faire cuire des viandes, bœuf, mouton ; le tout
fut très-bien cuit en moins de 2 heures avec un feu mé-
diocre. Le 27 on peſa de cette eau avec un *péſe-liqueurs*,
elle ſe trouva auſſi légère que celle de la meilleure fontaine du Port de l'Orient. Le 23 on pétrit du pain avec
cette eau, & le pain ſe trouva auſſi bon, & même un
peu plus frais & plus léger que celui que l'on fait avec
l'eau ordinaire. Cette eau n'avoit aucun goût de ſel, &
les gens du vaiſſeau aſſurerent avec ſerment en avoir bû
pendant plus d'un mois, même fort ſouvent à jeun, ſans
avoir reſſenti aucune incommodité. Ajoutez à tout cela
que la barrique d'eau qui contenoit 282 pintes, ne re-
venoit qu'à 15 ſols 11 deniers. Toutes ces particularités
ſont tirées du regître des procès verbaux tenus au Con-
trôle de la Marine au Port de l'Orient.

MERCURE. C'eſt la premiere des planétes inférieures. Son globe ſenſiblement ſphérique eſt 27 fois moins gros
que celui que nous habitons. Éloigné du Soleil d'envi-

ron 15 millions de lieues dans fa plus grande diſtance, & d'environ dix millions dans fa plus petite diſtance, il doit être beaucoup plus denſe que la Terre, par la raiſon que nous avons apportée dans l'article des *Planetes*. Mercure doit avoir un mouvement fur ſon axe : mais comme il eſt ordinairement caché dans les rayons du Soleil, dont il ne s'éloigne jamais de plus de 28, & de moins de 18 degrés, nous ignorons en combien d'heures il l'acheve. Son mouvement périodique nous eſt beaucoup mieux connu; il ſe fait en 88 jours d'Occident en Orient, autour du Soleil dans une ellipſe inclinée à l'écliptique, de 6 degrés 55 minutes, 30 fecondes ; c'eſt cette grande inclinaiſon qui rend ſi rare le paſſage de Mercure fous le diſque du Soleil. Les nœuds de cette ellipſe ne ſont pas permanens, ils ont un mouvement aſſez lent d'Occident en Orient, il n'eſt que de 52 ſecondes par année. Enfin Mercure tournant autour du Soleil à peu-près comme la Lune autour de la Terre, doit avoir ſes *phaſes* par rapport à nous, c'eſt-à dire, doit nous préſenter tantôt ſon hémiſphére obſcurci, tantôt tout ſon hémiſphére éclairé, tantôt la moiié, tantôt le quart du même hémiſphére, &c. La Figure 13. *pl. 2. Tom.* 1, qui a ſervi à expliquer les différentes *phaſes* de la Lune doit vous ſervir à expliquer celles de Mercure. L'on trouvera dans l'article de *Copernic* l'explication des autres phénoménes qui regardent cette planéte.

MERCURE. Le mercure eſt regardé par la plupart des Chymiſtes comme la maiere principale des métaux. Parmi les corps fluides il tient le premier rang, & parmi les corps pefans il ne tient que le fecond. Sa grande fluidité lui vient de la figure de ſes parties extrêmement rondes & extrêmement polies ; ſa grande peſanteur, de la quantité de particules terreſtres qu'il contient, & de la maniere exacte dont ces particules ſont unies entre elles.

MÉRIDIEN. Le méridien eſt un grand cercle dont nous avons parlé fort au long dans l'article de la *Sphére*.

MÉRIDIENNE. Chercher la ligne méridienne d'un lieu, c'eſt chercher une ligne, laquelle continuée aboutiroit aux deux points où le méridien de ce lieu coupe l'horizon. Pour la trouver facilement, choiſiſſez 1º un plan fort horizontal ; 2º, du point A, comme centre, *Fig* 9. *Pl.* 1. décrivez l'arc F C E ; 3º. plantez au même point A un

ftyle perpendiculaire A B ; 4°. deux à trois heures avant
midi , marquez exactement quel eft le point où l'extrêmité de l'ombre du ftyle A B va tomber , par exemple ,
le point F de l'arc FCE ; 5°. examinez après midi quand
eft-ce que cette ombre tombera fur quelqu'un des points
du même arc FCE , par exemple , fur le point E ; 6°. divifez l'arc FE en deux parties égales au point C ; 7°. par
le point C & par le point A tirez la ligne CA qui fera
la méridienne de ce lieu ; pourquoi ? parce que l'expérience nous apprend que le Soleil eft aufli élevé fur l'horizon deux heures avant , que deux heures après midi.

Remarquez que cette méthode n'eft exacte , que dans
le tems des folftices , c'eft-à-dire , au commencement de
l'été , ou au commencement de l'hyver , parce qu'alors
la déclinaifon du Soleil eft aufli grande fenfiblement le
matin que le foir.

Une fois que la méridienne CA aura été tracée , vous
lui tirerez une perpendiculaire MN qui la coupe en un
point quelconque O. Vous ouvrirez plus ou moins le volet
de votre fenêtre , jufqu'à ce qu'il fe trouve directement
fur la perpendiculaire MN. Vous pratiquerez à ce même
volet un trou circulaire dont le centre réponde au point
d'interfection O. Vous verrez tous les jours à midi l'image
du Soleil paffer par le trou de votre volet , & tomber fur la
méridienne CA.

MÉSENTÉRE. Le méfentére eft une membrane circulaire fur laquelle font répandus , & à laquelle font
attachés les boyaux.

MÉTAL. Les métaux font des corps *durs* , *ductiles* ,
fufibles & *mixtes*. On ne doute pas des trois premieres
de ces qualités ; mais quelques perfonnes révoquent en
doute la quatrieme , & regardent les métaux comme
des corps fimples , c'eft-à-dire , comme des corps compofés de parties homogénes. Il eft probable cependant qu'ils
font compofés de parties hétérogénes ; la preuve en eft
tirée de plufieurs expériences faites par M. *Homberg* au
foyer du fameux verre du Palais royal , & inférées dans
plufieurs volumes des Mémoires de l'Académie des Scien-
ees. Nous nous contenterons de rapporter ici celle qu'il
a faite fur l'or ; on la trouve dans le Mémoire de 1702 ,
page 143. Il y a trois endroits , *dit M. Homberg* , où
l'on peut placer l'or que l'on veut décompofer. Le premier eft au point précis du foyer. Dans cet endroit l'or

étant tenu un peu de tems , commence à pétiller & jetter de petites gouttelettes de sa substance à six , sept & huit pouces de distance , la superficie de l'or fondu devenant hérissée fort sensiblement , comme est la coque verte d'une chataigne. Toute la substance de l'or se perd par-là sans souffrir aucun changement ; car si l'on étend une feuille de papier au-dessous du vaisseau qui contient cet or en fonte qui pétille , on ramasse sur ce papier une poudre d'or , dont les petits grains étant regardés par le microscope , paroissent de petites boules rondes , que l'on peut refondre ensemble en une masse d'or.

Le second endroit pour placer l'or en fonte est de l'éloigner un peu du vrai foyer , jusqu'à ce qu'on voie que l'or ne paroisse plus hérissé , & qu'il ne pétille plus. Dans cet endroit se fait la vitrification de l'or , laquelle est un vrai changement de la substance du métal pesant , malléable & ductile , en un verre léger , cassant & obscurément transparent.

Le troisieme endroit pour placer l'or en fonte , est de l'éloigner un peu plus encore du vrai foyer , qu'il ne l'est dans la place vitrifiante , & dans cet endroit il ne fait que fumer seulement : sa perte y est très-lente , & l'on est obligé de tems en tems de l'approcher du foyer , afin de l'empêcher de se fixer.

De ces expériences M. Hombert a conclu que l'or avoit pour élémens le mercure qui s'exhale en fumée , & la matiere dont le verre est composé , c'est-à dire , un sable fin & des sels fixes. Il n'a pas conclu , comme quelques avanturiers , que rien n'étoit plus aisé que de faire de l'or & de trouver la *pierre philosophale*. Pour réussir dans une pareille entreprise , il ne suffiroit pas de connoître les parties élémentaires de l'or , il faudroit encore sçavoir au juste quelle proportion il y a entre ces parties: & il faudroit sur-tout posséder le secret de les unir aussi exactement , que le font dans le sein de la Terre les agens naturels. Les autres métaux , je veux dire , l'argent , l'étain , le plomb , le cuivre & le fer , sont des corps aussi mixtes que l'or , comme nous le ferons remarquer dans leurs articles relatifs.

MÉTAL *des Indes.* Environ l'année 1740 les Espagnols découvrirent dans le pays de Quito , Royaume de l'Amérique méridionale , des mines d'un métal qu'ils ont appellé *Platina* ou petit argent , & que les Physiciens appellent *or blanc*. Celui que j'ai actuellement fous les yeux, est en petits grains assez lisses ; la plupart en pyramides triangulaires applaties, & dont les angles font arrondis & émoussés. Voici ce qu'on peut assurer raisonnablement sur cette matiere.

1°. L'or blanc est un corps mixte, dur, ductile & fusible, & par conséquent l'or blanc est un véritable métal.

2°. Il est sensiblement aussi pesant que l'or ordinaire.

3°. L'eau régale le dissout, mais cependant beaucoup plus difficilement que l'or.

4°. Plusieurs particules de l'or blanc en poussiere font attirées par l'aiman. Tout cela me fait soupçonner que l'or blanc est un véritable or mêlé de quelques parties d'argent & de fer. Comme cependant le Roi d'Espagne a défendu de tirer ce métal de la mine, & que pour cela même les Chimistes n'ont pas eu occasion de faire là-dessus un assez grand nombre d'expériences, je n'oserois décider encore si l'or blanc forme une septieme espèce de métal, ou si ce n'est qu'une composition métallique naturelle.

MÉTÉORES. Les Physiciens donnent le nom de Météores à certains phénoménes qui paroissent dans l'athmosphére. Ils les divisent en *ignées*, *aëriens* & *aqueux*. Nous avons parlé des premiers dans l'article du *tonnerre* ; nous avons expliqué les seconds dans l'article des *vents* ; nous allons maintenant rendre compte des troisièmes.

L'on fait entrer dans la classe des *météores aqueux* les vapeurs, les nuages, la neige, la pluye, la grêle, la rosée & le serein.

L'action du Soleil jointe à celle des feux souterrains sépare de l'eau les particules les plus déliées ; ces petites masses, que quelques Physiciens transforment en autant de petits ballons vuides, devenues plus légéres qu'un pareil volume d'air, s'élévent dans l'athmosphére par les loix de l'Hydrostatique, & vont se réunir dans une région où elles font en équilibre avec un air moins pesant, que celui que nous respirons aux environs de la terre ; c'est à leur réunion que nous devons les nuages. Ces nuages font d'autant plus épais, qu'il s'est joint plus de particules terrestres aux particules aqueuses qui s'élevoient dans l'athmosphére. Les nuages font-ils condensés par le

froid, ou bien les parties qui les compofent font-elles
rapprochées les unes des autres par les vents contraires ?
ils deviennent plus pefants qu'un pareil volume d'air correfpondant, & par les loix de l'Hydroftatique ils tombent
fur la terre tantôt en pluie, tantôt en neige, & tantôt
en grêle. Ils tombent en pluie, lorfque le froid qui les
condenfe, ou les vents qui rapprochent leurs parties
les unes des autres, ne font pas capables de les geler.

Ils tombent en neige, lorfque la congélation faifit le
nuage, avant que les particules dont il eft compofé,
ayent pu fe réunir en groffes gouttes.

Enfin les nuages tombent en forme de grêle, lorfqu'après avoir été changés en pluie, ils trouvent aux
environs de la Terre quelque vent froid qui les condenfe
& qui les glace. Un nuage changé en grêle ne peut donc
venir que de fort haut ; auffi ce phénoméne eft il fré-
quent pendant l'été, tems auquel les nuages font fort
élevés.

Une vapeur très-fubtile élevée du fein de la Terre par
la chaleur qui régne dans l'athmofphére quelque tems avant
le lever du Soleil, & qui va fe raffembler en forme de
goutte fur les herbes & fur les plantes, nous donne la
rofée. L'on s'étoit imaginé bonnement que la rofée tomboit ; l'on avoit tort, & l'on n'a été convaincu du contraire, que lorfqu'après avoir expofé à la rofée un plat
d'argent, l'on en a trouvé la partie concave féche & la
partie convexe mouillée.

Enfin l'on appelle *ferein* des particules terreftres qui,
après avoir été élevées par l'action du Soleil, font con-
denfées par le froid quelque tems après le coucher de cet
aftre, & retombent fur la Terre par les loix de l'Hydroftatique, c'eft-à-dire, parce qu'elles font plus pefantes que
le volume d'air auquel elles correfpondent. Le *ferein* ne
tombant que fort tard pendant l'été, l'on doit d'abord
en appercevoir la caufe ; le Soleil a dans ce tems-là affez
de force pour élever fort haut les particules terreftres
qu'il a féparées de la Terre en les divifant & en les fub-
tilifant. La folution des queftions fuivantes ne coutera
rien à ceux qui auront compris ce méchanifme.

Premiere Queftion. Quelle différence y a-t-il entre un
nuage & un brouillard ?

L'on affure communément qu'un brouillard n'eft qu'un
nuage que le Soleil n'a pas eu la force d'élever affez haut.

N 4

L'on a raifon ; l'on devroit cependant ajouter , que les brouillards contiennent moins de particules aqueufes que les nuages. Leur mauvaife odeur & le dommage qu'ils caufent aux fruits & aux grains en font une preuve affez convaincante. Nous exceptons de cette régle les brouillards de la Saone : nous fçavons quel bien ils font à ceux qui font menacés de phthifie.

Seconde· Queſtion. La partie aqueufe eſt·elle toujours la partie dominante dans les nuages qui fe fondent en pluie ?

Cela eſt vrai , à parler en général , puifque l'eau de pluie eſt une eau très·légère & très-homogéne. Cependant les faits fuivants paroiffent démontrer que certains nuages n'ont pas autant de particules aqueufes , qu'on pourroit bien fe l'imaginer. M. Nollet nous en garantit la vérité.

En 1695 il tomba en Irlande une pluie graffe & vifqueufe qui demeura 14 ou 15 jours dans les endroits où elle s'étoit amaffée & qui devint noire en fe féchant.

En 1649 il tomba à Copenhague une pluie de foufre ; le même phénoméne arriva à Brunswick au mois d'Octobre de l'année 1721.

On voit des pluies' de cendre dans les pays où fe trouvent des volcans ; & on voit des efpèces de pluies de fable . non feulement dans les pays maritimes , mais encore dans des pays affez éloignés de la mer. Tous ces faits ne contiennent rien de contraire aux loix de la Phyfique. Le fuivant eſt tout-à-fait romanefque.

L'an de Rome 619 au commencement du confulat de Scipion & de·Caius Fulvius , parmi le nombre infini de prodiges qu'on annonça aux Romains , on fit mention d'une pluie de fang. Plutarque , Dion , Tite-live , Pline & plufieurs autres Hiſtoriens affurent que ce prodige n'eſt pas rare. Si ces Auteurs avoient été Phyficiens , ils auroient remarqué qu'immédiatement après ces fortes de pluies , l'air fe trouvoit rempli d'une multitude innombrable d'infectes d'une même efpèce. De cette obfervation ils auroient conclu que les taches dont les murailles étoient teintes , venoient , non pas des gouttes d'une pluie de fang , mais des gouttes d'une efpèce de férofité rouge que chacun de ces infectes avoient dépofées , en fortant de fa chrifalide. La pluie ordinaire n'avoit fait que hâter leur fortie.

Troifieme Queſtion. Quelle eſt la quantité de pluie qui tombe pendant le cours de l'année ?

La pluie n'eft pas uniforme dans les différens endroits de la Terre. Dans les années moyennes il tombe à Paris environ 19 pouces d'eau ; à Londres environ 35 ; à Rome 20 ; à Zuric en Suiffe 32 ; à Utrecht 23 pouces , &c. Voici comment fe font ces fortes d'obfervations. On prend un vafe quarré ou cylindrique , gradué par dedans fuivant fa hauteur. On l'expofe dans un lieu qui foit découvert & à l'abri du vent. Chaque fois qu'il pleut , on marque fur un journal de combien de lignes l'eau s'eft élevée dans le vaiffeau. A la fin de l'année on additionne ces quantités différentes , & leur fomme vous donne ce que vous cherchez.

Quatrieme Queftion. Quels font les effets de la pluie ?

La pluie a de bons & de mauvais effets. Purifier l'athmofphére , rafraîchir l'air & fertilifer la Terre ; voilà les principaux avantages que procure une pluie modérée. Une pluie trop abondante eft un vrai fléau du Ciel. Le plus grand dommage qu'elle nous caufe , c'eft de pourrir les racines des plantes & fur-tout des grains.

Cinquieme Queftion. Pourquoi les gouttes de pluie font-elles plus groffes pendant l'été , que pendant l'hyver ?

C'eft que pendant l'été la pluie venant de plus haut que pendant l'hyver , les particules dont elle eft compofée , ont le tems de fe réunir & de former des gouttes plus confidérables.

Sixieme Queftion. Pourquoi en certains pays le ferein eft-il plus dangereux , qu'en certains autres ?

En certains pays , à Paris , *par exemple* , le ferein ne contient prefque que des parties aqueufes , fournies pour la plupart par les eaux de la Seine ; en certains autres , comme à Rome , le ferein contient , avec les parties aqueufes , plufieurs particules nuifibles ; donc le ferein , dangereux par-tout , doit l'être beaucoup plus en certains pays , qu'en certains autres.

MICROMÉTRE. Inftrument aftronomique dont on fe fert , fur-tout pour mefurer les diamétres apparents du Soleil & des Planétes. En voici l'exacte defcription. Dans une boîte quarrée qui embraffe la lunette auprès de l'oculaire , eft enfermé un chaffis de cuivre portant un fil vertical , & un fil , ou plufieurs fils horizontaux qui coupent le premier à angles droits. Tous les fils que porte ce premier chaffis , font fixes & immobiles. Un fecond chaffis adoffé au premier , & garni d'un feul fil horizontal, eſt enfilé par une longue vis à laquelle il ſert d'écrou, & qui en tournant le fait monter & deſcendre, parallélement au premier fil horizontal, dans une couliſſe pratiquée dans les côtés verticaux de la boîte. On donne le nom de *curſeur* au fil mobile attaché au ſecond chaſſis. La ſurface ſupérieure de la boîte, par où ſort l'extrêmité de la vis, eſt garnie d'un cadran que l'on diviſe communément en 100 parties égales. Un *index* attaché à la tête de la vis parcourt ce cadran en entier à chacune de ſes révolutions, & marque par-là le chemin que fait faire la vis au chaſſis mobile & au *curſeur*; enſorte que chaque diviſion du cadran correſponde à $\frac{1}{100}$ du chemin que parcourt le *curſeur* pendant un tour de la vis. L'eſſentiel pour la juſteſſe de l'inſtrument eſt que l'eſpace parcouru par le *curſeur* s'accorde exactement avec celui qu'annonce l'*index*, & que la vis ne puiſſe tourner de la plus petite quantité, ſans faire avancer ou reculer d'autant le chaſſis mobile. Enfin l'on détermine la valeur des tours & fractions de tours de la vis par une opération trigonométrique familiere à tous les Aſtronomes. C'eſt à MM. Auzout & Picard que nous devons cet inſtrument. Ils s'en ſervirent pour la premiere fois pendant l'été de 1666 pour meſurer le diamétre de pluſieurs planétes. Cette deſcription ne paroîtra obſcure qu'à ceux qui n'auront jamais eu occaſion de voir de Micrométre.

MICROMÉTRE *objectif*. Inſtrument aſtronomique compoſé de deux objectifs, ou de deux moitiés d'objectif, par le moyen duquel on meſure plus facilement & plus exactement que par le micrométre ordinaire les diamétres apparents du Soleil & des Planétes. Cette définition, toute claire qu'elle eſt en elle-même, a beſoin de l'explication ſuivante.

Le Micrométre de MM. Auzout & Picard, dont nous avons fait la deſcription dans l'article précédent, eſt ſujet à deux grands inconvéniens. Le premier eſt qu'on ne peut l'appliquer qu'à des lunettes de 7 à 8 pieds; de plus longues n'auroient pas aſſez de champ, c'eſt-à-dire, groſſiroient trop les aſtres pour en préſenter l'image en entier. Le ſecond défaut de cet inſtrument eſt qu'il ne peut ſervir qu'à meſurer le diamétre vertical du Soleil & de la Lune. En voici la raiſon. L'image de ces deux aſtres a toujours trop d'étendue, même dans les petites lunettes, pour que l'Obſervateur puiſſe l'embraſſer diſtincte-

ment toute entiere par un même coup d'œil. Les Aftronomes, je le fçais, ont trouvé un expédient qui fupplée
à la foibleffe de notre vûe ; mais ce n'eft que lorfqu'il
s'agit de prendre le diamétre vertical ; pour tout autre
diamétre, ils ont été obligé de renoncer au Micrométre
ordinaire. Ce fut là ce qui engagea M. Bouguer à penfer à perfectionner l'Aftronomie dans ce point important.
Il inventa pour cela un nouvel inftrument auquel il donna
le nom d'*Héliométre* ou d'*Aftrométre*, & qu'on a nommé
depuis *Micrométre objectif*. Voici à peu-près comment il
s'exprime dans les Mémoires de l'Académie des Sciences,
année 1748, *pag.* 23 *& fuivantes.*

Je prens deux objectifs qui foient d'un très-long foyer
& d'un foyer égal. Je les place à côté l'un de l'autre
dans un tuyau dont je fais l'extrêmité d'en haut en forme
d'entonnoir. Je les combine avec un feul oculaire, c'eft-
à-dire, que je fais enforte, à proprement parler, que
dèux lunettes fe réduifent à une feule par en bas. Je
garnis l'oculaire d'un Micrométre ordinaire ; & ayant
rendu mobiles mes objectifs, je les éloigne, ou je les
approche à volonté par le moyen des vis & des couliffes.

Si l'on dirige cet *Aftrométre* vers le Soleil, il fe formera au foyer deux images, à caufe des deux *objectifs*.
Chacune de ces images feroit entiere, fi la lunette étoit
affez groffe par en bas ; mais il n'y aura que deux efpèces de fegmens : ainfi lorfque l'Obfervateur appliquera
l'œil à l'oculaire, il diftinguera deux portions de difque
à côté l'une de l'autre, il verra comme deux croiffans
adoffés dont les parties voifines repréfenteront les deux
bords oppofés de l'aftre, c'eft-à-dire, qu'au lieu de ne
voir qu'un des bords du difque, comme cela nous arrive, lorfque nous nous fervons d'une lunette de 40 ou
de 50 pieds, parce que le refte de l'image ne trouve
pas place dans le champ, nous aurons fous les yeux les
deux extrêmités du même diamétre malgré l'extrême augmentation de tout le difque. Nous les rendrons même
auffi voifines l'une de l'autre que nous le voudrons, en
changeant la diftance mutuelle des deux objectifs.

Si les deux images fe touchent, lorfque le Soleil eft
dans fa moyenne diftance, & que les deux verres foient
fixes, elles s'écarteront, lorfque l'aftre deviendra apogée ;
& elles paſſeront au contraire un peu l'une fur l'autre,
lorfqu'il fera dans fon périgée. Par-là l'on connoîtra com-

bien le diamétre du Soleil augmente ou diminue par son changement de diftance à la Terre dans fon mouvement annuel. Il en fera de même du diamétre de la Lune. Telle eft en peu de mots la defcription exacte de l'*Aftrométre* de M. Bouguer. Ce ne fut que cinq ans aprés que MM. Dollond & Short de la Société royale de Londres le mirent dans fa derniere perfection, en y faifant les changemens fuivans.

Au lieu de deux objectifs égaux, ils prirent deux moitiés d'un même objectif de foyer convenable, bien poli & bien centré. Ils placerent ces deux fegmens fur deux platines de cuivre qu'ils poferent parallélement l'une à côté de l'autre felon leur longueur. Ils firent enforte que ces platines gliffaffent dans des couliffes, de façon qu'on pût réunir les deux fegmens dans la même pofition où ils étoient avant qu'on coupât l'objectif, ou les éloigner l'un de l'autre felon le champ de la lunette. Un *index* ménagé à l'extrêmité de chaque platine leur fervit à tenir un compte exact de leur écartement. Les deux points principaux en quoi cet inftrument différe de celui de M. Bouguer, c'eft qu'au lieu de deux objectifs entiers, il n'eft compofé que de deux moitiés d'un même objectif coupé par fon centre, & qu'il n'eft pas néceffaire de garnir l'oculaire de la lunette d'un Micrométre ordinaire. Pour tout le refte il faut raifonner des deux moitiés d'un même objectif, comme M. Bouguer l'a fait des deux objectifs entiers. Chaque fegment forme une image nette & entiere de l'objet. Les deux images fe confondent & n'en font qu'une, lorfque les deux fegmens fe trouvent dans leur fituation primitive; mais à mefure qu'on les tire de cette pofition, les images fe féparent plus ou moins à proportion de la diftance des centres des deux fegmens. Par ce moyen, en écartant les deux fegmens, on fera marcher les images de deux objets différents, ou de deux points oppofés d'un même objet, jufqu'à fe toucher dans le foyer des demi-objectifs. L'oculaire déterminera leur coincidence; & le chemin connu que l'on aura fait parcourir aux centres des deux verres, combiné avec la longueur du foyer, donnera l'angle formé par les deux points dont on aura réuni les images. Si je veux prendre, *par exemple*, le diamétre du Soleil, je fais marcher les deux images de cet aftre, jufqu'à ce que leurs bords oppofés fe touchent exactement; l'angle formé par le diamétre du Soleil au centre de l'ouverture de la lunette, fera toujours égal à l'angle compris entre les centres des deux moitiés d'obje&ifs au foyer des rayons paralléles. Cette propofition a d'autant plus befoin d'être démontrée, qu'on doit la regarder comme le fondement de la théorie des Micrométres objeQifs.

Propofition fondamentale. L'angle formé par le diamétre d'un aftre quelconque, *par exemple*, du Soleil, au centre de l'ouverture de la lunette, eft toujours égal à l'angle compris entre les centres des deux moitiés d'objeQifs au foyer des rayons paralléles.

Explication. Soient C & D, *Fig.* 23. *Pl.* 1, les centres des deux demi-objeQifs écartés à la diftance CD; A & B les deux extrêmités du diamétre du Soleil, à une fi grande diftance que tous les rayons qui partent du même point A, comme AC, AM, AD foient fenfiblement paralléles entre eux, fur quelque point des objeQifs qu'ils tombent, & de même tous ceux qui partent du point B. Soit encore M le centre de l'ouverture de la lunette, également éloigné des centres C & D des objeQifs. Soit enfin FEG le lieu de leur foyer commun. Je dis que l'angle AMB formé par le diamétre du Soleil au centre M de l'ouverture de la lunette, eft égal à l'angle CED compris entre les centres des deux moitiés d'objeQifs au foyer des rayons paralléles.

Démonftration. 1°. L'angle ACB eft égal à l'angle AMB, parce que la ligne AC étant paralléle à la ligne AM, & la ligne BC à la ligne BM, il eft impoffible que ces 4 lignes, prifes de deux en deux, n'ayent une égale inclinaifon, donc elles forment l'angle ACB égal à l'angle AMB.

2°. L'angle ACB eft égal à l'angle FCE qui lui eft oppofé au fommet, donc l'angle AMB eft égal à l'angle FCE.

3°. L'angle FCE eft égal à fon alterne CED, à caufe des paralléles CF, DE; donc l'angle AMB eft égal à l'angle CED.

REMARQUE.

Cette démonftration n'eft pas moins vraie pour les télefcopes de réflexion. Dans ces inftruments les miroirs ne changent rien quant à ce point à l'effet des objeQifs appliqués à leur extrêmité; on doit les regarder à peu-près comme les oculaires dans les lunettes à deux verres ; ils contribuent plus ou moins à l'amplification de l'image, mais ils ne dérangent rien à la mesure des angles compris entre ses diverses parties. C'est à M. Short que nous devons l'application du micromètre objectif au télescope de Newton. Ce grand Astronome s'étant apperçu que les grandes lunettes présentent dans la longueur de leur tube un obstacle presque insurmontable au jeu des objectifs, parce que l'Observateur placé à l'autre extrêmité du tube, a trop de peine à les faire avancer ou reculer à son gré, en tenant toujours l'œil à l'oculaire, ce grand Astronome, dis-je, triompha de cet obstacle, en substituant à la lunette astronomique le télescope de réflexion, & appliquant de grands objectifs à des télescopes de 2 à 3 pieds de longueur. Toutes ces particularités sont tirées des Mémoires de l'Académie des Sciences, *année* 1748, & des Mémoires de Mathématique & de Physique, *année* 1755, qu'on rédigeoit à l'Observatoire de Marseille, lorsqu'il étoit entre les mains du sçavant Pere Pezenas.

MICROSCOPE. Les trois expériences suivantes mettront au fait de tout ce qui regarde le microscope soit simple, soit composé, ceux qui auront présens à l'esprit les principes que nous avons établis dans notre Dioptrique, & dans l'article des *Lunettes*.

Premiere Expérience. Prenez un petit morceau de glace ; faites-le fondre à la flamme d'une bougie un peu inclinée, & recevez-le sur un morceau de papier : si la boule de glace est fort petite & fort ronde, placez-la sur une plaque de cuivre trouée ; vous aurez un microscope simple qui vous fera paroître très-gros les objets presqu'insensibles que vous mettrez à son foyer.

Explication. Cette boule de glace est fort convexe, donc elle est très-propre à réunir beaucoup de rayons de lumiere & à les réunir bientôt ; donc, suivant les principes que nous avons établis dans la Dioptrique, elle doit représenter très-gros les objets les plus insensibles.

Seconde Expérience. Prenez 1°. un verre *objectif* de 4 lignes & demi de foyer, & placez un objet presqu'insensible à peu-près à son foyer antérieur : 2°. Prenez un *oculaire* de 3 pouces 2 lignes de foyer, & placez-le à 4 pouces & demi de l'*objectif* : 3°. Prenez un *second oculaire* d'un pouce 8 lignes de foyer, & placez-le

à 4 pouces & demi du premier *oculaire* ; vous aurez
un microſcope compoſé qui vous repréſentera les objets
plus gros , plus diſtincts , mais dans une ſituation renverſée.

Explication. 1°. L'objet inſenſible que vous placez au
foyer antérieur du verre *objectif* , eſt vû à travers trois
verres convexes ; donc , ſuivant tous les principes de la
Dioptrique , il doit être apperçu plus gros & plus diſtinct , qu'à la vûe ſimple.

2°. Ces trois verres convexes ſont tellement diſpoſés ,
que les rayons de lumiere partis des extrêmités de l'objet inſenſible que l'on a placé à peu-près au foyer antérieur du verre *objectif* , ne ſe croiſent qu'une fois , avant
que de parvenir à mes yeux ; donc je dois voir l'objet
inſenſible dans une ſituation renverſée.

Troiſieme Expérience. Pratiquez 1°. un trou rond au
volet de la fenêtre d'une chambre obſcure. 2°. Adaptez
à ce trou deux tuyaux qui s'emboîtent l'un dans l'autre ,
dont l'un ſoit immobile & l'autre mobile. 3°. A l'extrêmité du tuyau immobile qui ſe trouve au trou de la
fenêtre , placez un verre lenticulaire qui ait près de deux
pouces de diamétre & 9 pouces de foyer. 4°. A peu-près
au foyer de ce premier verre mettez l'objet inſenſible que
vous voulez repréſenter en grand ſur la muraille. 5°. A
l'extrêmité du tuyau mobile mettez une lentille d'un foyer
fort court. 6°. Du côté de l'objet couvrez cette lentille
avec une petite lame de plomb mince , qui n'ait d'autre ouverture qu'un trou percé au milieu , comme celui
que pourroit faire une épingle. 7°. Avancez ou reculez tellement le tuyau mobile , que l'objet que vous voulez peindre ſur la muraille , ſoit un peu plus loin que
le foyer antérieur de la ſeconde lentille ; vous aurez un
microſcope ſolaire qui amplifiera tellement les objets ,
qu'une puce écraſée , *dit M. l'Abbé Nollet* , ſe verra groſſe
comme un mouton ; les pouſſieres de papillon reſſem-
bleront à des feuilles d'œillet ; un cheveu paroîtra gros
comme un manche à balai , &c.

Explication. On explique le microſcope ſolaire de la
même maniere que la lanterne magique dont nous avons
parlé en ſon lieu ; le rayon du Soleil tient lieu de la
chandelle dont on ſe ſert dans les lanternes magiques
ordinaires.

Remarquez 1°. que le microſcope ſolaire a été inventé

environ l'an 1740 par M. Lieberkuyn de l'Académie royale des Sciences de Berlin.

Remarquez 2°. qu'il faut placer en dehors de la fenêtre, un miroir plan qui puisse se tourner à droite ou à gauche & s'incliner plus ou moins ; ce miroir présenté convenablement au Soleil, sert à faire tomber la lumiere de cet astre dans la direction du tuyau.

Remarquez 3°. qu'il faut dans le microscope solaire, comme dans la lanterne magique, renverser les figures que l'on veut représenter sur la muraille dans leur état naturel.

MIDI. Il est midi par rapport à une Ville, lorsque le Soleil paroit dans le méridien de cette Ville

MILIEU. Les Physiciens donnent le nom de *milieux* aux fluides dans lesquels se trouvent les corps. L'air, *par exemple*, est le *milieu* dans lequel se meuvent les hommes & la plupart des animaux ; l'eau est le *milieu* dans lequel vivent les poissons. Comme c'est ici un point de Physique que Newton regarde comme très-intéressant, nous allons poser quelques principes dont nous tirerons plusieurs conséquences pratiques. Nous supposons dans cet article que les *milieux* dont nous parlerons, sont en repos, parfaitement homogénes, & que les corps qui les traversent sont d'une figure géométriquement égale.

1°. Un corps solide qui se meut dans un fluide, en divise les parties, les pousse, leur communique de son mouvement, & en perd du sien à proportion. Ce principe est fondé sur les régles qui s'observent dans le choc des corps.

2°. Un corps solide qui se meut dans un fluide, éprouve deux espèces de résistance. La résistance de la *premiere espèce* vient de la viscosité & de la ténacité du fluide, c'est-à-dire, de la difficulté qu'il y a à séparer des molécules qui ont entr'elles une vraie cohésion. La résistance de la *seconde espèce* vient de la quantité de matiere qu'il faut déplacer.

3°. La résistance de la *premiere espèce* qu'oppose un fluide homogéne à un corps solide qui le traverse, est toujours proportionnelle au tems employé à le traverser, c'est-à-dire, plus un corps solide emploira de tems à traverser un fluide homogéne, & plus aussi la résistance de la *premiere espèce* qu'il éprouvera en divisant les parties de ce fluide sera considérable. Supposons en effet

que

que le corps A emploie une heure à traverser un bassin rempli d'une eau sensiblement homogéne ; supposons aussi que le corps B parfaitement égal au corps A emploie deux heures à traverser le même bassin ; le corps A éprouvera de la part de cette eau une résistance de la *premiere espèce* qui ne sera que la moitié de celle qu'aura éprouvé le corps B ; pourquoi ? parce que le corps A aura une fois moins de peine à séparer les molécules de l'eau , que le corps B.

4°. Plus un fluide a de viscosité , & plus la résistance de la *premiere espèce* qu'il oppose aux corps solides qui le traversent, est considérable ; pourquoi ? parce que plus un fluide a de viscosité , & plus il est difficile de séparer ses parties les unes d'avec les autres.

5°. La résistance de la *seconde espèce* qu'oppose un fluide homogéne à un corps solide qui le traverse, est à peu-près proportionnelle au quarré de la vitesse de ce corps , c'est-à-dire , supposons que le corps A traverse un bassin rempli d'eau avec un degré , & le corps B avec trois degrés de vitesse , la résistance de la *seconde espèce* qu'éprouvera le corps A de la part de cette eau sera neuf fois moindre que celle qu'éprouvera le corps B. En effet puisque le corps A & le corps B sont égaux en masse , celui-ci aura trois fois plus de force que celui-là , suivant les principes que nous avons établis dans l'article des *Forces*. Ce n'est pas encore tout ; puisque le corps A a trois fois moins de vitesse que le corps B , celui-ci dans un tems donné parcourra trois fois plus d'espace que celui là ; donc dans un tems donné le corps B déplacera trois fois plus de matiere , & poussera chaque molécule de matiere avec trois fois plus de force , que le corps A ; donc dans un tems donné le corps B éprouvera de la part du fluide qu'il déplace , une résistance de la *seconde espèce* neuf fois plus grande , que celle qu'éprouvera le corps A.

6°. Plus un milieu est dense , & plus la résistance de la *seconde espèce* qu'il oppose aux corps solides qui le traversent, est considérable ; pourquoi ? parce que plus un milieu est dense , & plus il y a de matiere à déplacer dans un tems donné.

Premiere Conséquence. S'il se trouvoit dans la nature un fluide extraordinairement dense dont les molécules n'eussent aucune cohésion , ce fluide n'opposeroit pas aux corps folides qui le traverferoient , une réfiftance de la *pre-miere efpèce* ; mais il leur en oppoferoit une de la *fé-conde efpèce* qui feroit trés-confidérable.

Seconde Conféquence. Lorfqu'un corps folide traverfe un fluide avec beaucoup de viteffe , l'on doit faire fur-tout attention à la réfiftance de la *feconde efpèce.* S'il le tra-verfoit au contraire avec une viteffe infenfible , il fau-droit faire fur-tout attention à la réfiftance de la *pre-miere efpèce,*

Troifieme Conféquence. Un corps folide qui traverfe un fluide qui lui oppofe quelqu'une de ces deux réfiftances , doit enfin perdre fon mouvement.

Quatrieme Conféquence. Un corps folide qui fe meut avec beaucoup de viteffe d'Orient en Occident , & qui traverfe un fluide en repos , éprouve beaucoup moins de réfiftance, que fi ce fluide avoit un mouvement très-rapide d'Occident en Orient.

Les Cartéfiens avouent ces conféquences tirées en gé-néral ; ils font cependant obligés de les nier, lorfque les Newtoniens les appliquent aux cométes dont plu-fieurs , dans le fyftême du *plein* , fe meuvent très-rapide-ment d'Orient en Occident dans un fluide prefque infi-niment denfe , qui fe meut lui-même d'Occident en Orient avec une viteffe prefque infinie. Je le demande à un Lecteur impartial , eft-ce là fe confter dans fes principes ? Auffi les Newtoniens regardent-ils ce que Newton a dit fur la réfiftance des *milieux* comme une vraie démonftration contre l'exiftence des tourbillons car-téfiens.

MINES. Les pierres , les métaux, les minéraux , &c. fe forment dans le fein de la terre ; les endroits où fe fait cette efpèce de production, s'appellent *mines.*

MINUIT. Il eft minuit par rapport à nous , lorfque le Soleil paroit dans la partie de notre méridien qui paffe par notre *nadir.*

MINUTE. Une minute eft la foixantieme partie tantôt d'une heure , tantôt d'un degré.

MIROIR. Il y a des miroirs de métal , & des miroirs de verre. Les premiers font compofés de 8 parties de cui-vre , de 2 parties d'étain d'Angleterre & de 5 parties de marcaffite. On fait fondre le tout enfemble ; on re-mue pendant affez long-tems cette matiere fondue ; on la verfe dans des moules difpofés à la recevoir , & on la polit de la même maniere que le verre. On fait encore des miroirs de métal avec 10 parties de cuivre, 4 parties d'étain d'Angleterre, un peu d'antimoine & un peu de sel ammoniac.

Les miroirs de verre se font avec une glace polie que l'on étame par derrière. Les plus belles glaces nous venoient autrefois de Venise. On ne va pas aujourd'hui les chercher si loin. Celles qu'on coule au château de saint Gobin à 3 lieues de Laon, sont de la derniere magnificence. Voici l'abrégé d'un Mémoire intéressant que les Chefs de cette fabrique communiquerent à M. Pluche & que celui-ci a inséré dans son Spectacle de la nature. Ces sortes de piéces ne sont jamais moins hors d'œuvre, que dans les Dictionnaires.

Le bâtiment où l'on coule les glaces se nomme *Halle*; chaque halle peut avoir onze toises de long sur dix & demie de large. Le grand four est au centre, & autour de lui se trouvent d'autres plus petits fours que l'on nomme *carquaisses*; ils servent à faire recuire les glaces, lorsqu'elles sont coulées; ils ont les uns & les autres différentes ouvertures en forme de portes, qui facilitent infiniment la manœuvre des ouvriers. Le bâtiment ne nous arrêtera pas davantage; le détail où nous allons entrer est plus du ressort de la Physique.

Le verre qui forme les glaces est composé de soude & d'un sable très-blanc & très-pur. Le tout est nettoyé, lavé, séché & mis en poussiere dans un moulin à pilons. Cela fait, l'on passe ce sable dans des tamis de soie, & l'on le porte sécher dans des réduits qui sont pratiqués aux coins du grand four.

Ce four n'est échauffé, qu'après qu'il a consumé cinquante cordes de bois : pour lors il est en état de fondre la soude & le sable. On lui conserve cette chaleur en jettant continuellement du bois.

Dans ce four se trouvent plusieurs pots en forme de creusets de la hauteur de 3 pieds, & d'environ 3 pieds de diamétre; ils peuvent tenir la quantité d'un muid de vin. C'est dans ces pots que l'on enfourne la soude & le sable qui y séjournent 36 heures.

Ce tems écoulé, l'on survuide avec une grande cuiller de fer ou de fonte la matiere d'un des pots dans une cuvette qui se met dans le four pour cet effet. Cette cuvette est, comme les pots, d'une terre bien cuite; elle peut avoir 36 pouces de long , 18 de large & 18 de haut. Dès qu'elle est pleine, on la tire hors du four, & on la transporte sur un chariot de fer vis-à-vis une *carquaisse* allumée. Là se trouve une table de fonte de dix pieds de long sur cinq de large. L'on pose parallélement sur cette table deux triangles ou reglets de fer plat de l'épaisseur que l'on veut donner à la glace, & qui servent aussi par leur écartement pour fixer la largeur. On met sur ces triangles un rouleau de fonte de cinq pieds de long & d'un pied de diamétre. On renverse la cuvette au-devant du rouleau qui est tenu par deux hommes. Ceux-ci avec promptitude le font rouler parallélement sur la matiere & le font revenir par la même route pour le remettre à sa place.

La glace étant refroidie & décidée bonne, on la pousse de dessus la table dans la *carquaisse*. Quand la *carquaisse* est pleine, l'on en bouche les ouvertures avec des portes de terre cuite. Les glaces y restent pendant 15 jours. On les tire ensuite de là avec de grandes précautions pour les encaisser & les charger pour les envoyer par eau à Paris, où on leur donne le poli.

Remarquez cependant que l'on ne coule que les grandes glaces ; les moyennes & les petites sont souflées. Les verreries sont trop communes, pour qu'il me soit permis de m'étendre sur l'art de soufler le verre. Tout le monde sçait que le principal instrument du souflage est une canne de fer de 6 pieds de long, de deux pouces de diamétre, percée en dedans d'un bout à l'autre, pointue par le côté qui se met dans la bouche, & élargie par le côté opposé, afin que la matiere s'attache après. L'ouvrier plonge à différentes reprises cette canne dans un pot rempli de soude & de sable fondus, en la tournant toujours. Il la retire chaque fois, & il soufle un peu dans la canne, afin que l'air grossisse cette boule de matiere &c. Encore une fois, les autres opérations sont trop connues, pour que j'en fasse, même en peu de mots, le détail.

Ainsi se font les miroirs soit de métal soit de verre. Nous en avons démontré les différentes propriétés dans notre Catoptrique.

MIXTE. Un mixte est un corps composé de parties héterogénes ; telles que sont les molécules aëriennes, ignées, aqueuses, terrestres, &c.

MOBILE. Tout ce qui peut recevoir du mouvement, s'appelle *mobile* en Phyſique.

MOELLE. La partie *calleuſe* du cerveau & la moëlle ſont en Phyſique deux termes ſynonimes. Cherchez *Cerveau*.

MOIS. Le mois eſt la 12e partie de l'année. Voyez dans l'article du *Calendrier* la différence qu'il y a entre les mois ſolaires & lunaires.

MOLÉCULE. On nomme molécules, ou petites maſſes, les corpuſcules dont les corps ſont compoſés.

MOLLESSE. On nomme corps mous ceux que le choc & la compreſſion font changer de figure, & qui, après le choc & la compreſſion, ne tendent pas à reprendre la figure qu'ils viennent de perdre. Semblables aux corps durs, ils n'ont aucune élaſticité ; ſemblables aux corps fluides, ils ſont indifférens à toutes les formes qu'on veut leur faire prendre : différens des premiers ; ils ne conſervent pas dans le choc leur ancienne figure ; différens des ſeconds, ils ont leurs molécules unies les unes avec les autres ; auſſi les Phyſiciens aſſurent-ils que les corps mous tiennent le milieu entre les corps durs & les corps fluides. Mais quelles ſont les cauſes phyſiques de la molleſſe des corps ? J'en remarque deux principales, l'une intérieure & l'autre extérieure ; l'intérieure n'eſt autre que la figure de leurs molécules qui, accrochées enſemble, ſont très-propres à s'allonger & à gliſſer les unes ſur les autres, ſans ſe détacher. Pour la cauſe extérieure de la molleſſe des corps, nous pouvons aſſigner la matiere ſubtile newtonienne qui trouve dans ces ſortes de corps une infinité d'endroits par où elle peut ſe gliſſer, ou qui du moins peut ſans peine ſe faire une infinité de paſſages. Nous ne parlerons pas ici des régles du mouvement qui ne manquent jamais de s'obſerver dans le choc des corps mous ; au changement de figure près, elles ſont les mêmes que celles qui s'obſervent dans le choc des corps durs.

MONDE. Le monde comprend non-ſeulement la terre que nous habitons, mais encore tous les êtres créés.

MONTAGNE. On trouve des gens, dit l'Auteur du Spectacle de la nature, qui regardent les montagnes comme des inégalités placées au hazard, & ſans intention de produire aucun effet utile. Il n'en eſt pas ainſi ; les montagnes nous comblent de bienfaits qui ſe renouvellent tous les jours de notre vie.

Sans leur fecours, nous mourrions de foif. Leurs pointes font deftinées à arrêter les vapeurs de la mer qui flottent dans l'air. Leurs entrailles font nos réfervoirs communs. Les ouvertures latérales par lefquelles les eaux coulent, font placées à l'égard des plaines, de façon que l'eau y puiffe tomber, s'y répandre & les fertilifer.

Outre l'avantage ineftimable des fontaines que les montagnes nous diftilent, elles nous en procurent encore plufieurs autres. Elles nourriffent non-feulement les animaux les plus agréables au goût, mais encore ceux de la peau defquels fe font les plus belles fourures.

Enfin les Herboriftes viennent-chercher fur les montagnes des fimples bienfaifans qui ne fe trouvent que là, ou qui y font plus parfaits, ou d'une qualité plus agiffante que ceux que nous cultivons dans nos jardins.

MOUVEMENT *local*. Le mouvement local eft toujours joint avec le paffage d'un lieu à un autre. Un corps qui n'a qu'un mouvement de rotation, c'eft-à-dire, qu'un mouvement fur fon axe, n'a pas un mouvement local, parce qu'il ne change pas de lieu. Comme c'eft ici le fondement de la Phyfique, nous traiterons cet article fort au long, & nous nous ferons une loi de ne pas nous écarter de la maniere de penfer de Newton ; il ne paroit jamais plus grand homme, que lorfqu'il traite les matieres de Méchanique. Il établit au commencement de fon Livre des *Principes*, trois régles générales que nous allons rapporter.

Premiere Régle. *Tout corps qui n'eft pas en mouvement, perfévére dans l'état de repos ; & tout corps qui eft en mouvement, continue de fe mouvoir dans la direction & avec le degré de viteffe qu'il a reçu, jufqu'à ce qu'une caufe nouvelle l'oblige à changer d'état.*

Explication. Le corps A eft-il en repos ? il demeurera dans fon état de repos jufqu'à ce qu'une caufe extérieure le mette en mouvement. Le corps A eft-il en mouvement ? il continuera de fe mouvoir jufqu'à ce qu'une caufe extérieure l'oblige de paffer de l'état de mouvement à l'état de repos.

Le corps A fe meut-il d'Orient en Occident ? il continuera de fe mouvoir dans cette direction jufqu'à ce qu'une caufe extérieure l'oblige à en prendre une autre.

Enfin le corps A commence-t-il de fe mouvoir avec 10 degrés de viteffe ? il continuera de fe mouvoir avec ce même nombre de degrés, jufqu'à ce qu'une caufe extérieure vienne les augmenter ou les diminuer.

Démonſtration. Tout corps eſt indifférent non-feulement au repos ou au mouvement, mais encore à telle ou à telle direction, à telle ou à telle viteſſe; donc tout ce qui eſt énoncé dans cette premiere régle générale eſt exactement vrai.

Seconde Régle. Le changement qui arrive au mouvement d'un corps, eſt toujours proportionnel à la caufe qui le produit, & il ſe fait toujours ſuivant la ligne droite.

Explication. Suppofons le corps A en mouvement; fuppofons encore qu'une force capable de lui imprimer deux nouveaux degrés de viteſſe, apporte quelque changement à ce mouvement; Newton prétend feulement avancer dans cette feconde régle, qu'une force capable d'imprimer au corps A quatre nouveaux degrés de viteſſe, occafionneroit un changement dont l'effet feroit double. Il ajoute que ce changement fe feroit fuivant la ligne droite, parce que, *par la premiere régle générale*, tout corps tend à conferver la direction qu'il reçoit.

Démonſtration. L'effet eſt proportionnel'à fa caufe; donc ce qui eſt énoncé dans la feconde régle générale eſt exactement vrai.

Troifieme Régle. La réaction ou la réſiſtance eſt égale & contraire à l'action, ou à la compreſſion.

Explication. Cette régle eſt vraie, non-feulement dans le cas d'équilibre, mais encore dans le cas de non-équilibre. En effet fuppofons deux poids parfaitement égaux dans les deux baſſins d'une balance, le poids A agira autant contre le poids B, que le poids B réagira contre le poids A. Suppofons encore qu'un cheval qui a 100 de force, tire une pierre qui a 50 de réſiſtance, le cheval ne tirera pas cette pierre avec 100, mais feulement avec 50 de force. Il me paroit que c'eſt-là le vrai fens d'une régle que Newton auroit pu donner un peu moins obfcurément; il auroit dû dire : *la réaction eſt égale & contraire à l'action détruite.*

Démonſtration. Deux forces égales & contraires fe détruifent; donc ce qui eſt énoncé dans cette troifieme régle générale eſt exactement vrai.

Aux régles générales du mouvement fuccédent les régles qui s'obfervent dans le choc des corps; on les trouvera dans les articles de la *Dureté* & de l'*Élaſticité.*

MOUVEMENT *fimple en ligne droite*. Un corps fe meut
d'un mouvement fimple en ligne droite , lorfqu'il n'eft
pouffé que par une feule force , ou bien , lorfqu'il eft
pouffé par plufieurs forces qui ont la même direction. Ce
corps parcourt-il dans des tems égaux le même nombre
de pieds ; parcourt-il , *par exemple* , un pied à chaque
inftant ? l'on dit qu'il décrit fa ligne avec un mouvement conftant & uniforme ; parcourt-il au premier inftant 1 pied, au fecond 3 , au troifieme 5 , &c. ? l'on
dit qu'il décrit fa ligne avec un mouvement accéléré ;
parcourt il au contraire au premier inftant 5 pieds , au
fecond 3 , & au troifieme 1 ? l'on dit qu'il décrit fa
ligne avec un mouvement retardé. La force qui caufe un
mouvement uniforme , fe nomme conftante & uniforme ;
celle qui caufe un mouvement ou accéléré ou retardé ,
s'appelle force variable.

MOUVEMENT *compofé en ligne droite*. Un corps fe meut
d'un mouvement compofé en ligne droite , lorfqu'il décrit une diagonale ; & un corps décrit une diagonale ,
lorfqu'il eft pouffé en même tems par deux forces conftantes & uniformes dont les deux directions forment un
angle quelconque , ou aigu , ou droit , ou obtus. Le corps
A , *par exemple* , eft-il pouffé au même inftant par la force
horizontale S , *Figure* 10. *Planche* 1 , dont la direction eft
la ligne S E , & par la force perpendiculaire R dont la
direction eft la ligne R J ? Il parcourra la diagonale A K
du quarré A E J K dans le même tems qu'il auroit parcouru un des côtés , s'il n'avoit été pouffé que par une
des deux forces. N'en foyons pas furpris : le corps A
doit fatisfaire aux deux directions qu'il reçoit , il doit
donc parcourir une ligne commune à ces deux directions ;
mais la diagonale A K eft commune aux deux directions
S E & R I ; donc le corps A doit parcourir la diagonale A K.

MOUVEMENT *en ligne courbe*. Les Phyficiens ont coutume de regarder une ligne courbe comme un compofé
de différentes diagonales infiniment petites , qui de deux
en deux , forment le plus grand angle obtus que l'on
puiffe affigner , c'eft-à-dire , forment un angle qui vaut
prefque 180 degrés. Ils ont raifon , & l'expérience
nous apprend qu'un corps ne décrit jamais une ligne
courbe , fans être follicité en même tems par une force
de projection conftante & uniforme , & par une force
variable dirigée vers un centre , c'eft-à-dire , par une

force centripéte. En effet fuppofons que le corps A ,
Fig. 11. *Pl.* 1. foit poufſé au premier inſtant infiniment
petit par une force de projeſtion qui ait ſa direſtion ſuivant la ligne A B, & par une force céntripéte qui ait ſa
direſtion ſuivant la' ligne A O , il décrira la diagonale
infiniment petite A D. Au ſecond inſtant infiniment petit le corps A qui ſera poufſé par la force de projeſtion
ſuivant la ligne D M , & par la force centripéte ſuivant
la ligne D O , décrira la diagonale infiniment petite D E;
cette feconde diagonale D E fera très-peu inclinée fur
la' premiere diagonale A D , parce que dans un tems infiniment petit l'aſtion de ſa force centripéte fur le
corps qui eſt en mouvement , ne peut caufer qu'une
inclinaifon infenſible. Au troiſieme inſtant infiniment petit , le corps A décrira la diagonale infiniment petite E F.
Au quatrieme inſtant infiniment petit , il décrira la diagonale infiniment petite F G , &c. Telle eſt la formation
phiſique de la ligne courbe confidérée en général.

Mouvement *en ligne circulaire.* Quatre chofes font
abfolument néceſſaires pour que la courbe dont nous venons de donner la defcription , foit une ligne circulaire.
1°. La force de projeſtion & la force centripéte doivent être tellement combinées , que l'une n'anéantiſſe
jamais l'autre. En effet ſi la force de projeſtion anéan-
tiſſoit jamais la force centripéte , le corps s'échapperoit
par la tangente ; & ſi la force centripéte venoit jamais à
anéantir la force de projeſtion , le corps tomberoit au
centre.

2°. La direſtion de la force de projeſtion doit toujours
être perpendiculaire à la direſtion de la force centripéte :
pourquoi cela ? parce que la force de projeſtion a pour
direſtion la tangente , & la force centripéte le rayon ; &
qu'il eſt démontré dans l'article de la *Géométrie* , que la
tangente du cercle forme toujours un angle droit avec le
rayon.

3°. La force centripéte doit toujours être égale à la
force centrifuge. En effet un corps qui décrit une circonférence circulaire doit toujours être à égale diſtance du
centre ; il doit donc régner toujours une parfaite égalité entre ſa force centripéte & ſa force centrifuge ; fans
cela le corps feroit tantôt plus près & tantôt plus loin du
centre ; il feroit plus près du centre , lorſque la force centripéte l'emporteroit fur la force centrifuge , & il en feroit

plus loin, lorfque celle-ci l'emporteroit fur celle-là. Que l'on jette les yeux fur la *Fig.* 1. de la *Pl.* 1. l'on verra que fi le corps B, au lieu de décrire l'arc circulaire B H, avoit obéi à fa feule force centripéte, il fe feroit approché du centre O de la quantité B F, & que s'il eut obéi à fa feule force centrifuge, il fe feroit éloigné du centre O de la quantité G H. Mais $BF = GH$, donc dans le cercle la force centripéte eft égale à la force centrifuge.

4°. La viteffe de projection qu'a reçu le corps qui circule, doit être égale à celle qu'il auroit acquife en tombant librement en vertu de fa pefanteur, & en parcourant d'un mouvement uniformément accéléré la moitié du rayon, ou le quart du diamétre du cercle qu'il décrit. La lune, *par exemple*, parcourt autour de la terre une orbite fenfiblement circulaire, parce qu'avec fa force centripéte dirigée vers le centre de la terre, elle a reçu une force ou une viteffe de projection égale à celle qu'elle auroit acquife, après être tombée librement en vertu de fa pefanteur, & après avoir parcouru d'un mouvement uniformément accéléré l'efpace de 45 mille lieues. Comme c'eft ici un point effentiel en Phyfique, nous allons en apporter la démonftration. Je dis donc 1°. que dans le corps B qui décrit le cercle B D C E, *Fig.* 1. *Pl.* 1. la viteffe de circulation eft égale à la viteffe que ce corps acquerroit, en tombant librement en vertu de fa pefanteur, & en parcourant d'un mouvement uniformément accéléré la moitié du rayon du cercle qu'il décrit. Nommons p la force centripéte du corps B, u fa viteffe de circulation, uu le quarré de cette viteffe, r le rayon B O, $\frac{r}{2}$ la moitié de ce rayon que le corps eft fuppofé parcourir par un mouvement uniformément accéléré, t le tems employé à le parcourir, tt le quarré de ce tems.

Nous avons démontré dans l'article des *Forces* que la force centripéte du corps B décrivant le cercle B D E C eft égale au quarré de fa viteffe de circulation divifé par le diamétre B C, donc $p = \frac{uu}{2r}$ donc $uu = 2pr$, donc $u = \sqrt{2pr}$, *expreffion générale* d'une viteffe de circulation quelconque.

Je dis 2°. que fi le corps B abandonné à fa pefanteur, eft fuppofé parcourir d'un mouvement uniformément accéléré la moitié du rayon B O , il aura acquis , après avoir parcouru $\dfrac{BO}{2} = \dfrac{r}{2}$, une vitesse u dont l'expression sera $\sqrt{2pr}$. En voici la démonstration.

L'espace parcouru par un corps grave est proportionnel à la force de gravité qui le fait tomber, & au quarré du tems que le corps a employé à parcourir un certain nombre de pieds ; donc $\dfrac{r}{2} = ptt$, parce que $\dfrac{r}{2}$ est l'espace que le corps B est supposé avoir parcouru. Voyez l'article *Statique*.

Le corps B, après avoir parcouru $\dfrac{r}{2}$ pendant le tems t, a acquis une vitesse capable de lui faire parcourir dans le même tems t par un mouvement uniforme un espace double de $\dfrac{r}{2}$, c'est-à-dire, tout le rayon r. Voyez encore l'article *Statique*. Et comme toute vitesse est égale à l'espace parcouru divisé par le tems employé à le parcourir, celle dont il s'agit sera $u = \dfrac{r}{t}$. cela supposé, voici comment je raisonne : $\dfrac{r}{2} = ptt$, donc $r = 2ptt$.

$u = \dfrac{r}{t}$ donc $u = \dfrac{2ptt}{t}$, donc $u = 2pt$, donc $t = \dfrac{u}{2p}$, donc $tt = \dfrac{uu}{4pp}$.

Faisons entrer la valeur de tt dans l'équation $\dfrac{r}{2} = ptt$, nous aurons $\dfrac{r}{2} = \dfrac{puu}{4pp}$, donc $\dfrac{r}{2} = \dfrac{uu}{4p}$, donc $r = \dfrac{uu}{2p}$, donc $uu = 2pr$, donc $u = \sqrt{2pr}$, donc la vitesse qu'acquerroit le corps B, en tombant librement en vertu de sa pesanteur, & en parcourant d'un mouvement accéléré $\dfrac{r}{2}$, seroit représentée par $\sqrt{2pr}$, donc elle seroit égale à la vitesse de circulation du corps B. Mais la vitesse de circulation du corps B est sensiblement égale à sa vitesse de projection, parce que l'arc infiniment petit

B H , *image de la premiere* eſt ſenſiblement égal à la tangente B G , *image de la ſeconde* ; donc ſi la viteſſe de circulation d'un corps quelconque eſt égale à la viteſſe qu'il acquerroit en tombant librement en vertu de ſa peſanteur , & en parcourant d'un mouvement uniformément accéléré la moitié du rayon du cercle qu'il décrit , ſa viteſſe de projection ſera auſſi égale à la viteſſe &c.

Mouvement *Paracentrique*. Tout mouvement qui ſe fait dans la direction du rayon vecteur, ſoit que le corps qui ſe meut, s'approche, ſoit qu'il s'éoigne du centre, s'apelle mouvement *paracentrique*. Si, *par exemple*, tandis qu'une main fait tourner la baguette A C , *Fig.* 22. *Pl.* 1. autour du centre C , la bale A qui enfile cette baguette s'approche peu-à-peu par ſa gravité de ce centre ; l'on dira que la bale A eſt comme animée de deux mouvemens , l'un paracentrique , & l'autre circulaire.

Une courbe non circulaire peut donc être décrite en vertu d'un mouvement paracentrique & de pluſieurs mouvemens circulaires. Telle eſt la courbe A B D , *Fig.* 22. *Pl.* 1 ; elle a été décrite par la bale A en vertu des mouvemens circulaires A E , B F , & du mouvement paracentrique de cette bale qui l'a miſe toujours plus près du centre C , en la plaçant d'abord au point B , & enſuite au point D. Dans cette occaſion le mouvement circulaire a tenu lieu de force de projection , & le mouvement paracentrique de force centripéte. Ce qu'il importe ſur-tout à un Phyſicien de bien remarquer , c'eſt que les viteſſes circulaires A E . B F ſont préciſément en raiſon inverſe des rayons vecteurs de la courbe non circulaire A B D , c'eſt-à-dire , que A E : B F : : C D : C B. En voici la démonſtration géométrique.

Les arcs A B & B D ſont ſuppoſés parcourus en tems égaux par la bale A ; donc, *par la premiere loi de Képler* , les aires triangulaires A B C & B C D ſont égales ; donc la hauteur du triangle B C D doit autant l'emporter ſur la hauteur du triangle A B C , que la baſe B C de celui-ci l'emporte ſur la baſe C D de celui-là ; donc les triangles A B C & B C D ont leur hauteur en raiſon inverſe de leur baſe. Mais l'arc circulaire A E marque la hauteur du triangle A B C , puiſqu'il eſt perpendiculaire ſur ſa baſe prolongée C B , & qu'étant infiniment petit , il peut être regardé comme une ligne droite. Par la même raiſon l'arc circulaire B F marque la hauteur du triangle BCD. De plus les bases CB & CD sont deux veritables rayons vecteurs. Donc les vitesses circulaires AE, BF sont en raison inverse des rayons vecteurs de la courbe ABD.

Ce qu'il importe encore à un Physicien de bien remarquer, c'est que la force centrifuge de la bale A parcourant la courbe ABD, a pour cause les vitesses circulaires AE, BF; puisque cette bale abandonnée à son mouvement paracentrique, bien loin de tendre à s'échaper par les tangentes de la courbe ABD, se rendroit au centre C par un mouvement uniformément accéléré.

De ce que nous avons dit jusqu'à présent, il s'ensuit évidemment que toute courbe non circulaire, *par exemple*, la courbe elliptique dont nous allons parler dans l'article suivant, peut être considérée comme formée par un mouvement paracentrique, & par différents mouvements circulaires dont les vitesses soient en raison inverse des rayons vecteurs de l'ellipse.

MOUVEMENT *en ligne elliptique.* Cinq choses sont nécessaires, pour que la courbe décrite soit une ellipse. 1°. La force centripéte du corps qui décrit une ellipse, doit être dirigée, non pas vers le centre P, mais vers le foyer F, *Fig.* 12, *Pl.* 1.

2°. La force de projection & la force centripéte doivent être tellement combinées, que l'une n'anéantisse jamais l'autre. La raison pour le mouvement elliptique est la même que pour le mouvement circulaire.

3°. La direction de la force de projection doit former tantôt un angle droit, tantôt un angle aigu & tantôt un angle obtus avec la direction de la force centripéte. L'angle est droit, lorsque la planéte se trouve à l'aphélie A, ou au périhélie H. L'angle est aigu, lorsque la planéte descend de l'aphélie A au périhélie H. Enfin l'on a l'angle obtus, lorsque la planéte monte du périhélie H à l'aphélie A.

4°. Dans l'ellipse tantôt la force centripéte doit l'emporter sur la force centrifuge, & tantôt la force centrifuge doit l'emporter sur la force centripéte. La planéte descend-elle de l'aphélie A au périhélie H ? la force centripéte l'emporte sur la force centrifuge. La planéte au contraire monte-t-elle du périhélie H à l'aphélie A ? la force centrifuge l'emporte sur la force centripéte. Mr. Sigorgne, pour expliquer ce phénoméne, soutient dans ses institutions Newtoniennes, que dans l'ellipse la force centrifuge ne fuit pas , comme la force centripéte , la raifon inverfe des quarrés des diſtances , mais la raifon inverfe des cubes des diſtances au foyer ; & il faut avouer qu'il propoſe ſon fentiment d'une maniere bien démonſtrative.

5°. La viteſſe de la projection qu'a reçu le corps qui décrit une ellipſe , doit être égale à celle qu'il auroit acquiſe en tombant librement en vertu de fa peſanteur, & en parcourant le quart du grand axe A H. Toutes ces différentes régles que nous venons de donner, peuvent être regardées comme infaillibles. Elles ſont démontrées dans tous les livres où l'on donne les élémens des forces centrales. L'on pourra conſulter ce que nous avons dit ſur cette matiere dans notre *Traité de paix entre Deſcartes & Newton , Tome 2 depuis la page* 170 *juſqu'à la page* 191.

Concluons de tout ce que nous avons dit 1°. que le corps qui décrit l'ellipſe A M H M a moins de viteſſe de projection, qu'il ne lui en faudroit pour décrire un cercle qui auroit pour rayon A F. En effet , pour décrire ce cercle , il lui faudroit une viteſſe de projection exprimée par la moitié de la ligne A F ; & pour décrire ſon ellipſe , il n'a qu'une viteſſe de projection exprimée par le quart du grand axe A H , ou par la moitié de la ligne A P plus petite que A F.

Concluons 2°. que ce même corps a plus de viteſſe de projection qu'il ne lui en faudroit pour décrire un cercle qui auroit pour rayon H F.

Concluons 3°. que, lorſque la planéte eſt à l'aphélie A , elle a toute la force centripéte qu'il lui faudroit pour décrire un cercle qui auroit ſon centre au point F , mais qu'elle n'a pas toute la force de projection qu'il lui faudroit pour décrire ce même cercle ; donc lorſque la planéte deſcend de l'aphélie A au périhélie H , ſa force centripéte infléchit plus la direction de la force de projection, qu'elle ne l'infléchiroit , ſi la planéte décrivoit un cercle qui eût pour centre le point F ; donc il n'eſt pas étonnant que l'angle formé par la direction de la force centripéte & par la direction de la force de projection, ſoit aigu dans l'ellipſe , lorſque la planéte deſcend de l'aphélie au périhélie.

Concluons 4°. que lorſque la planéte eſt au périhélie H , elle a toute la force centripéte qu'il lui faudroit pour décrire un cercle qui auroit ſon centre au point F , mais qu'elle a plus de force de projection qu'il ne lui en faudioit pour décrire ce même cercle ; donc lorfque la planéte monte du périhélie H à l'aphélie A, fa force centripéte infléchit moins la direction de la force de projection, qu'elle ne l'infléchiroit, fi la planéte décrivoit un cercle qui eût pour centre le point F ; donc l'angle formé par la direction de la force centripéte & par la direction de la force de projection, doit être obtus dans l'ellipfe, lorfque la planéte monte du périhélie H à l'aphélie A. Nous ne parlerons pas du mouvement en ligne parabolique, & hyperbolique. Il n'eft aucun aftre qui parcoure une parabole ou une hyperbole.

MOUVEMENT *perpétuel.* Chercher le mouvement perpétuel, c'eft chercher un mouvement lequel une fois imprimé, perféverât toujours le même fans augmentation, fans diminution, en un mot fans aucun changement, de quelque efpèce qu'il pût être. Cette hypothéfe eft phyfiquement impoffible ; il faudroit, pour la vérifier, fuppofer que le Tout-puiffant eût créé dans un efpace immenfe parfaitement vuide un corps qu'il eût mis en mouvement ; auffi regarde-t-on ceux qui cherchent, le mouvement perpétuel à peu près comme ceux qui cherchent la pierre philofophale.

MUSCLES. Les Anatomiftes regardent les mufcles comme les principaux organes des mouvemens du corps. Ils diftinguent 3 parties dans chaque mufcle, les deux *extrêmités* & le *milieu* ; ils donnent aux deux *extrêmités tendineufes* les noms de *tête* & de *queue* & au *milieu* que l'on trouve toujours couvert de chair, celui de *ventre.* Tous les mufcles ont un mouvement de contraction & un mouvement de production ; ils font dans un mouvement de contraction, lorfque leur *queue* s'approche de leur *tête* ; leur queue s'approche de leur *tête*, lorfque leur *ventre* fe gonfle ; & leur ventre fe gonfle par l'introduction des efprits vitaux ; c'eft à la fortie de ces efprits vitaux, que l'on doit attribuer la production des mufcles. Un mufcle fimple ne contient qu'une *tête*, un *ventre* & une *queue* ; un mufcle compofé n'eft qu'un affemblage de différens mufcles fimples.

MYOPES. Les myopes font ceux dont le criftallin eft trop convexe ; cette trop grande convexité leur fait appercevoir confufément les objets qui font loin, & diftinctement ceux qui font près. En voici la caufe phyfique. Pour voir diftinctement un objet, la rétine doit recevoir les rayons qu'il envoye, précifément à leur point de réunion ; fi elle les reçoit avant ou après leur réunion, l'objet ne fera vû que confufément, comme nous l'avons remarqué ; lorfque nous avons fait la defcription de l'œil. Ce principe une fois fuppofé, voici comment je raifonne : un objet éloigné envoie fur l'œil du fpectateur des rayons de lumiere qui tendent à fe réunir bientôt, c'eft-à-dire, prefque d'abord après avoir fouffert les trois réfractions ordinaires, parce qu'ils font fenfiblement paralléles ; il faudroit, pour retarder cette réunion, un criftallin peu convexe : celui des myopes n'eft pas de cette nature ; aufli réunira-t-il ces rayons quelque-tems avant qu'il foient parvenus à la rétine ; & par-là même fera-t-il caufe que les myopes ne verront que confufément les objets éloignés. C'eft pour corriger ce défaut, que ces fortes de perfonnes ont coutume de fe fervir d'un verre concave. Par une raifon contraire le myope doit appercevoir diftinctement les objets qui ne font pas éloignés, parce que les rayons envoyés par de pareils objets étant fenfiblement divergens, demandent un criftallin très-convexe qui accélére leur réunion. Telle eft en peu de mots l'explication d'un fait qui fuppofe que l'on a préfent à l'efprit ce que nous avons dit dans les articles de la *dioptrique* & de l'*œil*.

N

NADIR. C'eft le point du Ciel directement oppofé au zénith. Cherchez *Sphere*.

NAGER. Nous avons appris dans le Corollaire troifieme de l'hydroftatique, par quel méchanifme les hommes nagent.

NEIGE. Un nuage tombe en neige, lorfque la congélation le faifit, avant que les parties dont il eft compofé aient pu fe réunir en groffes gouttes, comme nous l'avons expliqué dans l'article des *météores aqueux*.

NERFS. Les nerfs font des corps longs, ronds & blancs, au milieu defquels fe trouve un conduit deftiné à recevoir les efprits vitaux. Il y a dans le corps humain 40 paires de nerfs ; 10 fortent du cerveau, & 30 de la moëlle de l'épine. Voyez dans les articles où l'on parle des *fens externes*, de quel ufage font les nerfs.

NEWTON. Quoique ce Dictionnaire ne foit pas hiftorique, le Lecteur cependant nous permettra bien d'y inférer en peu de mots quelques particularités de la vie d'un Philofophe à qui la Phyfique moderne doit la plûpart de

ſes connoiſſances. Comme ce ſont les Anglois qui nous leſ
fourniſſent, leurs dattes ſont dans *le vieux ſtile*; tout lé
monde ſçait qu'ils n'accepterent pas la réformation du Calendrier ordonné par Grégoire XIII ; auſſi avions-nouſ
commencé depuis 10 jours l'année 1643, lorſqu'ils ſe
trouvoient au dernier jour de l'année 1642.

Iſaac Newton originaire de la Ville de Newton en Irlande, naquit le jour de Noël de l'année 1642 à Volſtro-
pe dans la Province de Lincoln en Angleterre, Ville dont
depuis près de 200 ans ſes ancêtres étoient Seigneurs. A
l'âge de 27 ans, c'eſt-à-dire, en l'année 1669. il fut
nommé Profeſſeur de Mathématique en la fameuſe Uni-
verſité de Cambridge en Angleterre ; il avoit commencé
a apprendre cette ſcience, non pas dans les Élémens d'Euclide qui lui parurent trop faciles, mais dans la Géométrie
de Deſcartes & dans les Optiques de Képler. En 1687 il
donna au Public ſon Livre des Principes mathématiques de
la Philoſophie naturelle, ouvrage immortel, *dit Mr. de Fontenelle*, où brillent un eſprit original dont tout le monde a été frappé, & un eſprit créateur, qui, dans toute
l'étendue du ſiécle le plus heureux, ne tombe guères en
partage qu'à 3 ou 4 hommes pris dans toute l'étendue
des Pays ſçavans ; c'eſt dans ce fameux ouvrage que nous
avons puiſé ce qu'il y a de plus intéreſſant dans ce Dictionnaire. En 1704 il fit paroître ſon Optique d'où nouſ
avons tiré l'article des *couleurs*. Il a compoſé pluſieurs autres ouvrages dont nous n'avons pas eu occaſion de faire
uſage ; on en trouve la liſte à l'*année* 1699 tom. 2 page
383 des Mémoires de l'Académie des ſciences dont il étoit
aſſocié étranger. Quelques mois avant que de faire imprimer ſon Optique, il fut élu Préſident de la ſociété de
Londres, & il l'a été pendant 23 ans, c'eſt-à-dire, juſqu'à ſa mort qui arriva le 20 Mars de l'année 1727 ; il
avoit alors 85 ans. Il fut enterré dans l'Abbaye de Weſt-
minſter à Londres, à peu-près avec les mêmes cérémo-
nies que l'on obſerve aux obſéques des Têtes couron-
nées. Nous renvoyons le Lecteur à la vie littéraire que
nous avons donnée de ce grand homme en 1763 ; elle
forme le ſecond volume de notre *Traité de paix entre
Deſcartes & Newton*. Nous ne ſcaurions mieux finir cet
article, qu'en rapportant le paralléle qu'a fait de ces deux
Phyſiciens l'illuſtre & l'élégant Fontenelle dans l'éloge
hiſtorique de Newton.

Ces deux grands Hommes qui fe trouvent dans une ſi grande oppoſition, ont eu de grands rapports. Tous deux ont été des Génies du premier ordre, nés pour dominer ſur les autres eſprits & pour fonder des Empires. Tous deux, Géométres excellents, ont vû la néceſſité de tranſporter la Géométrie dans la Phyſique. Tous deux ont fondé leur Phyſique ſur une Géométrie, qu'ils ne tenoient preſque que de leurs propres lumieres. Mais Deſcartes prenant un vol hardi, a voulu ſe placer à la ſource de tout, ſe rendre maitre des Principes par quelques idées claires & fondamentales, pour n'avoir plus qu'à deſcendre aux phénoménes de la nature, comme à des conſéquences néceſſaires ; Newton plus timide ou plus modeſte, a commencé ſa marche par s'appuyer ſur les phénoménes, pour remonter aux principes inconnus, réſolu de les admettre, quels que les pût donner l'enchaînement des conſéquences. L'un part de ce qu'il entend, pour aſſurer la cauſe de ce qu'il voit ; l'autre part de ce qu'il voit, pour en trouver la cauſe ſoit claire, ſoit obſcure. Les Principes évidents de l'un ne le conduiſent pas toujours aux phénoménes, tels qu'ils ſont ; les phénoménes ne conduiſent pas toujours l'autre à des Principes aſſez évidents. Les bornes qui dans ces deux routes contraires ont pû arrêter deux hommes de cette eſpèce, ce ne ſont pas les bornes de leur eſprit, mais celles de l'eſprit humain.

NEWTONIANISME. Syſtême de Phyſique propoſé par Iſaac Newton, adopté dans cet ouvrage, & expliqué principalement dans la *préface* & dans les articles de l'*attraction*, du *vuide*, des *milieux*, de la *matière ſubtile Newtonienne*, du *feu*, de la *lumiere* & des *couleurs*.

NITRE. Le nitre que l'on a coutume de trouver dans les caves, les antres & les cavernes, eſt un mixte qui contient beaucoup de feu, beaucoup moins d'eau & encore moins de terre.

NŒUD. Les deux points où l'orbite d'une planéte coupe l'écliptique, s'appellent *nœuds*.

NOIR. Nous avons remarqué dans l'article des *couleurs* qu'un corps paroiſſoit noir, lorſqu'il ne réfléchiſſoit aucun rayon de lumiere.

NORD. Le nord eſt la partie de la ſphére où ſe trouve le pole arctique.

NUAGE. Les nuages ſont compoſés de particules que l'action du Soleil jointe à celle des feux ſouterrains, ſépare de l'eau & de la terre, & qui par les loix de l'hydroſtatique s'élévent dans l'athmoſphére ; comme nous l'avons expliqué dans l'article des *météores aqueux*.

NUIT. Le tems où le Soleil ne paroit pas ſur notre horizon eſt le tems de la nuit par rapport à nous.

NUTATION. Terme d'Aſtronomie qui ſignifie balancement de l'axe de la terre, ou plutôt de l'équateur vis-à-vis l'écliptique. Voici le fait. L'obliquité de l'écliptique vis-à-vis l'équateur, c'eſt-à-dire, l'angle de l'écliptique & de l'équateur eſt d'environ 23 degrés & demi. Vers l'année 1730, Mr. Bradley s'apperçut que cette obliquité n'étoit pas conſtante. Il continua ſes obſervations ; & il en réſulte maintenant que, dans l'eſpace de 19 années, cette obliquité eſt tantôt plus grande & tantôt plus petite de 18 ſecondes ; elle augmente de 9 ſecondes en 9 ans & demi, & diminue d'autant les 9 ans & demi ſuivans ; l'augmentation & la diminution ſe font d'une manière inſenſible ; ce n'eſt qu'après quelques années, & à l'aide des inſtrumens les plus parfaits que les Aſtronomes du premier ordre peuvent s'en appercevoir. Pour rendre raiſon de ce phénoméne que l'on appelle la *nutation de l'axe de la Terre*, il faut ſe rappeller les notions ſuivantes dont nous avons établi la vérité dans les articles de ce Dictionnaire qui leur ſont analogues.

1°. La Terre eſt un ſphéroide applati vers les poles & élevé vers l'équateur.

2°. L'équateur terreſtre peut être conſidéré comme une eſpèce d'anneau entourant la Terre, & élevé de quelques lieues au deſſus de ſa ſurface.

3°. L'angle que fait l'équateur terreſtre avec l'écliptique que la terre parcourt annuellement, eſt d'environ 23 degrés & demi.

4°. L'angle que fait avec l'écliptique l'orbite que parcourt chaque mois la Lune autour de la terre, eſt de 5 degrés 9 minutes.

5°. Comme les nœuds de la Lune parcourent l'écliptique entière d'orient en occident dans l'eſpace de 19 ans, il s'enſuit que tantôt l'écliptique ſe trouve entre la Lune & l'équateur de la terre, & tantôt la Lune ſe trouve entre l'écliptique & ce même équateur. Dans le premier cas l'inclinaiſon de l'orbite lunaire vis-à-vis l'équateur terreſtre, peut augmenter juſqu'à 28 degrés $\frac{2}{3}$, & dans le fecond elle peut diminuer jufqu'à 18 degrés $\frac{1}{3}$, cela fuppofé, voici comment je raifonne.

Quand la pofition de la Lune eft telle, qu'elle fe trouve dans le plan de l'équateur terreftre, cet aftre n'a d'action que pour attirer cet léquateur à lui ; il n'en a point pour faire varier fon inclinaifon vis-à-vis l'écliptique. Il n'en eft pas ainfi, lorfque la Lune ne correfpond plus à l'équateur terreftre ; plus elle s'en écarte, plus elle fait varier l'angle de l'équateur & de l'écliptique ; donc cet angle doit varier plus ou moins dans l'efpace de 19 ans ; donc l'axe de la terre doit avoir une véritable nutation. Oui, le fiftême de l'attraction doit être le véritable fiftême du monde, puifqu'il fournit des explications fi claires & fi juftes des phénoménes les plus difficiles de la nature.

O

OBJECTIF. Dans les lunettes aftronomiques le verre objectif eft celui qui eft fixé vers l'objet qu'on obferve.

OBLIQUE. Une ligne tombe obliquement fur un plan, lorfqu'elle penche plus d'un côté que d'un autre.

OBLONG. Une figure plus longue que large, eft oblongue.

OBTUS. L'angle obtus eft celui qui eft plus grand que l'angle droit. Cherchez *angle*.

OCCIDENT. Le point de l'horizon où le foleil fe couche, fe nomme l'*occident*.

OCULAIRE. Le verre oculaire des lunettes aftronomiques eft celui qui eft fort près de l'œil de l'obfervateur.

ODEUR. Les odeurs ont pour caufes, des corpufcules très-déliés de fel & de foufre que les corps odoriférans envoient à nos narines. C'eft fur-tout de la figure de ces particules que fe tire la différence fpécifique des odeurs. En effet, il eft évident que des corpufcules fphériques & polis doivent faire fur l'organe de l'odorat une impreffion totalement différente de celle que font des corpufcules pointus, fcabreux, &c.

ODORAT. Les nerfs de la premiere, & quelques rameaux des nerfs de la cinquieme conjugaifon fe rendent dans les narines. Ce font leurs extrêmités faites en forme *de petites houpes*, & placées entre la peau & l'épiderme interieure du nez, que nous devons regarder comme l'organe de l'odorat ; pourquoi ? parce que les odeurs faifant impreſſion ſur ces *houpes*, agitent non-ſeulement les nerfs dont elles forment les extrêmités, mais encore les eſprits vitaux que ces nerfs contiennent ; en faut-il d'avantage pour que cette impreſſion ſoit portée juſqu'au *centre ovale*, le vrai ſiége de l'ame ; & par conſéquent en faut-il d'avantage pour nous faire regarder ces houpes nerveuſes comme l'organe de l'odorat ?

ŒSOPHAGE. On donne quelquefois ce nom au goſier dont nous avons parlé en ſon lieu.

ŒIL. On diſtingue dans l'œil des tuniques & des humeurs. Ces tuniques ſont la *cornée*, l'*uvée*, la *rétine*, &c. La cornée eſt une tunique extérieure qui couvre le *devant* de l'œil ; on peut la toucher avec le doigt ; ſa figure eſt très-convexe, & le nom qu'elle porte lui vient ſans doute de la reſſemblance qu'elle a avec de la corne tranſparente. La partie de la *cornée* qui s'enfonce dans le globe de l'œil prend le nom de *ſclérotique* ; elle eſt trop épaiſſe, pour être diaphane.

Sous la *cornée* ſe trouve l'*uvée*. Opaque de ſa nature, elle a au milieu une petite ouverture circulaire nommée la *prunelle*. Cette ouverture, par le moyen de quelques fibres, s'aggrandit dans les endroits obſcurs & ſe rétrécit dans les endroits éclairés. La partie de l'uvée qui s'enfonce dans le globe de l'œil, a le nom de *choroïde* ; elle eſt très-noire & très-opaque ; auſſi, placée entre la *ſclérotique* & la *rétine*, rend-elle l'œil à peu-près ſemblable à une chambre obſcure.

Au fond de l'œil ſe trouve la *rétine*, qui n'eſt qu'une expanſion du nerf optique, des plus déliées fibres duquel elle eſt compoſée ; elle s'étend ſur toute la *choroïde*, & le nom qu'on lui a donné nous apprend qu'elle eſt faite en forme de filet.

L'on diſtingue encore dans l'œil trois humeurs différentes, l'humeur *aqueuſe*, l'humeur *criſtalline* & l'humeur *vitrée*. L'humeur *aqueuſe* ſemblable à une eau aſſez fluide & aſſez limpide, occupe la partie antérieure de l'œil, c'eſt-à-dire, l'eſpace qu'il y a entre la cornée & le criſtallin.

L'humeur *vitrée*, quoique diaphane, a cependant quelque conſiſtance ; deſtinée à rafraîchir la rétine, elle occupe la partie poſtérieure de l'œil.

Enfin l'humeur *criſtalline* renfermée dans une membrane que l'on nomme l'*arachnoïde*, ſe trouve entre l'humeur *aqueufe* & l'humeur *vitrée* ; elle eſt diaphane ; ſa figure eſt lenticulaire , plus convexe cependant dans ſa partie antérieure. C'eſt par le moyen de quelques filamens que l'on nomme *ligamens ciliaires* , que le criſtallin devient tantôt plus , tantôt moins convexe.

Ces trois humeurs ne ſont pas de même denſité. L'humeur *aqueufe* eſt moins denſe que l'humeur *criſtalline* , & l'humeur *criſtalline* plus denſe que l'humeur *vitrée*. Ces notions nous ſerviront à réſoudre les queſtions ſuivantes.

Premiere Queſtion. Dans quelle partie de l'œil ſe peignent les objets que nous regardons ?

Ils ſe peignent dans la rétine. En voici la démonſtration. Ce n'eſt pas dans les *humeurs* qu'ils ſe peindront , puiſqu'elles ſont toutes les trois diaphanes. Ils ne peuvent pas auſſi ſe peindre dans l'uvée , puiſqu'elle eſt trouée au milieu , & que les autres parties qui ſont après l'uvée , je veux dire , le criſtallin , l'humeur vitrée & la rétine ſeroient alors parfaitement inutiles ; c'eſt donc dans la rétine rendue opaque par la choroïde , que ſe peignent les objets que nous fixons ; auſſi la regardons-nous avec tous les Phyſiciens , comme l'unique organe de la vûe.

Seconde Queſtion. Combien de réfractions ſouffrent les rayons de lumiere , avant que d'arriver à la rétine ?

Ils en ſouffrent trois ; la premiere en paſſant de l'air dans l'humeur aqueuſe ; la ſeconde en paſſant de l'humeur aqueuſe dans l'humeur criſtalline , & la troiſieme en paſſant de l'humeur criſtalline dans l'humeur vitrée. La premiere & la ſeconde réfractions les ſont approcher de la perpendiculaire ; la troiſieme les en éloigne , & toutes les trois cependant concourent à les réunir ſur la rétine. Cette réponſe ne paroîtra obſcure , qu'à ceux qui ne ſe rappelleroient pas de quelle maniere les verres convexes réuniſſent à leur foyer les rayons de lumiere envoyés ſur leur ſurface.

Troiſieme Queſtion. Par quel méchaniſme les rayons de lumiere envoyés par un objet que nous fixons , vont-ils peindre dans la rétine l'image de cet objet ?

Que l'on ſe rappelle les principes que nous avons établis dans la Dioptrique , & l'on n'aura pas grand peine à répondre à une pareille queſtion. En effet notre œil fait en forme de verre lenticulaire , doit réunir tous les rayons de lumiere qui partent du même point d'un objet ; ces différens rayons frappent la rétine qui se trouve placée précisément au foyer de l'œil, & dessinent l'image à leur point de réunion. Cet ébranlement est porté par le nerf optique jusqu'au centre ovale que nous regardons comme le vrai siége de l'ame ; & c'est alors que cette substance spirituelle intimement unie à notre corps, produit la sensation à laquelle nous avons donné le nom de *vision*.

Quatrieme Question. Comment se fait la vision distincte & comment se fait la vision confuse ?

Nous voyons distinctement un objet, lorsque la rétine reçoit précisément dans le point de leur réunion les rayons de lumiere qu'il envoye ; nous le voyons au contraire confusément, lorsque la rétine reçoit ces différens rayons, ou avant qu'ils ayent été réunis, ou après qu'ils l'ont été ; aussi dans les personnes qui ont l'organe de la vûe bien sain, le cristallin, par le moyen des ligamens ciliaires, devient-il tantôt plus, tantôt moins convexe. Il devient moins convexe, lorsqu'elles regardent les objets éloignés, il devient plus convexe, lorsqu'elles fixent un objet qui n'est qu'à quelques pas.

Cinquieme Question. Pourquoi le cristallin devient-il moins convexe, lorsque l'on voit distinctement un objet éloigné ?

En voici la raison physique. Plus un objet est éloigné, & plutôt les rayons de lumiere qu'il envoye, arrivent à leur point de réunion, après avoir souffert dans les humeurs de l'œil les trois réfractions ordinaires. Ce n'est donc que pour empêcher cette réunion trop précipitée qui ne manqueroit pas de se faire avant la rétine, que le cristallin perd de sa convexité, lorsque l'on fixe un objet éloigné.

C'est par une raison toute contraire que le cristallin devient plus convexe, lorsque l'on veut voir distinctement un objet qui n'est qu'à quelques pas.

Sixieme Question. Pourquoi les rayons de lumiere envoyés par un objet éloigné, arrivent-ils plutôt à leur point de réunion, que s'ils étoient envoyés par un objet moins éloigné ?

Un objet éloigné envoye sur l'œil des rayons de lumiere sensiblement parallèles entre eux, tandis qu'un objet qui n'est pas éloigné n'envoye que des rayons sen-

fiblement divergens : or il eſt évident , par toutes les
régles de la Dioptrique , que des rayons paralléles font
plutôt réunis par un verre lenticulaire , que des rayons
divergens ; donc les rayons de lumiere envoyés par un
objet éloigné doivent arriver plutôt à leur point de réunion , que s'ils étoient envoyés par un objet moins éloigné.

Septieme Queſtion. Dans quelle fituation les objets extérieurs fe peignent-ils fur la rétine ?

Ils s'y peignent dans une fituation renverfée , puifque
les rayons de lumiere partis des extrêmités d'un objet ,
n'arrivent à la rétine , qu'après s'être croifés dans la
prunelle. L'ame cependant accoutumée à rapporter l'objet au bout de la ligne droite qui paffe par le centre de
l'œil, corrige très-facilement cette illufion optique.

Huitieme Queſtion. Pourquoi l'objet A fimple en lui-
même, ne nous paroit-il pas double , quoique fon image
foit peinte en même tems dans chacun de nos yeux ?

Lorfque nous voulons voir diftinctement un objet , nous
difpofons tellement nos yeux , que les rayons partis de cet
objet viennent frapper dans les deux rétines deux fibres
fympathiques ou homologues , c'eſt-à-dire , des fibres qui
partent du même point du cerveau ; or deux impreffions
faites fur des pareilles fibres ne font fenfiblement qu'une
même impreffion , & déterminent l'ame à n'appercevoir
qu'un objet.

C'eſt par une raifon contraire que les gens ivres , les
perfonnes tranfportées de rage & de colére voient ordinairement double. Qu'on regarde leurs yeux & l'on s'appercevra qu'ils font tellement dérangés , qu'il eſt bien
difficile que l'impreffion des rayons partis des objets fe
faffe fur des fibres homologues.

OMBRE. L'ombre eſt la privation de la lumiere. Les
expériences fuivantes vous mettront fous les yeux ce
qu'il y a de plus intéreffant fur cette matiere.

Premiere Expérience. Préfentez à un globe lumineux un
globe opaque moins gros que lui ; l'ombre du globe opaque fera une cone qui aura fa bafe dans le corps opaque , & fa pointe à l'extrêmité de l'ombre.

Explication. Les rayons qui terminent l'ombre du corps
dont nous parlons , font convergens entre eux & tendent à fe réunir à un point commun ; donc l'ombre de
ce corps doit avoir une figure conique. Telle eſt l'ombre de la Terre éclairée par le Soleil.

Seconde Expérience. Préfentez à un globe lumineux un globe opaque auffi gros que lui ; l'ombre du globe opaque fera étendue, pour ainfi dire, à l'infini.

Explication. L'ombre du globe opaque eft terminée par des rayons parallèles ; donc ces rayons ne doivent jamais fe réunir ; donc l'ombre de ce corps doit être étendue, pour ainfi dire, à l'infini. C'eft pour cela que l'ombre des corps terreftres a tant d'étendue au lever & au coucher du Soleil ; les rayons envoyés par cet aftre étant prefque parallèles à l'horizon, fe réuniffent beaucoup plus tard.

Si l'on préfentoit à un globe lumineux un globe opaque plus gros que lui, fon ombre terminée par des rayons divergens, auroit la figure d'un cone tronqué. Telle eft l'ombre de la Terre éclairée par la Lune.

ONCE. L'once eft la 16ᵉ. partie de la livre.

OPAQUE. Les corps opaques font ceux qui ne tranfmettent pas la lumiere, parce qu'ils n'ont pas des pores droits difpofés en tout fens.

OPPOSITION. Deux aftres font en oppofition, lorfqu'ils font éloignés de fix fignes ; la Lune, *par exemple*, eft en oppofition avec le Soleil, lorfque celui-ci fe trouve fous le figne du *Belier* & celle-là fous le figne de la *Balance*.

OPTIQUE. C'eft une fcience phyfico-mathématique qui nous apprend par quel méchanifme nous voyons un objet qui de tous fes points envoye à nos yeux des rayons de lumiere. Ce que nous avons dit dans l'article de l'*OEil* appartient directement à l'Optique ; auffi fuppofons-nous que le Lecteur l'aura vu, avant que de vouloir fe former une idée de cette fcience. Nous allons en jetter les fondemens dans les Principes fuivans.

1°. La grandeur apparente d'un objet eft mefurée par l'angle optique fous lequel il eft vu ; & l'angle optique eft formé par les deux rayons qui partent des extrêmités d'un objet & qui fe rencontrent au centre de la prunelle. L'angle B F A, *par exemple*, eft l'angle optique fous lequel eft vu l'objet A B par l'œil placé au point F, *Fig.* 13. *Pl.* 1.

2°. Plus un objet eft éloigné, & plus auffi l'angle optique, fous lequel il paroit, eft petit. L'objet B A, *par exemple*, éloigné de mon œil de la diftance E C paroit fous l'angle optique B C A, beaucoup plus petit que l'angle optique B F A fous lequel paroît le même objet B A , lorfqu'il n'eſt éloigné de mon œil , que de la diſtance E F.

3°. Dans les diſtances confidérables la grandeur apparente d'un objet eſt en raiſon inverfe de fa diſtance à l'œil , c'eſt-à-dire , fi l'objet B A de 10 pieds eſt éloigné de mon œil tantôt d'une & rantôt de deux lieues , la grandeur apparente de cet objet éloigné d'une lieue , l'emportera autant fur la grandeur apparente du même objet éloigné de deux lieues , que deux lieues l'emportent fur une lieue , ou pour dire les chofes encore plus clairement , la grandeur apparente de l'objet B A éloigné de mon œil d'une lieue fera double de la grandeur apparente du même objet éloigné de mon œil de deux lieues ; pourquoi ? parce que l'objet B A éloigné de mon œil d'une lieue eſt vu fous l'angle optique B F A double , fuivant tous les Géométres , de l'angle optique B C A fous lequel eſt vu le même objet B A , lorfqu'il eſt à deux lieues de mon œil.

4°. Les objets paroiſſent d'autant plus éloignés , qu'ils paroiſſent plus fombres & plus confus ; pourquoi ? parce qu'accoutûmés à ne voir que confufément les objets éloignés , nous jugeons éloignés ceux qui paroiſſent fombres & confus.

5°. Les objets paroiſſent avec des couleurs d'autant moins vives , qu'ils font plus éloignés ; pourquoi ? parce que la vivacité des couleurs dépend principalement de l'intenfité de la lumiere , laquelle, par la divergence de fes rayons , & par l'interpofition de l'air groſſier compris entre l'objet & l'œil , décroît lorfque l'objet eſt éloigné.

6°. Les objets paroiſſent d'autant plus éloignés , que l'on voit un plus grand nombre de corps & une plus grande étendue de terrein entre l'œil & ces objets ? pourquoi ? parce que cette grande quantité de corps & de terrein intermédiaire donne l'idée d'une grande diſtance.

7°. La connoiſſance que nous avons de la grandeur réelle d'un corps eſt un moyen très-aſſuré pour juger faïnement de fa diſtance. En effet fi un corps que je fçais être très-gros , ne me paroit que très-petit , je jugerai alors qu'il doit être à une grande diſtance.

8°. Un objet , lorfque nous fommes en repos , vient-il frapper fucceſſivement différentes parties de notre rétine ? nous jugeons que cet objet eſt en mouvement.

9°. Sommes-nous nous-mêmes en mouvement, & un objet vient-il frapper toujours les mêmes parties de notre rétine ? nous jugeons que cet objet se meut avec nous.

10°. Sommes-nous dans un vaiffeau qui fe meut d'un mouvement égal ? nous regardons le vaiffeau comme immobile, parce que fes parties ne changent pas de place par rapport à nous ; & les objets extérieurs immobiles nous paroiffent fe mouvoir en fens contraire.

11°. Sommes-nous obligés, lorfque nous fommes en repos, de remuer fenfiblement les yeux pour voir le même objet ? nous concluons que cet objet fe meut.

12°. Sommes-nous en repos & voyons-nous un objet tantôt fous un plus grand, tantôt fous un plus petit angle optique ? nous affurons que cet objet tantôt s'approche & tantôt s'éloigne de nous.

13°. Un objet en peu de tems répond-il fucceffivement à différentes parties d'un corps immobile ? cet objet nous paroit fe mouvoir. Nous jugeons qu'il a été en mouvement, lorfqu'après un certain tems il a répondu à différentes parties d'un corps immobile.

14°. Avec quelque viteffe qu'un objet fe meuve, il doit nous paroître immobile, fi l'efpace qu'il parcourt dans une feconde de tems, eft vû fous un angle optique infenfible, c'eft-à-dire, fous un angle de 15 à 20 fecondes.

15°. Un arc vû d'un endroit extrêmement éloigné, nous paroît une ligne droite, parce que fa courbure eft vûe fous un angle optique infenfible.

16°. Une ligne directement oppofée au centre de la prunelle, c'eft-à-dire, tellement oppofée à l'œil, qu'étant prolongée elle pafsât par le centre de la prunelle perpendiculairement au plan de l'œil, une pareille ligne, dis-je, ne nous paroîtra qu'un point ; pourquoi ? parce que ce point feul envoyera des rayons de lumiere à notre œil. Par une raifon femblable, une furface ne nous paroîtra qu'une ligne, & un folide qu'une furface. Telles font les principales régles reçues en Optique ; on en tire une infinité de corollaires ; nous rapporterons les plus intéreffans.

Corollaire premier. Le Soleil & la Lune doivent nous paroître égaux.

Corollaire fecond. Dans une longue allée d'arbres plantés parallélement, les deux derniers doivent prefque paroitre fe toucher.

Corollaire troifième. Une tour fort élevée, fi elle eft

d'aplomb, paroit comme penchée fur celui qui du pied regarde le fommet, c'eft-à-dire, fur celui dont le rayon vifuel eft paralléle à la tour.

Corollaire quatrième. Dans une longue galerie dont le plafond eft paralléle au parquet, le plafond paroit aller toujours en baiffant & le parquet en montant. La raifon optique de ces quatres corollaires eft tirée des trois premiers principes que nous avons établis. L'explication des cinq corollaires fuivans dépend évidemment des principes 4, 5, 6, 7.

Corollaire cinquième. Lorfqu'on voyage de nuit, les objets peu éloignés paroiffent plus loin qu'ils ne le font réellement.

Corollaire fixième. Pendant la nuit les feux clairs paroiffent plus près, qu'ils ne le font.

Corollaire feptième. Deux fommets de montagne éloignés l'un de l'autre doivent de loin paroitre fe toucher; l'horizon doit paroître contigu au ciel; les étoiles ne doivent pas nous paroître plus élevées que les planétes, &c.

Corollaire huitième. Un aftre à l'horifon doit nous paroître plus éloigné qu'au méridien.

Corollaire neuvième. Nous devons juger que le Soleil eft beaucoup plus éloigné de nous que la Lune.

Corollaire dixième. Dans l'Hypothéfe de Copernic le Soleil & tous les aftres doivent nous paroître tourner autour de la terre d'orient en occident dans l'efpace de 24 heures. Dans la même hypothéfe le Soleil doit avoir un mouvement périodique apparent autour de la terre dans l'efpace de douze mois, *par le dixième principe d'Optique.*

Corollaire onzième. Les étoiles, le Soleil, la Lune, l'aiguille d'une montre doivent nous paroître immobiles, *par le quatorzième principe d'Optique.*

Corollaire douzième. Un globe vû de fort loin doit nous paroître un cercle, *par le quinzième principe d'Optique.*

Les mêmes principes ferviront à réfoudre les problémes fuivans.

PROBLÉME I.

Expliquer pourquoi la Lune paroit plus groffe à l'horifon qu'au méridien.

Réfolution. Il fe trouve toujours à l'horifon une grande quantité de vapeurs, que l'on peut regarder comme autant de verres convexes; ces fortes de verres, comme nous l'avons expliqué dans l'article de la Dioptrique, grossissent les objets ; donc la Lune vue à travers ces vapeurs, doit paroitre très-grosse à l'horison, c'est-à-dire, lorsqu'elle se leve, ou lorsqu'elle se couche. Il n'en est pas ainsi, lorsqu'elle est au méridien ; les vapeurs sont alors fort rares, & lorsqu'il y en a de semblables entre la Lune & l'œil de l'observateur, cet astre au méridien paroit aussi gros qu'à l'horizon.

La même cause nous fait paroitre le Soleil & les autres astres plus gros à l'horizon, qu'au méridien.

R E M A R Q U E.

Cette explication n'est pas généralement adoptée. Plusieurs Physiciens attribuent le phénoméne dont il s'agit, à une pure illusion optique qu'ils expliquent par la figure du ciel qui nous semble former une voute surbaissée, & par l'éloignement où nous paroît la Lune, lorsqu'elle est à l'horizon. Voyez ce point d'Optique traité fort au long dans notre grand Dictionnaire, *Tom. 3, pag.* 17 & *suivantes.*

P R O B L É M E I I.

Expliquer pourquoi l'on ne voit pas les étoiles en plein midi.

Résolution. La même cause qui nous empêche d'appercevoir la lumiere d'une chandelle exposée au Soleil, doit nous empêcher de voir les étoiles en plein midi. L'impression que fait sur notre rétine la lumiere du Soleil, rend insensible celle que cause la lumiere des étoiles.

Cette réponse devient une vraie démonstration, s'il est sûr, comme on le dit, que du fond d'un puits profond on apperçoive les étoiles en plein jour. Leur lumiere tombe alors perpendiculairement sur les yeux de l'Observateur, tandis que celle du Soleil que l'on ne suppose pas placé directement sur sa tête, n'y parvient qu'après avoir été affoiblie par un grand nombre de réflexions.

P R O B L É M E I I I.

Expliquer pourquoi la lumiere d'un flambeau paroit plus grande de loin, que de près, *par exemple*, à 200 pas qu'à 50.

Résolution. De près, je vois distinctement le diamétre du flambeau allumé ; de loin je vois le diamétre d'une tout compofé d'un corps lumineux & de l'air éclairé qui l'environne ; donc de loin le diamétre du corps éclairé que je vois, doit me paroitre plus grand , que de près ; donc la lumiere d'un flambeau doit paroître plus grande à 200 pas qu'à 50.

PROBLEME IV.

Expliquer pourquoi certains oifeaux de proye voient mieux la nuit , que le jour.

Réfolution. Ces fortes d'oifeaux ont , avec une prunelle fort ouverte , la rétine très-délicate. Le trop de lumiere les fatigue & les offufque ; il leur en faut peu , pour appercevoir diftinctement les objets. La même chofe nous arrive , lorfque nous paffons d'un lieu fombre dans un lieu éclairé ; nous fommes éblouis par le grand nombre de rayons qu'admet notre prunelle qui s'étoit dilatée dans l'obfcurité.

PROBLEME V.

Expliquer pourquoi dans les yeux fains , l'œil gauche voit l'objet plus diftinct que l'œil droit.

Réfolution. Le P. Regnault , Jéfuite , explique cet effet fingulier d'une maniere très-phyfique. L'œil gauche , dit-il , eft plus près de l'aorte que l'œil droit , puifque le fang arrive plutôt de l'aorte au cerveau par l'artère carotide gauche que par l'artére carotide droite ; donc le nerf optique gauche doit recevoir plus d'efprits vitaux , que le nerf optique droit ; donc l'œil gauche doit avoir plus de force & de vivacité que l'œil droit ; donc il doit voir les objets plus diftinctement que l'œil droit.

Le Lecteur qui ne fe rappelleroit pas ce que c'eft que l'aorte & les artéres carotides , fçaura que l'aorte eft un gros vaiffeau placé au côté gauche du cœur , par lequel le fang fe rend aux extrêmités du corps.

Les carotides font deux artéres du cou qui portent le fang au cerveau.

OPTIQUE *machine.* La machine à laquelle on a donné le nom d'*Optique* , a la propriété de renverfer les objets, de les groffir & de les repréfenter perpendiculaires , d'horizontaux qu'ils font. Voici la raifon phyfique de tous ces effets.

Le corps de *l'optique* eft une caiffe à peu près quarrée , foutenue par quatre efpèces de pieds. A l'un des côtés de la caiſſe ſe trouve un miroir plan incliné à l'horizon de 45 degrés ; & au côté oppoſé l'on met un verre *convexo-convexe* de 2, 3 à 4 pieds de foyer. Nous avons démontré dans l'article de la *dioptrique* que ces ſortes de verres renverſent & groſſiſſent les objets ; l'expérience nous apprend qu'un miroir plan incliné à l'horizon de 45 degrés, repréſente comme perpendiculaires les objets horizontaux ; donc *l'optique* doit renverſer, groſſir, & rendre perpendiculaires les objets horizontaux.

Premier Uſage. Placez l'objet horizontalement entre les pieds de la caiſſe. La longueur de ces pieds n'eſt pas arbitraire ; elle dépend de la longueur du foyer du verre convexe. Votre verre a-t-il 15 pouces de foyer, & comptez-vous 5 pouces depuis ſon centre juſqu'au centre du miroir plan ? vous ferez les pieds de la caiſſe de telle façon, qu'il y ait 20 pouces de diſtance de l'objet au centre du verre convexe.

Second Uſage. Renverſez l'objet que vous voulez faire repréſenter par votre *optique* ; s'il étoit dans la ſituation ordinaire, il vous paroitroit renverſé.

Troiſieme Uſage. Mettez votre œil vis-à-vis le miroir, & placez-le tellement que le verre convexe ſe trouve entre votre œil & le miroir. Si vous êtes myope, ſervez-vous de votre verre concave ordinaire, de telle ſorte que vous ne regardiez le centre du miroir plan, qu'à travers deux verres, dont l'un ſoit le verre convexe de *l'optique* & l'autre votre verre concave. Telle eſt la maniere dont on doit ſe ſervir d'une machine que la coutume fait nommer, *optique*, mais que les régles de la ſaine Phyſique doivent faire appeller, *boîte cata-dioptrique* ; pourquoi ? parce que la catoptrique traite des miroirs & la dioptrique des verres.

OR. M. Homberg fameux Chymiſte prétend avoir découvert que l'or étoit compoſé de mercure, d'un ſable très-fin, & de quelque ſels fixes. Voyez l'article des *Métaux* où cette matiere eſt traitée aſſez au long.

ORBITE. On donne ce nom aux ellipſes que parcourent les planétes.

OREILLE. Les principales parties de l'oreille ſont la conque, le conduit auditif, le tympan, & les quatre oſſelets qui l'accompagnent, la caiſſe du tympan, la trompe d'Euſtache, le labyrinthe & le limaçon. Ce n'eſt dans aucune de ces parties, je l'avoue, que nous devons placer l'organe de l'ouie ; il n'en eſt cependant aucune qui ne

nous foit d'une grande utilité, j'ai prefque dit d'une néceffité indifpenfable. Auffi en allons-nous faire la defcription & en indiquer l'ufage en peu de mots.

1°. La conque que l'on voit évafée en forme d'entonnoir, fert à raffembler les rayons fonores. Cette partie
de l'oreille manque-t-elle à quelqu'un ? dès-lors il entend un bruit à peu-près femblable à celui que fait une
eau qui coule avec impétuofité. C'eft fans doute pour
faire ceffer un murmure fi importun, que l'on voit ces
fortes de perfonnes porter à leurs oreilles leurs mains
courbées en forme de cornet.

2°. Le conduit auditif, canal qui part de la conque, fert
à porter le fon jufqu'à la membrane du tympan. Quelque délicate que foit cette membrane, il n'eft pas à
craindre qu'elle en foit bleffée ; le fon eft déja amorti,
lorfqu'il y parvient. Auffi la nature toujours attentive à
nos befoins, a-t-elle donné au conduit auditif la figure
d'un canal long & tortueux. C'eft fans doute pour la
même raifon que le tympan fe préfente obliquement, &
fait un angle fort aigu avec la partie inférieure du conduit auditif.

3°. Le tympan eft une membrane féche, déliée, tranfparente, terminée par l'os orbiculaire, & tendue à peu-
près comme la peau d'un tambour, par le manche du
marteau qui và aboutir précifément à fon centre. Il me
paroit que le tympan eft pour l'ouie, ce que le criftallin eft pour la vûe ; celui-ci par le moyen des ligamens
ciliaires devient plus ou moins convexe, fuivant que la
fituation des objets le demande ; celui-là par le moyen
du manche du marteau eft plus ou moins tendu, fuivant
que la nature des fons paroit l'exiger. Quoi qu'il en foit
de cette analogie, il eft fûr que le tympan ferme abfolument le conduit auditif, & ôte toute communication
entre l'air qui fe trouve dans l'oreille extérieure & celui
qui réfide dans l'oreille intérieure. M. Chefelden, je le
fçais, affure le contraire ; il ajoute même qu'il a vu un
homme fumer une pipe de tabac, & faire fortir la fumée par les oreilles. Mais ce prétendu fait n'eft au fond
qu'une fupercherie, de l'aveu même de plufieurs Soldats
des Invalides qui s'étoient vantés de rendre la fumée par
les oreilles. Ce font-là les propres paroles de M. l'Abbé
Nollet dont le témoignage pourroit paffer en Phyfique
pour une efpèce de démonftration, tant il eft fur fes

gardes, lorſqu'il avance quelque fait, ou lorſqu'il rapporte quelque expérience.

4°. A l'entrée de la caiſſe du tambour l'on remarque
quatre oſſelets que leur figure ſinguliere ont fait nommer
l'os *orbiculaire*, le *marteau*, l'*enclume* & l'*étrier*. L'os orbiculaire termine le tympan vers le centre duquel abou-
tit le manche du marteau. La tête du marteau s'emboîte
dans l'enclume & l'enclume dans l'étrier dont la baſe
va toucher celle des deux entrées du labyrinthe, que l'on
nomme la *fenêtre ovale*. De la ſituation de ces oſſelets
les Anatomiſtes ont tiré depuis long-tems leurs différens
uſages. Le marteau, *diſent-ils*, ſert à tendre & à déten-
dre le tympan, par le moyen d'un tendon que produit
le premier des deux muſcles qui ſe trouvent dans la caiſſe
du tambour, & qui tient à l'extrêmité du manche du
marteau. L'enclume paroit deſtiné à fixer le tympan ; c'eſt
pour cela ſans doute que l'on voit l'une de ſes branches
appuyée contre l'os orbiculaire, tandis que l'autre s'enfonce dans l'os pétreux. Enfin l'étrier pourroit bien être
pour la membrane qui ferme la fenêtre ovale, ce qu'eſt
le marteau pour celle qui ferme le conduit auditif; auſſi
le ſecond des muſcles qui ſe trouve dans la caiſſe du
tambour, produit-il un tendon qui communique & avec
l'étrier & avec la membrane qui ferme la fenêtre ovale.

A ces différentes notions que les Anatomiſtes regardent comme ſûres, me ſera-t-il permis d'ajouter une
conjecture ; je la tire non-ſeulement de la ſituation,
mais de la figure des oſſelets dont je viens de parler.
La voici en deux mots. N'eſt-il pas probable que toutes
les fois que l'air modifié en ſon, frappe le tympan, alors
le manche du marteau eſt mis en mouvement, & ſa tête
frappe un coup ſur l'enclume ? ce mouvement ſe communique néceſſairement de l'enclume à l'étrier, & de
l'étrier à la membrane qui ferme la fenêtre ovale ; l'on
peut donc conjecturer qu'une des fonctions principales
des oſſelets, eſt de faire paſſer l'impreſſion du ſon, de
la membrane du tympan juſqu'à celle qui ferme la fenêtre ovale.

5°. Par la caiſſe du tympan l'on prétend déſigner cette
cavité aſſez ample & aſſez ronde dans laquelle ſe trouvent les quatre oſſelets dont nous venons de faire la deſcription. L'air dont eſt rempli cette caiſſe n'eſt pas *innée*,
comme l'ont prétendu les Anciens ; il lui vient par un

canal long & étroit que l'on nomme la *trompe d'Euflache*, & qui defcend jufques à la luette. Il eft donc vrai de dire que l'on entend par la bouche ; & l'on ne doit pas être furpris de voir les perfonnes qui ont l'oreille dure, ouvrir la bouche, lorfqu'elles affiftent à quelque difcours ou à quelque concert. L'on doit être encore moins furpris de la forte impreffion que fait fur l'ouie un corps fonore que l'on agite, en le tenant entre les dents.

6°. Au fond de la caiffe du tympan fe trouve une cavité remplie d'air ; fes tours & fes détours l'ont fait nommer *labyrinthe*. Ses parties principales font le veftibule, les trois canaux femi-circulaires & le limaçon. Elle communique avec la caiffe du tambour par deux iffues que deux membranes bien tendues tiennent exaftement fermées. La premiere de ces iffues fe nomme *fenêtre ovale*, elle conduit au veftibule du labyrinthe ; la feconde s'appelle *fenêtre ronde*, elle conduit au limaçon. Je croirois fans peine que les mêmes raifons qui ont engagé l'Auteur de la nature à donner au conduit auditif la figure d'un canal long & tortueux, l'ont déterminé à conftruire en forme de labyrinthe la cavité dont nous parlons. Quoi qu'il en foit, l'air dont elle eft remplie fert à tranfmettre le fon jufques aux houpes nerveufes dont elle eft tapiffée. Telles font les principales parties de l'oreille.

Ce n'eft dans aucune de ces parties, quelques néceffaires qu'elles foient, qu'il faut placer l'organe de l'ouie, comme nous l'avons déja dit. A peine oferoit-on de nos jours agiter une pareille queftion. L'on ne faifoit pas autrefois difficulté, je le fçais, de le placer dans la membrane du tympan. Mais pourroit-on foutenir un pareil fentiment depuis l'heureufe découverte de la *trompe d'Euftache* ? depuis lors n'eft-il pas évident que l'on entend quelquefois immédiatement par la bouche ! c'eft même par cette voie que je diftingue les mots que je prononce à voix baffe & prefque fans ouvrir les lévres. Mais fi j'entends quelquefois immédiatement par la bouche, je puis donc abfolument entendre fans le fecours du tympan ; & fi je puis abfolument entendre fans le fecours du tympan, le tympan ne doit pas être regardé comme l'organe de l'ouie. C'eft cette efpèce de démonftration qui engagea M. Chefelden à rompre à un de fes chiens la membrane du tympan ; l'animal ne perdit pas par cette opération l'ufage de l'ouie ; il eut, il eft vrai, pendant quelque tems une grande averfion pour les fons, parce qu'ils entroient dans l'oreille intérieure avcc trop d'impétuofité ; mais il en devint fi peu fourd, qu'il diftinguoit encore la voix de fon maître d'avec la voix de tous les autres.

Où placerons-nous donc l'organe de l'ouie, & quelle fera la folution d'une queftion auffi difficile que celle-là ? la voici en peu de mots. De là partie du cerveau que l'on appelle *le centre ovale* partent dix paires de nerfs que l'on nomme les dix conjugaifons. Les nerfs de la feptieme conjugaifon fe partagent en différens rameaux, dont les plus durs vont aboutir à différentes parties intérieures de la bouche & du vifage, & les plus mous vont fe rendre dans le limaçon & dans le labyrinthe. Semblables à tous les autres nerfs, ils s'y terminent en une infinité de petites *houpes* & de petits *mamelons ;* & ce font ces houpes & ces mamelons que nous devons regarder comme l'organe de l'ouie. Les preuves que je vais en apporter me paroiffent inconteftables.

Tout le monde convient qu'il faut placer l'organe de l'ouie, ou dans la membrane du tympan, ou dans les houpes nerveufes qui tapiffent le limaçon & le labyrinthe. Mais il eft démontré que le tympan n'eft pas l'organe de l'ouie ; donc il faut placer cet organe dans les houpes nerveufes qui tapiffent le limaçon & le labyrinthe. A cette preuve purement négative, ajoutons-en de pofitives & de directes. En voici deux à l'évidence defquelles on aura de la peine à ne pas fe rendre. Qu'entendent les Philofophes par l'organe de l'ouie ? ils entendent fans doute cette partie de l'oreille qui peut faire paffer les vibrations des corps fonores jufqu'à l'organe du fens commun, fi connu fous le nom de *centre ovale.* Or je vous le demande, n'eft-ce pas là la fonction naturelle des houpes nerveufes dont je viens de parler ? & s'il eft impoffible de remuer l'extrêmité d'une corde tendue, fans que l'impreffion fe communique à l'inftant jufqu'à l'autre extrêmité, pourra-t-on agiter les houpes des nerfs auditifs, fans que ce mouvement fe communique jufqu'à leur origine que perfonne n'a encore placé hors de l'organe du fens commun ?

D'ailleurs n'a-t-on pas toujours reconnu une vraie analogie entre les différens organes des fens extérieurs ? Hé bien, c'eft de cette analogie-là même que je tire une preuve convaincanté pour le fentiment que je propofe. En effet les houpes nerveufes que l'on apperçoit entre l'épiderme & la peau, font l'organe du tact, de l'aveu de tous les Phyficiens. Celles qui, après être forties de la membrane nerveufe de la langue, traverfent fa membrane réticulaire & s'élévent jufqu'à fon épiderme, font regardées avec raifon comme l'organe du goût. L'on place l'organe de l'odorat dans les houpes qui terminent les nerfs de la premiere conjugaifon, & quelques rameaux des nerfs de la cinquieme. L'on avoue fans peine que les houpes des nerfs optiques qui fervent à former la rétine, font l'unique organe de la vûe ; pourquoi auroit-on de la peine à avouer que l'on doit regarder comme l'organe de l'ouie ces houpes & ces mamelons qui partent des rameaux les plus mous des nerfs de la feptieme conjugaifon, & qui tapiffent le labyrinthe & le limaçon ? Non, je ne crains pas de le dire ; ou l'on ne doit fe rendre à aucune preuve phyfique, ou l'on doit avouer fans peine que ce fentiment a tous les degrés de probabilité qui conftituent l'évidence morale.

ORGANE. L'organe d'un fens eft la partie du corps où l'objet de ce fens fait le plus d'impreffion. Tous les organes des fens internes & externes communiquent avec le fiége de l'ame, c'eft-à-dire, avec le centre ovale, par le moyen de quelque nerf.

ORIENT. Le côté du Ciel où le Soleil fe léve, s'appelle la partie orientale de la fphére.

ORIFICE. Ouverture & orifice font deux termes fynonimes.

OS. Les os font des parties folides qui foutiennent toute la maffe du corps. Ils font couverts d'une membrane trèsdéliée que l'on nomme communément le *périofte*.

OVALE. Voyez *Ellipfe*.

OUIE. L'ouie eft un fens externe qui a fon organe dans les *houpes* qui terminent les rameaux les plus mous des nerfs de la feptieme conjugaifon, & qui fe diftribuent fur le labyrinthe & le limaçon, comme nous l'avons prouvé en parlant de l'*Oreille*.

OUEST. L'Occident & l'Oueft font deux mots fynonimes.

P

PANCRÉAS. Le pancréas est un assemblage de glandes renfermées dans la même membrane & placées sous l'estomac près du *duodenum*. Elles servent à séparer du sang une humeur insipide, limpide, & qui a beaucoup d'analogie avec la salive. Les Anatomistes la nomment *suc pancréatique*. Elle se rend dans le *duodenum*, où elle sert à la digestion.

PARABOLE. Les Géomètres définissent la parabole une ligne courbe qui n'est pas rentrante comme le cercle & l'ellipse, & dans laquelle le quarré d'une ordonnée à l'axe est toujours égal au rectangle fait sous le paramètre & l'abscisse correspondante. Nous parlerions ici de cette courbe, si nous n'avions pas donné d'une manière très-étendue l'article *Sections coniques*.

PARALLAXE. Pour comprendre ce que nous avons à dire dans cet article, lisez d'abord avec attention les articles de ce Dictionnaire qui commencent par les mots *Logarithme*, *Trigonométrie*, & jettez ensuite les yeux sur la figure quatrieme de la planche premiere dont voici l'explication. T représente la Terre; A B l'axe du monde; A le pole austral; B le pole boréal; E T Q l'équateur; c le Cap de Bonne-Espérance où se trouvoit M. l'Abbé de la Caille, lorsqu'il observa la parallaxe de Mars; Z le Zénith du Cap; V Stokolm où se trouvoit M. Wargentin, lorsqu'il observa au même instant que M. l'Abbé de la Caille la parallaxe du même astre; ʒ le Zénith de Stokolm; *p* la position réelle de Mars, *m* la position apparente de Mars par rapport au Cap, M la position apparente de Mars par rapport à Stokolm. Cela supposé, voici comment on peut connoître la parallaxe d'un astre, & comment, par le moyen de sa parallaxe, on peut parvenir à déterminer sa distance de la Terre.

1°. La différence d'apparence entre la situation d'un astre observé du centre de la Terre, & celle où on l'apperçoit de quelque endroit de sa surface, s'appelle *parallaxe*. Supposons, *par exemple*, Mars au point K & le centre de la Terre au point T; si la Terre étoit diaphane, un Observateur placé précisément à son centre T rapporteroit Mars au point R du Ciel, tandis qu'un second Observateur placé au point H de la surface du même globe le rapporte au point S ; l'angle RKS, ou son égal HKT nous donne donc l'angle parallactique , ou la parallaxe horizontale de Mars.

2°. L'obſervation faite le 6 Octobre 1751 par M. l'Abbé de la Caille au Cap de Bonne-Eſpérance & par M. Wargentin à Stokolm , nous donne l'angle m p M de trente-trois ſecondes trois dixiemes.

3°. M. l'Abbé de la Caille nous apprend dans ſes Élemens d'Aſtronomie , que , lorſqu'il eut trouvé la valeur de l'angle m p M , il détermina la parallaxe horizontale de Mars par la proportion ſuivante. *Comme la ſomme des ſinus des diſtances de l'aſtre à chaque Zénith , eſt au ſinus total ; de même la quantité trouvée , eſt à la parallaxe de l'aſtre.* Ainſi puiſque Mars m étoit éloigné du Zénith Z de M. l'Abbé de la Caille de vingt-cinq degrés deux minutes , & que Mars M étoit éloigné du Zénith de M. Wargentin de ſoixante-huit degrés quatorze minutes , l'on a dû dire ; *comme la ſomme des ſinus de vingt-cinq degrés deux minutes & de ſoixante-huit degrés quatorze minutes , eſt au ſinus total ; ainſi trente-trois ſecondes trois dixiemes , ſont à vingt-quatre ſecondes ſoixante-quatre centiemes qui marquent la parallaxe horizontale de Mars.*

4°. L'angle parallactique RKS une fois trouvé , rien n'eſt plus aiſé que de connoître la diſtance de cette planéte au centre de la Terre. En effet dans le triangle rectangle KHT je connois tous les angles & le côté HT qui repréſente le rayon terreſtre ; donc par une ſimple opération trigonométrique je connoîtrai la valeur du côté TK qui exprime la diſtance que l'on cherche.

5°. Ce que nous avons dit de Mars , nous pouvons le dire de la plupart des planétes & des cométes ; elles ont preſque toutes une parallaxe plus ou moins grande. Pour les étoiles fixes , elles ſont trop éloignées de nous , pour qu'elles en ayent une.

Les exemples ſuivans jetteront un grand jour ſur cet article.

PROBLÉME I.

Connoiſſant la parallaxe du Soleil de 10 ſecondes , déterminer à quelle diſtance il eſt du centre de la Terre ?

Réſolution. 1°. Dans le triangle HKT rectangle en H , je connois l'angle H de 90 degrés , l'angle K de 10 ſecondes , l'angle T de 89 degrés 59 minutes 50 ſecondes , & le côté H T de 1433 lieues , parce qu'il repréfente la valeur du demi-diamétre de la Terre T.

2°. Le logarithme du finus de l'angle K eft 5,6855748 ; celui de l'angle H 10,0000000 , & celui du côté H T 3,1562462.

3°. Par les principes que nous avons établis dans les articles qui commencent par les mots *logarithme* & *trigonométrie* , l'on doit dire 5,6855748 . à 3,1562462 : 10,0000000 . à un quatrieme terme qui vous donnera le logarithme du côté T K qui repréfente la diftance du foleil au centre de la terre T.

4°. Pour trouver ce logarithme , j'additionne le fecond & le troifieme termes de la proportion arithmétique fupérieure ; je fouftrais le premier terme de la fomme 13,1562462 , & le reftant 7,4706714 me donne ce que je cherche.

5°. J'examine à quel nombre correfpond le logarithme 7,4706714 ; & comme il répond à trente millions de lieues , je conclus que c'eft-là la diftance qui fe trouve entre le Soleil & le centre de la terre.

6°. Dés que je connois la diftance de la terre au foleil , j'aurai facilement , par la feconde Loi de Képler , la diftance des autres planétes fupérieures au même aftre.

P R O B L E M E   I I.

Connoiffant la parallaxe de la lune d'un degré , déterminer à quelle diftance elle eft de la furface de la terre ?

Réfolution. Dans le triangle H K T rectangle en H , je connois l'angle H de 90 degrés , l'angle K d'un degré , l'angle T de 89 degrés , & le côté H T de 1433 lieues.

2°. Le logarithme du finus de l'angle K eft 8,2418553 ; celui de l'angle T 9,9999338 , & celui du côté H T 3,1562462.

3°. Par les principes que nous avons établis dans les articles qui commencent par les mots *logarithme* & *trigonométrie*, l'on doit dire , 8,2418553 . 3,1562462 : 9,9999338. à un quatrieme terme qui vous donnera le logarithme du côté H K qui repréfente la diftance de la lune K à la furface de la terre T.

4°. Pour trouver ce logarithme , j'additionne le fecond & le troifieme termes de la proportion arithmétique fupérieure. Je fouftrais le premier terme de la fomme 13,1561800, & le reftant 4,9143247 me donne ce que je cherche.

5°. J'examine à quel nombre correspond le logarithme 4,9143247, & comme il répond à environ 90000 lieues, je conclus que c'est-là la distance qui se trouve entre la lune & la surface de la terre.

PARALLÉLE Deux lignes sont parallèles, lorsque toutes les perpendiculaires que l'on tire entr'elles sont égales, c'est-à-dire, deux lignes sont parallèles, lorsque dans tous leurs points elles sont également éloignées l'une de l'autre ; aussi a-t-on coutume de dire que ces sortes de lignes prolongées à l'infini, ne se rencontreroient jamais. Les lignes, A B & C D *Fig.* 4. *Pl.* 2. sont parallèles entr'elles.

PARALLÉLOGRAMME. Le parallélogramme est un quadrilatère dont les côtés opposés sont parallèles. Il y a quatre sortes de parallélogrammes ; le quarré, le quarré long, le rhombe & le rhomboïde. Le quarré a ses quatre côtés égaux & ses quatre angles droits. Le quarré long a ses quatre angles droits, mais il n'a que ses côtés opposés égaux. Le rhombe a ses quatre côtés égaux, mais il n'a aucun angle droit. Le rhomboïde n'a aucun angle droit & il n'a que ses côtés opposés égaux.

PARÉLIES. Divers nuages épais & glacés sont-ils tellement situés, qu'ils reçoivent les rayons du soleil & les réfléchissent comme autant de miroirs jusqu'à nos yeux ? l'on voit alors sur ces nuages différentes images de cet astre, l'on voit des soleils nouveaux & multipliés. C'est-là ce que les Physiciens appellent *Parélies*. La même chose arrive par rapport à la lune ; & c'est-là ce qu'on appelle *Parasélene*.

PAROLE. La trachée-artére, la glotte, la langue, les dents & les lévres, tout cela sert à former le son articulé que nous appellons la *parole*. L'air qui sort de notre poitrine dans le tems de l'expiration, se rend d'abord dans la trachée-artére ; & de là dans la bouche en passant auparavant par la glotte. Dans ce passage d'un lieu plus large dans un lieu plus étroit, il acquiert une augmentation de vitesse ; il imprime aux deux lévres de la glotte un mouvement de frémissement ; il reçoit dans ses parties insensibles ce même mouvement, & il se trouve par-là modifié en son. C'est le palais, la langue, les dents & les lévres qui le rendent *son articulé*. Voyez ce point de Physique rapproché de ses principes dans l'article du *son*, & sur-tout dans celui du *son articulé*.

PARTIE. Un tout a ses parties *aliquotes* & ses parties *ali-*

quantes. Les parties aliquotes font celles qui étant répétées un certain nombre de fois mefurent exactement le tout. Ainfi trois eft une partie aliquote de douze. Les parties aliquantes font celles qui étant répétées un certain nombre de fois, ne peuvent jamais mefurer exactement le tout. Cinq, *par exemple*, eft une partie aliquante de douze.

PEAU. La peau eft une grande membrane réticulaire qui fe trouve fous l'épiderme. On la nomme réticulaire, parce qu'elle eft parfemée d'un infinité de petits trous.

PENDULE. Une bale de plomb attachée à un point fixe, autour duquel elle décrit un arc, repréfente un pendule. Cherchez *centre de gravité* ; & fouvenez-vous que les pendules à cycloïde ne font plus en ufage. On leur fait décrire maintenant de petits arcs de cercle qui fe confondent avec des arcs de cycloïde.

PÉRICARDE. Membrane qui enveloppe le cœur.

PÉRIGÉE. Un aftre eft *périgée*, lorfqu'il eft dans fa plus grande proximité de la terre.

PÉRIHÉLIE. Un aftre eft *périhélie*, lorfqu'il eft dans fa plus grande proximité du foleil.

PÉRIODIQUE. On donne le nom de *périodique* au mouvement d'un aftre autour d'un autre.

PÉRIOSTE. La membrane déliée qui couvre les os s'appelle *périofte.*

PÉRIPATÉTICIENS. C'étoient des Philofophes qui difputoient dans le Lycée en fe promenant. Ils eurent pour Chef un des plus vaftes & des plus beaux génies que la nature ait produit, c'eft Ariftote, que les anciens ont nommé le Prince des Philofophes & que nos modernes fe font un devoir de méprifer, j'ai prefque dit, de tourner en ridicule. Il eft fûr cependant que fa Logique, fa Rhétorique, fa Poëtique & fes Livres des animaux feront toujours regardés comme autant de chefs-d'œuvre. Il eft encore fûr que ce grand Homme a traité la plûpart des points de Phyfique dont les modernes fe glorifient d'avoir fait la découverte ; telles font les queftions du mouvement de la terre dans l'écliptique, de la gravité de l'air, de la circulation du fang, &c. La première de ces queftions eft examinée dans le chapitre treizieme, & réfutée dans le chapitre quatorzieme du fecond Livre d'Ariftote fur le ciel : la feconde eft démontrée vers le milieu du quatorzieme chapitre du quatrieme Livre du même Traité ; la démonftration eft fondée fur l'expérience qui nous apprend qu'un

balon vuide pefe moins qu'un balon rempli d'air : la troifieme queftion eft fuppofée comme une chofe connue de
tout le monde à la fin du troifieme & dernier chapitre ,
fur les caufes Phyfiques du fommeil & de la veille. Il eft
fûr enfin que ceux qui ne rendent pas au Prince des
Philofophes toute la juftice qu'il mérite , n'ont lu que fes
Ouvrages ou traduits en très-mauvais latin , ou défigurés
par les Arabes qui , pour donner une fuite à la plûpart de
fes Livres de Phyfique , furent obligés de fuppléer bien
des feuilles que les infectes avoient rongées. Cette derniere réflexion eft tirée du Livre treizieme de *Strabon*.

PÉRIPATÉTISME. Syftême de Phyfique tout-à-fait infoutenable , lorfque l'on adopte toutes les folies que les
Arabes ont mifes fur le compte d'Ariftote.

PÉRISTALTIQUE. Le mouvement *périftaltique* ou
vermiculaire eft un mouvement de contraction & de production. Les inteftins , le gofier & toutes les parties du
corps aufquelles un pareil mouvement convient , ont des
fibres droites ou *longitudinales* & des fibres circulaires ou
annulaires. L'introduction des efprits vitaux dans les fibres droites , les gonfle , les rend moins longues , & caufe un mouvement de contraction. Il n'en eft pas ainfi
de l'introduction des efprits vitaux dans les fibres circulaires ; elle les gonfle à la vérité , mais en les gonflant
elle les fépare les unes des autres , & caufe un mouvement de production. Ce mouvement alternatif de contraction & de production dans les inteftins fert beaucoup à
la digeftion.

PÉRITOINE. La membrane qui tapiffe l'*abdomen* fe
nomme *péritoine*.

PERPENDICULAIRE. Une ligne eft perpendiculaire
fur une autre , lorfqu'elle ne penche pas plus d'un côté
que d'un autre.

PESANTEUR. Cherchez *gravité*.

PÉTRIFICATION. Nous avons remarqué dans l'ar-
ticle des *fontaines* qu'il y en a certaines dont les eaux font
chargées de grains de fable & de petites pierres infenfibles. Ces grains de fable & ces petites pierres entrent
avec l'eau dans certains corps garnis d'un grand nombre de pores. Des parties aqueufes & pierreufes que
donnent ces fontaines , & des parties propres de ces corps,
il fe forme une efpéce de bouillie , ou pour mieux dire ,
de ciment , lequel durci , préfente une vraie pétrification.

C'eſt ainſi ſans doute qu'ont été pétrifiés à Aix en Provence ces hommes dont faiſoit mention le courrier du 15 Fevrier 1760. Voici comment le fait y eſt raconté. Madame de Silvacanne a un enclos à 100 pas des murs de la ville du côté des eaux de Sextius. Il s'élevoit dans cet enclos un bout de rocher qui empêchoit la culture d'une vigne & d'une terre qui y ſont attenantes. On fit ſauter ce rocher vers la fin du mois de Janvier 1760 ; & on y trouva, à la profondeur de 5 à 6 pieds, des corps d'hommes pétrifiés, qui faiſoient exactement corps avec le rocher. Ces corps étoient debout, à environ un pied & demi. On a conſervé 6 têtes & beaucoup d'oſſemens ; il y en a ſur-tout dont les traits du viſage ſont bien marqués ; les autres ne laiſſent appercevoir que le crâne ; le reſte de la tête eſt en pierre d'une dureté égale à celle du marbre le plus dur. Cette partie eſt brute comme celle d'une pierre ordinaire. Ces 6 têtes étoient tournées au couchant. On a rétiré quantité d'os de jambes & de cuiſſes parfaitement pétrifiés. On apperçoit ſur quelques-uns de ces os une enveloppe rembrunie très-dure. Les parties oſſeuſes ont dans pluſieurs endroits conſervé leur blancheur ; en les grattant on en enleve quelques particules, comme l'on feroit à du plâtre dur ; & la moëlle de ces os eſt généralement criſtallifée. On a auſſi trouvé des dents très-aigues, & recourbées de la longueur de 2, 3, 4 & 5 pouces.

PHARINX. Le pharinx eſt le commencement du goſier.

PHASE. Certains aſtres, la Lune, *par exemple*, Vénus & Mercure nous repréſentent tantôt tout un hémiſphére, tantôt une partie de leur hémiſphére éclairé. Les Aſtronomes appellent *phaſes* ces différentes apparences.

PHÉNOMÉNE. On donne ce nom en Phyſique aux événemens ou rares ou difficiles à expliquer.

PHILOSOPHIE. C'eſt l'étude de la nature ; & lorſqu'on la prendra dans ce ſens, l'on en devra regarder la Phyſique comme la partie la plus étendue. Cherchez *Phyſique*. C'eſt encore l'étude de la ſageſſe ; & c'eſt dans ce ſens que la prend dans ſon Mandement de 1759 M. l'Évêque de Lodéve Jean-Felix-Henri de Fumel, lorſqu'il dit *pag.* 117 : « Guidée par la véritable ſageſſe, » la ſaine Philoſophie ſe défend tous les écarts, & ne » ſe détache jamais de la Religion, ni des principes du » gouvernement. Elle reſpecte l'autorité par tout où elle

» la trouve. Loin de travailler à la détruire, elle em-
» ploye fes connoiffances à la défendre. Elle connoit les
» régles d'une jufte dépendance. Elle fe fait un hon-
» neur & un devoir de les fuivre. On ne lui perfua-
» dera jamais qu'une liberté odieufe à la raifon, fi
» funefte dans tous les tems au repos & à la tranquil-
» lité publique, foit néceffaire & avantageufe. Le vrai
» Philofophe fent que les cris du refpeƐt, de la foumif-
» fion & de la confiance, font les feuls permis & les
» plus efficaces. Il n'ignore pas que la licence dans les
» difcours, dans les écrits, comme dans les aƐtions, fut
» toujours nuifible à la Religion, au Trône & à la
» Patrie. » Ce n'eft pas ainfi que penfent, que parlent & qu'écrivent les prétendus efprits forts de nos jours
dont la Philofophie confifte dans la liberté de tout penfer, de tout dire & de tout écrire. L'objet de prefque
tous leurs livres, c'eft de bannir du monde toute Religion, de fupprimer toutes les vertus, & d'anéantir toute autorité. Pour y réuffir, leurs auteurs effayent de
dépouiller la Divinité de tous fes droits, d'ôter aux vi-
ces & aux pâffions toute leur difformité, & d'affoiblir
le droit des Puiffances de la terre. Ils détruifent ou dé-
figurent la Divinité, ils dégradent l'humanité, & ils rompent tous les liens d'une jufte dépendance. Les preuves
inconteftables des deux premieres affertions font raffem-
blées dans les articles de ce Dictionnaire qui commencent par les mots *Dieu* & *Matérialifme*. Pour vous convaincre de la vérité de la troifieme propofition, écoutez
encore quelques moments l'illuftre Prélat dont nous avons
emprunté jufqu'à préfent les paroles. Il nous met d'a-
bord fous les yeux les indignes maximes de nos prétendus Philofophes, telles qu'ils les ont confignées dans le
livre qui leur eft le plus cher, je veux dire, l'Encyclo-
pédie aux mots AUTORITÉ PUBLIQUE & GOUVERNE-
MENT. *Le Prince, difent-ils, tient de fes fujets mêmes
l'Autorité qu'il a fur eux.... Le Gouvernement eft un bien
public, qui par conféquent ne peut jamais être enlevé au
peuple, à qui feul il appartient effentiellement en pleine
propriété. Auffi eft-ce toujours lui qui en fait le bail. Il
intervient dans le contrat qui en adjuge l'exercice. Par tout
la Nation eft en droit de maintenir, envers tous & contre tous, le contrat qu'elle en a fait. Les gouvernements,
de quelque efpèce qu'ils foient, font légitimes auffi long-*

tems que , par l'intention du Souverain , ils tendent au bonheur des peuples. Mais les gouvernements peuvent se dissoudre , quand les Puissances législatrice ou exécutrice, agissent par la force , au-delà de l'autorité qui leur a été commise , & d'une maniere opposée à la confiance qu'on a pris en elle. Vouloir couvrir les fautes de l'administration du voile du silence , c'est s'opposer aux progrés de la législation , & par conséquent au bonheur de l'humanité.

» Peut-on imaginer des Principes plus anarchiques
» & plus séditieux , remarque le sçavant Évêque de Lo-
» déve ? Dans cet affreux sistême , non-seulement les
» peuples donnent la royauté ; mais ils sont par état
» les Maitres , les Conducteurs , les Conseillers , les
» Tuteurs , les Juges des Rois. C'est dans les peuples
» que réside essentiellement la souveraine Puissance. Ils
» ne doivent obéir aux loix , qu'autant qu'ils les ap-
» prouvent. Dès que le Gouvernement ne sera pas de
» leur gout ; dès qu'ils soupçonneront dans le Monar-
» que de mauvaises intentions ; que les conditions de
» leur prétendu contrat ou bail ne leur paroitront pas
» remplies ; qu'ils ne le jugeront plus digne de leur
» confiance , ils lui arracheront sans doute le sceptre &
» la couronne , ou au moins si par l'abus que le Sou-
» verain fait de son pouvoir , son autorité cesse d'être
» légitime , les peuples une fois persuadés de cet abus ,
» se croiront affranchis de tout devoir de respect, d'hon-
» neur, d'obeissance & de fidélité.

» Ne frémissez-vous pas en voyant ici la porte ouver-
» te aux émeutes & aux révolutions , les Puissances lé-
» gitimes livrées à la discretion des hommes inquiets &
» turbulens d'un État ? O vous , Peuple François , que
» l'inclination autant que le devoir rend docile aux loix
» de vos Maitres ; vous dont le bonheur est attaché à
» la gloire & à la conservation du plus chéri des Souve-
» rains, Nation toujours fidéle à vos Rois ! Vous détes-
» tez sans doute ces maximes affreuses , inspirées par le
» démon de la discorde , capable de porter le trouble
» dans le sein de vos Cités , d'y allumer le feu des
» guerres intestines , & d'ébranler à chaque instant le
» Trône jusques dans ses fondements. Non la France
» ne connoitra jamais ses enfants à ce langage séditieux. »
Elle pense & elle pensera toujours, que c'est en la per-
sonne seule du Roi, que réside la Puissance souveraine

dont le caractére propre eſt l'eſprit de conſeil, de juſti-
ce & de raiſon : Que la plenitude de l'Autorité demeure toujours en lui, & que l'uſage n'en peut jamais être
tourné contre lui : Que c'eſt à lui ſeul qu'appartient le
pouvoir légiſlatif, ſans dépendance & ſans partage : Que
l'ordre public, tout entier, émane de lui ; qu'il en eſt
le Gardien ſuprême : Que ſon peuple n'eſt qu'un avec lui,
& que les droits & les intérêts de la Nation ſont néceſſairement unis avec ceux du Monarque, & ne repo-
ſent qu'en ſes mains. Puiſſent ces maximes ſacrées &
immuables, ces loix fondamentales du Royaume être gra-
vées d'une maniere ineffaçable dans l'eſprit & dans le
cœur de tous les François.

Mais tout ceci n'eſt-il pas hors d'œuvre dans un Dictionnaire de Phyſique, *demandera ſans doute quelqu'un*,
peut-être par attachement aux maximes ténébreuſes que
nous venons de faire rentrer dans le néant, ou plutôt
dans l'enfer d'où elles étoient ſorties ? Non, lui répon-
drons-nous hardiment ; le mot *Philoſophie* devant faire
néceſſairement un article de ce Dictionnaire, n'avons-
nous pas dû en préſenter la véritable définition, & attaquer ces hommes irréligieux qui prétendent faire de l'é-
cole de la ſageſſe une école d'impiété, de libertinage &
de rébellion. D'ailleurs ce qui a rapport à la Religion
peut-il être hors d'œuvre dans un temps où nos prétendus Philoſophes ſément l'irréligion dans les ouvrages qui
en paroiſſoient le moins ſuſceptibles. C'eſt-là une réflexion que nous avons déjà faite à la fin de l'article où
nous avons rendu compte du Dictionnaire encyclopédi-
que ; il nous a paru néceſſaire de la répéter ici.

PHISIQUE. Cherchez *Phyſique*.

PHOSPHORE. Le phoſphore eſt une matière lumineuſe
& brûlante. La poudre ardente de Mr. Homberg, *par
exemple*, eſt un vrai phoſphore ; elle eſt compoſée de
miel commun & d'alun de roche caſſé en petits morceaux.
Pour avoir, *dit Mr. Homberg*, une idée vraiſemblable
de la maniere dont cette poudre s'enflamme, lorſqu'elle
a pris l'air, il faut ſe ſouvenir que la matière dont elle
eſt faite, a été fortement calcinée par le feu. Elle a perdu dans cette calcination toute la partie aqueuſe qu'elle
contenoit & la plus grande partie de ſon huile & de ſon
ſel volatil, de ſorte que la poudre qui reſte ne conſiſte
qu'en un tiſſu ſpongieux d'une matière terreuſe qui a re-

tenu tout fon fel fixe & un peu de fon huile fétide, &
dont les pores vuides confervent pendant quelque tems
une partie de la flamme qui les a pénétrés pendant la
calcination.

Cela fuppofé, l'on ne doit pas être furpris que cette
poudre s'échauffe un inftant après qu'elle a pris l'air, &
que chaque grain devienne un petit charbon ardent, à la
fuperficie duquel on apperçoit dans l'obfcurité une petite flamme violette. En effet le fel fixe qui eft en grande quantité dans la poudre ardente, abforbe promptement
l'humidité de l'air qui le touche ; l'introduction fubite de
l'humidité de l'air dans les pores de la poudre, y produit un frottement capable d'exciter un peu de chaleur,
laquelle étant jointe aux parties de la flamme confervée
dans ces mêmes pores, donne une chaleur affez forte
pour embrafer le peu d'huile qui a échappé à la vigueur
de la calcination, & qui fait partie de la poudre ardente.

PHYSIQUE. La Phyfique a pour objet le corps dans
fon état naturel, c'eft-à-dire, une matière longue, large
& profonde. C'eft vouloir arrêter les progrès de cette
fcience, que d'examiner fi le Tout-puiffant peut ôter au
corps fa longueur, fa largeur & fa profondeur ; nous
croyons qu'il le peut ; mais cependant, comme Phyficiens,
nous nous garderons bien de traiter une pareille queftion ;
un corps dépouillé par miracle de fes trois dimenfions,
& ne confervant que l'exigence de l'extenfion, feroit
plutôt l'objet de la Métaphyfique, que de la Phyfique. Si
quelqu'un n'avoit entre les mains que ce Dictionnaire
portatif, & qu'il voulût le lire avec fruit, je lui con-
feillerois d'abord de fe former une idée nette de certains
articles dont l'ufage eft très-commun dans la Phyfique
moderne. Ces articles font ceux qui commencent par les
mots *arithmétique ordinaire & algébrique*, *calcul*, *géométrie*, *trigonométrie*, *fections coniques*, *raifon*, *progreffions*,
proportion, *compas de proportion*, *raifon directe*, *raifon
inverfe*, *raifon des quarrés*, *raifon des cubes*, *fuite* &c.

Ces premières connoiffances fuppofées, je voudrois
qu'il apprît le *mouvement* & fes *régles*, la *méchanique*,
la *ftatique*, l'*hydroftatique*, l'*optique*, la *catoptrique*, la
dioptrique, & la *gnomonique* dont l'article *cadran* préfente les ufages & les principales pratiques. Tous ces
traités phyfico-mathématiques accoûtument l'efprit à ne
rien hazarder en Phyfique.

Après l'étude de ces traités fondamentaux, il pourra se former une idée des systêmes de Descartes & de Newton. Il trouvera l'abregé du premier dans l'article des *tourbillons* ; & il verra ce qu'il y a de plus essentiel dans le second, dans les articles de *l'attraction*, du *vuide*, des *milieux*, de la *matière subtile newtonienne*, du *feu*, de la *lumière* & des *couleurs*. C'est par le moyen du systême qu'il aura embraffé, qu'il doit expliquer les qualités des corps, je veux dire, la *gravité*, la *dureté*, l'*élasticité*, la *molleffe*, le *froid*, le *chaud*, &c.

Après l'étude de la Physique générale, il pourra s'adonner à la Physique célefte. Pour y réuffir, il doit d'abord apprendre la *sphére*, les *Loix de Képler* & le *centre de gravitation* des corps céleftes. Ces premiers fondemens posés, il étudiera les hypothéses de *Copernic*, de *Tichobrahé* & de *Ptolomée* ; de-là il paffera à l'article des *étoiles*, à celui des *cométes* & il en viendra enfin à chaque planéte en particulier.

La Physique terreftre, quoique plus facile que la célefte, demande cependant une étude affidue. L'intérieur de notre globe fournit d'abord le fpectacle des *feux fouterrains*, les *tremblemens de terre* caufés par l'électricité, les *foffiles*, c'eft-à-dire, les *métaux*, l'*aiman*, les *pierres ordinaires & précieufes*, &c. La furface de notre globe préfente une *figure fpheroïdale* dont il faut examiner la caufe ; des *Plantes* dont il faut admirer le méchanifme ; des *eaux douces* dont il faut chercher l'origine, & des *eaux falées* fujettes à un *flux* & à un *reflux* qu'il faut expliquer d'une manière phyfique. Enfin l'athmofphére terreftre contient l'*air* dont il faut démontrer la gravité & l'élafticité ; le *fon* qu'il faut conduire jufqu'à l'organe de l'ouie ; les *météores ignées*, *aëriens* & *aqueux* dont il faut affigner la formation ; l'*aurore boréale* qu'il faut tirer du rang des météores ordinaires. Ce font-là les articles les plus intéreffans de ce Dictionnaire.

PIED-DE-ROI. Le pied-de-roi contient douze pouces.

PIE-MERE. La pie-mere eft une membrane déliée qui fert d'enveloppe à la moëlle du cerveau.

PIERRE. La pierre commune eft un mixte où la terre domine. M. de Tournefort conjecture que les pierres viennent, comme les plantes, d'une efpèce de femence. Leur ftructure organique & conftante, leurs veines qui les rendent plus aifées à couper dans un certain fens, font

pour

pour lui autant de preuves senfibles de son fentiment.
Il conjecture auffi qu'elles fe forment d'une matiere liquide. J'ai trouvé, *dit-il*, des pierres à fufil & des morceaux de craie, formés dans des coquillages dont l'ouverture a toujours été très-petite, & où par conféquent
ces pierres n'ont pu abfolument entrer qu'en forme de
liqueur : après quoi elles fe font durcies. Ce dernier point
n'eft plus une conjecture en Phyfique. Tout ceci doit fur-
tout fe dire des pierres communes. Pour les pierres précieufes, confultez l'article des *Diamans*.

PIERRE DE BOLOGNE. Dans le fein d'une montagne
fituée près de Bologne en Italie, l'on trouve une pierre
que l'on fait calciner au feu. Après la calcination on l'expofe à l'air afin qu'elle s'imbibe de lumiere ; cette efpèce de phofphore tranfporté dans un lieu obfcur doit
donc être lumineux.

PIERRE PHILOSOPHALE. Chercher à décompofer l'or
& à le compofer de nouveau, c'eft chercher la *pierre
philofophale*. Voyez l'article des *Métaux*.

PILORE. Cherchez *Pylore*.

PLAN. Une fuperficie unie s'appelle *plan*.

PLAN INCLINÉ. Defcendre, ou monter par un plan
incliné, c'eft defcendre, ou monter par une ligne diagonale. Nous avons traité ce point de Phyfique non-
feulement dans l'article du *mouvement en ligne diagonale*,
mais encore dans les articles de la *dureté* & de l'*élafticité*, lorfque nous avons expliqué la chute oblique des
corps durs & élaftiques.

PLANÉTES. Les planétes font des corps opaques qui
reçoivent leur lumiere du Soleil. Il y en a du premier
ordre, & il y en a du fecond. Celles-là tournent autour du Soleil, celles-ci tournent autour d'une planéte
du premier ordre. La Lune & les fatellites de Saturne
& de Jupiter, ne font que des planétes du fecond ordre. Saturne, Jupiter, Mars, Vénus, Mercure & la
Terre dans l'hypothéfe de Copernic, font des planétes
du premier ordre. Dans la même hypothéfe les planétes
plus éloignées du Soleil que la Terre, s'appellent planétes fupérieures, & l'on nomme planétes inférieures
celles qui fe trouvent entre la Terre & le Soleil.
Newton prétend que les planétes fupérieures font moins
denfes, & les planétes inférieures plus denfes que la
Terre, voyez en la raifon dans l'article de *Mars*.

PLANIMÉTRIE. C'eſt la partie de la Géométrie pratique qui apprend à meſurer les aires de quelque figure plane que ce ſoit. Quoique nous ayons donné les régles de cette ſcience , & que nous en ayons réſolu les principaux problémes dans les articles de ce Dictionnaire qui commencent par les mots *Quadrature* , *Compas* de *proportion* à l'occaſion de la ligne des *plans* , & en *Géométrie* à l'occaſion de l'abrégé que nous avons été obligé de faire du ſixieme livre des Éléments d'Euclide ; il convient cependant de réſoudre ici le probléme ſuivant : c'eſt ſans contredit celui dont les Arpenteurs font le plus d'uſage.

P R O B L É M E.

Meſurer un poligone irrégulier.

Explication. L'on me donne à meſurer le trapeze ABCD, *Fig.* 29. *Pl.* 2. dont le côté AB a 6 pieds de longueur, le côté CD 12 , & la hauteur GH 10.

Réſolution. L'aire du trapeze ABCD eſt de 90 pieds quarrés. Pour le démontrer, 1°. je partage CD & AB en 2 parties égales, l'un au point H & l'autre au point G. 2°. Je tire la perpendiculaire GH. 3°. Je partage les deux côtés AC & BD en 2 parties égales, l'un au point S & l'autre au point R. 4°. Par les points S & R je tire les deux lignes EM, FN paralléles à la perpendiculaire GH. 5°. Je prolonge le côté AB juſqu'en E & en F. Cela fait, voici comment je démontre que l'aire du trapeze ABCD eſt de 90 pieds quarrés.

Démonſtration. 1°. Les deux triangles ASE & CSM qui ont chacun un angle droit , le premier en E & le ſecond en M ; qui ont les angles en S égaux, puiſqu'ils ſont oppoſés au ſommet ; & qui ont *par ſuppoſition* les côtés AS & CS, égaux, ſont égaux entre eux , *par la prop.* 3 *de notre* 1 *livre de géométrie* : il en eſt de même des deux triangles BRF & DRN ; donc l'aire du rectangle EFMN eſt égale à celle du poligone irrégulier ABCD.

2°. Pour avoir l'aire du rectangle EFMN , je multiplie la baſe MN par ſa hauteur GH , ou , ce qui revient au même, je joins la moitié de MN à la moitié de EF, & je multiplie cette ſomme par la hauteur GH ; donc, pour avoir l'aire du trapeze ABCD égale à l'aire du rectangle EFMN , je dois joindre la moitié de

AB à la moitié de CD, & multiplier cette somme par la hauteur GH. Mais en opérant de la sorte, je trouve au trapeze ABCD 90 pieds quarrés d'aire, donc &c.

Corollaire. Rien n'est plus facile que de trouver l'aire d'un trapeze dont deux côtés sont paralléles. 1°. partagez ces deux côtés en 2 parties égales. 2°. joignez la moitié du plus grand à la moitié du plus petit. 3°. Multipliez cette somme par la hauteur du trapeze ; le produit en donnera l'aire.

Ce corollaire est très essentiel. Les Arpenteurs divisent le terrein en trapezes dont deux côtés sont paralléles. Si le trapeze n'avoit aucun côté paralléle, comme ABCD, *Fig. 30. Pl. 2.* on le diviseroit en 2 triangles ABC, ADC dont on trouveroit très-facilement les aires. Voyez l'article *Géométrie.*

PLANTE. Toute plante considérée en général est une substance capable de végétation & non pas de sensation. Cherchez *Botanique Tom. 1. pag.* 104 & *suiv.* ; vous y trouverez tout ce qu'un Physicien doit sçavoir sur cette matiere.

PLEIN. Descartes tenoit non-seulement le *plein*, mais il prétendoit encore que le vuide étoit métaphysiquement impossible.

PLEURE. La membrane qui tapisse l'intérieur de la poitrine a le nom de *pleure.*

PLOMB. Les Chymistes assurent que le plomb est un métal composé de mercure, de sel, de soufre & de terre. Il y a apparence que la terre en est l'élément prédominant.

PLUIE. Les nuages tombent en pluie, lorsque le froid qui les condense, ou, les vents qui rapprochent leurs parties les unes des autres, ne sont pas capables de les geler. Voyez cette question dans l'article des *météores.*

PNEUMATIQUE. Otto de Guérike, Consul de Magdebourg inventa en 1654, & quelques années après Boyle perfectionna la machine du vuide, si connue sous le nom de machine *pneumatique.* Comme elle est devenue très-commune, je me dispenserai d'en faire ici une description détaillée. Ceux qui l'ont vûe, ont dû remarquer dans cette machine 1°. une pompe de cuivre avec son piston ; 2°. une platine de cuivre couverte d'un cuir mouillé sur laquelle on pose le récipient de verre fait en forme de voute ; 3°. un robinet placé dans un petit canal qui sépare la pompe d'avec la platine ; ce robinet est tellement percé , que tantôt il ouvre une communication entre le récipient & le corps de la pompe , & tantôt entre le corps de la pompe & l'air extérieur. Lorsque l'on veut faire le vuide, l'on ouvre la communication entre l'intérieur du récipient & l'intérieur de la pompe ; l'on abaisse le piston , & alors une partie de l'air contenu dans le récipient descend dans le corps de la pompe , d'où il est aisé de le faire sortir en relevant le piston , & en faisant communiquer l'intérieur de la pompe avec l'air extérieur. On recommence la même opération, jusqu'à ce qu'on ait fait le vuide qui n'est jamais absolu, mais seulement rélatif. C'est dans ce récipient ainsi purgé d'air , que l'on fait une infinité d'expériences de Physique ; nous avons rapporté les principales dans l'article de l'*air*.

POIDS. La quantité de matiere propre & le poids d'un corps signifient la même chose.

POITRINE. La poitrine est une cavité qui se trouve entre le col & le ventre. Elle est fermée en haut par deux os que l'on nomme *clavicules* ; en bas par le diaphragme ; par devant par l'os *sternum* ; par derrière par les douze vertébres de l'épine du dos ; à droite & à gauche par vingt-quatre côtes entre lesquelles se trouvent plusieurs muscles intercostaux. La poitrine a deux mouvemens, l'un d'*inspiration* & l'autre d'*expiration* ; dans le mouvement d'*inspiration* elle se dilate , & elle reçoit l'air extérieur ; dans le mouvement d'*expiration* elle se rétrécit & elle rend l'air extérieur qu'elle avoit reçu. Les muscles intercostaux en se gonflant , & le diaphragme en s'abaissant , agrandissent la capacité de la poitrine ; les mêmes muscles intercostaux en s'allongeant , & le diaphragme en se relevant , rétrécissent cette même capacité. L'on trouvera dans l'article des *muscles* les causes Physiques de ces mouvemens.

POLES. Les deux points du Ciel P & A *Fig.* 17. *Pl.* 1 ausquels l'axe P A va aboutir , se nomment les poles du monde, ou les poles de l'équateur E B , parce qu'ils sont éloignés de 90 degrés de chaque point de la circonférence de ce cercle , comme nous l'avons remarqué dans l'article de la *sphére.* Le pole que nous voyons , s'appelle *boréal* , & celui que nous ne voyons pas & qui lui est directement opposé , s'appelle *méridional.*

Lorsqu'un Physicien voudra savoir précisément de combien de degrés le pole est élevé sur son horizon, il consultera la Table des *latitudes* que nous avons donnée à la fin de ce Dictionnaire; la latitude est toujours égale à l'élévation du pole.

POLI. Une surface polie est une surface qui a peu d'inégalités.

POLYGONE. Un polygone est une figure composée de plusieurs côtés & de plusieurs angles.

POMPE. Les pompes aspirantes sont des machines où l'eau s'élève à la hauteur de 32 pieds; nous en avons expliqué le méchanisme dans le corollaire second de la troisieme partie de l'hydrostatique. Pour les pompes foulantes, la hauteur à laquelle l'eau s'élève dépend de la force du bras qui fait jouer le piston. La même pompe est communément aspirante & foulante.

PONANT. Le ponant & l'occident signifient la même chose.

PORE. Les pores sont de petites ouvertures qui se trouvent dans les corps. La sueur, *par exemple*, sort par les pores de notre corps.

POUCES. Le pouce est une mesure qui contient douze lignes.

POUDRE-A-CANON. A la fin du treizième siécle un Cordelier Anglois nommé *Roger Bacon*, fameux Chymiste, broyoit dans un mortier du soufre, du salpétre & du charbon. Il mit sur son mortier une pierre considérable; une étincelle tomba sur ce mélange, & *Bacon* vit tout à coup son mélange en feu & la pierre lancée en l'air avec un fracas horrible. Telle est l'origine de la poudre à canon qui contient cinq à six parties de salpétre rafiné, une partie de soufre & une partie de charbons pulvérisés. L'air enfermé dans chaque grain de poudre, & dilaté par l'inflammation, me paroît la cause physique des principaux effets de la poudre à canon.

POUDRE FULMINANTE. Si vous broyez ensemble trois gros de salpétre fin, bien séché, deux gros de sel de tartre & deux gros de fleur de soufre, & que vous mettiez le tout dans une cueillere de fer posée sur des charbons médiocrement allumés, vous aurez une poudre fulminante qui se dissipera avec un bruit effroyable. Il y a apparence, *dit M. Nollet*, que le sel de tartre qui entre dans la composition de cette poudre, étant plus fixe que les 2 autres matieres auxquelles il se trouve uni, retarde leur dif-

ſipation & donne le tems aux parties de feu qu'elles renferment de ſe déployer toutes enſemble & avec toute leur
force. C'eſt pour cela ſans doute que l'effet de la poudre fulminante allumée en plein air, eſt infiniment plus
effrayant, que celui de la poudre ordinaire.

POULIE. Le méchaniſme des poulies immobiles &
mobiles eſt expliqué fort au long dans le corollaire
neuvième de la méchanique.

POUMON. Le célébre Malpighi prétend que les poûmons qui occupent une grande partie de la poitrine,
ſont un aſſemblage de *véſicules* renfermées dans la même
membrane. Ces *véſicules* ſe rempliſſent d'air dans l'inſpiration, & dans l'expiration elles rendent l'air qu'elles
avoient reçu. Le médiaſtin ſépare les poûmons en deux
lobes, c'eſt à-dire, en deux parties.

PRESBITES. Les presbites ſont ceux dont le criſtallin n'eſt pas aſſez convexe; les vieillards ſont pour la
plûpart ſujets à ce défaut; cette eſpéce d'aplatiſſement
dans le criſtallin leur fait appercevoir confuſément les
objets qui ſont près, & diſtinctement ceux qui ſont
loin En voici la cauſe Phyſique. Pour voir diſtinctement
un objet, la rétine doit recevoir les rayons qu'il envoie,
préciſément à leur point de réunion; ſi elle les reçoit
avant ou après leur réunion, l'objet ne ſera vû que confuſément, comme nous l'avons remarqué, lorſque nous
avons fait là deſcription de l'œil. Ce principe une fois
ſuppoſé, voici comment je raiſonne : un objet éloigné
envoie ſur l'œil du ſpectateur des rayons de lumiere qui
tendent à ſe réunir bientôt, c'eſt-à-dire, preſque d'a-
bord après avoir ſouffert les trois réfractions ordinaires,
parce qu'ils ſont ſenſiblement paralléles.; il faut, pour
retarder cette réunion, un criſtallin peu convexe; celui
des presbites eſt de cette nature; auſſi reunira-t-il ces
rayons préciſément ſur la rétine, & par-là même ſera-t-
il cauſe que les presbités verront diſtinctement les objets
éloignés. Par une raiſon contraire les presbites doivent
appercevoir confuſément les objets qui ne ſont pas éloignés,
parce que les rayons envoyés par de pareils objets étant
ſenſiblement divergens, demanderoient un criſtallin très-
convexe qui accélérât leur réunion. C'eſt ſans doute pour
corriger ce défaut que ces ſortes de perſonnes ont coutume de ſe ſervir d'un verre convexe, lorſqu'elles veulent
lire, ou voir diſtinctement un objet qui n'eſt qu'à quel-

ques pas. Il n'eft pas néceffaire de faire remarquer que pour bien comprendre tout ce qui eft renfermé dans cet article, il faut avoir préfent à l'efprit ce que nous avons dit dans les articles de la *dioptrique* & de l'œil.

PRINCIPE. Les vérités générales que perfonne ne peut révoquer en doute, font autant de *principes*.

PRISME. Corps folide terminé aux deux bouts par des plans triangulaires égaux.

PROBLÉME. Propofition qui nous apprend à faire quelque opération.

PROGRESSION *arithmétique*. Une fuite de nombres qui diffèrent d'une même quantité, forme une progreffion arithmétique. Des trois exemples fuivants, les deux premiers donnent une progreffion arithmétique croiffante & le troifieme une progreffion arithmétique décroiffante.

Premier exemple. o, 1, 2, 3, 4, 5.

Second exemple. 2, 4, 6, 8, 10, 12.

Troifieme exemple. 50, 40, 30, 20, 10, 0.

Première Régle. Dans toute progreffion arithmétique croiffante, chaque terme après le premier eft compofé du premier terme & de la différence prife autant de fois qu'il y a de termes depuis le premier exclufivement jufqu'à celui dont on parle inclufivement. Dans le fecond exemple, le cinquieme terme 10 eft compofé du premier terme 2 & de la différence 2 prife 4 fois.

Corollaire premier. Dans toute progreffion arithmétique décroiffante, on aura un terme quelconque, après le premier, fi l'on ôte du premier terme autant de fois la différence, qu'il y a de termes depuis le premier exclufivement jufqu'à celui dont on parle inclufivement. En effet dans le troifieme exemple, ôtez 3 fois la différence 10 du premier terme 50 ; vous aurez 20, c'eft-à-dire, vous aurez le quatrieme terme de votre progreffion décroiffante.

Corollaire II. Dans la progreffion arithmétique croiffante, l'on aura le premier terme, fi l'on ôte du dernier autant de fois la différence qu'il y a de termes depuis le premier exclufivement jufqu'au dernier inclufivement. Dans le premier exemple, ôtez cinq fois la différence 1 du dernier terme 5, & vous aurez le premier terme 0.

Corollaire III. Pour avoir la différence d'une progreffion arithmétique croiffante, l'on doit fouftraire le premier terme du dernier, & divifer le reftant par le nombre des termes de la progreffion, le premier non

B 4

compris. Dans le fecond exemple, ôtez 2 de 12 ; divifez le reftant 10 par 5 ; le quotient 2 vous donnera
la différence que vous cherchez. S'il s'agiffoit d'une progreffion arithmétique décroiffante, il faudroit fouftraire
le dernier terme du premier.

Corollaire IV. Pour avoir le nombre des termes
d'une progreffion arithmétique, l'on doit fouftraire le
premier terme du dernier, divifer le reftant par la différence, & ajouter 1 au quotient. Dans le fecond exemple, ôtez 2 de 12, divifez le reftant 10 par 2, ajoutez 1
au quotient 5, & vous aurez le nombre des termes d'une
progreffion arithmétique dont le premier terme eft 2,
le dernier 12 & la différence 2.

Seconde Régle. Dans toute progreffion arithmétique, la
fomme de deux termes pris à volonté eft égale à la fomme des deux entre lefquels ces deux termes fe trouvent.
Dans le premier exemple, la fomme du troifieme terme 2
& du quatrieme terme 3 eft égale à la fomme du fecond terme 1 & du cinquieme terme 4. Dans le fecond
exemple, la fomme du quatrieme terme 8 & du cinquieme terme 10 eft égale à la fomme du troifieme terme 6 & du fixieme terme 12. Il en eft de même dans
le troifieme exemple.

Corollaire I. Dans une progreffion arithmétique de
quatre termes, la fomme des extrêmes eft égale à la
fomme des moyens. Dans la progreffion arithmétique fuivante 3, 6, 9, 12 ; la fomme de 3 & de 12 eft égale
à la fomme de 6 & de 9.

Corollaire II. Dans une progreffion arithmétique de
quatre termes, l'on aura le quatrieme en ajoutant le
fecond au 3e. & en ôtant de cette fomme le premier
terme de la progreffion. Dans l'exemple précédent, ajoutez 6 à 9 ; ôtez 3 de 15 ; le reftant 12 vous donnera le quatrieme terme de votre progreffion.

Corollaire III. Dans une progreffion arithmétique de
quatre termes, l'on aura le premier en ajoutant le fecond
au 3e., & en ôtant de cette fomme le quatrieme terme
de la progreffion.

Corollaire IV. Dans toute progreffion arithmétique,
un terme quelconque eft la moitié de deux autres également éloignés de lui. Dans le premier des trois exemples
fupérieurs, le quatrieme terme 3 eft égal à la moitié de
la fomme du troifieme terme 2 & du cinquieme 4 ; il

eſt auſſi égal à la moitié de la ſomme du ſeçond terme 1
& du ſixieme terme 5.

Corollaire V. Dans toute progreſſion arithmétique, l'on
aura la ſomme de tous les termes, ſi l'on joint le premier au dernier terme; ſi l'on multiplie cette ſomme par
le nombre des termes, & ſi l'on diviſe le produit par 2.
Dans le premier exemple ajoutez le premier terme 0 au
dernier terme 5; multipliez leur ſomme 5 par le nombre des termes, c'eſt-à-dire, par 6; diviſez le produit
30 par 2; le quotient 15 vous donnera la ſomme de
tous les termes de la premiere progreſſion. Dans le ſecond exemple, ajoutez le premier terme 2 au dernier
terme 12; multipliez leur ſomme 14 par 6; diviſez le
produit 84 par 2; le quotient 42 vous donnera la
ſomme de tous les termes de la ſeconde progreſſion. Enfin
dans le troiſieme exemple, ajoutez le premier terme 50
au dernier terme 0; multipliez la ſomme 50 par 6; diviſez le produit 300 par 2; le quotient 150 vous donnera la ſomme de tous les termes de la troiſieme progreſſion.

Corollaire VI. Dans toute progreſſion arithmétique,
l'on aura le premier & le dernier termes en diviſant le
double de la ſomme des termes par le nombre des termes. Dans le ſecond exemple, diviſez 84 par 6; le
quotient 14 vous donnera la ſomme du premier & du
dernier termes de cette progreſſion.

De ce quotient 14 ôtez le dernier terme 12, vous
aurez le premier terme 2; ou bien, de ce quotient 14
ôtez le premier terme 2, vous aurez le dernier terme 12.

Corollaire VII. Dans toute progreſſion arithmétique,
l'on aura le nombre des termes, ſi l'on diviſe le double
de la ſomme des termes par la ſomme du premier & du
dernier termes. Dans le premier exemple, diviſez 30
par 5; le quotient 6 vous donnera le nombre des termes
de cette progreſſion.

Troiſieme Régle. Dans toute progreſſion arithmétique,
multipliez 1°. la ſomme des termes par 8 fois leur différence; 2°, prenez deux fois la valeur du premier terme; 3°. comparez cette ſomme avec la différence de
la progreſſion; 4°. ôtez le plus petit nombre du plus
grand; 5°. prenez le quarré du reſtant; 6°. ajoutez ce
quarré au produit que vous avez eu en multipliant la

somme des termes par 8 fois leur différence; 7°. tirez la racine quarrée du nombre que vous donnera cette addition ; 8°. ôtez de cette racine quarrée la différence de la progreſſion ; 9°. prenez la moitié du reſtant , & vous aurez le dernier terme de la progreſſion. Dans le premier des trois exemples ſupérieurs où la ſomme des termes eſt 15 , leur différence 1 & le premier terme 0 , je multiplie 15 par 8 , & j'ai pour produit 120. Je prens deux fois la valeur du premier terme , c'eſt-à-dire , je prend 0. Je compare 0 avec la différence 1. J'ôte 0 de 1. je prens le quarré du reſtant 1. J ajoute ce quarré au produit 120. Je tire la racine quarrée de 121. Je ſouſtrais la différence 1 de la racine quarrée 11. Je prens la moitié du reſtant 10 & j'ai le dernier terme de la progreſſion énoncée dans le premier des trois exemples ſupérieurs.

Dans le ſecond exemple où la ſomme des termes eſt 42 , leur différence 2 & le premier terme 2 , je multiplie 42 par 16 , & j'ai pour produit 672. Je prens deux fois la valeur du premier terme , c'eſt-à-dire , je prens 4. Je compare 4 avec la différence 2. J'ôte 2 de 4. Je prens le quarré du reſtant 2. J'ajoute ce quarré au produit 672. Je tire la racine quarrée de 676. Je ſouſtrais la différence 2 de la racine quarrée 26. Je prens la moitié du reſtant 24 , & j'ai le dernier terme de la progreſſion repréſentée par le ſecond des trois exemples ſupérieurs.

Dans le troiſieme exemple qui contient une progreſſion décroiſſante , je dois regarder 0 comme le premier terme , 50 comme le dernier , & opérer de la même manieⅽe.

La vérité de ces trois régles & des corollaires qui en dépendent , eſt fondée ſur la définition même de la progreſſion arithmétique. Auſſi nous ſervirons - nous de ces régles & de ces corollaires , comme d'autant de principes pour réſoudre les problêmes ſuivans.

PROBLÉME I.

Connoiſſant le premier terme , la différence & le nombre des termes , trouver le dernier terme & la ſomme de tous les termes. *Exemple.* Il y a 12 ans que je mis un billet à la tontine. La première année il me porta 5 livres , la ſeconde 65 , & chaque autre année 60 livres de plus que la précédente ; l'on demande combien ce billet m'a valu, la 12e année, & combien il m'a rapporté dans les 12 ans.

Résolution. 1°. Pour trouver combien ce billet m'a valu la 12e année, je me fers de la *premiere regle* qui m'apprend à trouver le dernier terme d'une progreffion arithmétique. Je prens donc la différence 60 ; je la multiplie par 11 ; j'ajoute au produit 660 le premier terme 5, & la fomme 665 me donne ce que mon billet m'a valu la 12e année.

2°. Pour trouver ce que ce même billet m'a rapporté dans les 12 ans, je me fers du *corollaire cinquieme* de la *feconde régle*, c'eft-à-dire, j'ajoute le premier terme 5 au dernier terme 665 ; je multiplie leur fomme 670 par le nombre des termes 12 ; je divife par 2 le produit 8040 ; & le quotient 4020 me donne ce que je cherche.

PROBLÉME II.

Connoiffant le premier, le dernier & le nombre des termes, connoître la différence. *Exemple.* J'ai cueilli 10 pommes dans mon verger la premiere année ; j'ai continué pendant 10 ans d'en cueillir chaque année une même quantité plus que la précédente, & la derniere j'en ai cueilli 1000 ; de quelle quantité ai-je augmenté chaque année ?

Résolution. Le *corollqire troifieme* de la *premiere régle* m'apprend à réfoudre ce problême. Je fouftrais le premier terme 10 du dernier 1000 ; je divife le reftant 990 par 9, & le quotient m'apprend que chaque année j'ai cueilli 110 pommes de plus que la précédente.

PROBLÉME III.

Connoiffant le premier terme, le dernier & la différence, trouver le nombre des termes. *Exemple.* Un Marchand a gagné la premiere année 10 louis, la derniere 510, & chaque année 50 de plus que la précédente ; depuis combien de tems fait-il fon commerce ?

Résolution. Je trouve dans le *corollaire quatrieme* de la *premiere régle* les principes qui me font néceffaires pour réfoudre ce problême. Je fouftrais le premier terme 10 du dernier terme 510 ; je divife le reftant 500 par la différence 50 ; j'ajoute 1 au quotient 10, & je conclus que le Marchand dont on parle, fait fon commerce depuis 11 ans.

PROBLEME IV.

Connoiſſant le nombre des termes, la différence & la ſomme, trouver le premier & le dernier termes. *Exemple.* J'ai fait pendant 12 ans 4020 lieues, & chaque année j'en ai fait 60 de plus que la précédente ; l'on demande combien j'en ai fait la premiere & la derniere année ?

Réſolution. Je me ſers du *corollaire ſixiema* de la ſeconde régle pour réſoudre ce problême. Je double 4020 lieues ; je diviſe la ſomme de 8040 par 12, & le quotient 670 me donne les lieues que j'ai faites la premiere & la derniere année.

Pour avoir les lieues que j'ai faites la premiere année, je multiplie 60 par 11, c'eſt-à-dire, la différence par le nombre des termes, le premier non compris ; je ſouſtrais le produit 660 du quotient 670 ; & la moitié du reſtant 10 me donne les lieues que j'ai faites la premiere année.

PROBLEME V.

Connoiſſant le premier terme, la différence & la ſomme, trouver le dernier terme & le nombre des termes. *Exemple.* J'ai voyagé pendant un certain nombre d'années. La premiere année j'ai fait 5 lieues, la ſeconde 65, & chaque année ſuivante j'ai fait 60 lieues de plus que l'année précédente. J'ai fait en tout 4020 lieues. Combien en ai-je fait la derniere année, & combien d'années ai-je mis à faire mon voyage ?

Réſolution. Servez-vous de la 3e. régle pour réſoudre ce problême ; c'eſt-à-dire, prenez 1°. 8 fois la différence 60, & vous aurez 480. 2°. Multipliez par 480 la ſomme des termes 4020, ce qui vous donnera pour produit 1929600. 3°. Prenez deux fois la valeur du premier terme 5. 4°. Comparez la ſomme 10 avec la différence 60. 5°. Otez 10 de 60. 6°. Prenez le quarré du reſtant 50. 7°. Ajoutez le quarré 2500 au produit 1929600. 8°. Tirez la racine quarrée de la ſomme 1932100. 9°. Otez de cette racine quarrée la différence de la progreſſion, c'eſt-à-dire, ôtez 60 de 1390. 10°. Prenez la moitié du reſtant 1330, & cette moitié 665 vous donnera le dernier terme que vous cherchez.

Pour avoir le nombre d'années que l'on a mis à faire ce voyage, ſervez-vous du *corollaire quatrieme* de la première règle ; c'est-à-dire, ôtez le premier terme 5 du dernier 665. Divifez le reftant 660 par la différence 60. Ajoutez 1 au quotient 11, & la fomme 12 vous marquera que ce voyage a duré 12 ans.

PROBLÉME VI.

Connoiffant les trois derniers termes d'une progreffion arithmétique de quatre termes, trouver le premier. *Exemple.* J'ai reçu quatre fommes en progreffion arithmétique. La feconde étoit 30 louis, la troifieme 50 & la quatrieme 70 ; l'on demande quelle a été la premiere fomme ?

Réfolution. Par le *corollaire troifieme* de la *feconde règle* ; ajoutez le fecond terme 30 au 3ᵉ 50. Otez de leur fomme 80 le 4ᵉ terme 70, & le reftant 10 vous donnera la folution de votre probléme. En effet 10. 30 : 50. 70.

L'on comprend que par le moyen de ces trois règles & de leurs corollaires, l'on pourra réfoudre une infinité de problémes, tous plus agréables les uns que les autres. L'article fuivant va nous préfenter un champ encore plus vafte.

PROGRESSION *Géométrique.* Etre en *progreffion géométrique*, c'eft être en *proportion continue*. Or trois grandeurs font en *proportion continue*, lorfque la premiere eft à la feconde, comme la feconde eft à la troifieme. 2, 4, 8, *par exemple*, font en *proportion continue*, parce que l'on peut dire 2 : 4 : : 4 : 8. Pour comprendre fans peine tout ce que nous avons à dire dans cet important article, l'on fera bien de lire auparavant avec attention l'abrégé du cinquieme livre d'Euclide que nous avons donné dans l'article *Géométrie*, depuis la page 64 jufqu'à la page 71. Que l'on fe rappelle fur-tout que l'*expofant* de la progreffion eft le chiffre qui marque combien de fois le premier terme contient le fecond, ou eft contenu dans le fecond. Si le premier terme contient 2, 3 ou 4 fois le fecond ; l'*expofant* de la progreffion fera 2, 3 ou 4. Si le premier terme eft contenu 2, 3 ou 4 fois dans le fecond, l'*expofant* de la progreffion fera $\frac{1}{2}$, $\frac{1}{3}$, $\frac{1}{4}$. Il s'enfuit de là qu'il y a des progreffions géométriques croiffantes, & qu'il y en a de décroiffantes. En voici différens exemples.

Premier exemple. 1, 2, 4, 8, 16, 32.

Second exemple. 2 , 6 , 18 , 54 , 162 , 486.

Troisieme exemple. 27 , 9 , 3 , 1 , $\frac{1}{3}$, $\frac{1}{9}$.

Ces trois exemples donnent chacun une progreffion géométrique, puifque dans chacun d'eux le premier eft au fecond, comme le fecond au troifieme, comme le troifieme au quatrieme, comme le quatrieme au cinquieme, & comme le cinquieme au fixieme. La premiere progreffion eft croiffante, & elle a pour *expofant* $\frac{1}{2}$; la feconde l'eft auffi, & elle a pour *expofant* $\frac{1}{3}$; la troifieme progreffion eft décroiffante, & elle a 3 pour *expofant*.

Premiere Régle. En toute progreffion géométrique le fecond terme eft égal au premier divifé par l'*expofant* de la progreffion ; le troifieme eft égal au premier divifé par le quarré de l'*expofant* ; le quatrieme eft égal au premier divifé par le cube de l'*expofant*, &c. Dans le premier exemple le fecond terme 2 eft égal au premier terme 1 divifé par l'*expofant* $\frac{1}{2}$; puifque 1 divifé par $\frac{1}{2}$ donne pour quotient 2 , comme nous l'avons prouvé dans l'article des *fractions*. Dans le fecond exemple, le fecond terme 6 eft égal au premier terme 2 divifé par l'*expofant* $\frac{1}{3}$. Dans le troifieme exemple , le fecond terme 9 eft égal au premier terme 27 divifé par l'*expofant* 3. De même dans le premier exemple, le troifieme terme 4 eft égal au premier terme 1 divifé par $\frac{1}{4}$, *quarré* de l'*expofant* $\frac{1}{2}$. Dans le fecond exemple , le troifieme terme 18 eft égal au premier terme 2 divifé par $\frac{1}{9}$, *quarré* de l'*expofant* $\frac{1}{3}$. Dans le troifieme exemple , le troifieme terme 3 eft égal au premier terme 27 , divifé par 9 , *quarré* de l'*expofant* 3. Enfin dans le premier exemple , le quatrieme terme 8 eft égal au premier terme 1 divifé par $\frac{1}{8}$, *cube* de l'*expofant* $\frac{1}{2}$. Dans le fecond exemple , le 4e terme 54 eft égal au premier terme 2 divifé par $\frac{1}{27}$ *cube* de l'*expofant* $\frac{1}{3}$. Dans le troifieme exemple , le quatrieme terme 1 eft égal au premier terme 27 divifé par 27 , *cube* de l'*expofant* 3. Cette régle ne paroitra obfcure , qu'à ceux qui ne fçauroient pas réduire un nombre entier en fraction , & opérer fur les nombres fractionnaires.

Corollaire. Un terme quelconque d'une progreffion géométrique eft égal au premier divifé par l'*expofant* de la

progreſſion , élevé à une puiſſance moindre d'un degré
que le nombre qui marque la place qu'occupe dans la
progreſſion le terme que l'on cherche. Dans le premier
exemple , le cinquieme terme 16 eſt égal au premier
terme 1 diviſé par l'*expoſant* $\frac{1}{2}$ élevé à ſa quatrieme puiſſance $\frac{1}{16}$. Dans le ſecond exemple , le cinquieme terme
162 eſt égal au premier terme 2 diviſé par l'*expoſant* $\frac{1}{3}$
élevé à ſa quatrieme puiſſance $\frac{1}{81}$. Dans le troiſieme
exemple , le cinquieme terme $\frac{1}{3}$ eſt égal au premier terme 27 diviſé par l'*expoſant* 3 élevé à ſa quatrieme
puiſſance 81.

Seconde Régle. En toute progreſſion géométrique , le
premier terme eſt à un autre quelconque , *par exemple* ,
au quatrieme , comme le premier terme élevé à une puiſſance moindre d'un degré que le nombre qui marque la
place qu'occupe dans la progreſſion le terme dont il s'a-
git : c'eſt-à-dire dans cette occaſion , comme le premier
terme élevé au cube , eſt au ſecond terme élevé à cette
même puiſſance. Dans le ſecond exemple , 2 : 54 :: 8 :
216, Or 8 eſt le cube du premier terme 2 , & 216 celui du ſecond terme 6.

Troiſième Régle. En toute progreſſion géométrique , le
produit d'un terme quelconque par lui-même , diviſé par
le premier , donne un terme une fois plus éloigné du
premier , que ne l'eſt celui qu'on multiplie. Dans le ſecond exemple , je multiplie le ſecond terme 6 par lui-
même ; je diviſe le quarré 36 par le premier terme 2 ;
le quotient me donne le troiſieme terme 18 une fois
plus éloigné du premier terme 2 , que ne l'eſt le ſecond
terme 6.

Corollaire premier. Si la progreſſion commence par 1 ,
il n'eſt pas néceſſaire de faire aucune diviſion.

Corollaire ſecond. en toute progreſſion géométrique , le
produit d'un terme par un autre , diviſé par le premier
terme , ſi la progreſſion ne commence pas par 1 , donne un troiſieme terme éloigné du premier d'autant de
places , que le ſont les deux enſemble que l'on a multipliés l'un par l'autre. Dans le ſecond exemple , multipliez le troiſieme terme 18 par le quatrieme terme 54 ;
diviſez le produit 972 par le premier terme 2 ; vous aurez pour quotient le ſixieme terme 486 , éloigné du pre-

mier de cinq places, c'est-à-dire, aussi éloigné du premier, que le sont le troisieme & le quatrieme termes pris ensemble. En effet le troisieme terme de la progression dont nous parlons, est éloigné de deux places du premier ; le quatrieme terme en est éloigné de trois places ; donc les deux ensemble sont éloignés de cinq places du premier terme ; mais le sixieme terme en est lui seul éloigné de cinq places ; donc la régle énoncée dans ce corollaire est exactement vraie.

Si la progression eût commencé par 1, comme dans le premier des trois exemples supérieurs, l'on n'auroit eu aucune division à faire. En effet multipliez le quatrieme terme 8 de cette progression par le troisieme terme 4 ; vous aurez pour produit le sixieme terme 32.

Corollaire troisieme. Pour avoir le onzieme terme d'une progression géométrique, je multiplie le sixieme par lui-même ; je divise le produit par le premier terme, si la progression ne commence pas par 1, & le quotient me donne un terme éloigné de dix places du premier, c'est-à-dire, le onzieme.

Quatrieme Régle. Dans une progression géométrique la somme des antécédens, c'est-à-dire, la somme de tous les termes, excepté le dernier, est à la somme des conséquens, c'est-à-dire, à la somme de tous les termes, excepté le premier, comme un antécédent est à son conséquent. Dans le premier exemple, 1, plus 2, plus 4, plus 8, plus, 16, c'est-à-dire, 31 : 2, plus 4, plus 8, plus 16, plus 32, c'est-à-dire, 62 : : 1 : 2.

Dans le troisieme exemple, 40 $\frac{1}{4}$, *somme des antécé-dens* : 13 $\frac{12}{27}$ *somme des conséquens* : : 27 : 9.

Corollaire premier. Dans une progression géométrique croissante, vous aurez la somme des termes, en multipliant 1°. le dernier par le second ; 2°. en ôtant du produit le quarré du premier terme ; 3°. en divisant le restant par la différence qui se trouve entre le premier & le second termes ; ce sera le *quotient* de cette division qui vous donnera la somme des termes de votre progression. Dans le second exemple, multipliez le dernier terme 486 par le second terme 6. Otez du produit 2916 le quarré du premier terme 2. Divisez le restant 2912 par la différence qui se trouve entre le premier & le second termes, c'est-à-dire, par 4, & le quotient 728 vous donnera la

somme

fomme de la progreffion renfermée dans le fecond des trois exemples fupérieurs.

Corollaire fecond. Dans une progreffion géométrique décroiffante, vous aurez la fomme des termes en faifant les opérations fuivantes. 1°. Prenez le quarré du premier terme. 2°. Otez de ce quarré le produit du fecond terme par le dernier. 3°. Divifez le reftant par la différence qui fe trouve entre le premier & le fecond terme ; le quotient fera la fomme des termes de votre progreffion décroiffante. Dans le troifiéme exemple, prenez le quarré du premier terme 27, qui eft 729. Otez de ce quarré le produit du fecond terme 9 par le dernier $\frac{1}{9}$, c'eft-à-dire, ôtez 1 du quarré 729. Divifez le reftant 728 par 18, *différence* du premier au fecond terme ; & le quotient 40 $\frac{8}{18}$ fera la fomme que contient la progreffion décroiffante du troifieme exemple fupérieur.

Corollaire troifieme. Si la progreffion géométrique eft décroiffante à l'infini, c'eft-à-dire, fi le dernier terme eft 0, l'on aura la fomme des termes en divifant le quarré du premier terme par la différence qu'il y a entre le premier & le fecond terme.

Cinquieme Régle. En toute progreffion géométrique croiffante, le fecond terme moins le premier : au premier : : le dernier moins le premier : à la fomme des termes qui précédent le dernier. Dans le fecond exemple, 4 : 1 : : 484 : 241.

Corollaire premier. Si la progreffion géométrique eft décroiffante, l'on dira, le premier terme moins le fecond : au fecond : : le premier terme moins le dernier : à la fomme de ceux qui fuivent le premier. Dans le troifième exemple, 18 : 9 : : 26 $\frac{8}{9}$: 13 $\frac{12}{27}$.

Corollaire fecond. Si la progreffion géométrique eft décroiffante à l'infini, c'eft-à-dire, fi fon dernier terme eft 0, l'on dira ; le premier terme moins le fecond : au fecond : : le premier terme : à la fomme de ceux qui le fuivent.

PROBLÉME I.

Connoiffant le premier, le fecond & le nombre des termes, trouver le dernier terme & la fomme des termes. *Exemples.* On demande un denier du premier des 24 clous des 4 fers d'un cheval, 2 deniers du fecond, 4 du troifieme, 8 du quatrieme, 16 du cinquieme, 32

du fixieme , & ainfi de fuite en progreffion géométrique
jufqu'au 24ᵉ clou ; l'on demande combien coutera ce 24ᵉ·
clou & combien les 24 clous enfemble ?

Réfolution. 1°. *Par le corollaire premier de la troifie-*
me régle , 1024 deniers, *quarré de* 32 , me donnent le
11ᵉ. terme.

Par le même corollaire , 1048576 deniers, *quarré* du
onzieme terme, me donnent le vingt-unieme terme.

Par le corollaire fecond de la même régle , 8388608
deniers *produit* du 21ᵉ terme 1048576 par le 4ᵉ terme
8 ; me donnent la valeur du 24ᵉ clou. Je divife ce nombre par 240, pour le réduire en livres ; & le quotient
me prouve que le 24ᵉ clou coutera 34952 livres, 10
fols , 8 deniers.

2°. Pour avoir la fomme des termes , je me fers du
corollaire premier de la quatrieme régle. Je multiplie
donc le 24ᵉ terme 8388608 par le fecond terme 2. Du
produit 16777216 j'ôte 1 , *quarré* du premier terme, &
le reftant me marque que les 24 clous couteront 16777215 ,
ou 69905 livres, 1 fol , 3 deniers.

PROBLEME II.

Connoiffant le premier , le dernier termes & l'*expofant*
d'une progreffion géométrique décroiffante , trouver la
fomme des termes. *Exemple*. J'ai cueilli dans mon verger la premiere année 512 pommes , la dernierc année 2 ,
en diminuant chaque année en proportion géométrique quadruple ; l'on cherche la fomme des pommes cueillies.

Réfolution. 1°. *par la premiere régle ,* j'ai le fecond terme en divifant par l'*expofant* 4 le premier terme 512 ,
c'eft-à-dire, que la feconde année j'ai cueilli dans mon
verger 128 pommes.

2°. *Par le corollaire fecond de la quatrieme régle ,* je
multiplie le premier terme 512 par lui-même , pour avoir
fon quarré 262144. J'ôte de ce quarré le produit du
fecond terme 128 par le dernier 2 , c'eft-à-dire , j'ôte
256. Je divife le reftant 261888 par la différence qui
fe trouve entre le premier terme 512 & le fecond terme 128 ; cette différence eft 384 ; le quotient 682 me
donnera la fomme des pommes que j'ai cueillies dans
mon verger.

PROBLÉME III.

Connoiſſant le premier & le ſecond termes d'une progreſſion géométrique décroiſſante à l'infini, trouver la
ſomme des termes qui ſuivent le premier, & la ſomme
de tous les termes de la progreſſion. *Exemple*, l'on ſuppoſe une progreſſion géométrique décroiſſante à l'infini
dont le premier terme ſoit 30 & le ſecond 10 ; l'on demande la ſomme des termes qui ſuivent le premier, &
la ſomme de tous les termes de cette progreſſion.

Réſolution. 1°. Pour avoir la ſomme des termes qui
ſuivent le premier terme 30, je dis *par le corollaire ſecond de la cinquieme régle*, le premier terme moins le ſecond : au ſecond : : le premier terme : à la ſomme de ceux
qui le ſuivent ; c'eſt-à-dire, 20 : 10 : : 30 : 15 ; donc dans
la progreſſion donnée la ſomme des termes qui ſuivent le
premier, eſt 15.

2°. Pour avoir la ſomme de tous les termes de cette
progreſſion, je joins 15 à 30 & j'ai 45.

L'on pourra par les mêmes régles réſoudre un grand
nombre de Problémes très-curieux.

PROPORTION ARITHMÉTIQUE. Quatre grandeurs
ſont en proportion arithmétique, lorſque la quantité par
laquelle la premiere différe de la ſeconde eſt égale à la
quantité par laquelle la troiſieme différe de la quatrieme.
Ainſi les quatre grandeurs 2, 4, 100, 102 ſont en proportion arithmétique, parce que de même que le nombre
2 marque la différence qu'il y a entre la grandeur 2 & la
grandeur 4, de même le nombre 2 marque la différence
qu'il y a entre la grandeur 100 & la grandeur 102.

Concluez de-là que dans une proportion arithmétique la
ſomme des *extrêmes* eſt égale à la ſomme des *moyennes* ;
c'eſt-à-dire, concluez de-là que ſi vous ajoutez d'un côté
le premier terme de la proportion arithmétique au quatrieme, & de l'autre le ſecond terme au troiſieme, vous
aurez deux ſommes égales. En effet ſervez-vous de l'e-
xemple précédent, & ajoutez d'un côté 2 à 102, & de
l'autre 4 à 100, vous aurez deux ſommes, chacune de 104.

Concluez encore que l'addition eſt pour la proportion
arithmétique, ce que la multiplication eſt pour la proportion géométrique dont nous allons dire deux mots.
Nous avons déja traité cette matière très-au-long dans
l'abrégé du cinquieme Livre d'Euclide qui fait partie

de l'article *géométrie* ; on le trouvera dans ce fecond volume.

PROPORTION GÉOMÉTRIQUE. Comme ce terme revient
fouvent dans ce Dictionnaire, l'on fera bien de lire avec
attention cet article, après avoir jetté auparavant un
coup d'œil fur le mot *raifon*. L'on nomme *proportion géométrique* le rapport qu'il y a entre deux raifons géométriques égales. Ainfi il y a proportion géométrique entre
ces quatre grandeurs 4, 2, 12, 6 ; parce que 4 eft à
2, comme 12 eft à 6 ; ou pour marquer les chofes à la
façon des Géométres, 4 : 2 : : 12 : 6. Ces quatre grandeurs font appellées *proportionnelles* ; la premiere & la
derniere fe nomment les deux extrêmes, la feconde & la
troifieme fe nomment les deux moyennes.

Dans toute proportion géométrique le produit des extrêmes eft toujours égal au produit des moyennes. En
effet dans la proportion géométrique que nous venons
de citer, multipliez 4 par 6 d'un côté, & 12 par 2
de l'autre ; vous aurez de part & d'autre pour produit 24.

Régle de proportion. Lorfque l'on a les trois premiers
nombres d'une proportion géométrique, & que l'on veut
trouver le quatrieme, l'on doit multiplier le troifieme par
le fecond, divifer le produit par le premier nombre, &
le quotient vous donne le quatrieme nombre que vous
cherchez. L'on vous donne, *par exemple*, les trois nombres 2, 4, 10, & l'on vous dit de finir la proportion
géométrique. Pour en venir à bout, vous multiplierez
10 par 4, vous diviferez le produit 40 par 2, & le quotient 20 vous donnera le quatrieme nombre que vous
cherchez. En effet 2 : 4 : : 10 : 20. C'eft-là ce qu'on appelle *régle de proportion* ou *régle de trois* : c'eft, comme
vous venez de le voir, *une opération dans laquelle à trois
nombres donnés l'on cherche un quatrieme proportionnel géométrique.* Cette régle fe divife en *directe* & *inverfe*, en
fimple & *compofée.* En voici différents exemples.

PROBLÉME I.

Faire une *régle de trois* directe ?
Exemple.

20 Cannes de drap coutent 350 livres, combien couteront 30 cannes du même drap ?
Arrangement des trois nombres donnés.

20 : 350 : : 30 eft au quatrieme que l'on cherche.

Multiplication.

Multiplicande	350
Multiplicateur	30
Produit	10500

Division.

Dividende	10500
Diviseur	20
Quotient	525

Solution.

20 Cannes : 350 livres : : 30 cannes : 525 livres.

Explication. Pour faire la régle que l'on vient de proposer, arrangez 1° en forme de proportion géométrique les trois nombres 20, 350 & 30.

2°. Multipliez 350 par 30.

3°. Divisez le produit 10500 par 20 & le *quotient* 525 vous donnera le quatrieme nombre que vous cherchez ; c'est-à-dire, le *quotient* vous marquera combien couteront 30 cannes du même drap, dont 20 cannes ont couté 350 livres.

Démonstration. Il est prouvé dans l'article qui commence par le mot *géométrie*, que quatre nombres sont en proportion géométrique, lorsqu'en multipliant d'un côté le premier & le quatrieme, & de l'autre le second & le troisieme nombres ; l'on a deux *produits* égaux. Cela supposé voici comment je raisonne. 525 multiplié par 20 me donne pour *produit* 10500. Il en est de même de 350 multiplié par 30 ; donc 20 : 350 : : 30 : 525 ; donc les 30 cannes de drap dont on parle, couteront 525 livres.

REMARQUE.

L'exemple que l'on vient de proposer renferme évidemment une régle de *trois* directe, parce que le quatrieme nombre inconnu doit être d'autant plus grand que le troisieme nombre 30, que le second nombre 350 est plus grand que le premier nombre 20. Si le nombre inconnu devoit être d'autant plus grand que le troisieme nombre *donné*, que le second nombre est plus petit que le premier, ou bien, si le nombre inconnu devoit être d'autant plus petit que le troisieme nombre *donné*, que le second nombre est plus grand que le premier ; alors l'on auroit à faire une régle de *trois* inverse ; & pour en venir à bout, il faudroit multiplier le premier nombre *donné* par le troisieme, diviser le *produit* par le second, & le *quotient* seroit le nombre inconnu que l'on cherche. En voici un exemple.

PROBLÉME II.

Faire une régle de *trois* inverſe.

20 Cannes de drap coutent 350 livres, combien de cannes en aura-t-on pour 525 livres ?

Arrangement des trois nombres donnés.

20 : 350 : : le nombre que l'on cherche : 525.

Multiplication.

Multiplicande	525
Multiplicateur	20
Produit	10500

Diviſion.

Dividende	10500
Diviſeur	350
Quotient	30

Solution.

20 Cannes : 350 livres : : 30 cannes : 525 livres.

Explication. Pour faire la régle de *trois* dont nous venons de parler, il a fallu 1° tellement arranger les trois nombres *donnés*, que le troiſieme nombre 525 occupât la quatrieme place dans la proportion que l'on a été obligé de faire, & le nombre inconnu la troiſieme.

Il a fallu 2°. multiplier 525 par 20.

Il a fallu 3°. diviſer le *produit* 10500 par 350, & le *quotient* 30 a donné le nombre que l'on cherchoit, c'eſt-à-dire, 30 cannes.

Démonſtration. 20 cannes : 350 livres :: 30 cannes : 525 livres, *par la démonſtration précédente ;* donc la régle propoſée a été bien faite.

Corollaire. La régle de *trois* n'eſt inverſe, que lorſque celui qui la propoſe, en a mal diſpoſé les termes, comme il eſt aiſé de s'en appercevoir, ſi l'on veut comparer les deux exemples précédents.

REMARQUE.

Les deux régles de *trois* que nous venons de propoſer, ſont ſimples ; l'exemple ſuivant nous en fournira une compoſée.

PROBLÉME III.

Faire une régle de *trois* compoſée dire&te.

Exemple.

4 hommes ont dépenſé 24 écus en 12 jours, combien en dépenſeront 20 hommes en 30 jours?

Arrangement des nombres donnés.

4 multipliant 12 : 24 :: 20 multipliant 30 : au quatrieme nombre que l'on cherche.

Ou 48 : 24 :: 600 : au quatrieme nombre que l'on cherche.

Multiplication.		*Solution.*

Multiplicande. 600   48 : 24 : 600 :: 300.

Multiplicateur 24   *Explication.* La régle que l'on

Produit 14400   vient de propofer , renferme

Divifion.   cinq termes que l'on réduit à
trois en multipliant le nombre

Dividende 14400   des jours par le nombre des

Divifeur 48   hommes. Cette réduction don-

Quotient 300   ne 48 , 24 & 600. Ces nombres
arrangés à la maniere ordinaire donnent pour quatrieme terme 300 écus que dépenferont 20 hommes en 30 jours.

Démonſtration. 48 : 24 :: 600 : 300 , puifque de même que le premier terme eſt double du fecond , de même le troifieme terme eſt double du quatrieme ; donc le problême propofé a été réfolu.

REMARQUE.

Si l'on avoit voulu réfoudre ce problême par deux régles de *trois*, l'on auroit dit 1° fi 4 hommes dépenfent 24 écus , combien en dépenferont 20 ? & l'on auroit trouvé que cette dépenfe feroit montée à 120 écus.

L'on auroit dit 2° fi 12 jours donnent 120 écus de dépenfe , combien en donneront 30 ? & l'on auroit eu pour quatrieme terme 300 écus comme dans la premiere opération.

PROBLÉME IV.

Faire une régle de *trois* compofée inverfe.

Exemple.

4 hommes ont dépenfé 24 écus en 12 jours, en combien de jours 20 hommes dépenferont-ils 300 écus ?

Arrangement des termes donnés.

4 : 24 :: 20 : à un quatrieme terme qui exprime la dépenfe que feroient 20 hommes ; ce quatrieme terme eſt 120 écus.

12 : 120 :: le nombre que l'on cherche : 300.

Multiplication.

Multiplicande 300
Multiplicateur 12
  Produit   3600

Division.

Dividende ,3600
Diviseur   120
Quotient   30

Solution.

12 : 120 :: 30 : 300.

Explication. C'est en faisant deux régles de *trois*, l'une *directe* & l'autre *inverse*, que l'on a eu la solution du problême proposé dans l'exemple supérieur. En effet l'on a d'abord dit, si 4 hommes dépensent 24 écus ; combien en dépenseront 20 hommes ? l'on a dit ensuite ; 12 jours sont à 120 écus, comme le nombre de jours que l'on cherche est à 300 écus.

Démonstration. 12 : 120 :: 30 : 300, puisque 12 multipliant 300 produit autant que 30 multipliant 120 ; donc le problême proposé a été résolu.

R E M A R Q U E.

Au lieu de dire, 12 jours sont à 120 écus, comme le nombre de jours que l'on cherche, est à 300 écus, l'on auroit pu dire ; si 120 écus donnent 12 jours, combien en donneront 300 écus ? & alors la seconde régle de *trois* auroit été directe & non pas *inverse*.

PROPORTIONNELLE. C'est-là l'épithéte que l'on donne à une ou à plusieurs quantités inconnues, destinées à former une proportion avec d'autres quantités déja connues. Les principaux Problémes que l'on puisse proposer sur cette matière, sont les suivants.

A trois quantités données, trouver une quatrième proportionnelle.

A deux quantités données, trouver une moyenne proportionnelle.

A deux quantités données, trouver deux moyennes proportionnelles.

A deux quantités données, trouver tel nombre qu'on voudra de moyennes proportionnelles. Le premier de ces problémes n'est pas distingué de la régle de proportion dont nous avons déja parlé fort au-long. La résolution des trois autres fera la matiere de cet important article ; l'on y suppose le Lecteur au fait de l'arithmétique, de l'algébre, & des proportions.

PROBLÉME I.

A deux quantités données, trouver une moyenne proportionnelle.

Explication. L'on demande la valeur d'une quantité quelconque x, qui soit moyenne proportionnelle entre les deux quantités données 4 & 25, c'est-à-dire, l'on demande une quantité quelconque x qui soit telle que l'on puisse dire, $4 : x :: x : 25$. Pour la trouver, je fais $a = 4$, & $b = 25$.

Résolution. $x = \sqrt{ab} = 10$.

Démonstration. L'on a par hypothése la proportion suivante $a : x :: x : b$; donc $xx = ab$; donc $x = \sqrt{ab}$; donc $x = \sqrt{4 \times 25}$; donc $x = \sqrt{100}$; donc $x = 10$. En effet $4 : 10 :: 10 : 25$, puisque $4 \times 25 = 10 \times 10$.

Corollaire. La moyenne proportionnelle est toujours la racine quarrée du produit des deux quantités données.

PROBLÉME II.

A deux quantités données, trouver deux moyennes proportionnelles.

Explication. L'on me donne deux lignes, l'une de 54 & l'autre de 16 pouces, & l'on me demande de trouver deux autres lignes x & y qui soient moyennes proportionnelles entre les deux données, c'est-à-dire, qui soient telles que l'on puisse dire, $54 : x :: x : y$ & $x : y :: y : 16$. Pour les trouver, je fais $a = 54$, & $b = 16$.

Résolution. $1^\circ :$ $x = \sqrt[3]{aab} = 36$.

$2^\circ.$ $y = \sqrt[3]{abb} = 24$.

Démonstration. $1^\circ.$ Puisque les quantités $a . aq . aq^2 . aq^3$ sont en proportion continue, l'on peut dire $a : aq^3 :: a^3 : a^3q^3$; en effet $a \times a^3q^3 = a^3 \times aq^3$; donc en général lorsque quatre quantités sont en proportion continue, la première : à la quatrieme :: le cube de la premiere : au cube de la seconde.

$2^\circ.$ Par hypothése les quantités $a . x . y . b$ sont en proportion continue; donc $a : b :: a^3 : x^3$; donc $ax^3 = a^3b$; donc $x^3 = \dfrac{a^3b}{a}$; donc $x^3 = aab$; donc $x = \sqrt[3]{aab} = \sqrt[3]{54 \times 54 \times 16} = \sqrt[3]{2916 \times 16} = \sqrt[3]{46656} = 36$.

3°. Par hypothéſe $a.x.y.b$ ſont en proportion continue ; donc $a.\sqrt[3]{aab}.y.b$ garderont la même proportion, parce que $x=\sqrt[3]{aab}$, num. 2.

4°. $a.\sqrt[3]{aab}.y.b$ ſont en proportion continue; donc
les cubes de ces 4 quantités y ſeront auſſi ; donc a^3 :
aab : : y^3 : b^3 ; donc $y^3 \times aab = a^3 b^3$; donc $y^3 = \dfrac{a^3 b^3}{aab}$; donc $y^3 = abb$; donc $y = \sqrt[3]{abb} = \sqrt[3]{54 \times 16 \times 16} = \sqrt[3]{54 \times 256} = \sqrt[3]{13824} = 24$.

Corollaire I. La premiere des deux moyennes proportionnelles eſt toujours égale à la racine cubique du produit du quarré de la premiere connue multiplié par la
ſeconde connue ; auſſi a-t-on $x = \sqrt[3]{aab}$.

Corollaire II. La ſeconde des deux moyennes proportionnelles eſt toujours égale à la racine cubique du produit du quarré de la ſeconde connue multiplié par la
premiere connue ; auſſi a-t-on $y = \sqrt[3]{abb}$.

REMARQUE.

Le probléme des deux moyennes proportionnelles ſe
réſout très-facilement par le compas de proportion. Conſultez ce qui regarde la ligne des ſolides dans l'article
qui commence par les mots *Compas de proportion.*

PROBLÉME III.

A deux quantités données, trouver tel nombre qu'on
voudra de moyennes proportionnelles.

Explication. L'on me donne les deux quantités connues
a & b, & l'on me demande d'inférer entre ces deux
quantités tel nombre n qu'on voudra de moyennes proportionnelles. La lettre n vaudra donc 3, & $n+1$ vaudra 4, ſi l'on ne demande que les trois moyens proportionnels u, x, y.

Réſolution. 1°. $u = \sqrt[n+1]{a^n b}$.

2°. $x = \sqrt[n+1]{a^{n-1} b^2}$.

3°. $y = \sqrt[n+1]{a^{n-2} b^3}$.

Démonstration. 1°. Puisque a, u, x, y, b font fuppofés en proportion continue, l'on aura $a : b : : a^4 : u^4$. La raifon eft la même que celle que nous avons apportée pour le cube dans la démonftration du probléme précédent *num.* 1.

2°. $a : b : : a^4 : u^4$, donc $au^4 = a^4 b$; donc $u^4 = \dfrac{a^4 b}{a}$; donc $u^4 = a^3 b$; donc $u = \sqrt[4]{a^3 b}$; donc $u = \sqrt[n+1]{a^n b}$.

3°. Par hypothéfe a, $\sqrt[4]{a^3 b}$, x font en proportion continue; donc $a : \sqrt[4]{a^3 b} : : \sqrt[4]{a^3 b} : x$; donc $a^4 : a^3 b : : a^3 b : x^4$; parce que la quatrieme puiffance du radical $\sqrt[4]{a^3 b}$ eft $a^3 b$; donc $a^4 x^4 = a^6 b^2$; donc $x^4 = \dfrac{a^6 b^2}{a^4}$; donc $x^4 = a^2 b^2$; donc $x = \sqrt[4]{a^2 b^2}$; donc $x = \sqrt[n+1]{a^{n-1} b^2}$, parce que n étant par hypothéfe $= 3$, l'on aura $n + 1 = 4$, & $n - 1 = 2$.

4°. Par hypothéfe a, $\sqrt[4]{a^3 b}$, $\sqrt[4]{a^2 b^2}$, y font en proportion, donc leur quatrieme puiffance y feront auffi; donc $a^4 : a^3 b : : a^2 b^2 : y^4$; donc $a^4 y^4 = a^5 b^3$; donc $y^4 = \dfrac{a^5 b^3}{a^4}$; donc $y^4 = a^1 b^3$; donc $y = \sqrt[4]{a^1 b^3}$; donc $y = \sqrt[n+1]{a^{n-2} b^3}$, parce que n étant par hypothéfe $= 3$, l'on aura $n - 2 = 1$.

PRUNELLE. L'uvée, opaque de fa nature, a au milieu une petite ouverture circulaire nommée la *prunelle.* Voyez-en l'ufage dans l'article de l'*Œil.*

PTOLOMÉE. Claude Ptolomée natif de Pélufe, & non pas d'Alexandrie où il a habité une grande partie de fa vie, propofa fon fyftême du Ciel environ l'an 130 depuis la naiffance de JESUS-CHRIST. Il plaça d'abord au centre du monde la Terre immobile. Autour de la Terre il fit tourner d'Occident en Orient la Lune en un mois, Mercure en trois, Vénus en huit, le Soleil en un an, Mars en deux, Jupiter en douze, Saturne en trente, & les Étoiles en environ vingt-cinq mille ans. Outre ce mouvement périodique Ptolomée donne à tous les aftres un mouvement diurne autour de la Terre d'Orient en Ocçident. Ce fyftême eft tout-à-fait rifible ; il a contre lui non-feulement tous les argumens des Coperniciens, mais encore les obfervations aftronomiques qui démontrent que Mercure & Vénus n'ont aucun mouvement périodique autour de la Terre.

PUISSANCE. Tout ce qui peut imprimer du mouvement porte en méchanique le nom de *puiffance*.

Les Mathématiciens & les Phyficiens donnent le nom de premiere puiffance à un nombre quelconque ; de feconde puiffance à fon quarré ; de troifieme puiffance à fon cube ; de quatrieme puiffance à fon quarré-quarré &c. 2, 4, 8, 16 font les quatre premieres puiffances de 2.

PYLORE. L'ouverture par laquelle les alimens paffent de l'eftomac dans le *duodenum*, fe nomme le *pylore*. Cette ouverture eft à droite.

Q

QUADRATURE. Chercher la quadrature d'une courbe, c'eft chercher l'efpace que renferme fa circonférence. Les problêmes fuivants préfentent ce qu'il y a fur cette matiere de plus intéreffant à fçavoir.

PROBLÉME I.

Trouver par le calcul infinitéfimal la quadrature d'un efpace quelconque renfermé entre une ordonnée, une partie de l'axe & un arc d'une parabole quelconque T S M ; trouver, *par exemple*, la quadrature de l'efpace parabolique C S E, *Fig.* 25. *Pl.* 2.

Réfolution. En nommant y une ordonnée quelconque C E, & en nommant x fon abfciffe correfpondante S C, je dis que l'efpace C S E fera $\frac{2}{3} xy$, c'eft-à-dire, fera égal aux deux tiers de l'efpace contenu dans un rectangle qui auroit pour bafe l'ordonnée C E, & pour hauteur l'abfciffe S C. Pour le démontrer, je tire ce infiniment près de C E ; je tire encore E O paralléle à C c, & dans le trapeze infiniment petit C c E e je néglige le triangle infiniment petit E O e, afin d'avoir le rectangle infiniment petit C c E O dans lequel $cO = CE = y$, & C c = dx, parce que c'eft une partie infiniment petite de l'abfciffe S C = x.

Démonſtration. 1°. L'aire du reƈtangle C c EO eſt une partie infiniment petite de l'eſpace CSE qu'il faut quarrer.

2°. L'aire du reƈtangle C c EO $= c$ O $\times$ C c $= y \times dx$ $= y dx$; donc $y dx$ eſt une partie infiniment petite de l'eſpace CSE; donc intégrer $y dx$, c'eſt quarrer l'eſpace CSE.

3°. L'équation à la parabole eſt $px = yy$.

4°. La différence de cette équation dans laquelle p eſt une quantité conſtante eſt $pdx = 2ydy$; donc $dx = \frac{2ydy}{p}$; donc $ydx = \frac{2yydy}{p}$; donc intégrer $\frac{2y^2dy}{p}$, c'eſt intégrer ydx.

5°. L'intégrale de $\frac{2y^2dy}{p}$ eſt $\frac{2y^{2+1}}{2+1p} = \frac{2y^3}{3p}$.

6°. $yy = px$, *num.* 3; donc $\frac{2y^3}{3p} = \frac{2ypx}{3p} = \frac{2yx}{3} = \frac{2}{3}xy$; donc le problème a été réſolu.

PROBLÉME II.

Trouver par le calcul infinitéſimal la quadrature d'un eſpace renfermé entre deux ordonnées, une partie de l'axe, & un arc d'une ellipſe quelconque SLC s l, *Fig.* 26 *Pl.* 2; trouver, *par exemple*, la quadrature de l'eſpace elliptique I e l C, renfermé entre les deux ordonnées I e & l C, la partie CI de l'axe S s, & l'arc elliptique l e.

Réſolution. La quadrature de l'eſpace I e l C eſt $bx -$ $\frac{bx^3}{6a^2} - \frac{bx^5}{40a^4} - \frac{bx^7}{112a^6}$ &c. Pour le démontrer, faiſons S s $= 2a$, SC $= s$C $= a$, L l $= 2b$, CL $=$ C l $= b$, I e $= y$, CI $= x$; nous aurons SI $= a+x$ & s I $= a - x$. Tirons i E infiniment près de I e, & EO $=$ I i; nous aurons EO $=$ I i $= dx$, & i E $= y$, parce que i E ne différe de I e que par e O, l'un des côtés du triangle infiniment petit EO e que l'on peut négliger ſans conſéquence.

Démonſtration. 1°. Il eſt démontré dans le Traité des Seƈtions coniques que le quarré de I e eſt au reƈtangle ſous les abſciſſes correſpondantes SI & I s, comme le quarré de l C eſt au quarré de SC, ou $yy : aa - xx$ $:: bb : aa$; donc $aayy = aabb - bbxx$; donc yy

$$= \frac{aabb - bbxx}{aa} \; ; \; \text{donc } yy = \frac{lb}{aa} \times (aa - xx) \; ; \; \text{donc } y$$

$$= \frac{b}{a} \times \sqrt{aa - xx}.$$

2°. Nous avons démontré dans l'article qui commence par le mot *Suite* que le radical $\sqrt{aa - xx}$ se reduit en la suite infinie $a - \frac{xx}{2a} - \frac{x^4}{8a^3} - \frac{x^6}{16a^5}$ &c ; donc

$$y = \frac{b}{a} \times \left(a - \frac{xx}{2a} - \frac{x^4}{8a^3} - \frac{x^6}{16a^5} \; \&c \right) \; ; \; \text{donc } y = \frac{ab}{a}$$

$$- \frac{bxx}{2aa} - \frac{bx^4}{8a^4} - \frac{bx^6}{16a^6} \; \&c \; ; \; \text{donc } y = b - \frac{bxx}{2aa} -$$

$$\frac{bx^4}{8a^4} - \frac{bx^6}{16a^6} \; \&c.$$

3°. L'aire du rectangle OEIi est une partie infiniment petite de l'espace IelC qu'il faut quarrer.

4°. L'aire du rectangle OEIi = Ei × Ii = y×dx = ydx ; donc intégrer ydx, c'est quarrer l'espace IelC.

5°. $y = b - \dfrac{bxx}{2aa} - \dfrac{bx^4}{8a^4} - \dfrac{bx^6}{16a^6}$ &c ; donc $ydx =$

$$bdx - \frac{bx^2 dx}{2aa} - \frac{bx4dx}{8a^4} - \frac{bx^6 dx}{16a^6} \; \&c.$$

6°. Intégrons le second nombre de cette derniere équation, nous aurons $bx - \dfrac{bx^3}{6aa} - \dfrac{bx^5}{40a^4} - \dfrac{bx^7}{112a^6}$ &c ; & comme cette *Suite* est infinie, il est démontré que la quadrature parfaite de l'ellipse, & de tout espace elliptique, est impossible, & que tout ce qu'on peut faire, c'est d'en approcher infiniment près. En effet vous aurez sensiblement l'espace lCel, si vous multipliez LC par CI, & si vous ôtez de ce produit la valeur des fractions $\dfrac{bx^3}{6aa}$, $\dfrac{bx^5}{40a^4}$, $\dfrac{6x^7}{112a^6}$ qui sont les seules fractions de quelque valeur.

Corollaire I. Le demi petit axe lC est une véritable ordonnée qui a pour abscisse correspondante le demi grand axe SC ; il y a donc des cas ou x devient $= a$, & dans ce cas la quadrature que l'on vient de trouver, fera $ba - \dfrac{ba^3}{6aa} - \dfrac{ba^5}{40a^4} - \dfrac{ba^7}{112a^6}$ &c. , $= ab -$

$\frac{1}{6} ab - \frac{1}{40} ab - \frac{1}{112} ab$ &c ; ce qui prouve que la quadrature du quart de l'ellipse n'est pas plus possible que celle de tout autre espace élliptique ; car cette derniere *Suite* infinie donne la quadrature approchée de l'espace elliptique compris entre $lC = b$, $SC = a$ & l'arc Sl.

Corollaire II. Comme dans le cercle tous les diamétres sont égaux , & que cette courbe peut être confidérée comme une ellipse à axes égaux , l'on a pour le cercle $b = a$, & l'on aura par conféquent pour la quadrature approchée de tout quart de cercle dont le rayon s'appellera a , la *fuite* infinie $aa - \frac{1}{6} aa - \frac{1}{40} aa - \frac{1}{112} aa$ &c ; ce qui prouve l'impossibilité de trouver la quadrature parfaite du cercle. On suppose dans la pratique que dans tout cercle la circonférence est au diamétre, comme 22 est à 7.

Corollaire III. L'aire d'une ellipse est à celle d'un cercle décrit fur son grand axe , comme la *Suite* $ab - \frac{1}{6} ab - \frac{1}{112} ab$ &c , est à la *fuite* $aa - \frac{1}{6} aa - \frac{1}{112} aa$, ou $:: ab : aa$, ou enfin $:: b : a$; ce qui prouve que l'aire d'une ellipse est à l'aire d'un dercle décrit fur fon grand axe, comme le petit axe est au grand axe ; & fi le cercle avoit pour diamétre le petit axe de l'ellipse , fon aire feroit à celle de l'éllipse , comme le petit axe est au grand axe.

Corollaire IV. L'aire d'une ellipse est égale à celle d'un cercle dont le diamétre est moyen proportionnel entre les axes de l'ellipse. Pour le démontrer , je nomme d le diamétre de ce cercle ; a le grand axe , & b le petit axe de cette ellipse. Cela fuppofé , voici comment je raifonne.

1°. Par hypothéfe, $a : d :: d : b$, donc $ab = dd$.

2°. Par le cor. *II*, l'aire du cercle qui a pour diamétre d est $dd - \frac{1}{6} dd - \frac{1}{40} dd - \frac{1}{112} dd$ &c, & par le cor. *I.* l'aire de l'ellipse dont il s'agit est $ab - \frac{1}{6} ab - \frac{1}{40} ab - \frac{1}{112} ab$ &c ; mais $ab = dd$, num. 1 ; donc $dd - \frac{1}{6} dd - \frac{1}{40} dd - \frac{1}{112} dd = ab - \frac{1}{6} ab - \frac{1}{40} ab - \frac{1}{112} ab$; donc l'aire d'une éllipse est égale à celle d'un cercle dont le diamétre est moyen proportionnel entre les axes de l'ellipse.

Corollaire V. Les furfaces de deux ellipfes quelconⁱ ques font entr'elles comme les produits de leurs axesᵢ Car foient a, b les axes de l'une ; c, d les axes de l'autre ; leurs aires feront $ab - \frac{1}{6}ab - \frac{1}{40}ab$ &c. & $cd - \frac{1}{6}cd - \frac{1}{40}cd$ &c, lefquelles fuites font évidemⁱ ment comme ab à cd.

PROBLÉME III.

Trouver par le calcul infinitéfimal la quadrature d'un efpace quelconque SCEM, *Fig.* 27. *Pl.* 2. renfermé entre le demi-grand axe SC, la ligne EM ordonnée au petit axe l L, l'abfciffe correfpondante CE, & l'arc hyperbolique ₊S M.

Réfolution. La quadrature de l'efpace hyperbolique SCEM eft $bx + \frac{bx^3}{6aa} - \frac{bx^5}{40a^4} + \frac{bx^7}{112a^6}$ &c. Pour le démontrer, nommons b le demi-grand axe SC, a le demi-petit axe CL, y la ligne ME ordonnée au petit axe, x l'abfciffe correfpondante CE ; nous aurons PM $= x$, CP $= y$, SP $=$ CP $-$ CS $= y - b$, sP $=$ CP $+$ C$s = y + b$; nous aurons encore le radical $\sqrt{aa + xx} = a + \frac{xx}{2a} - \frac{x^4}{8a^3} + \frac{x^6}{16a^5}$, &c. Cherchez Suite.

Démonftration, 1°. Il eft démontré dans le Traité des Sections coniques que PM² : SP × sP : : CL² : SC² ; donc $xx : yy - bb : : aa : bb$; donc $bbxx = aayy - aabb$; donc $adyy = aabb + bbxx$; donc $yy = \frac{aabb + b^l xx}{aa}$; donc $yy = \frac{bb}{aa} \times (aa + xx)$; donc $y = \frac{b}{a} \times \sqrt{aa + xx}$. Le refⁱ te du calcul eft inutile ; c'eft, à quelques fignes près, le même que celui de l'ellipfe ; vous trouverez au bout par le moyen du calcul intégral que l'efpace hyperbolique SCEM eft $= bx + \frac{bx^3}{6aa} - \frac{bx^5}{40a^4} + \frac{bx^7}{112a^6}$ &c ; ce qui prouve que la quadrature parfaite de l'hyperbole eft auffi impoffible que celle du cercle & de l'ellipfe.

QUADRILATÉRE. Toute figure qui a quatre côtés & quatre angles eft un quadrilatére. Voyez *Parallélogramme.*

QUALITÉS.

QUALITÉS. La gravité, la dureté, la fluidité, l'élasticité, la molleffe, &c. font autant de qualités des corps fenfibles. Confultez les articles où ces fortes de matieres font traitées.

QUARRÉ. Une figure qui a fes quatre côtés égaux & fes quatre angles droits eft un quarré. Telle eft A C D E, Fig. 6. Pl. 2.

QUARRÉ *Arithmétique.* Un nombre fe multipliant lui-même produit fon quarré. Ainfi le quarré de 10 eft 100, parce que 10 multipliant 10 donne 100. Multipliez 100 par 100, vous aurez 10000, *quarré-quarré* de 10.

QUINTAL. Un quintal péfe 100 livres.

QUOTIENT. Le quotient eft un chiffre qui marque combien de fois un nombre eft contenu dans un autre. Si vous divifez, *par exemple*, 12 par 3, vous aurez pour quotient 4, parce que 3 eft contenu 4 fois dans 12.

R

RABOTEUX. Une furface raboteufe eft celle qui a beaucoup d'inégalités.

RACINE. Cherchez *Extraction*, Tom. 1, pag. 358 & fuivantes.

RAISON. Comme ce terme eft très-commun dans la Phyfique Newtonienne, le Lecteur ne fera pas faché que nous entrions dans un grand détail. La *raifon* d'une grandeur à une autre, c'eft le rapport qu'il y a entre deux grandeurs de même efpèce. Il y a, *par exemple*, une vraie *raifon* entre 12 & 6, parce qu'il y a un vrai rapport de 12 à 6. Toute *raifon* dit deux grandeurs dont la premiere fe nomme *antécédent* & la feconde *conféquent*. Ainfi dans la raifon de 12 à 6, 12 eft l'antécédent & 6 le conféquent.

Raifon multiple & fous-multiple. Lorfque l'antécédent contient plufieurs fois fon conféquent, la *raifon* fe nomme *multiple*. Lorfqu'au contraire l'antécédent eft plufieurs fois contenu dans fon conféquent, la *raifon* fe nomme *fous-multiple*. Il y a *raifon* multiple de 10 à 10, & *raifon* fous-multiple de 3 à 6.

Raifon double, triple, &c. Lorfque l'antécédent contient deux fois fon conféquent, la *raifon* eft double, telle eft la *raifon* de 10 à 10; lorfque l'antécédent contient trois fois fon conféquent, la *raifon* eft triple;

aussi y a-t-il *raison* triple de 12 à 4.

Raison sous-double, *sous-triple*, &c. Dans la *raison* sous-double l'antécédent est contenu deux fois, & dans la *raison* sous-triple l'antécédent est contenu trois fois dans son conséquent. Il y a *raison* sous-double de 2 à 4, & *raison* sous-triple de 2 à 6.

Remarquez que le chiffre qui marque combien de fois l'antécédent contient son conséquent se nomme *exposant* de la *raison*. Le chiffre 2, par exemple, est l'*exposant* de la *raison* double ; la fraction $\frac{1}{2}$ est l'*exposant* de la *raison* sous-double. La *raison* triple a 3 pour *exposant*, & l'exposant de la *raison* sous-triple est $\frac{1}{3}$.

Raisons égales. Deux *raisons* sont égales entre elles, lorsque l'antécédent de la premiere, contient autant de fois son conséquent, que l'antécédent de la seconde contient le sien, ou bien, lorsque l'antécédent de la premiere, est autant de fois contenu dans son conséquent, que l'antécédent de la seconde est contenu dans le sien. Ainsi la *raison* de 12 à 6 est égale à la *raison* de 48 à 24, & la *raison* de 3 à 6 est égale à la *raison* de 50 à 100.

Remarquez que deux raisons égales forment une proportion géométrique dont nous avons parlé en son lieu. Ainsi il y a proportion géométrique entre ces quatre termes 12, 6, 48, 24, parce que l'on peut dire 12, est à 6 ; comme 48, est à 24, ou, pour me servir de l'expression géométrique, 12 : 6 : : 48 : 24. De même 3 : 6 : : 50 : 100.

Raison directe. Des grandeurs sont en *raison directe*, lorsque le premier & le troisième termes d'une proportion géométrique appartiennent à une grandeur, & le second avec le quatrième termes de la même proportion appartiennent à une autre grandeur. Supposons, par exemple, que Pierre ait 100 de science & 100 de travail ; & que Paul n'ait que 50 de science & 50 de travail, Pierre & Paul auront leur science en *raison* directe de leur travail. En effet je pourrai dire que la science de Pierre, est à la science de Paul ; comme le travail de Pierre, est au travail de Paul. Tout le monde voit que le premier & le troisième termes de la proportion précédente appartiennent à Pierre, & que le second avec le quatrième termes de la même proportion appartiennent à Paul.

Raison inverse. Des grandeurs sont en *raison inverse* ou

réciproque, lorſque le premier & le quatriéme termes d'une proportion géométrique appartiennent à une grandeur, & le ſecond avec le troiſiéme termes de la même proportion appartiennent à une autre grandeur. Si Pierre, par exemple, a 100 de ſcience & 50 de travail, & que Paul ait 50 de ſcience & 100 de travail, Pierre & Paul auront leur ſcience en *raiſon inverſe* de leur travail. En effet, je pourrai dire que la ſcience de Pierre, eſt à la ſcience de Paul; comme le travail de Paul, eſt au travail de Pierre. Il n'eſt pas difficile de s'appercevoir que le premier & le quatriéme termes de la proportion précédente appartiennent à Pierre, & que le ſecond avec le troiſiéme termes de la même proportion appartiennent à Paul.

Raiſon directe des quarrés, des cubes, &c. Suppoſons que l'objet A haut de 9 pieds, ſoit éloigné de 3 lieues, & l'objet B haut d'un pied ne ſoit éloigné que d'une lieue; je ne pourrai pas dire que les objets A & B ont leur grandeur réelle en raiſon directe de leur diſtance, car l'objet A ne ſeroit que 3 fois plus haut, que l'objet B; mais je devrai dire que les objets A & B ont leur grandeur réelle en raiſon directe des quarrés de leur diſtance, parce que le quarré de 3 eſt 9, & le quarré de 1 eſt 1.

Par la même raiſon, ſi l'objet A étoit 27 fois plus haut que l'objet B, je devrois dire que les objets A & B ont leur grandeur réelle en raiſon directe des cubes de leur diſtance, parce que le cube de 3 eſt 27, & le cube de 1 eſt 1.

Raiſon inverſe des quarrés, des cubes, &c. Suppoſons que l'objet A, haut de 9 pieds, ſoit éloigné d'une lieue, & l'objet B haut d'un pied, ſoit éloigné de 3 lieues; les objets A, B auront leur grandeur réelle en raiſon inverſe des quarrés de leur diſtance, parce que je pourrai dire que la grandeur réelle de l'objet A eſt à la grandeur réelle de l'objet B, comme le quarré de la diſtance de l'objet B eſt au quarré de la diſtance de l'objet A.

Par la même raiſon, ſi l'objet A avoit eu 27 pieds, & l'objet B 1 pied de hauteur, ces deux objets auroient eu leur grandeur réelle en raiſon inverſe des cubes de leur diſtance.

Remarquez que la *raiſon doublée* & la *raiſon des quarrés* ſignifient la même choſe; il en eſt de même de la *raiſon triplée* & de la *raiſon des cubes*.

RAME. Les rames des Bâteliers font des leviers de la feconde efpèce dont nous avons parlé dans le corollaire fixiéme de la méchanique.

RARE. Un corps eft rare, lorfque fous un grand volume il contient peu de matière propre. Cherchez *Denfité*. Les caufes phyfiques de la raréfaction font les mêmes, que celles de la dilatation.

RATE. La plûpart des Anatomiftes prétendent que la rate placée dans l'*abdomen* au côté gauche, eft deftinée, comme le foie, à féparer la bile d'avec le fang.

RAYON. Le rayon du cercle eft une ligne droite, tirée du centre à la circonférence. Le rayon vecteur eft une ligne imaginaire tirée du centre du foleil au centre d'une planete qui fe meut périodiquement autour de cet aftre. De même le rayon vecteur d'un fatellite de Jupiter eft une ligne imaginaire tirée du centre de ce fatellite au centre de fa planete principale.

RÉACTION. Voyez la troifième loi générale du mouvement.

RÉCIPIENT. Un vaiffeau de verre fait en forme de voute & appliqué fur la platine de la machine pnéumatique, s'appelle *récipient*.

RÉCIPROQUE. *Raifon inverfe* & *Raifon réciproque* fignifient la même chofe.

RECTANGLE. Toute figure qui a un, ou plufieurs angles droits, eft une figure rectangle.

RECTILIGNE. Toute figure compofée de lignes droites, eft une figure rectiligne.

RECTUM. C'eft le troifième des inteftins gros.

RÉFLEXION. Le mouvement de réflexion a pour caufe l'élafticité des corps dont nous avons parlé fort au long en fon lieu.

RÉFRACTION ASTRONOMIQUE. Les rayons de lumière qui entrent dans l'athmofphère terreftre fe rompent, ou, fe plient fouvent, c'eft-à-dire, quittent fouvent la ligne qu'ils décrivoient pour en parcourir une autre; cette action fe nomme *réfraction*; en voici les loix avouées de tous les Phyficiens.

Première Loi. Un rayon de lumière paffant perpendiculairement d'un milieu dans un autre, par exemple, de l'air dans l'eau, ne fouffre aucune réfraction. Auffi le rayon de lumière AC, *Figure* 14. *Planche* 1. tombant perpendiculairement dans le baffin rempli d'eau LVSR va-t-il aboutir au point B.

Seconde Loi. Un rayon de lumière paſſant obliquement d'un milieu plus rare dans un milieu plus denſe, *par exemple*, du vuide Nevvtonien dans l'atmoſphére terreſtre, ou bien, de l'air dans l'eau, ſe réfraɛte en s'approchant de la perpendiculaire C B ; auſſi le rayon de lumière D C ne parcourra-t il pas dans l'eau la ligne C H, mais la ligne C I.

Troiſiéme Loi. Un rayon de lumière paſſant obliquement d'un milieu plus denſe dans un milieu plus rare, c'eſt-à-dire, du verre dans l'air, ou bien, de l'eau dans l'air, ſe réfraɛte en s'éloignant de la perpendiculaire C A ; auſſi ſi vous ſuppoſez un écu au point I, cet écu enverra un rayon de lumière qui ne parcourra pas dans l'air la ligne C T, mais la ligne C D.

Ne ſoyons donc pas ſurpris qu'un homme placé au point D s'imagine que l'écu I eſt placé au point H, & non pas au point I ; nous tranſportons toujours l'objet à l'extrêmité du rayon droit qui frappe notre rétine. C'eſt pour cela ſans doute que les Aſtronomes nous avertiſſent que les rayons de lumière, en entrant dans l'atmoſphére terreſtre, ſe plient vers la terre ; & nous font voir les aſtres plus élevés ſur l'horizon, que nous ne les verrions par des rayons direɛts. Ils ont conſtruit des tables pour corriger cette illuſion optique. Suivant ces tables, lorſque le ſoleil eſt à l'horizon, la réfraɛtion le fait paroître plus élevé qu'il n'eſt réellement de 33 minutes 45 ſecondes ; lorſqu'il eſt élevé ſur l'horizon de 45 degrés, la réfraɛtion l'éleve de 1 min. 59 ſecondes ; enfin lorſqu'il eſt au zénith, la réfraɛtion eſt zero. Nevvton a trouvé dans l'attraɛtion mutuelle des corps la cauſe phyſique de la réfraɛtion de la lumière. Voici à-peu-près comment il explique ſa penſée. Les corps s'attirent en raiſon direɛte des maſſes, comme nous l'avons expliqué dans l'article de l'*attraɛtion* ; donc un rayon de lumière paſſant de l'air dans le verre eſt plus attiré par le verre, que par l'air ; & ce même rayon de lmière paſſant du verre dans l'air, eſt moins attiré par l'air, que par le verre, parce que le verre eſt plus denſe que l'air ; donc un rayon de lumière reçoit en paſſant de l'air dans le verre une augmentation de mouvement perpendiculaire ; & ce même rayon de lumière reçoit une diminution de mouvement perpendiculaire, lorſqu'il paſſe du verre dans l'air. Pourquoi ? parce que le mouvement d'attraɛtion eſt un mouvement centripéte, & que le mouvement centripéte se fait toujours suivant la perpendiculaire ; donc un rayon de lumière qui passe obliquement de l'air dans le verre doit se réfracter en s'approchant de la perpendiculaire ; & ce même rayon de lumière doit se réfracter en s'éloignant de la perpendiculaire, lorsqu'il passe obliquement du verre dans l'air; donc rien n'est plus conforme au système de Nevvton, que les loix que suivent les rayons obliques, lorsqu'ils changent de milieu.

Pour le rayon de lumière qui passe perpendiculairement d'un milieu dans un autre, il ne doit souffrir aucune réfraction, quoique ces milieux soient d'une densité différente ; mais il doit se mouvoir plus vîte lorsqu'il passe d'un milieu plus rare dans un plus dense, que lorsqu'il passe d'un milieu plus dense dans un plus rare ; aussi tout cela arrive-t-il dans la pratique.

Les corps solides, je le sçais, suivent dans leurs réfractions, des loix opposées à celles que suit la lumière ; mais je n'en suis pas surpris ; les corps solides traversent les fluides, en séparant leurs molécules les unes d'avec les autres ; la lumière au contraire traverse les fluides en passant par leurs pores ; donc les corps solides doivent perdre beaucoup de leur mouvement en passant d'un milieu plus rare dans un plus dense, tandis que la lumière dans cette occasion-là même augmente son mouvement ; donc les corps solides doivent dans leurs réfractions suivre des loix opposées à celles que suit la lumière.

Corollaire. Les astres ne sont pas toujours au point du Ciel où ils paroissent ; pourquoi ? parce que les rayons de lumière qu'ils nous envoient obliquement, souffrent, en entrant dans l'atmosphére terrestre, une réfraction qui les approche de la ligne perpendiculaire, & qui nous les fait paroître plus élevés sur l'horizon, qu'ils ne le sont réellement. L'on trouvera à la fin de ce volume la table dont nous avons parlé plus haut ; elle a été calculée par Mr. l'Abbé de la Caille, & elle a été publiée par l'ordre de l'Académie Royale des Sciences ; elle nous servira à déterminer le vrai lieu d'un astre dans le Ciel.

REJAILLIR. C'est l'élasticité qui fait réjaillir les corps.

REPOS. Le repos est un état directement opposé à celui d'un corps qui se meut. Que l'on se forme donc une idée nette du mouvement, & l'on n'aura point de peine à comprendre ce que c'est que le repos.

REPULSION. Le Docteur Désaguliers est un des Nevvtoniens qui ait parlé de la *répulsion* d'une manière plus décidée. Il rapporte d'abord dans sa première leçon plusieurs expériences pour prouver que la répulsion des corps à certaines distances & dans certaines occasions n'est pas moins que leur attraction à d'autres distances & dans d'autres occasions un principe de la nature, ou, une loi générale que le Créateur a établie en tirant ce monde du néant. Ces expériences sont,

1°. La pierre d'aiman dont un des poles attire une extrêmité d'une aiguille aimantée, & l'autre pole repousse la même extrêmité.

2°. Les particules d'air & de vapeurs que la chaleur & la fermentation forcent à sortir des corps. Ces particules sorties de la sphére d'activité des corps où elles étoient comme emprisonnées, se séparent les unes des autres avec une telle force, qu'elles occupent quelquefois un espace un million de fois plus grand, que celui qu'elles occupoient auparavant.

3°. Les corps devenus électriques par frottement ou par communication. Ces corps repoussent à certaine distance les fils, les plumes, le tabac, les feuilles d'or, & tous les corps légers qu'on leur présente. De ces expériences le Docteur Désaguliers conclut dans la note 2ᵉ, de sa sixième leçon que le Créateur a fait des loix de répulsion ausquelles les corps sont soumis, & qu'on doit les regarder comme des loix générales de la nature. C'est par ces loix qu'il explique le ressort des corps & sur-tout le ressort de l'air.

J'avoue que si les loix de l'attraction n'étoient pas mieux démontrées que celles de la répulsion, je n'aurois jamais embrassé le Nevvtonianisme. Il faut de tems en tems en Physique, je le sçais, en venir aux loix de la nature ; mais il faut pour cela que l'on vous donne à expliquer une qualité commune à tous les corps, extrinséque à ces mêmes corps, & il faut qu'il soit prouvé que cette qualité n'est pas l'effet d'une cause seconde, immédiate & méchanique. Telle est la gravité, ou pour mieux dire, la gravitation mutuelle des corps. Que l'on nous apporte, non pas une cause imaginaire & romanesque, mais une cause seconde, immédiate & méchanique de ce grand phénoméne, & l'on verra avec quelle ardeur nous en prendrons la défense. L'unique changement que nous aurons à faire à notre Physique, appuyée très-souvent sur l'expérience & sur les

T 4

démonftrations les plus lumineufes ; ce fera de fubftituer la caufe qu'on nous apportera, à la loi du Créateur, à laquelle cette nouvelle caufe fera fans dôute elle-même foumife immédiatement. Mais de long-tems nous ne ferons pas un pareil changement.

Pour ce qui regarde le magnétifme, l'électricité & le reffort, ce font des effets que nous croyons avoir expliqué d'une manière très-phyfique, fans avoir recours aux loix de la répulfion, comme à leur caufe immédiate. Nous fommes fâché que le grand Nevvton ait infinué cette manière de procéder en Phyfique dans plufieurs endroits de fon Optique, & fur-tout dans la propofition huitième de la troifième partie du livre fecond où il parle fort au long de la réflexion de la lumière.

RESPIRATION. La refpiration renferme deux mouvemens, celui d'*infpiration* & celui d'*expiration* ; nous en avons parlé dans l'article de la *poitrine*.

RESSORT. Voyez *élafticité*.

RÉTINE. C'eft dans la rétine que nous plaçons l'organe de la vue, comme nous l'avons prouvé dans l'article de l'*œil*.

RÉTROGRADE. On dit qu'une planete eft rétrograde, lorfqu'elle paroît avoir un mouvement périodique d'orient en occident, quoiqu'elle l'ait réellement d'occident en orient. Confultez l'article de *Copernic*, & vous trouverez la caufe optique de ce phénoméne.

RIRE. Le diaphragme en fe relevant & en s'abaiffant plus vîte & plus fort qu'il n'a coûtume de le faire dans la fimple refpiration, doit être regardé comme la caufe principale du fon inarticulé auquel nous avons donné le nom de *rire*.

ROSÉE. Une vapeur très-fubtile élevée du fein de la terre par la chaleur qui régne dans l'atmofphére quelque tems avant le lever du foleil, & qui va fe raffembler en forme de gouttes fur les herbes & fur les plantes, nous donne la rofée. On peut encore regarder la chaleur qui régne dans le fein de notre globe, comme concourant à produire ce météore. Lorfque nous devons la rofée à cette dernière caufe, & que le froid commence à fe faire fentir, alors on apperçoit fur la furface de la terre une couche de glaçons fort menus auxquels on a donné le nom de *gélée blanche*. Lifez l'article des *météores*.

ROUE. Une *roue* eft un corps rond, ordinairement plat

& mobile fur fon centre. Il y a des roues immobiles & des roues mobiles. Les premieres qui tournent fur leur axe, ne changent jamais de lieu; telle eft la roue d'un moulin à eau; les fecondes ont deux mouvemens, l'un de leur centre qui s'avance en ligne droite, & l'autre de leurs parties qui tournent autour du centre; telles font les roues des voitures ordinaires. Ceux qui auront lû l'article de la *méchanique*, n'auront pas beaucoup de peine à comprendre que les roues immobiles font des leviers de la première, & les roues mobiles des leviers de la feconde efpèce.

ROUGE. Le rouge eft la première des couleurs primitives, comme nous l'avons expliqué dans l'article des *couleurs*.

S

SANG. Le célébre Levvenhoeck a démontré qu'un globule de fang eft compofé de 6 globules de chyle unis enfemble d'une façon très-réguliere. De-là les Phyficiens ont conclu que le changement du chyle en fang que les Médecins appellent *hæmatofe*, fe faifoit par la réunion de fix globules de chyle en un feul. Tout le monde convient maintenant que le fang a un mouvement de circulation, c'eft-à-dire, qu'il va du cœur aux extrêmités du corps par les artéres, & que des extrêmités du corps il retourne au cœur par les veines; c'eft pour cela fans doute que le Chirurgien qui vous faigne, vous lie le bras au-deffus de l'endroit où doit fe faire la faignée; il fçait que le fang qui revient au cœur par les veines *axillaires* fera arrêté par la ligature & jaillira par le trou qu'il a fait avec fa lancette. L'on doit donc regarder comme une chofe démontrée que le fang va du ventricule gauche dans l'aorte afcendante & defcendante; de l'aorte afcendante dans les artéres placées au-deffus du cœur, & de l'aorte defcendante dans les artéres placées au-deffous du cœur; des artéres placées au-deffus du cœur aux extrêmités fupérieures du corps, & des artéres placées au-deffous du cœur aux extrêmités inférieures du corps; des extrêmités fupérieures du corps dans les veines placées au-deffus du cœur, & des extrêmités inférieures du corps dans les veines placées au-deffous du cœur; des veines placées au-deffus du cœur dans la veine cave fupérieure ou defcendante, & de veines placées au-deffous du cœur dans la veine cave inférieure ou afcendante ; de la veine cave defcendante & afcendante dans le ventricule droit du cœur ; du ventricule droit dans l'artére pulmonaire ; de l'artère pulmonaire dans la veine pulmonaire , & de la veine pulmonaire dans le ventricule gauche d'où il étoit d'abord forti. Il n'eft pas néceffaire de faire remarquer que l'aorte a des *foupapes* qui s'ouvrant de dedans en dehors , laiffent fortir le fang du ventricule gauche , & s'oppofent à fon retour ; & que la veine cave a auffi fes *foupapes* qui s'ouvrant de dehors en dedans, favorifent le retour du fang dans le ventricule droit du cœur. Il n'eft pas auffi néceffaire de faire remarquer que l'on doit regarder les mouvements de *diaftole* & de *fiftole* du cœur comme la caufe phyfique de la circulation du fang.

SATELLITES. Les fatellites font des planetes du fecond ordre qui font leur révolution périodique autour d'une planete du premier ordre , c'eft-à-dire , autour d'une planete qui tourne autour du foleil. La terre a pour fatellite la lune dont nous avons parlé fort au long en fon lieu. Jupiter , Saturne & Venus ont auffi leurs fatellites dont nous allons parler dans les trois articles fuivans.

SATELLITES DE JUPITER. En l'année 1610 Galilée découvrit quatre aftres à peu-près gros comme la terre , qui tournent périodiquement autour de Jupiter , le premier en 1 jour , 18 heures , 29 minutes ; le fecond en 3 jours , 13 heures , 18 minutes ; le troifième en 7 jours , 4 heures ; & le quatrième en 16 jours , 18 heures , 5 minutes. L'orbite qu'ils parcourent d'occident en orient eft elliptique ; elle forme avec celle de Jupiter un angle d'environ 3 degrés , 55 minutes. Ils ne font pas tous à égale diftance de leur planete principale ; le premier fatellite en eft éloigné d'environ quatre-vingt cinq mille lieues ; le fecond , d'environ cent trente-cinq mille lieues ; le troifiéme , d'environ deux cent quinze mille lieues ; & le quatriéme , d'environ trois cent quatre-vingt mille lieues. Lorfque Jupiter fe trouve entre la terre & quelqu'un de fes fatellites , alors ce fatellite s'éclipfe par rapport à nous ; nous avons vu dans l'article de la *lumiere* combien ces fortes d'éclipfes ont fervi à perfectionner la Phyfique ; ils n'ont pas moins fervi à déterminer la vraie longitude des Villes & à corriger une infinité d'erreurs qui s'étoient gliffées dans la Géographie.

SATELLITES DE SATURNE. Saturne eft environné de 5 aftres à peu-près de la groffeur de la terre qui tournent périodiquement autour de lui d'occident en orient en différens tems. Le premier qui fait sa révolution en 1 jour, 21 heures, 18 minutes, est éloigné de Saturne d'environ quatre-vingt dix mille lieues ; le second dont la révolution est de 2 jours, 17 heures, 41 minutes, en est éloigné d'environ cent vingt mille lieues ; le troisiéme dont la période est de 4 jours ; 12 heures, 25 minutes, en est éloigné d'environ cent cinquante-cinq mille lieues ; le quatriéme qui demeure 15 jours, 22 heures, 41 minutes à parcourir son orbite, en est éloigné d'environ trois cent quatre-vingt mille lieues ; enfin le cinquième qui n'acheve son cours périodique qu'après 79 jours, 7 heures, 43 minutes, se trouve éloigné de Saturne de près d'un million cent mille lieues. L'orbite elliptique qu'ils décrivent n'est pas dans le plan de celle de Saturne ; celle que parcourt le cinquième satellite lui est inclinée de 15 degrés seulement, c'est-à-dire, la moitié moins que les 4 autres. Ces 5 astres n'ont pas été découverts en même-tems. Mr. Huyghens découvrit le quatrième en 1655 ; les 4 autres ont été découverts par Mr. Cassini, le troisième en 1671, le cinquième en 1672, & les deux premiers en 1684.

SATELLITE DE VENUS. Il paroit maintenant décidé que Venus a un satellite dont la révolution périodique est d'environ 223 heures.; & le diamètre à peu-près la quatrième partie de celui de la planete autour de laquelle il tourne, & dont il est éloigné d'environ 90000 lieues. François Fontana dans son Ouvrage intitulé, *Novæ cœlestium, terrestriumque rerum observationes*, assure l'avoir vu 4 fois depuis le commencement de l'année 1645, jusqu'au commencement de l'année 1646. Dominique Cassini nous apprend dans les Mémoires de l'Académie des Sciences, *tom.* 8, *pag.* 181, qu'il l'observa 2 fois en 1672. Il fut observé une heure entiere par Short le 3 Novembre 1740. Enfin il a été observé le 3, le 4 & le 7 Mai 1761 par M. Montagne de la Société Royale de Limoge. Voyez dans notre *Traité de Paix, entre Descartes & Newton, tom.* 3, *pag.* 58 & *suivantes*, pourquoi ce satellite paroît si rarement, & disparoît pendant si long-tems.

SATURNE. Saturne est la troisiéme des planetes supérieures. Son globe sensiblement sphérique est environ 6 fois moins dense, & environ 980 fois plus gros que celui de la terre. Son mouvement périodique qui se fait autour du soleil d'occident en orient, ne s'achéve que dans l'es-

pace d'environ 30 années , c'eſt-à-dire , dans l'eſpace de
29 années 155 jours. Nous ſoupçonnons qu'il a, comme les
autres planetes , un mouvement de rotation ſur ſon axe ;
mais comme dans ſa plus petite diſtance il ſe trouve à environ trois cent millions de lieues du ſoleil, l'on n'a pas
encore pu découvrir en combien d'heures il ſe faiſoit. Saturne parcourt une orbite elliptique inclinée à l'écliptique
de 2 degrés , 30 minutes , 40 ſecondes ; les nœuds de cette
orbite ont un mouvement fort lent d'occident en orient ;
ils ne parcourent chaque année que 29 ſecondes & 24
tierces. Cette planete paroît engagée dans un corps lumineux L N M O , *Figure* 15 , *Planche* 1. de forme elliptique ,
dont le grand axe L M eſt conſtant , & incliné ſur le plan
de l'orbite de Saturne d'environ 30 degrés ; cet axe eſt au
diametre du globe de Saturne environ comme 9 à 4. Le
corps lumineux L M N O ne paroît pas toujours le même ;
quelquefois il ne préſente que deux anſes I , M *Figure* 15.
Planche 1 ; quelquefois il diſparoît entièrement : ce qui
prouve , *dit Mr. l'Abbé de la Caille* , que Saturne eſt au
centre d'un corps circulaire très-mince , ou qui n'a pas d'é-
paiſſeur aſſez ſenſible pour être vue , lorſque ſon plan eſt
dirigé à notre rayon viſuel. Ce plan environne Saturne
ſans le toucher , & même laiſſe un eſpace aſſez conſidérable
entre ſa circonférence intérieure & le corps de la planete.
Mr. Caſſini conjecture dans ſes élémens d'Aſtronomie que
l'*anneau* de Saturne pourroit être un amas de ſatellites diſpoſés à peu-près ſur un même plan , leſquels font leurs révolutions autour de cette planete : que leur grandeur eſt ſi
petite , qu'on ne peut les appercevoir chacun ſéparément ;
mais qu'ils ſont en même-tems aſſez près l'un de l'autre ,
pour qu'on ne puiſſe point diſtinguer les intervalles qui ſont
entre eux , enſorte qu'ils paroiſſent former un corps con-
tinu. Il nous reſteroit encore bien d'autres choſes à dire
ſur Saturne , mais nous les avons expliquées dans l'article
de *Copernic* auquel nous renvoyons le Lecteur.

SAVEUR. L'on peut réduire les ſaveurs à 7 principales , le doux , l'amer , l'acre , l'âpre , l'aigre , le gras &
le ſalé. Ce ſont les ſels que tous les Phyſiciens regardent
comme la cauſe principales des ſaveurs , & leur différence
ſpécifique ne peut venir que de la figure & de la quantité
de ces particules ſalines. Un corps doux , *par exemple* ,
doit être compoſé de molécules oblongues , polies , bien
préparées & bien cuites ; un corps amer au contraire doit

avoir des molécules irrégulieres, couvertes d'inégalités, mal cuites. La faveur acre annonce des molécules très-aigues & très-subtiles. Un fruit est âpre, lorsqu'il n'est pas encore mûr. L'aigre contient beaucoup de sels acides. Le gras est composé de parties molles & sphériques. Enfin un corps a une faveur que l'on nomme *salée*, lorsqu'il ne contient presque que des particules de sel. Ces différentes faveurs primitives jointes ensemble de deux en deux, de trois en trois, &c. nous donnent une infinité de faveurs que je serois fort tenté d'appeller *subalternes*.

SCLÉROTIQUE. C'est la continuation de la *cornée*, comme nous l'avons expliqué dans l'article de l'*œil*.

SÉCANTE. La ligne C F, *Figure* 15. *Planche* 2. qui coupe la circonférence du cercle C au point A & qui concourt avec la tangente E F au point F, est appellée par les Géométres la *sécante* de l'arc A E.

SECTIONS *Coniques*. C'est un Traité de Mathématique absolument nécessaire en Physique, dans lequel on démontre les propriétés des figures produites par les différentes manieres de couper le cone. Imaginez-vous donc une ligne droite B *x* élevée perpendiculairement au centre *x* du cercle A I K C, *Fig.* 24. *Pl.* 2. Imaginez-vous encore qu'une autre ligne B C fixée en B, tourne autour du cercle A I K C, de telle sorte que le point C de la ligne B C soit successivement appliqué à tous les points de la circonférence A I K C; cette ligne décrira par son mouvement circulaire un cone droit dont B *x* sera l'axe; A I K C, la base circulaire; *x* C, le rayon de la base; A C, son diamétre; P Q, une ordonnée quelconque au diamétre A C; A Q & Q C; les abscisses qui correspondent à l'ordonnée P Q. Ce cone peut être coupé en cinq manieres différentes. 1°. Par sa pointe B, perpendiculairement à sa base A I K C; & l'on a un triangle A B C. 2°. Parallélement à sa base A I K C, & plus bas ou plus haut à volonté; & l'on a un cercle L T H. 3°. Obliquement à sa base, & parallélement à un des côtés A B du cone; & l'on a une parabole I G K. 4°. Obliquement à sa base & aux deux côtés, de maniere que la section coupe les deux côtés du cone; & l'on a une ellipse D M N. 5°. Obliquement à sa base & aux deux côtés du cone, de maniere que la section prolongée en haut, aille couper un des côtés A B, aussi prolongé; & l'on aura l'hyperbole F H E, dont le grand axe fera H R, à l'extrêmité duquel on pourra former une feconde hyperbole égale à celle dont nous venons de parler, afin d'avoir deux hyperboles oppofées fur un même axe HR. Ce n'eft gueres qu'à la parabole, à l'ellipfe & à l'hyperbole qu'on donne le nom de *fections coniques ;* auffi nous attacherons-nous feulement dans cet article à en démontrer les propriétés les plus générales. Nous remarquerons, avant que d'entrer en matiere, que le cone AIKCB a pour bafe un cercle du premier genre AIKC, c'eft-à-dire, un cercle dans lequel le quarré de l'ordonnée P Q eft égal au rectangle fous les abfciffes A Q & Q C ; l'équation à ce cercle eft donc $PQ^2 = AQ \times QC$. Nous remarquerons encore que ceux qui voudront nous fuivre dans cet abrégé des *fections coniques*, devront avoir préfents à l'efprit les articles de ce Dictionnaire qui commencent par les mots *Arithmétique*, *Arithmétique algébrique*, *Arithmétique algébrique appliquée à l'analyfe*, *Géométrie*, *Trigonométrie*, *Calcul différentiel*.

Notions communes aux trois Sections coniques.

1°. Une *Section conique*, (*Fig.* 25, 26, 27, *Pl.* 2.) eft une ligne courbe dans laquelle les deux diftances de chacun de fes points, l'une MG à la *directrice* A G, l'autre MF au foyer F de la *Section*, font toujours en même raifon ; c'eft-à-dire que laquelle que l'on prenne de ces trois Sections, l'on dira toujours MF : MG : : mF : mg.

2° Dans la Parabole, MG eft égale à MF. Dans l'ellipfe, MG eft plus grande que MF. Dans l'hyperbole, MG eft plus petite que MF.

3°. Le grand axe de la *Section* eft une ligne droite qui paffe par le foyer F, & qui, étant prolongée s'il eft néceffaire, coupe perpendiculairement la *directrice* AG.

4°. Le fommet S de la Section, eft un point tellement placé entre A & F, que SA : SF : : MG : MF. Dans la parabole le fommet eft autant éloigné du foyer F, que de la directrice AG. Dans l'ellipfe le fommet eft plus près, & dans l'hyperbole il eft plus loin du foyer que de la *directrice*.

5°. Toutes les lignes P M, *pm* perpendiculaires au grand axe de la *Section*, s'appellent *ordonnées* ; & elles ont pour *abfciffes* correfpondantes les lignes S P, S *p*.

6°. Le paramétre eft toujours égal à la double *ordonnée* MF*n* qui paffe par le foyer de la *Section*.

Notions propres à chacune des trois Sections coniques prise en particulier.

1°. Sur une ligne droite quelconque H A G , (*Fig.* 25. *Pl.* 2.) élevez une perpendiculaire A P qu'on pourra , si l'on veut, prolonger à l'infini. Sur la perpendiculaire A P prenez un point S aussi éloigné de A que de F. Tirez à la perpendiculaire A P tel nombre que vous voudrez de parallèles *g b* , G B. Sur la parallèle *g b* prenez un point *m* , de telle sorte que *m* F soit égal à *m g* ; de même sur la parallèle G B , prenez un point M , de telle sorte que M F soit égal à M G ; la courbe qui passera par les points S , *m* , M sera un arc parabolique. Faites-en autant de l'autre côté par le moyen de la ligne A H , vous aurez la parabole T S M qui aura pour *directrice* la ligne H A G ; pour sommet, le point S ; pour foyer, le point F ; pour grand axe, S P ; pour ordonnées au grand axe P M , *p m* ; pour abscisses correspondantes, S P , S *p* ; pour paramètre , *n* F N.

2°. Pour décrire une ellipse sur le terrein, vous planterez deux piquets F , *f* , (*Fig.* 26. *Pl.* 2.) à l'endroit où doivent être les deux foyers. Vous attacherez à ces deux piquets les deux bouts d'une corde F M *f* dont la longueur est supposée plus grande que la distance F *f*. Vous vous servirez d'un stile M pour tenir cette corde toujours tendue. Vous conduirez ce stile autour des deux piquets ; & lorsqu'il sera revenu au point d'où il étoit d'abord parti , il aura décrit une ellipse S L *s l* qu'on définira très-bien, en disant que c'est une courbe dont la somme des deux distances de chacun de ses points à ses deux foyers, est toujours égale à l'axe principal. Cette ellipse aura donc pour grand axe S *s* = F M + *f* M; pour petit axe , L *l* ; pour foyers F , *f* ; pour centre de figure C ; pour ordonnée , P M à laquelle correspondent les abscisses S P , *s* P ; pour paramètre du grand axe , *n* F N.

3°. Sur une droite quelconque S *s* prolongée de part & d'autre, (*Fig.* 27. *Pl.* 2.) prenez deux points F , *f* également éloignés du milieu C. Prenez ensuite dans le plan sur lequel la ligne S *s* est posée, une infinité de points M , *m* , tels que la différence de leurs distances F M , *f* M aux points F , *f* soit toujours égale à la ligne S *s* ; la courbe qui passera par tous ces points M , *m* sera une hyperbole qui aura pour axe principal, S *s* = *f* M — F M ; pour petit axe, ou pour

axe conjugué, Ll ; pour foyers F, f ; pour centre commun
aux deux hyperboles opposées, C ; pour ordonnée, PM, à
laquelle correspondent les abscisses SP, sP ; pour paramétre du grand axe, nFN ; pour assymptotes, les lignes Vu
& Rr dont la premiere est paralléle à SL & la seconde à Sl.

PROBLÉME GÉNÉRAL.

Trouver une équation commune aux trois Sections
coniques.

Résolution. L'équation demandée est $yy = px \mp \dfrac{pxx}{2a}$;
ou $2ayy = 2apx \mp pxx$, laquelle se réduit en la proportion
suivante $yy : 2ax \mp xx :: p : 2a$, c'est-à-dire, dans toute
Section conique le quarré d'une ordonnée quelconque à
l'axe principal : au produit des abscisses correspondantes : :
le paramétre : à l'axe principal. Comme presque toutes les
propriétés des Sections coniques se tirent de cette équation,
nous allons en démontrer la nécessité dans chacune des
Sections coniques prise en particulier.

Application de la Formule précédente à l'ellipse.

Préparation. Soit l'ellipse SLsl, (*Fig.* 26. *Pl.* 2.)
Nommons Ss, $2a$; SC ou sC $= a$; Ll, $2b$; CL ou C$l = b$;
SF ou sf, c ; SP, x ; PM, y ; l'on aura P$s =$ S$s -$ SP $= 2a$
$- x$; PC $=$ SC $-$ SP $= a - x$; PF $=$ SP $-$ SF $=$
$x - c$; CF $=$ SC $-$ SF $= a - c$; F$f =$ S$s -$ SF
$- sf = 2a - 2c$; P$f =$ S$s -$ SP $- sf = 2a - x -$
c ; FM $+ f$M $=$ S$s = 2a$; F$l =$ SC $= a$.

Démonstration. 1°. Dans le triangle rectangle FCl, l'on
a F$l^2 =$ FC$^2 +$ Cl^2, ou $aa = aa - 2ac + cc +$
bb ; donc $- 2ac + cc + bb = 0$; donc $cc = 2ac - bb$.

2°. Dans le triangle FMf on a *par la Trigonométrie*
l'analogie suivante ; la somme des deux côtés fM $+$ FM
: au plus grand côté F$f :: f$P $-$ PF, différence des Seg-
ments faits par la perpendiculaire MP : fM $-$ MF,
différence des deux côtés fM & MF ; donc $2a : 2a - 2c$
$:: 2a - 2x : \dfrac{4aa - 4ac - 4ax + 4cx}{2a} = 2a - 2c -$

$2x + \dfrac{2cx}{a}$; donc la différence entre fM & MF sera $2a$

$- 2c - 2x + \dfrac{2cx}{a}$; donc la moitié de cette différence

sera $a - c - x + \dfrac{cx}{a}$.

3°.

3°. Pour avoir la valeur du petit côté M F, ôtez de la moitié de la somme $fM + MF$ la moitié de la différence trouvée ; donc $MF = a - a + c + x - \dfrac{cx}{a} = c + x - \dfrac{cx}{a}$.

4°. Dans le triangle rectangle FPM, l'on a $\dot{PM}^2 = MF^2 - PF^2$, ou $yy = xx + 2cx + cc - \dfrac{2cxx - 2ccx}{a} + \dfrac{ccxx}{aa} - xx + 2cx - cc$; donc en ôtant les quantités qui se détruisent l'on aura $yy = 4cx - \dfrac{2cxx - 2ccx}{a} + \dfrac{ccxx}{aa}$.

5°. $cc = 2ac - bb$ (num. 1) ; donc l'équation précédente se changera en celle-ci, $yy = 4cx - \dfrac{2cxx}{a} - \dfrac{4acx}{a} + \dfrac{2bbx}{a} + \dfrac{2acxx}{aa} - \dfrac{bbxx}{aa} = 4cx - \dfrac{2cxx}{a} - 4cx + \dfrac{2bbx}{a} + \dfrac{2cxx}{a} - \dfrac{bbxx}{aa}$; donc, en ôtant les quantités qui se détruisent, l'on aura $yy = \dfrac{2bbx}{a} - \dfrac{bbxx}{aa}$.

6°. $yy = 4cx - \dfrac{2cxx}{a} - \dfrac{2ccx}{a} + \dfrac{ccxx}{aa}$ (num. 4.) ; donc en faisant $x = c$, comme il arrive lorsque l'abscisse est SF, l'on aura $yy = 4cc - \dfrac{2c^3}{a} - \dfrac{2c^3}{a} + \dfrac{c^4}{aa}$; donc $yy = 4cc - \dfrac{4c^3}{a} + \dfrac{c^4}{aa}$; donc $y = 2c - \dfrac{cc}{a}$; donc l'ordonnée qui a pour abscisse c, c'est-à-dire, l'ordonnée qui passe par le foyer vaut $2c - \dfrac{cc}{a}$.

7°. L'ordonnée qui passe par le foyer est précisément la moitié du paramètre, donc le paramètre d'une ellipse quelconque vaut $4c - \dfrac{2cc}{a}$; donc, en nommant ce paramètre p, l'on aura $p = 4c - \dfrac{2cc}{a}$.

8°. $cc = 2ac - bb$ (num. 1,) donc $p = 4c - \dfrac{4aa}{a}$

$+ \frac{2bb}{a}$; donc $p = 4c - 4c + \frac{2bb}{a}$; donc $p = \frac{2bb}{a}$ ou $\frac{4bb}{2a}$.

9°. $p = \frac{4bb}{2a}$; donc $2ap = 4bb$; donc $2a : 2b : : 2b : p$; donc dans l'ellipse l'on a cette proportion , le grand axe : au petit axe : : le petit axe : au paramétre.

10°. $p = \frac{2bb}{a}$; donc $ap = 2bb$; donc $\frac{ap}{2} = bb$; donc $\frac{1}{2} ap = bb$.

11°. $yy = \frac{2bbx}{a} - \frac{bbxx}{aa}$ (num. 5) ; mais $bb = \frac{ap}{2}$; donc

$yy = \frac{2apx}{2a} - \frac{apxx}{2aa}$; donc $yy = px - \frac{pxx}{2a}$; donc $2ayy = 2apx - pxx$; donc $yy : 2ax - xx : : p : 2a$; donc PM² : SP × Ps : : le paramétre : Ss ; donc dans une ellipse quelconque le quarré d'une ordonnée : au produit des abscisses correspondantes : : le paramétre : à l'axe principal.

Corollaire I. $yy = \frac{2bbx}{a} - \frac{bbxx}{aa}$ (num. 5) ; donc $yy :$ $2ax - xx : : bb : aa$; donc dans l'ellipse le quarré d'une ordonnée quelconque : au produit des abscisses correspondantes : : le quarré du demi petit axe : au quarré du demi-axe principal.

Corollaire II. En comptant les abscisses depuis le centre C, c'est-à-dire , en nommant CP, x ; l'on aura SP $= a - x$, & Ps $= a + x$. Dans cette hypothése le produit des abscisses correspondantes sera $aa - xx$; & la proportion du corollaire précédent se changera en celle-ci , $yy : aa - xx : : bb : aa$; donc $aayy = aabb - bbxx$; donc $yy = \frac{aabb - bbxx}{aa}$; donc $yy = bb - \frac{bbxx}{aa}$; & c'est là l'équation aux axes de l'ellipse , en comptant les abscisses , non pas depuis le sommet S , comme nous avons fait jusqu'à présent , mais depuis le centre C.

Corollaire III. En continuant de compter les abscisses depuis le centre C , la proportion de *num.* 11. se changera en celle-ci , $yy : aa - xx : : p : 2a$; donc $2ayy = aap - pxx$; donc $yy = \frac{aap - pxx}{2a}$; donc $yy = \frac{1}{2} ap - \frac{pxx}{2a}$; & c'est là l'équation au paramétre , en comptant les abscisses depuis le centre C.

Corollaire IV. $2ayy = aap - pxx$; donc $\dfrac{2ayy}{p} = aa -$ xx ; & c'eſt là l'équation au point P. En faiſant $pm = y'$, & $Sp = x'$, l'on aura au point p l'équation $\dfrac{2ay'y'}{p} =$ $aa - x'x'$; donc $\dfrac{2ayy}{p} : \dfrac{2ay'y'}{p} :: aa - xx : aa - x'x'$; & en retranchant $2a$ & p qui ſont 2 grandeurs communes & conſtantes , l'on aura $yy : y'y' :: aa - xx : aa - x'x'$; donc $PM^2 : pm^2 :: SP \times Ps : Sp \times ps$; donc dans une ellipſe quelconque les quarrés des ordonnées ſont entr'eux comme les produits des abſciſſes correſpondantes.

Corollaire V. L'équation à l'ellipſe , en comptant les abſciſſes depuis le centre C , eſt $\dfrac{2ayy}{p} = aa - xx$; (*cor.* 4) ; donc x augmentant, le ſecond membre $aa - xx$ doit diminuer. Le ſecond membre ne peut pas diminuer , ſans que le premier membre $\dfrac{2ayy}{p}$ diminue. Mais dans ce premier membre , il n'y a que y qui puiſſe diminuer, parce que le grand axe $2a$ & le paramétre p ſont des quantités conſtantes ; donc dans l'ellipſe x augmentant , y doit diminuer.

Corollaire VI. Lorſqu'il n'y a point d'ordonnée , x eſt égal à la moitié du grand axe Ss. En effet lorſqu'il n'y a point d'ordonnée, l'on a $y = o$; lorſque $y = o$, l'équation $\dfrac{2ayy}{p} = aa - xx$ devient $aa - xx = o$, parce que o ne produit que o , ſoit qu'il ſoit multiplicande, ſoit qu'il ſoit multiplicateur. Si $aa - xx = o$, donc $aa = xx$; donc $a = x$. Mais a repréſente la moitié du grand axe Ss ; donc , lorſqu'il n'y a point d'ordonnée , x eſt égal à la moitié du grand axe Ss.

Corollaire VII. Aux points S & s de l'ellipſe $SLsl$ il n'y a point d'ordonnée, parce que dans ces deux points $x = a$, lorſque l'on compte les abſciſſes depuis le centre C.

Corollaire VIII. L'ellipſe ſe ferme aux points S & s, parce qu'à ces deux points il ne peut y avoir aucune ordonnée au grand axe Ss.

Corollaire IX. Les plus grandes ordonnées au grand axe Ss ſont les lignes CL , Cl ; parce que les x, priſes du point C , vont toujours en augmentant , & que par conféquent les y ou les ordonnées vont toujours en diminuant, depuis le centre C jufqu'aux fommets S & s (*Coroll.* 5.)

Corollaire X. Le petit axe Ll marque la plus grande largeur de l'ellipfe S Ls l.

Application de la formule du problème général à l'hyperbole.

Préparation. Soit l'hyperbole T S M, (*Fig.* 27. *Pl.* 2.) Faifons Ss $= 2a$, S C ou sC $= a$, Ll $= 2b$, C L ou Cl $= b$, S F ou $s$$f$ $= c$, S P $= x$, P M $= y$; l'on aura Ps $=$ sS $+$ S P $= 2a + x$, P C $=$ C S $+$ S P $= a + x$, P F $=$ S P $-$ S F $= x - c$, Pf $=$ S P $+$ Ss $+$ $s$$f$ $= x + 2a + c$, S L ou Sl $= a + c$, parce que S L $=$ C S $+$ S F. En effet pour prendre fur la ligne indéfinie Ee la longueur du petit axe Ll, il faut du point S porter fur la ligne Ee une ligne S L ou Sl égale à la moitié de Ff; mais F C eft précifément la moitié de Ff; donc S L ou Sl $=$ F C $=$ C S $+$ S F $= a + c$. Prenez enfuite P H $=$ P F, & tirez H M $=$ F M; vous aurez P H $= x - c$, fH $=$ Ss $+$ $s$$f$ $+$ S P $+$ P H $= 2a + c + x + x - c = 2a + 2x$; fM $-$ F M, ou fM $-$ H M $= 2a$ par *conftruction*.

Démonftration. 1°. L'on a *par la Trigonométrie* la proportion fuivante pour le triangle fM H ; fM $-$ H M, différence des deux côtés fM & H M : fH, le plus grand des trois côtés du triangle donné : : Pf $-$ P H, différence des deux fegments faits par la perpendiculaire P M : fM $+$ H M, ou fM $+$ F M, fomme des deux côtés fM & H M ; donc $2a : 2a + 2x : : 2a + 2c :$
$$\frac{4aa + 4ac + 4ax + 4cx}{2a} = 2a + 2c + 2x + \frac{2cx}{a} ;$$

donc fM $+$ F M $= 2a + 2c + 2x + \frac{2cx}{a}$; donc $a +$

$c + x + \frac{cx}{a}$ eft la moitié de la fomme de fM $+$ F M.

2°. Pour avoir le petit côté F M, ôtez la moitié de la différence qui fe trouve entre fM & F M de la moitié de la fomme de ces deux côtés ; vous trouverez F M $=$

$c + x + \frac{cx}{a}$.

3°. Calculez le triangle F P M de la Figure 27. de la même manière qu'a été calculé le triangle F P M, de la

Figure 26 ; vous trouverez d'abord $yy = \dfrac{2lbx}{a} + \dfrac{bbxx}{aa}$

pour *l'équation aux axes de l'hyperbole*, parce que dans cette courbe on ne peut pas avoir $Sl^2 = SC^2 + Cl^2$ fans avoir $cc = bb - 2ac$.

4°. Continuez le calcul comme dans la démonftration de l'ellipfe ; vous trouverez $y = 2c + \dfrac{cc}{a}$ pour la valeur de l'ordonnée qui paffe par le foyer de l'hyperbole , & $4c + \dfrac{2cc}{a}$ pour la valeur du paramétre de cette courbe.

5°. En mettant pour cc fa valeur $bb - 2ac$, vous trouverez que le paramétre de l'hyperbole eft $\dfrac{2bb}{a}$; donc $p =$ $\dfrac{2bb}{a} = \dfrac{4bb}{2a}$; donc $2ap = 4bb$; donc $2a : 2b :: 2b : p$; donc dans l'hyperbole , comme dans l'ellipfe , le paramétre eft une troifieme proportionnelle au grand & au petit axe.

6°. $p = \dfrac{2bb}{a}$; donc $ap = 2bb$; donc $\dfrac{ap}{2} = bb$.

7°. $yy = \dfrac{2bbx}{a} + \dfrac{bbxx}{aa}$ (num. 3) ; donc en mettant, au lieu de bb, fa valeur $\dfrac{ap}{2}$, l'on aura $yy = \dfrac{2apx}{2a} +$ $\dfrac{apxx}{2aa}$; donc $yy = px + \dfrac{pxx}{2a}$; donc $2ayy = 2apx + pxx$; donc $yy : 2ax + xx :: p : 2a$; donc $PM^2 : SP \times Ps ::$ le paramétre : Ss ; donc dans l'hyperbole , comme dans l'ellipfe , l'on peut dire, le quarré de l'ordonnée : au produit des abfciffes correfpondantes : : le paramétre : à l'axe principal.

Corollaire I. Le calcul, à quelques fignes près, eft le même pour l'ellipfe & pour l'hyperbole ; & l'équation commune à ces deux courbes eft $yy = px \mp \dfrac{pxx}{2a}$, en faifant remarquer que dans les doubles fignes le fupérieur eft pour l'ellipfe & l'inférieur pour l'hyperbole.

Corollaire II. En comptant les abfciffes depuis le centre C, c'eft-à-dire, en nommant CP , x ; l'on aura $SP = x - a$, & $sP = x + a$. Dans cette hypothéfe le produit des abscisses correspondantes sera $xx - aa$, & la proportion du *num.* 7 se changera en celle-ci, $yy : xx - aa : : p :$

$2a$; donc $2ayy = pxx - aap$; donc $\dfrac{2ayy}{p} = xx - aa$.

Corollaire III. A cause des quantités constantes $2a$ & p, les quarrés des ordonnées sont entr'eux, comme les produits des abscisses correspondantes. Le calcul est le même que celui que nous avons fait pour l'ellipse, *cor.* 4.

Corollaire IV. L'hyperbole va toujours en s'élargissant, & elle ne doit jamais se fermer. En effet dans l'équation $\dfrac{2ayy}{p} = xx - aa$, x augmentant, y doit aussi augmenter, parce que les quantités représentées par $2a$ & par p sont des quantités invariables. Mais x peut augmenter à l'infini, parce qu'on peut prolonger S P à l'infini ; donc y peut augmenter à l'infini ; donc les ordonnées à l'hyperbole représentées par y, vont toujours en augmentant à mesure qu'elles s'éloignent du sommet S ; donc l'hyperbole va toujours en s'élargissant ; donc elle ne doit jamais se fermer.

Corollaire V. Lorsque $y = 0$, l'équation $\dfrac{2ayy}{p} = xx - aa$, se réduit à celle-ci, $0 = xx - aa$; donc $aa = xx$; donc $a = x$; donc toutes les fois que $x = a$, il n'y a point d'ordonnée. Mais au sommet S de l'hyperbole TSM $x = a$, en comptant les abscisses depuis le centre C ; donc au sommet S de l'hyperbole il ne peut y avoir aucune ordonnée ; donc toute ligne tirée du sommet de l'hyperbole perpendiculairement à l'axe principal, sera une tangente de cette courbe.

Corollaire VI. Dans l'hyperbole équilatère $2a = p$; donc l'équation générale $\dfrac{2ayy}{p} = xx - aa$ se réduit pour l'hyperbole équilatère à $yy = xx - aa$; ce qui donne $x - a : y : : y : x + a$; donc dans cette espèce de courbe l'ordonnée est moyenne proportionnelle entre les abscisses correspondantes.

Corollaire VII. $2a : 2b : : 2b : p$ (*num.* 5. de la démonstration précédente) ; donc $2a : p : : 4aa : 4bb : : aa : bb$.

Corollaire VIII. $PM^2 : SP \times Ps : : p : 2a$ (*num.* 7. de la dém. précéd.) donc $SP \times Ps : PM^2 : : 2a : p$. Mais (*cor.* 7.) $2a : p : : aa : bb$; donc $SP \times Ps : PM^2 : : aa : bb$; donc $PM^2 : SP \times Ps : : bb : aa : : CL^2 : CS^2$.

Application de la formule du probléme général à la Parabole.

Puisque la parabole eſt regardée par tous les Géométres comme une ellipſe dont l'axe principal eſt infini ; appliquons à la parabole les équations qui conviennent à l'ellipſe, en ſuppoſant $a = \infty$, & voyons ce qui s'en ſuivra. Faiſons une ordonnée quelconque $PM = y$, une abſciſſe quelconque $SP = x$, le paramétre $nN = p$, la diſtance du ſommet S au foyer $F = c$.

1°. L'équation à l'ellipſe eſt $yy = px - \dfrac{pxx}{2a}$; donc l'équation à la parabole ſera $yy = px - \dfrac{pxx}{2\infty}$; donc elle ſera

$yy = px$, parce que $\dfrac{pxx}{2\infty}$ eſt un terme infiniment petit, qu'on peut & qu'on doit négliger dans la pratique ; donc dans une parabole quelconque le quarré de l'ordonnée eſt égal au produit du paramétre & de l'abſciſſe correſpondante ; donc dans la parabole TSM, (*Fig.* 25. *Pl.* 2.) l'on aura $PM^2 = SP \times nN$; l'on aura encore $pm^2 = Sp \times nN$; donc $PM^2 : pm^2 :: SP \times nN : Sp \times nN$; donc $PM^2 : pm^2 :: SP : Sp$, parce que nN eſt une quantité conſtante ; donc dans une parabole quelconque les quarrés des ordonnées ſont entr'eux comme leurs abſciſſes correſpondantes.

2°. $yy = px$, donc $x : y :: y : p$; donc dans une parabole quelconque l'ordonnée eſt moyenne proportionnelle entre le paramétre & l'abſciſſe correſpondante ; donc le paramétre eſt troiſieme proportionnelle à l'abſciſſe & à l'ordonnée.

3°. $yy = px$; donc x croiſſant, y doit croître auſſi, parce que p eſt une quantité invariable ; mais les x peuvent croître à l'infini ; donc les y peuvent croître à l'infini ; donc la parabole ira toujours én augmentant & ne ſe fermera jamais.

4°. $yy = px$; donc ſi $x = 0$, l'on aura $yy = 0$, $y = 0$; Mais au ſommet S de la parabole TSM, l'on a $x = 0$, donc l'on aura auſſi $y = 0$; donc au ſommet d'une parabole quelconque il n'y a point d'ordonnée.

5°. L'équation de l'ordonnée qui paſſe par le foyer de l'ellipſe eſt $y = 2c - \dfrac{cc}{a}$; donc elle ſera pour la parabole $y = 2c - \frac{cc}{\infty}$; donc elle fera pour la parabole

$y = 2c$, parce que $\frac{cc}{\infty}$ est un terme infiniment petit qu'on

peut négliger fans conféquence ; donc dans la parabole $nF = 2SF$; donc dans la parabole l'ordonnée qui paffe par le foyer eft égale au double de la diftance du fommet de la courbe au même foyer.

6°. L'équation du paramétre de l'ellipfe eft $p = 4c -$

$\frac{2cc}{a}$; donc elle fera pour la parabole $y = 4c - \frac{2cc}{\infty}$;

donc elle fera pour la parabole $p = 4c$, à caufe du terme infiniment petit $\frac{2cc}{\infty}$; donc dans la parabole $p = 4SF$;

donc dans la parabole le paramétre eft égal au quadruple de la diftance du fommet de la courbe au foyer.

REMARQUE.

Si un Dictionnaire portatif eut été fufceptible d'un Traité complet des Sections coniques, nous aurions cherché par les voies ordinaires l'équation de l'hyperbole rapportée à fes affymptotes. Mais comme cette démonftration nous meneroit trop loin, nous nous contenterons d'avertir que le rectangle fous l'ordonnée hn & l'abfciffe Ch, (*Fig.* 27. *Pl.* 2.) eft égal au quarré de Sy. Ainfi en faifant $hn = y$, $Ch = x$, & $Sy = a$; l'on aura $xy = aa$. Voyez-en la démonftration dans le Traité des Sections coniques de l'Abbé de la Caille, *art.* 870 & 871.

Nous croyons encore devoir avertir que nous n'avons parlé dans cet article que des Sections coniques ordinaires, c'eft-à-dire, des Sections tirées d'un cone qui a pour bafe un cercle ordinaire. Il faut entendre par cercle ordinaire celui dans lequel le quarré d'une ordonnée quelconque eft égal au produit des abfciffes correfpondantes. Si le cone ABC, (*Fig.* 24. *Pl.* 2), avoit pour bafe une courbe ou un cercle d'un genre fupérieur dans lequel l'ordonnée PQ & les abfciffes correfpondantes AQ, QC ne fournifient pas l'équation dont nous venons de parler ; fi, *par exemple*, la courbe $APCK$ étoit telle que l'on pût dire, le cube de PQ eft égal au produit du quarré de AQ multiplié par QC ; elle feroit bafe d'un cone d'un genre fupérieur dont les Sections donneroient des paraboles , des ellipses & des hyperboles d'un genre supérieur. L'équation générale à ces Sections sera $y^3 = px^2 \mp \dfrac{px^3}{2a}$, laquelle deviendroit pour la parabole $y^3 = px^2$, à cause de la valeur infinie de l'axe principal de cette courbe. Si $y^3 = px^2 \mp \dfrac{px^3}{2a}$; donc $2ay^3$ $= 2apx^2 \mp px^3$; donc $y^3 : x^2 \times (2a \mp x^1) :: p : 2a$; donc en général $y^{m+n} : x^m \times (2a \mp x)^n :: p : 2a$; donc $2ay^{m+n} = px^m \times (2a \mp x)^n$; donc $2ay^{m+n} = 2apx^m \mp px^{m+n}$; donc $y^{m+n} = px^m \mp \dfrac{px^{m+n}}{2a}$; donc , lorsqu'il s'agira de la parabole , l'on aura , à cause de la valeur infinie de l'axe principal , $y^{m+n} = px^m$. Il faut donc que dans l'équation générale , applicable aux trois Sections coniques d'un genre supérieur , l'exposant de y soit égal à la somme des exposants des deux abscisses correspondantes à l'ordonnée y.

SEL. Plusieurs Physiciens prétendent que le sel est un mixte dont la terre est l'élément prédominant ; l'eau y occupe la seconde place & le feu la troisieme. Il seroit difficile de décider quel rang tient l'air dans cette composition. Le sel a des parties acides & des parties alkalines ; nous avons expliqué leur figure dans l'article qui commence par le mot *Acide*.

SENS. Il y a trois sens internes , & cinq externes. Les sens internes sont la mémoire , l'imagination & le sens commun ; les sens externes sont le tact , le goût , l'odorat , l'ouie & la vûe. Nous avons parlé fort au long des uns & des autres dans leurs articles rélatifs.

SÉVE. La séve contient des particules aqueuses , huileuses , sulphureuses , nitreuses , salines , &c. mises en mouvement par la chaleur bénigne qui régne dans le sein de la terre ; elles entrent dans les plantes pour leur servir de nourriture. Voyez l'article des *Plantes*.

SIGNES. Sur la surface du zodiaque se trouvent douze amas d'étoiles ausquels on a donné les noms de *Bélier* , *Taureau* , *Gemeaux* , *Cancer* , *Lion* , *Vierge* , *Balance* , *Scorpion* , *Sagittaire* , *Capricorne* , *Verseau* & *Poissons*. Vous trouverez l'origine de ces dénominations dans l'article du *Zodiaque*. Ce font ces douze amas d'étoiles ausquels les Astronomes ont donné le nom de *Signes*.

SINUS. Le finus fe divife en finus droit, finus verfe
& finus total. Le finus droit d'un arc , ou d'un angle
mefuré par cet arc , n'eft autre chofe que la perpendiculaire tirée d'une des extrêmités de cet arc fur le diamétre qui paffe par l'autre extrêmité. Ainfi la perpendiculaire A D , *Figure* 15. *Planche* 2. eft en même tems
finus droit de l'arc AE , de l'arc AI & de l'angle ACE.

Le finus verfe d'un arc eft la partie du diamétre interceptée entre l'arc & fon finus droit. Ainfi la ligne E D
eft le finus verfe de l'arc AE. Le finus total n'eft autre
chofe que le finus du quart du cercle , c'eft-à-dire , le
rayon. Ainfi E C eft un finus total.

SIPHON. Un fiphon eft un tube recourbé dont une
branche eft plus courte que l'autre. L'on plonge la branche la plus courte dans le vafe que l'on veut vuider ;
l'on tire tout l'air qui étoit renfermé dans le fiphon , &
alors la même force qui fait élever l'eau jufqu'à la hauteur de 32 pieds dans les pompes afpirantes , fait monter la liqueur jufqu'au point où fe trouve la communication entre les deux branches du fiphon. La liqueur arrivée à ce point de communication tombe par fa gravité dans la branche la plus longue , & fort par le robinet ordinaire. Il n'eft pas difficile de comprendre que
ce méchanifme dépend de l'action de l'air extérieur fur la
furface du liquide contenu dans le vafe que l'on vuide ,
comme nous l'avons expliqué , non-feulement dans tout
l'article de l'*Air* , mais encore dans le corollaire fecond
de la troifieme partie de l'Hydroftatique.

SISTOLE. Cherchez *Syftole*.

SOIF. La falive eft compofée d'acides qui exerçant
leur action fur les houpes nerveufes dont le gofier eft
tapiffé, excitent en nous la fenfation de la foif.

SOLEIL. Nous ne perdrons pas le tems à faire des conjectures fur la nature du Soleil. Nous le regardons comme un globe de feu fluide , ou prefque fluide. 1°. C'eft
un globe, puifque vû de loin, il nous paroît un cercle.
2°. C'eft un globe de feu , puifqu'il éclaire & qu'il
échauffe. 3°. C'eft un globe fluide ou prefque fluide ,
puifque fes taches ne font pas permanentes.

Tout ce que nous avons eu à dire de plus intéreffant
fur le Soleil , nous l'avons fait entrer dans les articles
de *Copernic* , du *Centre de gravitation* , de l'*Athmofphére
folaire* , des *Éclipfes* , de la *lumiere* &c.

SOLIDE. Les Géométres nomment *folide* ou *corps*
toute grandeur dont on confidére les trois dimenfions ,
c'eft-à-dire , la longueur, la largeur & la profondeur.
Ainfi lorfqu'on me demande combien un magazin peut
contenir de marchandifes, le magazin eft pris pour un folide , parce que plus il fera long , large & profond, plus
auffi il contiendra de marchandifes. Voyez dans l'article
Stéréométrie la folution de plufieurs problêmes intéreffants
fur la folidité des corps.

SOLSTICE. Le premier degré du *Cancer* , & le premier degré du *Capricorne* font les deux points des folftices, parce que le Soleil arrivé à quelqu'un de ces deux
points paroit s'arrêter pour revenir vers l'équateur , comme nous l'avons remarqué dans l'article de la *Sphére* ,
n°. 14.

SOMMEIL. La veille & le fommeil font deux états
oppofés ; ainfi puifque nous ne veillons , que lorfque nous
avons beaucoup d'efprits vitaux qui fe meuvent librement
depuis les organes des fens extérieurs jufqu'au centre
ovale , & depuis le centre ovale jufqu'aux organes des
fens extérieurs , il eft naturel d'affurer que nous devons
dormir, lorfqu'il y a évaporation d'efprits vitaux , ou bien,
lorfque quelque humeur vient boucher les conduits qui
fe trouvent au milieu des nerfs qui fe rendent aux organes des fens extérieurs. Ces fortes d'accidens , ou pour
parler dans les termes de l'art , ces fortes d'obftructions
caufent le fommeil, lorfqu'elles font paffageres , & des
maladies férieufes , lorfqu'elles font permanentes.

Les fonges que nous avons pendant le fommeil , ne
font occafionnés que par les efprits vitaux qui vont du
centre ovale dans les organes de la mémoire ou de l'imagination dont nous avons parlé dans leurs articles rélatifs.
Enfin tout ce que nous voyons arriver aux *fomnambules* ,
ne peut pas avoir une autre caufe phyfique. En effet fi
ces mêmes efprits vitaux fe partagent en deux efpèces de
cohortes , dont l'une dirigeant fa marche vers l'organe
d'une imagination vive, s'occupe à y tracer l'image d'un
homme qui fe prolméne, va rendre vifite à un ami , parle ,
chante , crie , &c. ; & que l'autre cohorte fe rende dans
les nerfs dont le mouvement eft néceffaire dans ces fortes d'opérations ; l'on verra des perfonnes qui pendant
le fommeil, parleront, chanteront, crieront, fe leveront,
fe promeneront , entreront dans les chambres voifines ,

& feront croire aux efprits foibles , que les hiftoires des *Revenants* ne doivent pas toujours paffer pour des contes faits à plaifir.

SON. Ce font les expériences les plus fimples qui nous conduifent à la découverte des plus grands fecrets de la nature. On eft toujours convenu , *par exemple* , qu'un corps fonore ne produit de fon que lorfque fes parties reçoivent par la percuffion un certain nombre de vibrations , un mouvement de trémouffement & de frémiffement ; mais l'on a difputé long-tems pour fçavoir fi le fon étoit caufé par les vibrations qui font reçues dans les parties fenfibles , ou par celles qui font reçues dans les parties infenfibles du corps fonore. M. de la Hire s'étoit déclaré pour ce dernier fentiment ; & ce fut pour en démontrer la vérité , qu'il fit l'expérience fuivante. Il prit des pincettes de fer ; il les foutint par l'arc fur le bout de fon doigt ; il ferra les extrêmités des branches l'une contre l'autre vers le bas ; il les lâcha fubtilement ; les parties fenfibles des pincettes frémirent , & cependant l'on n'entendit aucun fon. Il frappa enfuite les branches de ces mêmes pincettes avec un morceau de fer , & l'on entendit un fon fort clair. Cette expérience ramena tout le monde à un même fentiment ; & depuis lors on convient que le fon confifte dans un mouvement de frémiffement imprimé aux parties infenfibles des corps fonores. Telle eft en peu de mots la nature du fon que l'on a regardé de tout tems comme l'unique objet de l'ouie ; mais comment fait-il impreffion fur l'organe de ce fens ? Pour rendre raifon d'un point de Phyfique auffi intéreffant , je remarque d'abord que l'air eft un vrai corps fonore , puifqu'il rend un fon très-diftinct , lorfqu'on le frappe avec un fouet ; il rend même un fon très varié , lorfqu'on fçait réiterer les coups habilement & prefque fans interruption. Je remarque encore que l'air eft le milieu qui tranfmet jufqu'à l'organe de l'ouie , le fon que rendent les corps fonores. En effet placez une clochette dans le récipient de la machine pneumatique ; ifolez-la auffi parfaitement que vous le pourrez , & pompez l'air du récipient ; vous aurez beau faire battre le marteau contre les parois de la cloche , vous n'entendrez aucun fon. Rendez l'air , & le fon parviendra jufqu'à vos oreilles. Ces différentes expériences une fois fuppofées , il eft très-facile d'expliquer comment le fon fait impreffion fur l'organe de l'ouie ; commençons par le fon direct.

Repréfentez - vous 15 ou 20 billes d'ivoire égales & contigues, rangées fur la même ligne droite ; frappez la premiere ; vous verrez le mouvement fe communiquer de bille en bille jufqu'à la derniere qui partira, pour ainfi dire, dans l'inftant. Il en arrive à peu-près de même dans la propagation du fon. Toutes les fois qu'un corps fonore, *par exemple*, une cloche, rend du fon, elle reçoit dans fes parties infenfibles & fenfibles un mouvement de trémouffement & de frémiffement ; ce mouvement fe communique des parties fenfibles de la cloche à l'air extérieur, c'eft-à-dire, à l'air qui fe trouve entre le corps fonore & le tympan ; de l'air extérieur il eft porté au tympan ; du tympan, à l'air contenu dans la cavité du tympan ; de l'air contenu dans la cavité du tympan, à l'air renfermé dans le labyrinthe & dans le limaçon ; enfin de l'air renfermé dans le labyrinthe & dans le limaçon, il fe communique aux houpes nerveufes que nous regardons avec raifon comme l'organe de l'ouie. Eft-il rien de plus fimple que ce méchanifme ?

Plus nous fommes éloignés d'un corps fonore, & moins nous devons entendre le fon qu'il rend ; c'eft la conféquence naturelle des principes que nous avons établis jufqu'à préfent. Auffi l'expérience nous apprend-t-elle que l'intenfité & la force du fon diminuent par rapport à nous, à mefure que la diftance d'un corps fonore augmente. Mais quel rapport ou quelle raifon l'intenfité du fon fuit-elle dans fa diminution ? eft-ce la raifon inverfe des fimples diftances, ou bien la raifon inverfe des quarrés des diftances ? Si c'eft à la premiere de ces deux régles que nous devons nous en tenir, & que je me trouve tantôt à cent, tantôt à deux cens pas du corps fonore ; l'impreffion que fera le fon fur l'organe de mon ouie, lorfque je fuis à deux cens pas du corps fonore, ne fera que la moitié de celle que j'éprouvois, lorfque je n'en étois qu'à cent pas. Mais fi le fon fuit la raifon inverfe des quarrés des diftances, alors à deux cens pas d'un corps fonore j'entendrai un fon quatre fois moins fort que celui que j'entendois, lorfque je n'en étois qu'à cent pas. Cette queftion n'eft pas difficile à décider.

En effet il eft fûr 1°. que le fon parvient à nos oreilles par des rayons divergens, qui forment un vrai cone fonore A D E, *Figure* 16. *Planche* 1.

Il eſt ſûr 2°. que le corps ſonore A ſe trouve au ſommet, tandis que l'oreille de celui qui écoute ſe trouve à la baſe de ce cone,

Il eſt ſûr 3°. que tout le cone ſonore contient autant de cercles différens B C, D E &c. qu'il contient de couches différentes perpendiculaires à l'axe, & paralléles entre elles.

Il eſt ſûr 4°. que les aires de deux cercles ſont comme les quarrés de leurs diamétres, & qu'ainſi ſi le cercle D E a deux pieds de diamétre, il aura une aire quadruple de celle du cercle B C, ſi celui-ci n'a qu'un pied de diamétre. Concluons de ces principes que les rayons ſonores ſont quatre fois moins ſerrés, & par conſéquent quatre fois moins épais à deux pieds du ſommet du cone, qu'ils ne l'étoient à un pied, puiſque l'aire d'un cercle éloigné de deux pieds du ſommet d'un cone eſt quatre fois plus grande que l'aire d'un cercle qui n'en eſt éloigné que d'un pied ; donc le ſon eſt quatre fois moins intenſe, & par conſéquent quatre fois moins fort à deux pieds qu'il ne l'eſt à un pied du ſommet du cone ſonore ; donc le ſon dans ſa diminution ſuit la raiſon inverſe, non pas des ſimples diſtances, mais des quarrés des diſtances.

Le ſon réfléchi garde dans ſa propagation les mêmes régles que le ſon direct, puiſque la ſurface polie & impénétrable qui le renvoie, doit être regardée comme un vrai corps ſonore. Cette ſurface ſe trouve-t-elle près de nous ? alors le ſon réfléchi parvient auſſi vîte à nos oreilles que le ſon direct ; celui-ci eſt renforcé par celui-là, & l'organe le plus délicat ne ſçauroit les diſtinguer l'un de l'autre.

De ce principe fécond naît comme naturellement l'explication de pluſieurs points de Phyſique qui regardent la théorie de l'ouie. Demande-t-on, *par exemple*, pourquoi l'on entend plus difficilement un homme, lorſqu'il parle dans une plaine, que lorſqu'il parle dans une chambre bien fermée ? l'on répondra que dans une plaine nous ne recevons que des rayons ſonores directs, & que dans une chambre nous en recevons en même tems de directs & de réfléchis. La chambre a-t-elle été nouvellement blanchie ? la voix s'y fera beaucoup mieux entendre ; pourquoi ? parce qu'une ſurface nouvellement blanchie eſt plus polie, & par conſéquent plus propre à renvoyer le ſon, qu'une ſurface raboteuſe.

Demande-t-on encore pourquoi l'on a de la peine à entendre un Orateur qui parle dans un lieu tapissé ? l'on fera remarquer que les tapisseries ne sont rien moins que propres à renvoyer le son. Par la même raison plus il y a de monde dans un auditoire , & moins aussi l'on entend le Prédicateur. Les têtes des Auditeurs sont moins propres que le pavé de l'Eglise à renvoyer le son à nos oreilles.

Demande-t-on enfin pourquoi le porte-voix , le corps-de-chasse & tous les autres instrumens semblables contribuent à augmenter le son d'une maniere si prodigieuse ? L'on dira que par leur moyen aucun des rayons sonores directs ne se dissipe, & qu'il se joint à eux une infinité de rayons sonores réfléchis. C'est encore par la réflexion du son que l'on explique pourquoi deux hommes placés aux deux foyers d'une chambre , dont les deux murs opposés sont creusés en forme de parabole ; pourquoi dis-je , ces deux hommes s'entendent l'un l'autre , quoiqu'ils parlent fort bas , quoiqu'ils aient le dos tourné l'un contre l'autre , & quoique ceux qui sont au milieu de la chambre ne puissent pas distinguer les paroles qu'ils prononcent. Car suivant les loix de la réflexion , tous les rayons sonores que produit le premier , doivent se rendre au foyer où se trouve le second , & tous les rayons sonores que produit le second doivent se rendre au foyer où se trouve placé le premier.

Telles sont les loix de la réflexion du son , lorsque les corps réfléchissans ne sont pas éloignés de celui qui parle ; mais lorsqu'ils se trouvent à une certaine distance, alors le son réfléchi parvient plus tard à ses oreilles que le son direct , & c'est-là ce qui forme les écho , soit simples , soit poliphones. Le son direct n'est-il répété qu'une fois ? l'écho est simple. Le son direct est-il répété plusieurs fois ? l'écho est poliphone. Parmi les écho simples l'on a raison de distinguer celui de Wooftok en Angleterre. L'on prétend qu'il répéte jusqu'à 20 syllabes de la maniere la plus distincte. L'écho que l'on trouve près de Grenoble sous le pont du Drac est un des écho poliphones des plus fameux ; il répéte jusqu'à douze fois un mot de deux sillabes. L'on apperçoit d'abord tout le méchanisme de ces sortes d'écho ; ce sont différens écho simples situés à différentes distances les uns des autres , dont l'ensemble forme un écho poliphone. Chaque écho simple réfléchit le même son ; le même mot doit donc être répété plusieurs fois. Parmi les écho simples les uns sont plus éloignés de nous, que les autres; nous devons donc entendre le même mot en différens tems.

Mais, *dira-t-on*, comment peut-il se faire que nous entendions en même-tems d'une maniere distincte des sons de différente espèce, souvent diamétralement opposés entr'eux ? ces sons ne devroient-ils pas se réunir & se confondre, avant que d'arriver à nos oreilles ? réunis & confondus, ne devroient-ils pas exciter en nous les sensations les plus désagréables ? J'avoue ingénûment que je ne regarderois pas ceci comme une difficulté, si je ne voyois les plus grands hommes traiter ce point de Physique de la maniere la plus sérieuse. En effet n'est-il pas sûr qu'il y a une vraie analogie entre la rétine qui tapisse le fond de l'œil, & les houpes nerveuses qui tapissent le labyrinthe & le limaçon ? N'est-il pas encore sûr que les couleurs sont au moins aussi diversifiées que les sons ? cela supposé, voici comment je raisonne. Lorsque je demande à un Physicien comment il peut se faire que nous appercevions en même-tems de la maniere la plus distincte des couleurs de différente espèce, souvent diamétralement opposées entr'elles ; il me répond sans hésiter que je ne dois pas en être surpris, puisque ces couleurs différentes vont frapper différentes parties de la rétine ; j'approuve cette réponse & je me rends à une raison aussi physique. Mais les sons de différente espèce ne vont-ils pas frapper différente houpes nerveuses dans le labyrinthe & dans le limaçon, après avoir frappé dans l'air des molécules différentes par leur masse, leur figure, leur degré d'élasticité, &c. (car nous pensons avec Mr. de Mairan que deux sons spécifiquement différens agitent des particules d'air spécifiquement différentes) pourquoi donc n'entendrions-nous pas sans confusion deux sons produits dans le même instant, dont l'un seroit aigu & l'autre grave ?

Il reste sur la propagation du son une derniere difficulté qu'il ne sera pas inutile de mettre dans tout son jour. La voici en peu de mots : chaque son que produit le corps sonore fait impression sur deux organes différens, c'est-à-dire, sur l'oreille droite & sur l'oreille gauche ; il paroît donc que nous devrions entendre deux fois le même son ; l'expérience nous apprend cependant

le

le contraire ; & lorfque vous ne m'appellez qu'une fois
par mon nom , s'il n'y a point d'écho qui répéte vos
paroles , je n'entends qu'un fon fimple & non pas un fon
redoublé ; d'où vient le contraire n'arrive-t-il pas ?

Pour répondre à cette queftion d'une maniere fatisfaifante, rappellons-nous l'analogie qu'il y a entre l'organe
de la vue & celui de l'ouie. Pourquoi, *demande t-on à un
Phyficien*, l'objet A que je regarde attentivement & avec
des yeux bien difpofés, ne me paroit-il pas double, quoique fon image foit peinte dans chacune de mes deux rétines ? Les rayons de lumiere envoyés par ces objets ;
me dit-il, viennent frapper dans les deux rétines deux
fibres fimpathiques ou homologues , c'eft-à-dire , deux
fibres qui partent du même point du cerveau ; alors l'objet A fimple en lui-même , ne doit pas me paroître double , parce que deux impreffions faites fur deux fibres
fimpathiques ne font fenfiblement qu'une même impreffion
& déterminent l'ame à n'appercevoir qu'un objet. J'adopte avec plaifir une réponfe que tout Phyficien doit regarder comme une vraie démonftration, & je l'applique
au fujet que je traite. Les nerfs auditifs ont , auffi bien
que les nerfs optiques , des fibres fimpathiques ou homologues ; c'eft fur ces fibres que fe fait l'impreffion du
fon dans les deux oreilles ; je ne dois pas donc entendre deux fois le même fon , quoique l'impreffion fe
faffe fur deux organes différens.

Mais comment l'impreffion du fon paffe-t-elle de l'organe de l'ouie jufqu'à l'ame ! le voici. L'ame fpirituelle
anime tout le corps de l'homme , fans fe trouver phyfiquement dans chacune de fes parties. Affûrer le contraire ;
ce feroit s'expofer à ne donner pour folution aux plus
grandes difficultés , que quelques mots barbares ; vuides
de fens & dont les Maîtres eux-mêmes n'ont peut-être
jamais bien compris la force. C'eft cette partie du centre
ovale d'où partent les nerfs des dix conjugaifons , que
nous devons regarder avec les plus fameux Anatomiftes ;
comme le fiége d'où l'ame préfide à toutes les opérations
d'un corps auquel elle eft intimement unie. Ainfi demander
comment l'impreffion du fon eft portée jufqu'à l'ame ; c'eft
demander comment l'impreffion que fait le fon fur les houpes qui tapiffent le labyrinthe & le limaçon , eft portée
jufqu'à cette partie du cerveau où fe trouve l'origine des
nerfs auditifs. Il eft aifé de fatisfaire à cette queftion ;

Dans le cerveau fe trouvent deux fubftances , l'une molle & fpongieufe s'appelle *fubftance cendrée* ; l'autre beaucoup plus dure & tirant fur le blanc fe nomme *fubftance calleufe*. L'une & l'autre font féparées en différentes couches , & percées d'une infinité de trous qui deviennent toujours plus petits , à mefure qu'ils approchent plus du centre ovale. Une grande partie du fang qui fort du cœur , eft portée par les artéres jufques dans la fubftance foit cendrée , foit calleufe du cerveau. Là les particules les plus fubtiles font féparées des plus groffieres. Celles-ci fe rendent dans les veines , & celles-là dans les nerfs au milieu defquels fe trouve un canal difpofé à les recevoir.

C'eft ce fluide infiniment fubtil qui forme les efprits vitaux fans le fecours defquels le corps n'eft capable d'aucune fonction , & l'ame d'aucune fenfation.

Me demande-t-on maintenant comment il peut fe faire que l'impreffion du fon paffe dans un inftant de l'organe de l'ouie jufqu'à l'organe du fens commun ? rien n'eft plus fimple que ce méchanifme. Les efprits vitaux font rangés dans les canaux difpofés à les recevoir , à peu-près comme les 15 ou 20 billes d'ivoire égales & contigues dont nous avons parlé au commencement de cet article. Le fon ne peut pas faire impreffion fur les houpes qui tapiffent le limaçon & le labyrinthe , fans mettre en mouvement les efprits vitaux dont elles font remplies ; ce mouvement fe communique des uns aux autres avec une viteffe inexprimable , & il parvient dans un inftant aux efprits qui fe trouvent à l'origine des nerfs auditifs ; c'eft alors qu'en vertu de l'union intime qu'il y a entre l'efprit & la matiere , l'ame produit un acte capable de lui repréfenter les objets qui font impreffion fur l'organe de fon ouie. C'eft cet acte que l'on nomme *fenfation*. Le fon eft-il ou fimple ou varié ? la fenfation eft agréable ; le fon au contraire eft-il ou confus , ou trop compliqué , ou capable d'endommager l'organe de l'ouie ? la fenfation eft défagréable. Mais c'eft-là un point de Métaphyfique qui n'appartient pas au fujet que je traite.

SON ARTICULÉ. C'eft la voix humaine que l'on prétend défigner , lorfque l'on parle de fon articulé. La trachée-artére , la glotte , la langue , les dents & les lévres , tout cela fert à la former. Des différens petits vaiffeaux qui compofent les poûmons , il fort par l'expi-

ration une affez grande quantité d'air qui va fe rendre
dans la trachée-artére : ce canal affez grand en lui-même , l'eft prodigieufement , fi on le compare avec fon
orifice fupérieur que l'on nomme la *glotte*. Tous les
Anatomiftes nous la dépeignent comme une fente à-peu-
près ovale , capable de contraction & de dilatation , &
terminée par deux efpèces de lévres aufquelles il eft
très-facile d'imprimer un mouvement de trémouffement
& de frémiffement. L'air ne peut pas fe rendre de la trachée-artére dans la bouche , fans paffer par la glotte ;
c'eft-à-dire , fans paffer d'un lieu plus large dans un
lieu plus étroit : il acquiert dans ce paffage une augmentation de viteffe ; il imprime aux deux lévres de la glotte un mouvement de frémiffement ; il reçoit dans fes parties infenfibles ce même mouvement ; & il fe trouve par-
là modifié en fon. C'eft le palais, la langue, les dents
& les lévres qui le rendent *fon articulé* ; auffi dit-on communément que la voix humaine eft *air* dans la trachée-
artére, *fon* dans la glotte , & *parole* dans la bouche.
Les Anciens ont donc eu tort de comparer la trachée-
artére avec une flute , & d'affûrer que la trachée pro-
duifoit la voix, comme le corps de la flute produit le fon.
C'eft la glotte que l'on doit regarder comme le principal
inftrument de la voix. D'ailleurs c'eft en recevant l'air ,
que la flute produit le fon , & c'eft au contraire en le
rendant que la trachée contribue à la formation de la voix.
Cette réflexion n'eft pas nouvelle ; Mr. Dodart en fit
part autre-fois à l'Académie des Sciences ; & cette célébre Compagnie voulut la rendre immortelle , en la faifant
inférer dans fon hiftoire en l'année 1700.

Nous ne croyons pas devoir expliquer ici de quelle maniere fe forme la parole dans les pies, les corbeaux , les
perroquets , en un mot dans tous les animaux qui ont
le talent d'articuler & de parler. Dans eux, comme dans
nous , la glotte eft le principal inftrument de tout ce méchanifme. Elle eft encore la caufe principale des fons in-
articulés que l'air en fortant de nos poûmons dans le
tems de l'expiration a coûtume de produire. Le rire ,
par exemple, doit fon origine à l'air que le diaphragme ,
en s'élevant & en s'abaiffant alternativement, oblige de
s'échapper par la glotte à différentes reprifes.

SON RÉLATIF. Tous les fons dont nous avons parlé
jufqu'à préfent , fe nomment *fons abfolus*, parce que nous

X 2

les avons confidéré précifément en eux-mêmes , & fans aucun rapport avec d'autres fons de même , ou de différente efpèce. Mais combien de fois ne nous arrive-t-il pas de comparer un fon avec un autre ? c'eft-là ce qu'on appelle *fons rélatifs ;* c'eft-là ce qui forme les différens tons qui ne font l'objet de la Mufique , que parce qu'ils font auparavant l'objet de l'ouie. C'eft du nombre des vibrations que font les corps fonores dans un tems déterminé , que vient la différence des tons. Deux cordes homogénes , *par exemple* , donnent-elles le même nombre de vibrations en une feconde de tems ? elles font à l'uniffon. La premiere donne-t-elle deux vibrations , tandis que la feconde n'en donne qu'une ? celle-là fonnera l'octave de celle-ci ; elle fonneroit la quinte, fi elle faifoit trois vibrations contre deux , &c. Ce font-là des remarques trop anciennes , pour être ignorées de ceux-là-mêmes qui n'ont qu'une teinture bien légere de la Mufique. L'on fçait encore que le nombre des vibrations que donne la corde d'un inftrument de Mufique , dépend de fa longueur , de fa groffeur & de la maniere dont elle eft tendue. La corde A & la corde B , *par exemple* , feront à l'uniffon , fi avec le même degré de tenfion , elles ont égale groffeur & égale longueur.

La corde C fonnera l'octave de la corde D , fi celle-là avec le même degré de tenfion & de groffeur , n'a qu'un pied de longueur , tandis que celle-ci en a deux.

De même la corde E fonnera l'octave de la corde F , fi la premiere avec le même degré de tenfion & de longueur n'a qu'une ligne de diamétre , tandis que la feconde en a deux.

Toutes ces connoiffances encore une fois font prefque auffi anciennes que le monde. Mais ce que l'on ne connoiffoit pas précifément , c'eft le degré de tenfion que doit avoir une corde pour fonner l'octave d'une autre. Nous fommes maintenant au fait d'un point auffi intéreffant, & l'expérience que rapporte Mr. Nollet dans le tome troifieme de fa Phyfique , page 460 , prouve évidemment que les vibrations de deux cordes égales en groffeur & en longueur , font en raifon directe des racines quarrées des forces qui les tiennent tendues , ou pour parler plus briévement , font en raifon fous-doublée des tenfions. Auffi la corde M fera deux vibrations , tandis que la corde N n'en fera qu'une , & par conféquent la corde M fonnera l'octave de la corde N , fi celle-là eft quatre fois plus tendue que celle-ci.

C'eſt ſur ces principes qu'eſt fondée la diviſion des ſons en graves & aigus. En effet l'expérience nous apprend que plus un corps ſonore donne de vibrations dans un tems déterminé, plus auſſi le ſon qu'il rend eſt aigu; & par une raiſon toute contraire, moins un corps ſonore donne de vibrations dans un tems déterminé, plus auſſi le ſon qu'il rend eſt grave. De-là il s'enſuit que la corde A donnera un ſon plus grave que la corde B, ſi elle eſt ou plus longue, ou plus groſſe, ou moins tendue. Il s'enſuit encore que les ſons & les tons ne ſont en eux-mêmes ni graves ni aigus; tel ſon eſt très-grave en telle occaſion qui ſeroit très-aigu dans une autre. La glotte garde les mêmes regles que les inſtrumens de muſique, lorſqu'elle produit des ſons graves & aigus. En effet, elle s'élargit conſidérablement & elle allonge ſon diamètre, lorſqu'elle donne un ſon grave; elle s'accourcit au contraire, & elle bande ſes fibres, lorſqu'elle donne un ſon aigu.

SOUFRE. Le ſoufre eſt un mixte inflammable compoſé de feu, d'huile, d'eau & de terre. Dans cette compoſition le feu occupe la premiere place, l'huile la ſeconde, l'eau la troiſième & la terre la quatrième.

SOUPAPE. On donne ce nom à des eſpèces de petites portes à reſſort, qui empêchent un fluide de rentrer par l'endroit par où il vient de ſortir, ou, qui l'empêchent de ſortir par l'endroit par où il vient d'entrer. Il y a dans la machine pneumatique une *ſoupape* qui laiſſe ſortir l'air que l'on a introduit dans l'intérieur de la pompe, & qui empêche l'air extérieur d'entrer dans cette même pompe.

SPHERE. La ſphére artificielle repréſentée par la *Fig.* 17. *de la Pl.* 1. n'a été conſtruite que pour nous donner une idée du cours des aſtres. On y diſtingue un centre, un axe, des poles, de grands cercles, de petits cercles, des zones, &c. Ce ſont-là les premiers élémens de l'Aſtronomie; les poſſéder, ce n'eſt pas une gloire; les ignorer, c'eſt un vrai déshonneur.

1°. Le point T également éloigné de la circonférence P N A B, s'appelle le centre de la ſphére; c'eſt à peu-près à ce point que les Coperniciens placent le ſoleil.

2°. La ligne P T A qui paſſe par le centre du monde T, & ſur laquelle les Anciens s'imaginoient que tout le ciel ſe mouvoit d'orient en occident dans l'eſpace de 24 heures, eſt l'axe, ou, le principal diamètre de la ſphére.

3°. Les deux points du ciel auſquels cette ligne va aboutir font les deux poles du monde. Le point P s'appelle *pole arctique, boréal* ou *feptentrional*, parce qu'il n'eft pas éloigné de la conftellation que les Aftronomes appellent *la grande purfe*, & le point A qui lui eft directement oppofé, s'appelle *pole antarctique, auftral* ou *méridional*.

4°. Le *zénith* & le *nadir* font encore deux points remarquables dans la fphère. Notre *zénith* eft le point du ciel perpendiculaire fur notre tête, & notre *nadir* eft le point qui lui eft directement oppofé. Auffi n'y a-t-il que les chofes immobiles qui aient un *zénith* & un *nadir* immobiles.

5°. Les cercles qui divifent la fphére en deux parties égales, & qui ont pour centre le centre même du monde, font de grands cercles, & ceux qui divifent la fphére en deux parties inégales & qui n'ont pas pour centre le centre du monde, font de petits cercles de la fphére.

6°. Il y a dans la fphére fix grands cercles, le méridien, l'équateur, le zodiaque, l'horizon & les deux colures.

7°. Imaginez-vous un cercle qui paffe par les poles du monde P & A & par le zénith & le nadir de quelque ville, tel qu'eft le cercle P N A Z, ce fera le méridien de cette ville. Ce cercle coupe l'horizon à angles droits, c'eft-à-dire, fans pencher plus d'un côté que d'un autre, & il partage la fphére en deux parties égales, l'une *orientale* où tous les aftres paroiffent fe lever, & l'autre *occidentale* où tous les aftres paroiffent fe coucher. Il y a autant de *méridiens*, qu'il y a de *zéniths* dans le ciel. C'eft pour éviter la confufion, que l'on regarde comme le premier méridien celui qui paffe par le zénith de l'*Ifle de fer*. Il n'eft pas néceffaire d'avertir que ce cercle a pris fon nom de l'heure de *midi* qu'il indique; tout le monde fçait qu'il n'eft *midi* pour une ville, que lorfque le foleil paroît au méridien de cette ville.

8°. Un grand cercle auffi éloigné du pole du monde P, que du pole du monde A, divifant la fphére en deux parties égales, l'une boréale où fe trouve le pole arctique, & l'autre méridionale où fe trouve le pole antarctique, & coupant le méridien à angles droits, fe nomme l'*équateur*; il eft repréfenté par la ligne E B. On le nomme ainfi, parce qu'environ le 20 Mars & le 22 Septembre, tems aufquels le foleil paroît le parcourir, le jour eft parfaitement égal à la nuit, c'eft-à-dire, le foleil paroît auffi long-tems fur notre horizon, que fous notre horizon.

9°. Le zodiaque repréfenté par la ligne 1, 2, 3, 4 eft

un grand cercle qui forme avec l'équateur un angle d'environ 23 degrés 30 minutes. Les deux points où ces deux cercles se coupent, s'appellent *équinoctiaux*, parce que nous n'avons l'équinoxe que lorsque le soleil paroît dans quelqu'un de ces deux points. La circonférence du zodiaque n'est pas une simple ligne, comme dans les autres cercles, c'est une surface de 16 degrés de largeur; c'est sur cette surface que sont placés 12 amas d'étoiles, si connus sous le nom de *signes*; les 6 signes boréaux sont dans la moitié du zodiaque qui se trouve dans la partie boréale de la sphére; on les appelle les constellations du *bélier*, du *taureau*, des *gemeaux*, du *cancer*, du *lion* & de la *vierge*; les 6 signes méridionaux, c'est-à-dire, les constellations de la *balance*, du *scorpion*, du *sagittaire*, du *capricorne*, du *verseau* & des *poissons* occupent la moitié du zodiaque qui s'étend vers le pole antarctique ou méridional. Enfin la ligne qui divise la largeur du zodiaque en deux parties égales, a le nom d'*écliptique*, parce que le soleil ne paroissant jamais hors de cette ligne, ce n'est que là que peuvent se faire les éclipses.

10°. L'horizon H*o*RL est un grand cercle qui divise la sphére en deux parties égales, l'une supérieure où se trouve le zénith, l'autre inférieure où se trouve le nadir. L'horizon est coupé par l'équateur en deux points dont l'un se nomme l'*orient* & l'autre l'*occident*; il est aussi coupé par le méridien en deux points dont l'un, placé du côté du pole *arctique*, s'appelle le *nord* ou le *septentrion*, & l'autre placé du côté du pole *antarctique*, s'appelle le *sud* ou le *midi*. Ce sont-là les quatre points cardinaux de la sphére. Un observateur donne le nom d'*horizon* à un cercle dont il occupe le centre, & dont la circonférence s'étend jusqu'aux quatre points cardinaux dont nous venons de parler; mais c'est-là l'*horizon sensible* & non pas l'*horizon vrai* ou *rationel*.

11°. Les deux colures qu'il nous a été impossible de marquer dans une figure plane, sont deux grands cercles presque inutiles dans la sphére. Le colure des équinoxes passe par les poles du monde & par les deux points équinoctiaux; le colure des solstices coupe à angles droits celui des équinoxes & passe par les deux points des solstices dont nous parlerons bientôt.

12. On nomme petits cercles de la sphére ceux qui la divisent en deux parties inégales, & qui par conséquent

n'ont pas pour centre le centre du monde. Les quatre petits cercles de la sphére font les deux *tropiques* & les deux *polaires*; ils font tous paralleles à l'*équateur*.

13°. Les deux tropiques font deux petits cercles éloignés de l'équateur d'environ 23 degrés 30 minutes. Celui qui se trouve dans la partie boréale de la sphére paffe par la conftellation du *cancer*, & s'appelle le tropique du cancer; l'autre fitué dans la partie méridionale paffe par la conftellation du *capricorne* & porte le nom de tropique du capricorne. Le premier eft repréfenté par la ligne 4 & 5, & le fecond par la ligne 1 & 6.

14°. Les deux points des *folftices* font marqués fur les deux tropiques, l'un au premier degré du *cancer*, & l'autre au premier degré du *capricorne*. Lorfque le foleil eft arrivé à quelqu'un de ces deux points, alors il paroît s'arrêter pour revenir vers l'équateur.

15°. Les deux *polaires* font deux petits cercles de la fphére paralleles à l'équateur & éloignés feulement de 23 degrés 30 minutes, l'un du pole boréal P, & l'autre du pole méridional A; le polaire boréal eft repréfenté par la ligne 7 & 8, & le polaire méridional par la ligne 9 & 10.

16°. Outre ces quatre paralleles à l'équateur, il y en a une infinité d'autres aufquels on donne ce nom; ce font tous les cercles que les aftres paroiffent décrire par leur mouvement journalier autour des poles du monde; nous ne croyons pas devoir en parler plus au long. Nous ne parlerons pas auffi des cercles de déclinaifon & de latitude des étoiles; nous en avons parlé en fon lieu. Nous ne parlerons pas enfin des paralleles à l'horizon appellés *almicantarath*, & de tous les cercles que les Obfervateurs font paffer par leur zénith & aufquels ils donnent le nom de *verticaux* ou d'*azimuths*; l'on n'en fait pas grand ufage en Phyfique.

17°. Les poles d'un cercle font deux points éloignés de 90 degrés de chaque partie de fa circonférence. Les deux poles du monde P & A, *par exemple*, font les deux poles de l'équateur EB.

18°. On appelle *zone* un efpace du ciel renfermé entre deux cercles paralleles de la fphére. Il y a 5 zones, une torride, 2 tempérées & 2 glaciales. L'efpace 4 B 6 renfermé entre les deux tropiques, vous repréfente la zone torride. La chaleur que l'on éprouve dans les pays qui ont leur zénith dans cette zone, vient fans doute de ce que le soleil ne paroiſſant jamais hors des tropiques, ne peut envoyer ſur ces terres que des rayons ou réellement, ou ſenſiblement perpendiculaires. La zone torride occupe 47 degrés dans le ciel ; elle ſe diviſe en deux parties, l'une boréale & l'autre auſtrale ; la partie boréale eſt renfermée entre l'équateur & le tropique du cancer, la partie auſtrale ſe trouve entre l'équateur & le tropique du capricorne.

Il y a deux zones tempérées, l'une boréale renfermée entre le tropique du cancer 4 & 5, & le *polaire* boréal 8 & 7 ; l'autre méridionale ſituée entre le tropique du capricorne 6 & 1, & le *polaire* méridional 10 & 9.

Il y a enfin deux zones glaciales ; la boréale eſt repréſentée par l'eſpace du ciel 8 G P, & la méridionale par l'eſpace du ciel 10 F A. Il n'eſt pas néceſſaire de faire remarquer qu'il ſe trouve dans l'hémiſphére oppoſé les mêmes zones que dans le nôtre.

19°. La ſituation de l'équateur par rapport à l'horizon détermine la poſition de la ſphére. L'équateur coupe-t-il l'horizon à angles droits, c'eſt-à-dire, ſans pancher plus d'un côté que d'un autre ? La poſition de la ſphére eſt droite. L'équateur coupe-t-il l'horizon à angles inégaux, c'eſt-à-dire, en penchant plus d'un côté que d'un autre ? La poſition de la ſphére eſt oblique. Enfin l'équateur eſt-il confondu avec l'horizon ? La poſition de la ſphére eſt parallele ; ceux qui ont leur zénith dans l'équateur, ont la ſphére droite ; ceux qui ont leur zénith ſous l'un des deux poles ont la ſphére parallele ; ceux enfin qui ont leur zénith entre l'équateur & l'un des deux poles, ont la ſphére oblique.

20°. Pour ſe former une idée plus nette de tout ce que nous avons dit dans cet article, l'on fera bien de jetter un coup d'œil ſur une ſphére artificielle ; il eſt impoſſible de repréſenter dans une figure plane tous les cercles qu'elle contient.

21°. Les Géographes tracent ſur le globe terreſtre les mêmes cercles que les Aſtronomes décrivent dans les cieux ; l'équateur terreſtre correſpond à l'équateur céleſte ; le méridien terreſtre au méridien céleſte, &c.

Il reſte encore bien des choſes à dire ſur la ſphére ; nous allons traiter les principales dans les queſtions ſuivantes. Nous avertiſſons le Lecteur que, s'il veut nous comprendre, il doit avoir ſous les yeux une ſphére artificielle, & la mettre tantôt dans la poſition droite, tantôt

dans la pofition parallele , tantôt dans la pofition oblique
boréale , & tantôt dans la pofition oblique méridionale.

Première Queftion. Quelles font les principales apparences
de la fphére droite ?

Réfolution. On peut les réduire à trois. 1°. Ceux qui ont
la fphére droite , c'eft-à-dire , ceux qui ont leur zénith
dans l'équateur célefte , ont tous les jours le foleil douze
heures fur leur horizon , & douze heures fous leur horizon ; pourquoi ? parce que leur horizon coupe en deux
parties égales tous les cercles que le foleil parcourt
dans l'année.

2°. Ils voient à leur horizon les deux poles du monde ;
pourquoi ? parce qu'un pole ne paroit élevé fur l'horizon
d'une ville , qu'autant que cette ville a quelque latitude ;
mais les villes qui font fous l'équateur n'ont point de latitude ; donc les peuples qui font fous l'équateur voient les
deux poles du monde à leur horizon.

3°. Ils voient fucceffivement toutes les étoiles du ciel ;
pourquoi ? parce qu'il n'en eft aucune qui ne fe léve &
qui ne fe couche par rapport à eux , puifqu'il n'en eft
aucune , qui par fon mouvement diurne ne parcoure ou
l'équateur , ou un cercle parallele à l'équateur.

Seconde Queftion. Quelles font les principales apparences
de la fphére parallele ?

Réfolution. J'en remarque quatre. 1°. Ceux qui ont la
fphére parallele, c'eft-à-dire , ceux dont le zénith répond
à un des poles du monde , ont fix mois le foleil fur leur
horizon , & fix mois fous leur horizon. En voici la caufe
optique ; dans cette pofition l'équateur étant confondu
avec l'horizon , la moitié des cercles que le foleil parcourt
dans l'année , fe trouve entiérement fur leur horizon ,
& l'autre moitié fous leur horizon. Auffi ces peuples , s'il
y en a quelqu'un dans cette partie du monde , ont-ils fix
mois de jour & fix mois de nuit ; par la nuit on entend ,
non pas les ténébres , mais l'abfence du foleil.

2°. Par la même raifon , ces peuples pendant leurs fix
mois de foleil voient cet aftre tourner parallélement à leur
horizon dans l'efpace de vingt-quatre heures.

3°. Par la même raifon encore , ils ont chaque mois la
lune pendant quinze jours fur leur horizon, & quinze jours
fous leur horizon.

4°. Par la même raifon enfin , ils ne voient jamais que
les étoiles qui fe trouvent entre l'équateur & le pole célefte

élevé ; les autres font toujours couchées pour eux ; elles tournent comme le soleil & la lune parallélement à l'horizon dans l'espace de vingt-quatre heures.

Troisième Question. Quelles font les principales apparences de la sphére oblique boréale ?

Résolution. J'en trouve six. 1°. Ceux qui ont la sphére oblique boréale, c'est-à-dire, ceux qui voient le pole boréal élevé sur leur horizon de moins de 90 degrés, n'ont chaque année que deux jours où le soleil demeure douze heures sur leur horizon, & douze heures sous leur horizon ; c'est le 21 Mars & le 23 Septembre, jours ausquels cet astre parcourt l'équateur, que leur horizon coupe en deux parties égales. Les autres jours de l'année ils voient le soleil tantôt plus, tantôt moins de douze heures, parce que les autres cercles qu'il parcourt, font coupés par l'horizon en deux parties inégales.

2°. Dans la sphére oblique boréale le plus long jour de l'année est le 21 Juin, jour auquel le soleil parcourt le tropique du *cancer* ; & le jour le plus court est le 21 Décembre, jour où le soleil se trouve dans le tropique du *capricorne.* Que l'on jette les yeux sur une sphére armillaire, & l'on verra que si le tropique du *cancer* a, dans la position dont nous parlons, plus de parties sur l'horizon que sous l'horizon, le tropique du *capricorne* est dans un état tout opposé. L'on verra encore que de tous les cercles que parcourt le soleil, le tropique du *cancer* est celui qui a le plus de parties, & le tropique du *capricorne* celui qui en a le moins sur l'horizon ; donc dans la sphére oblique boréale le plus long jour de l'année doit être le 21 Juin, & le jour le plus court doit être le 21 Décembre.

3°. Dans la sphére oblique boréale, les jours doivent croître depuis le 21 Décembre jusqu'au 21 Juin, & ils doivent décroître depuis le 21 Juin jusqu'au 21 Décembre. L'on en voit d'abord la raison. Depuis le 21 Décembre jusqu'au 21 Juin le soleil va du cercle qui a le moins de parties sur l'horizon à celui qui en a le plus ; le contraire arrive depuis le 21 Juin jusqu'au 21 Décembre ; donc dans la sphére oblique boréale les jours doivent croître depuis le 21 Décembre jusqu'au 21 Juin, & ils doivent décroître depuis le 21 Juin jusqu'au 21 Décembre.

4°. Dans la sphére oblique boréale, plus le pole boréal est élevé sur l'horizon, & plus il y a de différence entre le plus grand & le plus petit jour de l'année ; pourquoi ?

parce que l'élévation du tropique du *cancer* fur l'horizon
fuit toujours l'élévation du pole boréal , & l'abaiffement
du tropique du *capricorne* fous l'horizon fuit toujours l'élévation du tropique du *cancer* fur le même horizon.

5°. Il y a certains jours dans la fphére oblique boréale
où le foleil demeure vingt-quatre heures fur l'horizon , &
certains autres où il demeure vingt-quatre heures fous
l'horizon. Ceux , *par exemple* , dont l'élévation du pole
boréal eft de 66 degrés 32 minutes , ont tout le tropique
du *cancer* fur leur horizon , & tout le tropique du *capricorne* fous leur horizon ; ceux dont l'élévation du pole boréal
eft encore plus grande , ont fur leur horizon plufieurs des
cercles que parcourt le foleil dans l'année , & ils en ont
plufieurs fous leur horizon ; donc il y a certains jours dans
la fphére oblique boréale où le foleil demeure vingt-quatre
heures fur l'horizon , & certains autres où il demeure vingt-
quatre heures fous l'horizon.

6°. Dans la fphére oblique boréale , certaines étoiles ne
fe couchent jamais, & certaines étoiles ne fe levent jamais.
Les premières font celles dont la diftance au pole élevé eft
moindre que la hauteur de ce pole. Les fecondes font celles
qui font moins éloignées du pole abaiffé , que ce pole ne
l'eft de l'horizon. Nous voyons toujours fur l'horizon d'A-
vignon, les étoiles qui font à moins de 43 degrés , 57
minutes , 25 fecondes du pole boréal , & nous n'y voyons
jamais celles qui font à moins de 43 degrés , 57 minutes ,
25 fecondes du pole méridional.

Quatrième Queftion. Quelles font les principales apparences de la fphére oblique méridionale ?

Réfolution. J'en trouve fix. 1°. Ceux qui ont la fphére
oblique méridionale , c'eft-à-dire , ceux qui voient le pole
méridional élevé fur leur horizon de moins de 90 degrés ,
ont , le 21 Mars & le 23 Septembre , douze heures le foleil
fur leur horizon & douze heures fous leur horizon. La raifon pour la fphére oblique méridionale eft la même que pour
la fphére oblique boréale.

2°. Dans la fphére oblique méridionale , le plus long
jour de l'année eft le 21 Décembre , & le jour le plus court
eft le 21 Juin , parce que dans cette pofition il faut dire du
tropique du *capricorne* ce que nous avons dit plus haut du
tropique du *cancer.*

3°. Par la même raifon optique les jours dans la fphére
oblique méridionale doivent croître depuis le 21 Juin juf-

qu'au 21 Décembre, & ils doivent décroître depuis le 21 Décembre jusqu'au 21 de Juin.

4°. Dans la sphére oblique méridionale, plus le pole méridional est élevé sur l'horizon, & plus il y a de différence entre le plus grand & le plus petit jour de l'année. Vous en trouverez la raison dans la *Question précédente* n°. 4, si vous appliquez au pole méridional & au tropique du *capricorne* ce que nous avons dit du pole boréal & du tropique du *cancer*.

5°. En suivant la même méthode vous trouverez qu'il y a certains jours dans la sphére oblique méridionale où le soleil demeure vingt-quatre heures sur l'horizon, & certains autres où il demeure vingt-quatre heures sous l'horizon.

6°. Dans la sphére oblique méridionale certaines étoiles paroissent toujours, & certaines autres ne paroissent jamais sur l'horizon. Voyez-en la cause optique dans la *Question précédente* n°. 6.

Cinquième Question. Qu'entend-on par *climat d'heure*, & combien en compte-t-on dans la sphére?

Résolution. Prenez l'espace du ciel qui se trouve entre l'équateur & le polaire boréal; divisez-le en vingt-quatre parties égales par des cercles paralleles à l'équateur; l'espace contenu entre l'équateur & son premier parallele vous donnera le premier climat boréal; l'espace contenu entre le premier & le second parallele vous donnera le second climat, & ainsi des autres jusqu'au vingt-quatriéme climat qui se trouvera entre le dernier parallele & le polaire boréal. Faites la même opération sur l'espace du ciel qui se trouve entre l'équateur & le polaire méridional, & vous aurez encore vingt-quatre climats. On compte donc dans la sphére 48 climats, dont 24 sont boréaux & 24 méridionaux. Sous le premier climat soit boréal soit méridional, le jour le plus long est de 12 heures & demie; sous le second de 13 heures, & ainsi des autres jusqu'au vingt-quatrième climat où le jour le plus long est de 24 heures. On a donné à ces 48 espaces le nom de *climats d'heure*; on feroit mieux de les appeller *climats de demi-heure*.

Sixième Question. Qu'entend-on par *climat de mois*, & combien en compte-t-on dans la sphére?

Résolution. Prenez l'espace du ciel qui se trouve entre le polaire & le pole boréal; divisez-le en six parties égales par des cercles paralleles au polaire; vous aurez six *climats boréaux*, dans le premier desquels le jour le plus long sera d'un mois ; & dans le dernier defquels le jour le plus long fera de fix mois. La même opération faite du côté du pole méridional, vous donnera fix *climats* méridionaux. Il y a donc dans la fphére douze *climats de mois*, fix boréaux & fix méridionaux.

SPHÉROIDE. C'eft un folide dont les diamètres ne font pas égaux. La terre, *par exemple*, eft un fphéroïde applati vers les poles & élevé vers l'équateur, comme nous l'avons démontré en fon lieu.

STATIONNAIRE. Une planete eft ftationnaire, lorf-qu'elle paroit n'avoir aucun mouvement périodique.

STATIQUE. La ftatique traite de la defcente des corps graves ; elle fuppofe que cette defcente fe fait librement : auffi n'a-t-elle aucun égard à la réfiftance que l'air oppofe aux corps fublunaires qui tombent fur la furface de notre globe. Outre les phénoménes dont nous avons déjà rendu raifon dans les articles du *centre de gravité* & de la caufe de la *gravité*, cette fcience nous en offre plufieurs autres dont nous donnerons l'explication, après que nous aurons fuppofé quelques vérités que tous les Phyficiens regardent comme autant d'axiomes inconteftables.

Première Vérité. Un corps fublunaire ne tombe jamais fur la furface de la terre, fans recevoir une vîteffe que les Phy-ficiens appellent *vîteffe accélératrice*.

Seconde Vérité. Quelque fyftême que l'on embraffe fur la caufe de la gravité des corps, l'on eft obligé de fe re-préfenter cette force comme inhérente, & comme commu-niquant à un corps qui tombe, un degré infiniment petit de vîteffe accélératrice à chaque inftant infiniment petit.

Troifiéme Vérité. Un corps qui tombe librement fur la terre defcend avec un mouvement uniformément accéléré, parce qu'à chaque inftant infiniment petit de fa chute, il reçoit de la part de la gravité un degré infiniment petit de vîteffe accélératrice.

Quatriéme Vérité. Un corps qui tombe fur la terre en recevant à chaque inftant infiniment petit de fa chute un degré infiniment petit de vîteffe accélératrice, ne parcourt que la moitié de l'efpace qu'il auroit parcouru, s'il avoit eu au commencement de fa chute tous les degrés de vîteffe qu'il a eu à la fin, & qu'il les eût confervé tous le tems fans augmentation ni diminution. Suppofons, *par exemple*, que le corps A tombe pendant trois fecondes de tems, il parcourra 135 pieds, comme l'expérience nous l'apprend,

& il aura à la fin du premier inftant un degré de viteffe, à la fin du fecond inftant deux degrés, & à la fin
du troifieme trois degrés ; il eft démontré dans tous les
élémens de ftatique que fi le corps A avoit eu au commencement de fa chute les trois degrés de viteffe qu'il
a eu à la fin, & s'il avoit confervé pendant tout le tems
de fa chute ces trois degrés de viteffe fans augmentation ni diminution, il auroit parcouru 270 pieds.

Quoique cette *quatrieme Vérité* foit auffi inconteftable
que les trois premieres, le Lecteur cependant ne fera pas
fâché d'en trouver ici la démonftration géométrique. Je
fuppofe donc que le corps A, *Figure* 21, *Planche* 2, fe meuve pendant cinq inftans égaux d'un mouvement uniformé-
mens accéléré, de telle forte qu'à la fin du premier inftant repréfenté par la ligne AF, il ait une viteffe exprimée par la ligne FG ; à la fin du fecond inftant repréfenté par la ligne FC, il ait une viteffe exprimée
par la ligne D C ; à la fin du troifieme inftant repréfenté par la ligne CO, il ait une viteffe exprimée par
la ligne NO ; à la fin du quatrieme inftant repréfenté
par la ligne OT, il ait une viteffe exprimée par la ligne ST ; & à la fin du cinquieme inftant repréfenté
par la ligne TB, il ait une viteffe exprimée par la ligne EB. Je dis que fi le corps A avoit eu au commencement de fon mouvement une viteffe égale à la viteffe EB, & qu'il l'eût confervée pendant tout le tems
qu'il s'eft mu, fans augmentation & fans diminution,
c'eft-à-dire, fi le corps A avoit eu au commencement du
premier inftant une viteffe défignée par la ligne AH ; au
commencement du fecond, une viteffe défignée par la ligne FI ; au commencement du troifieme, une viteffe défignée par la ligne CK ; au commencement du quatrieme, une viteffe défignée par la ligne MO ; & au commencement du cinquieme inftant, une viteffe défignée
par la ligne RT, je dis que le corps A auroit parcouru un efpace double de celui qu'il a parcouru.

Démonftration. Dans le premier cas d'un mouvement
uniformement accéléré, le corps A auroit parcouru l'aire du triangle ABE ; dans le fecond cas d'un mouvement conftant & uniforme, il auroit parcouru l'aire du
quadrilatére AHEB. Mais nous avons démontré dans
l'article qui commence par le mot *géométrie*, *Tom.* 2,
que l'aire du quadrilatére AHEB eft double de l'aire

du triangle ABE ; donc si le corps A avoit eu au commencement de son mouvement une vitesse égale à celle qu'il a eue à la fin, & s'il l'avoit conservée pendant tout le temps de son mouvement sans augmentation ni diminution, il auroit parcouru un espace double de celui qu'il a parcouru.

Il suit de-là évidemment qu'il y a dans un corps qui tombe une *vitesse acquise* & une *vitesse qui s'acquiert*.

Il suit encore qu'un degré de *vitesse acquise* fait parcourir au corps qui tombe, un espace double de celui que fait parcourir au même corps un degré de *vitesse qui s'acquiert*. Ces vérités une fois supposées, il nous sera facile d'expliquer les cinq phénoménes suivans.

Premier phénoméne. L'accélération de la chute des corps graves se fait suivant la progression arithmétique des nombres impairs 1, 3, 5, 7, 9, 11, &c. c'est-à-dire, supposons que le corps A descende pendant 3 instans en suivant la ligne AD, (*Fig.* 18. *Pl.* 1.) Supposons encore qu'au premier instant de sa chute il ne parcoure qu'un pied, je dis qu'au second instant il en parcourra trois ; & qu'au troisieme il en parcourra cinq.

Démonstration. Le corps A pendant le premier instant de sa chute ne parcourt qu'un pied en vertu d'un degré de vitesse qu'il acquiert peu-à-peu, suivant la supposition que nous avons faite en proposant ce phénoméne ; donc lorsqu'il sera arrivé au point B, c'est-à-dire, à la fin du premier instant & au commencement du second il aura deux degrés de vitesse, l'un *acquis* & l'autre qu'il *acquiert* ; le premier degré de vitesse lui fera parcourir 2 pieds & le second 1 pied ; donc pendant le second instant de sa chute il parcourra 3 pieds. Lorsque le corps A est arrivé au point 4, c'est-à-dire, à la fin du second instant & au commencement du troisieme, il aura trois degrés de vitesse, deux *acquis* & l'autre qu'il *acquiert* ; les deux premiers degrés lui feront parcourir 4 pieds, & le troisieme 1 pied ; donc pendant le troisieme instant de sa chute il parcourra 5 pieds ; donc l'accélération de la chute des corps graves se fait suivant la progression arithmétique des nombres impairs 1, 3, 5, &c.

Second phénoméne. Les espaces parcourus par un corps sublunaire qui tombe librement sur la terre, à commencer du premier instant de sa chute, répondent aux quarrés des tems employés à les parcourir ; c'est-à-dire, supposons

pofons que le corps A tombe pendant 2 inftans de fuite, je dis que l'efpace parcouru au premier inftant fera
à l'efpace parcouru pendant les 2 premiers inftans, comme le quarré de 1 qui eft 1, eft au quarré de 2 qui eft
4, c'eft-à-dire, je dis que l'efpace parcouru pendant le
premier inftant fera autant inférieur à l'efpace parcouru
pendant les 2 premiers inftans, que le nombre 1 eft inférieur au nombre 4.

Démonftration. Les corps graves qui tombent librement
fur la terre doivent parcourir & parcourent en effet 15
pieds pendant la premiere feconde de tems, & 45 pieds
pendant la feconde fuivante ; donc l'efpace parcouru pendant le premier inftant eft à l'efpace parcouru pendant
les deux premiers inftans, comme 15 eft à 60 ; mais
15 eft à 60, comme 1 eft à 4 ; donc les efpaces parcourus par les corps graves, à commencer du premier
inftant de la chute, répondent aux quarrés des tems employés à les parcourir.

Troifieme phénoméne. Les degrés de viteffe acquife font
dans un corps qui tombe fur la terre, en raifon directe
des temps. Suppofons *par exemple*, que le corps A tombe pendant deux inftans égaux ; la viteffe qu'il aura acquife à la fin du premier inftant fera à la viteffe qu'il
aura acquife à la fin du fecond inftant, comme 1 inftant
eft à 2 inftans.

Démonftration. Le corps A à la fin du premier inftant de fa chute a un degré de viteffe acquife, & il en
a deux degrés à la fin du fecond inftant. Cela étant, voici
le raifonnement qu'on doit faire ; 1 degré de viteffe : à
2 degrés de viteffe : : 1 inftant : à 2 inftans ; donc la
viteffe que le corps A a acquife à la fin du premier inftant : à la viteffe qu'il a acquife à la fin du fecond inftant : : 1 inftant : à 2 inftans ; donc les degrés de viteffe acquife font dans un corps qui tombe fur la terre,
en raifon directe des tems.

Quatrieme phénoméne. Dans un corps qui tombe, les
degrés de viteffe font comme les racines quarrées des
efpaces parcourus. Suppofons que le corps A parcoure 1
pied au premier inftant, il en aura parcouru 4 à la fin
du fecond inftant ; je dis que la viteffe qu'il aura acquife à la fin du premier inftant, fera à la viteffe qu'il aura
acquife à la fin du fecond inftant ; comme la racine quar-
tée du nombre 1, eft à la racine quarrée du nombre 4.

Démonſtration. La viteſſe que le corps A a acquiſe à la fin du premier inſtant : à la viteſſe qu'il a acquiſe à la fin du ſecond inſtant : : 1 : 2 , *par la démonſtration du troiſieme phénoméne ;* mais la racine quarrée du nombre 1 eſt 1, & la racine quarrée du nombre 4 eſt 2 ; donc la viteſſe que le corps A a acquiſe à la fin du premier inſtant : à la viteſſe qu'il a acquiſe à la fin du ſecond inſtant : : la racine quarrée du nombre 1 : à la racine quarrée du nombre 4 ; c'eſt-à-dire : : la racine quarrée de l'eſpace parcouru au premier inſtant : à la racine quarrée de l'eſpace parcouru pendant les deux premiers inſtans.

Cinquieme phénoméne. Dans un corps qui tombe , les temps ſont comme les racines quarrées des eſpaces parcourus. Suppoſons que le corps A tombe pendant deux inſtans égaux ; je dis que le premier inſtant , eſt aux deux premiers inſtans ; comme la racine quarrée de l'eſpace parcouru pendant le premier inſtant , eſt à la racine quarrée de l'eſpace parcouru pendant les 2 premiers inſtans.

Démonſtration. Les tems ſont comme les viteſſes, *par la démonſtration du troiſieme phénoméne* ; mais les viteſſes ſont comme les racines quarrées des eſpaces parcourus , *par la démonſtration du quatrieme phénoméne* ; donc dans un corps qui tombe , les tems ſont comme les racines quarrées des eſpaces parcourus. Ces principes vont nous ſervir à trouver la ſolution des problémes ſuivans.

PROBLÉME I.

Connoiſſant l'eſpace que parcourt au premier inſtant un corps qui tombe librement ſur la terre , trouver l'eſpace qu'il parcourra au ſixieme inſtant de ſa chute. *Exemple.* Le corps A parcourt 15 pieds pendant la premiere ſeconde de tems , l'on demande combien il en parcourra pendant la ſixieme ſeconde.

Réſolution. Le premier *phénoméne* donne la proportion ſuivante ; 1 : 11 : : 15 : à l'eſpace que le corps A parcourt pendant la ſixieme ſeconde ; donc ce ſeront 165 pieds que le corps A parcourra pendant la ſixieme ſeconde.

PROBLEME II.

Connoiſſant l'eſpace que parcourt au premier inſtant un corps qui tombe librement ſur la terre , trouver l'eſpace qu'il parcourra pendant 5 inſtans égaux. *Exemple.* Le corps A parcourt 15 pieds pendant la premiere ſeconde de tems , combien en parcourra-t-il pendant 5 fecondes ?

Réfolution. Le fecond *phénoméne* donne la proportion fuivante ; 1 : 25 : : 15 : à l'efpace parcouru par le corps A pendant 5 fecondes ; donc le corps A parcourra pendant ce tems-là 375 pieds.

PROBLÉME III.

Le corps A a un degré de viteffe acquife à la fin de la premiere feconde, combien en aura-t-il à la fin de la neuvieme feconde.

Réfolution. Le troifieme *phénoméne* donne la proportion fuivante ; 1 : 9 : : 1 degré de viteffe acquife : aux degrés de viteffe qu'aura le corps A à la fin de la neuvieme feconde ; donc ce corps aura à la fin de la neuvieme feconde 9 degrés de viteffe acquife.

PROBLÉME IV.

Connoiffant le rapport qu'il y a entre deux efpaces parcourus par un corps qui tombe librement fur la terre, déterminer le rapport qu'il y a entre les viteffes qui les ont fait parcourir. *Exemple.* Le corps A a parcouru à la fin du premier inftant 15 pieds, & à la fin du fecond 60 pieds ; l'on demande le rapport qu'il y a entre la viteffe que ce corps a eue à la fin du premier inftant, & celle qu'il a eue à la fin du fecond.

Réfolution. Le quatrieme *phénoméne* donne la proportion fuivante ; la racine quarrée de 15 pieds : à la racine quarrée de 60 : : la viteffe que le corps A a eue à la fin du premier inftant : à la viteffe qu'il a eue à la fin du fecond inftant ; mais la racine quarrée de 15 pieds : à la racine quarrée de 60 : : 4 : 8 ; donc la viteffe que le corps A a eue à la fin du premier inftant n'eft que la moitié de celle qu'il a eue à la fin du fecond.

PROBLÉME V.

Connoiffant les efpaces parcourus par un corps grave, connoître le tems employé à les parcourir. *Exemple.* Le corps A a parcouru 1500 pieds, combien de fecondes a-t-il mis à les parcourir ?

Réfolution. Le cinquieme *phénoméne* donne la proportion fuivante ; la racine quarrée de 15 pieds : à la racine quarrée de 1500 : : 1 feconde : au tems que le corps A a mis à parcourir 1500 pieds ; mais la racine quarrée

de 15 : à la racine quarrée de 1500 : : 4 : 40 ; donc 4 :
40 : : 1 : au tems que le corps A a mis à parcourir 1500
pieds ; donc le corps A aura mis 10 secondes à parcourir 1500 pieds.

En parlant de la résistance des *milieux*, nous avons
apporté la raison pourquoi ces phénomènes n'arrivent
pas tout-à-fait exactement dans la pratique.

STÉRÉOMÉTRIE. C'est la partie de la Géométrie
pratique qui considère le corps sous ses trois dimensions,
longueur, largeur, & profondeur ou épaisseur. Elle présente une foule de problèmes intéressants, dont les uns
vont faire la matiere de cet article, & les autres ont
été résolus dans les articles qui commencent par les mots
Cubature & *Compas de proportion*.

PROBLÉME I.

Mesurer la quantité de matiere que contient un cylindre.

Explication. L'on demande la quantité de matiere que
contient le cylindre EFTV, (*Fig*. 3. *Pl*. 1), dont
l'aire du cercle qui lui sert de base est de 30 pieds quarrés, & sa hauteur de 10 pieds courants.

Résolution. Le cylindre EFTV contient 300 pieds-
cubes de matiere.

Démonstration. Le cylindre EFTV n'est qu'un assemblage de couches circulaires, égales entr'elles, & po-
sées les unes sur les autres ; donc l'on aura la quantité
de matiere qu'il contient, si l'on trouve exactement le
nombre de ces couches. Mais on le trouvera, si l'on
multiplie la couche qui sert de base à ce cylindre par
sa hauteur, & cette opération donne 300 pieds-cubes
au cylindre EFTV ; donc &c.

Corollaire I. L'on trouve la quantité de matiere que
contient un cylindre quelconque, en multipliant l'aire
de sa base par sa hauteur.

Corollaire II. Il en est de même d'un prisme ; c'est une
espèce de cylindre dont la base est pour l'ordinaire trian-
gulaire.

PROBLÉME II.

Mesurer la quantité de matiere que contient un cone.

Explication. L'on me donne le cone ADE, (*Fig*. 16.
Pl. 1), dont la base circulaire DE est supposée avoir
30 pieds quarrés d'aire, & la hauteur 30 pieds courans.

Réfolution. Le cone ADE a 300 pieds-cubes de matiere.

Démonſtration. Pour trouver la quantité de matiere que contient le cone ADE, il faut multiplier l'aire de ſa baſe par le tiers de ſa hauteur, parce que ce cone, formé par un aſſemblage de couches circulaires qui ſont paralléles entr'elles, & qui vont toujours en diminuant depuis la baſe DE juſqu'au ſommet A, n'eſt que le tiers d'un cylindre qui auroit même baſe & même hauteur que lui. Mais cette opération donne 300 pieds-cubes de matiere au cone ADE; donc &c.

Corollaire I. L'on trouvera la quantité de matiere que contient un cone, en multipliant l'aire de ſa baſe par le tiers de ſa hauteur.

Corollaire II. Il en eſt de même d'une piramide; c'eſt une eſpèce de cone qui a pour baſe un poligone quelconque, & pour ſommet un point placé hors de ce poligone, & correſpondant au milieu de la baſe.

PROBLÉME III.

Meſurer une ſphére.

Explication. On demande combien de pieds-cubes de matiere contient une ſphére quelconque T qui auroit 30 pieds de diamétre.

Réfolution. Cette ſphére auroit 13500 pieds-cubes de matiere.

Démonſtration. 1°. La circonférence d'un grand cercle quelconque de la ſphére T a environ 90 pieds.

2°. On peut ſe repréſenter la ſurface d'une ſphére quelconque T, comme un aſſemblage de cercles égaux qui ont tous pour centre celui de la ſphére, & par conſéquent dont la circonférence de chacun eſt d'environ 90 pieds; donc la ſurface d'une ſphére quelconque T eſt égale à celle d'un cylindre qui auroit pour baſe un de ces cercles, & pour hauteur le diamétre de la ſphére; donc la ſurface de la ſphére T eſt d'environ 2700 pieds-quarrés, parce qu'on trouve la ſurface d'un cylindre, en multipliant ſa hauteur par la circonférence du cercle qui lui ſert de baſe.

3°. On peut encore ſe repréſenter une ſphére quelconque T, comme un aſſemblage de cones, dont chacun a ſa baſe à la ſurface, ſon ſommet au centre, & ſa hauteur exprimée par le rayon de la ſphére; donc, pour avoir la quantité de matiere d'une ſphére quelconque T, il faut multiplier sa surface par le tiers de son rayon, *par le cor. 1. du prob. 2* ; donc la sphére dont il s'agit, a 13500 pieds-cubes de matiere, parce que 5 × 2700 = 13500.

Corollaire I. L'on a la surface d'une sphére en multipliant la circonférence d'un de ses grands cercles par le diamétre de cette sphére.

Corollaire II. L'on a la solidité d'une sphére, en multipliant sa surface par le tiers de son rayon.

SUBLUNAIRE. Un corps est sublunaire, lorsqu'il est placé entre la Terre & la Lune.

SUC GASTRIQUE. Le suc que les Anatomistes appellent *gastrique*, est un acide violent renfermé dans les glandes parsemées sur la membrane veloutée qui tapisse l'intérieur de l'estomac. Ce suc exerce son action ou sur les alimens pour en faciliter la digestion, ou sur l'estomac lui-même pour exciter en nous le sentiment de l'ame que nous avons coûtume d'appeller *faim*.

SUC PANCRÉATIQUE. C'est une humeur insipide & limpide qui a beaucoup d'analogie avec la salive. Elle est séparée du sang par des glandes placées sous l'estomac. Elle se rend dans le *duodénum*, où elle sert à la digestion.

SUD. *Midi* & *sud* signifient la même chose.

SUITE. C'est un assemblage de termes qui pris consécutivement croissent ou décroissent suivant une certaine loi. Dans le premier cas la suite s'appelle *divergente*, & dans le second *convergente*. La suite se divise encore en *finie* & *infinie*. La premiere n'a qu'un certain nombre de termes ; telles sont les progressions arithmétiques & géométriques ordinaires, cherchez *progression* ; la seconde est supposée continuée jusqu'à l'infini. L'art de réduire en suites infinies les quantités qu'on ne peut pas décomposer sans reste, est fondée sur les régles même de la division & de l'extraction des racines. Les problémes suivants nous en fourniront des preuves évidentes ; leurs solutions servent à démontrer des vérités qu'il n'est pas permis à un Physicien d'ignorer ; puisque ce n'est que par les suites infinies qu'on prouve l'impossibilité de quarrer certaines courbes.

PROBLÉME I.

Réduire en suite infinie par les régles de la division la fraction $\dfrac{1}{1+xx}$.

Résolution. La fraction $\dfrac{1}{1+xx}$ réduite en suite infinie devient $1 - x^2 + x^4 - x^6 + x^8$ &c.

Démonstration. 1°. L'on a divisé le numérateur 1 par le dénominateur, ou plutôt par le premier terme du dénominateur $1 + xx$; le quotient a été le premier terme de la *Suite*, c'est-à-dire, 1. L'on a ensuite multiplié, comme dans la division ordinaire, le diviseur $1 + xx$ par le quotient 1. L'on a enfin soustrait le produit $1 + xx$ du dividende 1, en disant, de 1 j'ôte 1, il ne reste rien ; de rien j'ôte $+ xx$, il reste $- xx$; & c'est-là en effet le premier reste que donne la premiere opération.

2°. Pour avoir le second terme de la *Suite*, l'on a divisé le premier reste $- xx$ par le premier terme du diviseur ordinaire $1 + xx$, & l'on a eu $- xx$ pour quotient & pour second terme de la *Suite*. L'on a multiplié le diviseur $1 + xx$ par le quotient $- xx$, & l'on a eu pour produit $- xx - x^4$. L'on a soustrait ce produit du dividende $- xx$, en disant, de $- xx$ j'ôte $- xx$, il ne reste rien ; de rien j'ôte $- x^4$, il reste $+ x^4$; & c'est-là en effet le second reste qui va devenir *dividende* dans la troisieme opération.

3°. La 3e & la 4e opérations, ainsi que toutes les autres que l'on peut faire à l'infini, doivent se faire comme les deux précédentes ; donc la fraction $\dfrac{1}{1+xx}$ réduite en suite infinie, devient $1 - x^2 + x^4 - x^6 + x^8$ &c.

Corollaire I. L'on opérera de la même maniere sur la fraction algébrique $\dfrac{a}{b+x}$, & l'on trouvera qu'elle se réduit en la suite infinie $\dfrac{a}{b} - \dfrac{ax}{b^2} + \dfrac{ax^2}{b^3} - \dfrac{ax^3}{b^4}$ &c. L'on n'a qu'à diviser le numérateur a par le premier terme du dénominateur $b + x$, comme l'on a divisé dans le probléme précédent le numérateur 1 par le premier terme du dénominateur $1 + xx$. Que l'on se rappelle seulement que $\dfrac{a}{b}$ est le quotient de a divisé par b, & que $- \dfrac{ax}{b^2}$ est le quotient de $- \dfrac{ax}{b}$.

Corollaire II. Par les mêmes régles encore la fraction

$\frac{aa}{x+b}$ fe réduira en la fuite infinie $\frac{aa}{x} - \frac{aab}{x^2} + \frac{aabb}{x^3}$ &c.

P R O B L É M E I I.

Réduire en fuite infinie par les régles de l'extraction de la racine quarrée le radical $\sqrt{aa-xx}$.

Réfolution. Le radical $\sqrt{aa-xx}$ devient $a - \frac{xx}{2a} - \frac{x^4}{8a^3}$

$- \frac{x^6}{16a^5}$ &c.

Démonftration. 1°. Pour réduire en fuite infinie le radical $\sqrt{aa-xx}$, c'eft-à-dire, pour tirer autant de racines quarrées qu'il eft poffible d'en tirer du quarré imparfait aa $-xx$, l'on a d'abord tiré la racine quarrée de aa, & cette racine a eft devenue le premier terme de la *fuite* qu'il s'agit de former.

2°. L'on a doublé, comme dans l'extraction ordinaire, la racine a, & l'on a divifé le premier refte $-xx$ par $2a$; le quotient $-\frac{xx}{2a}$ a été en même tems la feconde racine & le fecond terme de la *Suite*.

3°. Pour trouver fi les racines $a - \frac{xx}{2a}$ forment la racine complete de $aa-xx$, l'on a pris le quarré de $a - \frac{xx}{2a}$; ça été $aa - \frac{2axx}{2a} + \frac{x^4}{4aa} = aa - xx + \frac{x^4}{4aa}$; & comme ce nouveau quarré n'eft pas le même que celui qu'on a donné à réduire en *Suite* infinie, l'on a conclu qu'il y avoit encore des opérations à faire.

4°. Il a donc fallu fouftraire le quarré parfait $aa - xx + \frac{x^4}{4aa}$ du quarré imparfait $aa - xx$; & l'on a eu pour fecond refte $-\frac{x^4}{4aa}$.

5°. Pour trouver la troifieme racine, ou plutôt le troifieme terme de la *Suite* en queftion, l'on a divifé le fecond refte $-\frac{x^4}{4aa}$ par le double des deux racines trouvées, c'eft-à-dire, par $2a - \frac{xx}{a}$; le quotient $-\frac{x^4}{8a^3}$ eft

devenu le troisieme terme de la *Suite*. Il n'est pas nécessaire de faire remarquer qu'il n'y a eu que le pre-
mier terme du diviseur $2a - \dfrac{xx}{a}$ qui ait divisé $- \dfrac{x^4}{4aa}$.

6°. Pour trouver si les trois racines $a - \dfrac{xx}{2a} - \dfrac{x^4}{8a^3}$
peuvent être régardées comme la racine complete de aa
$- xx$, l'on a formé le quarré de $a - \dfrac{xx}{2a} - \dfrac{x^4}{8a^3}$; ça
été $aa - xx + \dfrac{x^6}{8a^4} + \dfrac{x^8}{64a^6}$; & comme ce nouveau
quarré n'est pas le même que celui qu'on a donné à
réduire en *Suite* infinie, l'on a soustrait celui-là de ce-
lui-ci, & l'on a eu pour troisieme reste $- \dfrac{x^6}{8a^4} - \dfrac{x^8}{64a^6}$.

7°. Pour trouver le quatrieme terme de la Suite, l'on
a divisé le troisieme terme $- \dfrac{x^6}{8a^4} - \dfrac{x^8}{64a^6}$, par le double des trois racines trouvées, c'est-à-dire, par $2a -$
$\dfrac{xx}{a} - \dfrac{x^4}{4a^3}$; le quotient $- \dfrac{x^6}{16a^5}$ est devenu le quatrieme
terme de la Suite ; & ainsi des autres termes à l'infini ;
donc par les régles de l'extraction de la racine quarrée
le radical $\sqrt{aa - xx}$ a été réduit en la Suite infinie $a -$
$\dfrac{xx}{2a} - \dfrac{x^4}{8a^3} - \dfrac{x^6}{16a^5}$ &c.

Corollaire I. Par la même méthode le radical $\sqrt{aa + xx}$
se réduit en la *Suite* infinie $a + \dfrac{xx}{2a} - \dfrac{x^4}{8a^3} + \dfrac{x^6}{16a^5}$ &c.

Corollaire II. Par la même méthode encore le radical
$\sqrt{aa + bx - xx}$ se réduit en la *Suite* infinie $a + \dfrac{bx}{2a} -$
$\dfrac{xx}{2a} - \dfrac{bbxx}{8a^3} - \dfrac{x^4}{8a^3}$ &c. Si cet article paroit obscur à
quelques uns, l'on pourra consulter notre Guide des jeu-
nes Mathématiciens dans l'étude des Élémens des Mathématiques de M. l'Abbé de la Caille, depuis la page 62
jusqu'à la page 78.

SURFACE. La surface est une grandeur dont on ne
considére que la longueur & la largeur. Ainsi lorsqu'on

arpenté une terre, on la prend pour une furface, parce
que plus la terre fera longue & large, plus elle contiendra d'arpens ; mais fa profondeur n'augmente, ni ne
diminue en aucune maniere fon étendue. Cherchez *Planimétrie.*

SYMPATHIE. Nous ne prétendons pas rapporter dans
cet article les rêveries que les Anciens débitoient à l'occafion de certaines qualités qu'ils appelloient *fympathiques* & *antipathiques.* Nous ne parlerons ici que d'une
encre que les Modernes appellent *encre de fympathie.*
Voici le fait.

Expérience Ayez un livre de la groffeur de quatre
doigts : ayez de l'imprégnation de Saturne faite avec
le vinaigre diftillé : trempez dans cette liqueur une plume neuve avec laquelle vous écrirez quelques mots fur
la premiere feuille de votre livre ; aucune lettre ne fera
vifible : frottez-en la derniere feuille avec un coton imbu
d'une liqueur auffi claire que l'eau commune, & faite
avec la chaux vive & l'orpiment : laiffez même le coton fur l'endroit : fermez le livre : frappez deffus avec
la main 4 ou 5 coups : tournez-le enfuite, & mettez-
le à la preffe pendant un demi-quart d'heure : ouvrez-
le après ce tems-là ; vous verrez que vos lettres auparavant invifibles paroîtront.

Explication. La liqueur dont eft imbu le coton avec
lequel on a frotté la derniere feuille du livre, a des
corpufcules affez pénétrans, pour traverfer tout le livre ;
ce font ces corpufcules qui rendent noire & vifible une
écriture tracée avec une liqueur claire & invifible. C'eft
pour faciliter cette pénétration, que l'on frappe fur le
livre & qu'on le met à la preffe. C'eft fans doute pour
la même raifon qu'on le tourne ; les foufres volatils qui
doivent en traverfer l'épaiffeur & qui tendent naturellement à monter, s'échaperoient fans cette précaution par
les pores de la couverture qui touche le coton.

Remarquez que la liqueur dont le coton eft imbu, a
été faite avec une once de chaux vive, & demi-once
d'orpiment. Le tout a été pulvérifé & mis dans un matras avec 5 à 6 onces d'eau commune. Le matras bien
bouché & remué de tems en tems, a refté 10 à 12
heures fur un petit feu de fable.

SYSTÉME. Ce terme fe prend ordinairement pour l'arrangement des aftres, & alors il comprend les hypo-

théfes de *Ptolomée*, de *Copernic* & de *Tychobrahé* dont nous avons parlé dans leurs articles rélatifs. Lorfque l'on prend le mot *fyftéme* d'une maniere encore plus univerfelle, on le confond avec le Cartéfianifme ou le Newtonianifme ; nous avons parlé du premier dans l'article des *Tourbillons*, & du fecond dans tout le cours de cet Ouvrage. L'on doit feulement fe rappeller que le *vulde imparfait*, la *matiere fubtile Newtonienne*, & les *loix* de *l'attraction* font les points les plus importans du fyftême de Newton.

SYSTOLE. Le mouvement de fyftole eft un mouvement de contraction, comme nous l'avons expliqué dans l'article du *Cœur*.

T

TACHES. Les Aftronomes ont découvert des taches non-feulement dans les Planétes, mais encore dans le Soleil. La nature des premieres ne les embarraffe pas ; ils conviennent tous que ce font des parties de la furface de la Planéte moins capables de renvoyer la lumiere, comme feroient des mers, des forêts, &c. Ainfi parle M. l'Abbé de la Caille dans fes élémens d'Aftronomie, page 41. En effet, *continue-t-il*, il eft facile de concevoir que la Terre vûe de loin, doit paroître couverte de taches difpofées de la même façon que les parties du monde font deffinées fur le globe terreftre ; que les mers abforbant prefque toute la lumiere, doivent-paroître comme de grandes places obfcures ; les petites ifles ou rochers nuds-qui y font, comme des points brillants ; les grands continens, comme de grands efpaces clairs, parfemés de lieux obfcurs & de points plus lumineux que les autres. Car les terres cultivées, entrecoupées de lacs & couvertes de forêts, doivent réfléchir peu de lumiere ; & les terres blanches, les montagnes élevées, arides & prefque toujours couvertes de neiges, doivent en réfléchir beaucoup. D'ailleurs quand on confidére la Lune avec une bonne lunette de 12 à 15 pieds, on y diftingue facilement des fonds & des montagnes ; ce qui fait juger avec beaucoup de vraifemblance, que les Planétes font des lieux habités, ou du moins habitables comme la Terre.

Pour les taches du Soleil, on eft obligé d'avouer qu'on

n'en connoît pas encore la nature. M. de la Hire foupçonne dans l'hypothéfe qu'il propofa en l'année 1686, & que l'on trouve dans le tome 10ᵉ. des Mémoires de l'Académie des Sciences, *page* 708, que le Soleil, compofé d'une matiere fluide & lumineufe, renferme dans fon fein des corps d'une autre matiere folide, fort irréguliére, qui nagent dans la fubftance même de cet aftre.

Quoi qu'il en foit de la nature de ces fortes de taches, il eft fûr qu'elles nous ont démontré, que le Soleil & les Planétes avoient un mouvement de rotation fûr leur axe. Celui du Soleil fe fait en 25 jours & demi d'Occident en Orient, comme le remarqua en 1611 le P. Scheiner Jéfuite, lorfqu'il eut fait la découverte des taches du Soleil.

TACT. Sous l'épiderme fe trouve une membrane percée d'une infinité de petits trous ; cette membrane eft appellée par les Anatomiftes, la *peau*. Les nerfs du corps fe divifent en une infinité de filamens prefque infenfibles qui traverfent les trous de la peau & qui s'élévent jufqu'à l'épiderme. Ce font ces extrêmités de nerfs faites en forme de petites *houpes*, que Malpigni regarde comme l'organe du taƈt. Il a raifon ; les objets fenfibles ne peuvent pas faire impreffion fur le corps, fans agiter les *houpes nerveufes* placées entre l'épiderme & la peau : ces houpes nerveufes ne peuvent pas être remuées, fans que les efprits vitaux contenus dans les nerfs, & fans que les nerfs eux-mêmes qui communiquent avec le *centre ovale*, le vrai fiége de l'ame, foient agitées ; en faut-il davantage pour nous engager à regarder ces *houpes nerveufes* comme l'organe du taƈt. L'objet de ce fens externe font les corps durs, mols, élaftiques, froids, chauds, &c. Nous en avons parlé dans leurs articles rélatifs.

TANGENTE. La tangente d'un cercle eft une ligne qui étant prolongée même des deux côtés touche le cercle fans le couper. Telle eft la ligne E F, *Figure* 15. *Planche* 2 ; elle eft perpendiculaire à fon diamétre correfpondant E I.

TÉLESCOPE. Le télefcope de Newton, corrigé par Grégory, eft un inftrument qui appartient en même tems à la Catoptrique & à la Dioptrique ; auffi l'appelle-t-on *télefcope cata-dioptrique* ; nous fuppofons que ceux qui voudront en comprendre le méchanifme, ont préfens à l'efprit les principes qui regardent ces deux fciences. Ce télefcope, repréfenté par la *Fig.* 19, de la *Pl.* 1, eft compoſé 1°. d'un gros tuyau D D D D. 2°. Au fond de ce tuyau ſe trouve placé un grand miroir concave de métal C E, percé au milieu. 3°. Vers l'autre bout du tuyau l'on voit un petit miroir de métal G K mobile, plus concave que le miroir C E, & dont le diamétre eſt un peu plus grand que celuí du trou qui eſt au milieu de ce même miroir C E. 4°. L'on adapte à ce trou un petit tuyau qui porte le verre plan-convexe M N, & le verre convexoconvexe O P; & l'on a un téleſcope qui repréſente les objets éloignés plus gros, plus diſtincts & dans leur ſituation naturelle. En voici la preuve.

1°. L'objet A B que l'on regarde avec cet inſtrument, eſt vu par le moyen de deux miroirs concaves & de deux verres dont l'un eſt plan-convexe, & l'autre convexoconvexe; donc, ſuivant tous les principes que nous avons établis dans notre Catoptrique & notre Dioptrique, l'objet A B doit paroître plus gros & plus diſtinct qu'à la vûe ſimple.

2°. Pour comprendre que l'objet A B doit être vu dans ſa ſituation naturelle, examinons quelle eſt la marche des rayons de lumiere. Comme l'objet A B eſt ſuppoſé fort éloigné, les rayons A E, A e, & B C, B c, après s'être croiſés avant que d'entrer dans le téleſcope, tombent comme paralléles ſur le miroir C E : de la ſurface de ce miroir ils ſont réfléchis au foyer F F, où ils vont ſe réunir pour peindre l'objet A B renverſé : du foyer F F ces mêmes rayons tombent divergens ſur la ſurface du miroir G K, après s'être croiſé en chemin : de la ſurface du miroir G K ils ſont réfléchis paralléles ſur le verre plan-convexe M N qui les raſſemble au foyer ff où ils peignent l'objet A B redreſſé : enfin du foyer ff ces mêmes rayons tombent ſur le verre convexo - convexe O P, d'où ils ſortent pour entrer dans l'œil, après avoir perdu une grande partie de leur divergence ; donc le téleſcope de Newton, corrigé par Gregory, doit repréſenter les objets plus gros, plus diſtincts & dans leur ſituation naturelle.

R E M A R Q U E S.

Remarquez 1°. que lorſque nous avons dit, que les rayons A E, A e, B C, B c tomboient comme paralléles ſur le miroir C E, nous n'avons pas prétendu dire, que le rayon A E fût paralléle au rayon B C ; nous avons ſeulement

voulu dire , que dans le télescope le rayon A E étoit
sensiblement parallèle au rayon A*e* , de même que le
rayon B C au rayon B *c*.

2°. Qu'avec une tige de métal on peut approcher le
petit miroir G K du grand miroir C E ; tourne-t-on la
vis en dehors ? on approche le petit miroir du grand ; la
tourne-t-on en dedans ? on l'éloigne.

3°. Que pour voir distinctement les objets qui ne sont
pas à une grande distance , il faut éloigner le petit miroir du grand , parce que plus un objet est près d'un
miroir concave , & plus tard les rayons qu'il envoie sur
la surface de ce miroir sont réunis , après avoir été réfléchis par cette même surface. Je n'en suis pas surpris ;
un objet éloigné envoie des rayons de lumiere sensiblement parallèles , & un objet peu éloigné envoie des
rayons de lumiere sensiblement divergens ; or des rayons
divergens doivent être réunis plus tard que des rayons
parallèles ; donc afin que les foyers des deux miroirs
puissent tomber à peu-près au même endroit , il faut
éloigner le petit miroir du grand, lorsque l'on veut voir
distinctement les objets qui ne sont pas à une grande
distance.

4°. Que lorsque les myopes se servent du télescope de
Newton , ils doivent approcher le petit miroir du grand ;
en voici la raison : l'image peinte aux points F F se trouve
alors bien au-dessous du foyer du miroir G K ; donc , suivant les principes que nous avons établis dans notre Catoptrique , les rayons envoyés par cette image doivent di-
verger , après qu'ils ont été réfléchis par la surface G K ;
donc plus on est myope , & plus on doit approcher le
petit miroir du grand , puisque le défaut du cristallin des
myopes est de rendre trop convergens les rayons de lumiere , comme nous l'avons vu dans l'article qui les regarde. Par une raison contraire les presbites doivent éloigner le petit miroir du grand.

5°. Que ceux qui voudroient tenter de construire eux-
mêmes un télescope de Newton , trouveront dans l'Optique de M. l'Abbé de la Caille , *page* 117 , une table
dans laquelle on détermine les dimensions qu'on peut
donner aux parties de ce télescope pour faire un bon
effet. Nous l'avons rapportée dans ce Dictionnaire , *Tome*
2 , dans l'article qui commence par les mots *Lunette*
Cata-dioptrique.

TEMS. Le tems eſt la durée des choſes meſurée par le mouvement apparent du Soleil. Les Aſtronomes comptent les jours, non pas d'un minuit à l'autre, mais d'un midi à l'autre, ſans les partager en 12 heures du ſoir & 12 heures du matin. Ils attribuent les 12 heures du matin au jour précédent, & ils diſent, par exemple : *le 14 Mai à 20 heures*, au lieu de dire, *le 15 Mai à 8 heures du matin*. Ainſi un jour aſtronomique eſt l'intervalle du tems qui s'écoule entre l'inſtant auquel le centre du Soleil eſt dans le plan du méridien, & l'inſtant auquel il y eſt retourné après une révolution entiere. Si la Terre n'avoit qu'un mouvement de rotation ſur ſon axe, le jour aſtronomique ne ſeroit que de 23 heures 56 minutes 4 ſecondes ; mais il n'en eſt pas ainſi ; la Terre a encore un mouvement périodique d'Occident en Orient dans l'écliptique ; & voilà pourquoi la révolution journaliere du Soleil eſt plus longue d'environ 4 minutes, que la révolution journaliere d'une étoile fixe, c'eſt-à-dire, voilà pourquoi ſi le Soleil ſe trouve aujourd'hui au méridien avec la premiere étoile de la conſtellation du *Bélier*, cette étoile entrera le lendemain dans le méridien environ 4 minutes plutôt que le Soleil. Ce n'eſt pas encore tout ; ſi l'écliptique étoit paralléle à l'équateur, & ſi le mouvement périodique de la Terre étoit uniforme, tous les jours aſtronomiques ſeroient égaux entre eux ; mais tout le monde ſçait que l'écliptique forme avec l'équateur un angle d'environ 23 degrés 30 minutes, & que la *Terre* parcourt ſon orbite avec un mouvement aſſez peu uniforme, puiſqu'elle parcourt dans un jour tantôt 1 degré 2 minutes 6 ſecondes ; tantôt 59 minutes 8 ſecondes ; tantôt 57 minutes 13 ſecondes, &c. Auſſi les *jours aſtronomiques*, ou les *jours vrais*, ſont-ils plus longs les uns que les autres. Les Aſtronomes, pour obvier à cet inconvénient, ont inventé un mouvement *moyen*. Ils imaginent pour cela, *dit M. Maraldi*, comme un ſecond ſoleil, lequel commençant & finiſſant l'année avec le vrai Soleil, & faiſant le même nombre de révolutions que lui, iroit d'un mouvement toujours égal, c'eſt-à-dire, parcourroit chaque jour d'Occident en Orient dans un cercle paralléle à l'équateur 59 minutes 8 ſecondes. Ce ſecond ſoleil nous donneroit des jours aſtronomiques de 24 heures chacun ; & voilà ce que les Aſtronomes appellent *tems moyen*, ou *jour moyen*, ou *jour de* 24 heures précifes. *Le jour aftronomique* ou le *tems vrai* eft quelquefois plus long que le *jour moyen* de 30 fecondes, quelquefois il eft plus court de 14 fecondes. On trouve dans la plûpart des Livres d'Aftronomie des tables pour réduire le *tems moyen* au *tems vrai*. Nous fuppofons que ceux qui ont voulu comprendre cet article, fe font auparavant formé une idée nette de la fphére & du fyftême de Copernic.

TEMS APPARENT. Le tems apparent & le tems vrai fignifient la même chofe en Aftronomie.

TENDON. Les Anatomiftes donnent le nom de *tendons* à la *tête* & à la *queue* des mufcles ; ils ont coutume de les comparer à des efpéces de cordes qui tiennent les mufcles en raifon.

TERRE. La Terre, confidérée comme une planete placée entre Mars & Vénus, préfente des phénoménes dont nous avons rendu compte en expliquant l'hypothéfe *de Copernic*; aufli nous bornerons-nous dans cet article à déterminer quelle eft fa figure. Pour le faire avec ordre, nous poferons auparavant quelques axiomes.

Premier Axiome. La force centripéte & la force centrifuge font deux forces directement oppofées ; l'augmentation de celle-ci annonce toujours la diminution de celle-là.

Second Axiome. La terre a un mouvement diurne fur fon axe ; c'eft ce mouvement qui communique à toutes les parties qui la compofent une vraie force centrifuge.

Troifième Axiome. Les parties qui compofent l'équateur terreftre ont plus de force centrifuge que celles qui compofent les tropiques ; pourquoi ? parce que les molécules qui compofent l'équateur terreftre parcourent tous les jours un plus grand cercle, que les molécules qui fe trouvent dans quelqu'un des tropiques. Ce que nous avons dit de l'équateur terreftre par rapport aux tropiques, nous devons le dire des tropiques par rapport aux cercles polaires.

Quatrième Axiome. Les molécules qui forment l'équateur terreftre ont moins de force centripéte, & par conféquent moins de gravité que les molécules qui forment les tropiques. De ces principes, Nevvton conclut que la terre doit être un fphéroïde élevé vers fon équateur C O, & applati vers fes poles F f, *Fig.* 21, *Pl.* 1, voici comment il raifonne.

Repréfentez-vous la terre créée dans un état, non pas
de

de fluidité , mais de molleſſe qui ait permis à ſes particules de s'arranger en vertu de leur péſanteur autour de leur centre commun T. Qu'a-t-il dû néceſſairement arriver ? Cette terre ſuppoſée immobile a d'abord pris la forme d'une ſphére parfaite.

Repréſentez-vous enſuite cette même terre recevant un mouvement ſur ſon axe , comme en effet elle l'a reçu ; alors les particules qui compoſent l'équateur terreſtre auront eu plus de force centrifuge , que les particules placées près des poles ; celles-là ſe feront donc plus éloignées du centre T , que celles-ci , & le globe terreſtre , au lieu de repréſenter une ſphére parfaite , aura pris la figure d'un ſphéroïde élevé vers ſon équateur & applati vers ſes poles.

M. l'Abbé Nollet accoutumé à parler aux yeux , rend ſenſible ce point de Phyſique par l'expérience ſuivante ; voici comment il parle dans le tome 2. de ſes Leçons Phyſiques ; page 152. On emplit de paille d'avoine un ſac de cuir de mouton , compoſé de 12 fuſeaux ſemblables aux imprimés dont on couvre les globes qui repréſentent le ciel ou la terre ; cette eſpéce de ſphére flexible eſt garnie à ſes deux poles de deux morceaux de bois percés qui gliſſent ſur un axe de fer quarré , dont les deux extrêmités ſont arrondies comme deux pivots ; on imprime à ce globe un mouvement de rotation ; ce mouvement lui fait perdre en peu de tems la figure ſphérique , pour prendre celle d'un ſphéroïde qui paroît ſenſiblement applati vers les poles & élevé à l'équateur.

Les opérations faites au Nord par Meſſieurs de Maupertuis , Clairaut , le Camus , le Monnier , l'Abbé Outhier & Celſius , & celles qui ont été faites au Pérou par Meſſieurs Bouguer , de la Condamine & Godin concourent à démontrer que la terre n'a pas d'autre figure , que celle que Newton lui a donnée. Si notre globe étoit parfaitement ſphérique , diſoient ces ſçavans Mathématiciens , les degrés du méridien terreſtre ſeroient tous égaux entr'eux , c'eſt-à-dire , dans quelque pays du monde que ſe trouvât un Obſervateur , il devroit faire le même chemin ſur la ſurface de la terre , pour que l'élévation du pole changeât d'un degré par rapport à lui. Si la terre au contraire étoit parfaitement plate ; quelque chemin que fît un Obſervateur ſur le même hémiſphére , l'étoile polaire ne lui paroîtroit ni plus ni moins élevée ; donc s'il nous faut faire plus de chemin du côté des poles , que du côté de l'équateur , pour que l'élévation de l'étoile polaire change d'un degré par rapport à nous, la terre sera applatie vers les poles & élevée vers l'équateur. Munis de ces principes, ces illustres voyageurs partirent pour leur termes respectifs; & après avoir opéré de la manière la plus géométrique, ils convinrent qu'il falloit faire environ mille toises de plus du côté des poles, que du côté de l'équateur, pour que l'élévation de l'étoile polaire changeât d'un degré par rapport à un même Observateur. Voilà ce qu'ils veulent dire, lorsqu'ils assurent que le degré du méridien terrestre est plus grand d'environ mille toises du côté des poles, que du côté de l'équateur. Aussi en concluant que la terre étoit un sphéroïde, ont-ils ajouté que l'axe de la terre F f, ou, le diamètre du méridien étoit sensiblement plus petit que le diamètre de l'équateur C O; ces deux diamètres sont entre eux comme 178 à 179.

Nevvton n'a pas été le premier à soupçonner que le terre n'étoit pas parfaitement sphérique. Le Pere de Chales, Jésuite dans son Monde mathématique, imprimé à Lyon en l'année 1674, fait une remarque dont les modernes n'ont pas sans doute manqué de profiter. Voici ce qu'on lit, *tom.* 1 à la fin de la proposition dix-huitième de la Géographie, *page* 583.

Hæc observationum discrepantia aliquibus fecit suspicionem terram non esse perfectè sphæricam, sed sphæroïdes ellipticum; ità ut versùs polos in minorem circulum abiret. Sed opus esset pluribus observationibus ad id perfuiuendum.

TETE. La tete est la partie supérieure & en même tems la partie principale de tout le corps humain. Elle contient avec le siége de l'ame les organes du sens commun, de l'imagination, de la mémoire, de la vue, de l'ouie, de l'odorat & du gout, comme nous l'avons prouvé en son lieu.

THÉORÉME. Les théorémes sont des vérités purement spéculatives.

THERMOMÉTRE. Le thermométre est un instrument météorologique destiné à nous indiquer les variations qui arrivent dans l'atmosphére par rapoort à la chaleur & au froid. Pour en construire un excellent, prenez un verre dont la boule ait près d'un pouce, & le tube une demi-ligne de diamètre dans toute sa longueur qui est d'un pied. Remplissez de mercure la boule & environ le tiers du tuyau; plongez la boule dans un vase plein de glace pilée bien

menue, & laiffez l'y jufqu'à ce que là liqueur aît reçu tout
le froid qu'elle y peut prendre, c'eft-à-dire, jufqu'à ce
qu'elle ceffe de defcendre dans le tube. Après cette première
opération, tranfportez la boule du thermomètre dans un
vafe rempli d'eau bouillante ; laiffez l'y plongée jufqu'à ce
que là liqueur ceffe de monter ; & lorfque le mercure fera
élevé à cette hauteur, fermez hèrmétiquement l'orifice du
thermométre, de telle forte qu'il n'y ait point d'efpace dans
le tube qui ne foit rempli de mercure. Préparez enfuite une
planche où foit tracée une échelle divifée en deux parties
géométriquement égales. Faites enforte que le point de
l'échelle où l'on a marqué *zéro* correfponde à l'endroit du
tube où la liqueur s'eft fixée, lorfque la boule du thermomètre étoit plongée dans le vafe plein de glace pilée.
Enfin divifez en 80 parties, ou, 80 degrés l'efpace de l'é-
chelle qui marque la différence qu'il y a entre le mercure
plongé dans un vafe rempli de glace pilée, & le mercure
plongé dans un vafe rempli d'eau bouillante, & vous aurez
un thermométre conftruit à la façon de Mr. Réaumur, dont
le mercure s'élevera d'autant plus au-deffus de *zéro*, & defcendra d'autant plus au-deffous de *zéro*, que le tems fera
plus chaud ou plus froid. L'on en apperçoit d'abord la raifon
phyfique ; la chaleur dilate, & le froid condenfe le mercure ; donc le mercure du thermométre doit d'autant plus
monter au-deffus de *zéro*, que le tems eft plus chaud ; &
il doit d'autant plus defcendre au-deffous de *zéro*, que le
tems eft plus froid.

THÉSE On appelle *théfe* une propofition que l'on avance, & que l'on foutient par des preuves qui ne font pas
démonftratives.

TIMPAN. Le timpan eft une membrane dont vous trouverez la defcription dans l'article de l'*oreille*.

TONNERRE. Lorfqu'on dreffe fur les toits d'un édi-
fice affez élevé une tige de fer, ifolée fur un fupport de
réfine ou de verre, & que l'on attend qu'un nuage qui
porte le tonnerre ait paffé par-deffus, la tige de fer s'élec-
trife parfaitement, & donne des bluettes très-fenfibles.
Cette expérience dont Mr. *Franklin* eft l'inventeur, nous
fut annoncée par la Gazette de France du 27e Mai 1752 ;
elle a depuis été répétée par tous les Phyficiens, & tout
le monde convient qu'on ne peut la révoquer en doute,
fans vouloir porter le pirrhonifme à fon dernier période.
Depuis cette fameufe expérience l'on eft forcé de recon-

noître une vraie analogie entre le tonnerre & l'électricité dont nous avons déjà parlé si au long. En effet, seroit-il possible que l'on tirât si facilement des bluettes de cette tige de fer, sans que la matière électrique fut la même que la matière du tonnerre ? Mr. l'Abbé Nollet avoit donc eu raison d'annoncer dans le tome 4. de ses Leçons Physiques, page 314 ; imprimé à Paris en l'année 1748, c'est-à-dire, 4 ans avant l'expérience de Mr. *Franklin*, que l'on seroit enfin forcé d'en venir à l'électricité, pour expliquer le tonnerre d'une manière vraisemblable. Nous nous faisons gloire de penser comme ce grand Physicien, & voici quelle idée nous croyons devoir nous former de ce terrible météore.

1°. La matière propre, & s'il m'est permis de parler ainsi, l'*ame* du tonnerre n'est autre chose que la matière électrique. La preuve est en tirée de l'expérience de Mr. *Franklin*.

2°. La matière électrique est un vrai feu, comme nous l'avons prouvé dans l'article de l'*électricité*.

3°. Le feu électrique est répandu dans toute l'athmosphére terrestre, & il ne se rend jamais plus sensible, que lorsqu'il se joint à des parties inflammables qu'il trouve rassemblées & bien préparées. Il est en cela semblable au feu ordinaire qui ne produit jamais un plus grand embrasement, que lorsqu'il agit sur un bois bien sec & bien disposé.

4°. Il s'éléve du sein de la terre dans la région où se forme le tonnerre, une grande quantité d'exhalaisons sulphureuses, bitumineuses & salines ; ce sont ces exhalaisons que je regarde comme les alimens du feu électrique. Que de pareilles exhalaisons s'élévent du sein de la terre dans la région où se forme le tonnerre, je ne crois pas que l'on puisse le révoquer en doute, puisque les tonnerres ne sont jamais plus fréquens, que dans les pays où la terre produit beaucoup d'exhalaisons de cette espéce, & puisque dans les endroits où le tonnerre est tombé, l'on sent toujours une odeur de soufre & de bitume.

5°. Parmi les nuages les uns sont électriques, & les autres ne le sont pas. Ceux qui contiennent le tonnerre, sont de la premiére espéce. Les vents contraires portent-ils un nuage non électrique contre un nuage électrique ? Ce choc donne une infinité de bluettes ; les matières qui servent d'aliment au feu électrique s'enflamment, & le nuage éclate en foudres & en carreaux. N'en soyons pas surpris ; le globe lui-même de la machine électrique éclate en des millions de piéces, lorsqu'il est trop échauffé. Voilà à peu-près quelle est l'idée que l'on peut se former du tonnerre ; elle me paroît plus conforme aux loix de la saine Physique, que toutes celles qu'on s'en étoit formé, en suivant les principes Cartésiens.

Concluons de-là que les éclairs ne sont autre chose qu'une infinité de bluettes qui sortent des nuages électrisés.

Concluons encore que le bruit du tonnerre ne vient que de la rupture du nuage électrisé.

Concluons enfin que les particules nitreuses, huileuses, sulphureuses & bitumineuses sont moins les causes du tonnerre, que les alimens de la matière électrique. Nous avons remarqué en proposant nos conjectures sur les causes de l'électricité, que la matière électrique se joignoit à des corps hétérogénes pour agir avec plus de force. Les questions suivantes contiendront les principaux effets du tonnerre.

Première Question. Les nuages sont-ils des corps électrisables par frottement, ou par communication ?

Résolution. Les nuages contiennent des parties aqueuses, & des parties sulphureuses, bitumineuses, nitreuses, &c. Celles-ci sont électrisables par frottement, & celles-là par communication.

Seconde Question. Par quel méchanisme les particules sulphureuses, bitumineuses & nitreuses reçoivent-elles les frottemens nécessaires pour passer de l'état de *non électricité* à celui d'*électricité* ?

Résolution. Il arrive très-souvent que des particules sulphureuses, bitumineuses & nitreuses sont élevées dans l'atmosphére terrestre dans un tems où regnent des vents contraires. Ces vents les portent les unes contre les autres ; & ces différens chocs produisent le même effet que produit le frottement sur un globe de verre ou de cire d'Espagne.

Troisième Question. Quels sont les nuages qui portent le tonnerre, & quels sont ceux qui ne le portent pas ?

Résolution. Les seuls nuages qui se trouvent dans l'état actuel d'électricité, portent le tonnerre dans leur sein. Or puisque les seules particules sulphureuses, bitumineuses & nitreuses, élevées dans l'atmosphére en un tems où regnent des vents contraires, peuvent rendre les nuages électriques ; n'avons-nous pas raison de conclure qu'il y a beaucoup de nuages dans le fein defquels ce terrible météore n'eft pas renfermé ?

Quatrième Queftion. Pourquoi avons-nous quelquefois des éclairs fans tonnerre, & quelquefois des tonnerres fans éclairs ?

Réfolution. Lorfque le choc d'un nuage non électrique contre un nuage électrique, ou, d'un nuage moins électrique contre un nuage plus électrique, n'eft pas affez fort pour brifer l'un & l'autre en des millions de parties, alors nous avons des éclairs fans tonnerre ; lorfque cette rupture fe fait, & qu'il fe trouve entre notre œil & les nuages brifés quelqu'autre nuage capable d'abforber la lumière que donnent les bluettes électriques, nous avons des tonnerres fans éclairs.

Cinquième Queftion. Comment peut-on connoître à quelle diftance fe trouvent les nuages électriques.

Réfolution. Le bruit fuit-il immédiatement l'éclair ? Le nuage électrique eft proche ; comptez-vous une *feconde* de tems, ou un battement de pouls entre l'éclair & le bruit ? Le nuage électrique eft à 173 toifes ; en comptez-vous deux ? Il eft à 346 ; en comptez-vous quatre ? Il eft à 692 toifes, &c. Ce calcul eft fondé fur la différence qu'il y a entre le mouvement de la lumière & celui du fon ; celle-là parcourt dans une minute environ 4 millions de lieues, & celui-ci ne parcourt dans le même tems que 10380 toifes. Voyez-en la démonftration dans les articles de la *lumière* & du *fon*.

Sixième Queftion. Le fon des cloches eft-il capable de détourner le nuage qui porte la foudre ?

Réfolution. Ce nuage eft-il encore éloigné ? Le fon des cloches agitant l'air, l'empêchera d'approcher de l'endroit où l'on fonne ; mais fe trouve-t-il par malheur ou, fur le clocher ou près du clocher ? Alors l'agitation de l'air ne fervira qu'à difpofer le nuage électrique à s'ouvrir, & la foudre tombera fur la tête du fonneur peu Phyficien. Nous lifons dans l'hiftoire de l'Académie des Sciences, *année* 1729, *page* 21, que dans la Baffe-Brétagne le 15 Avril 1718 à 4 heures du matin, il fit 3 coups de tonnerre qui tombèrent fur 24 Eglifes fituées entre Landernau & St. Paul de Léon ; c'étoient précifément des Eglifes où l'on fonnoit pour écarter la foudre. Celles où l'on ne fonna pas furent épargnées.

Septième Queftion. Par quel méchanifme certains tonnerres

ont-ils fondu la lame d'une épée, fans en endommager le fourreau ; & certains autres ont-ils brulé le fourreau, fans diffoudre l'épée ?

Réfolution. Le feu électrique des premiers étoit joint à une exhalaifon fort légère, qui n'agiffoit que contre les corps qui n'avoient pas des pores affez ouverts pour lui donner un paffage libre ; le feu électrique des feconds avoit pour aliment une exhalaifon plus groffière, & par-là même auffi incapable de pénétrer à travers les corps dont les pores étoient petits, que propre à altérer ceux dont les pores étoient grands.

Huitième Queftion. Ce qu'on appelle *pierre du tonnerre* a-t-il quelque réalité ?

Réfolution. La pierre du tonnerre n'a jamais exifté que dans l'imagination des Poétes qui, pour donner plus de force à leurs vers, ont repréfenté Jupiter lançant fes foudres, & fes carreaux fur la tête des mortels. L'air eft trop léger, pour pouvoir foutenir un corps auffi pefant que la pierre.

TOURBILLON. Le tourbillon eft formé par une matière mife en mouvement autour d'un centre commun, & compofé de *couches* ou d'enveloppes différentes qui vont toujours en diminuant jufqu'au centre ; la *Fig.* 10. *Pl.* 1. *Tom.* 1. deftinée à donner une idée du fyftême de Copernic, vous préfente un vrai tourbillon circulaire. Pour traiter cette matière avec ordre, nous diviferons les tourbillons en *fimples* & en *compofés.*

TOURBILLONS SIMPLES. Defcartes l'inventeur des *tourbillons fimples* a traité cette queftion fort au long dans la troifiéme partie de fes principes ; nous allons en faire l'abrégé. Cet Auteur, après avoir avoué que ce monde a été fait par le Tout-Puiffant, comme nous l'apprend l'Hiftoire fainte, ajoute qu'il auroit pu être créé avec tout ce que nous voyons, en vertu du mouvement de tourbillon imprimé à la matière; il conclut de-là, que l'on peut rendre raifon de tous les phénoménes de la nature, fi l'on fuppofe le monde foumis aux loix qui régnent dans celui qu'il va nous fabriquer. Suivons notre nouveau Légiflateur dans fa marche.

Il fuppofe 1°. que Dieu crée une certaine quantité de matière & qu'il la divife en parties dures & cubiques, étroitement appliquées l'une contre l'autre, face contre face, de telle forte qu'il ne s'y trouve aucun interftice,

.pas même poſſible ; le vuide dans ſon ſyſtême eſt auſſi impoſſible que la chimére.

2°. Que Dieu communique à ces particules cubiques
deux mouvemens, l'un autour de leur propre centre, l'autre
autour d'un centre commun. Ces deux ſuppoſitions admiſes,
voici comment raiſonne Deſcartes : ces particules primordiales de figure cubique n'ont pu recevoir un pareil mouvement, ſans avoir leurs angles rompus par le frottement,
& ſans être transformés en corps ſphériques. De ces angles
inégalement rompus, eſt ſortie une matière infiniment déliée, qu'il nomme *matière ſubtile*, & qu'il regarde comme
le premier élément, comme l'ame de ſon monde. Les cubes
arrondis & métamorphoſés en petits globes, lui ont fourni
la *matière globuleuſe*, qui va devenir le ſecond élément.
Enfin les piéces les plus groſſières, les éclats les plus maſſifs
des angles rompus, lui ont donné une *matière i. régulière*,
dont il va faire ſon troiſiéme élément. Ces trois élémens
confondus, dit Deſcartes, ne tarderont pas à ſe ſéparer. Le
troiſiéme plus maſſif doit s'éloigner le plus du centre de ſon
mouvement, pour devenir la matière des corps opaques ;
le premier plus délié, doit ſe ranger autour du centre pour
y former un ſoleil ; enfin le ſecond élément ſupérieur en
maſſe au premier, & inférieur au troiſiéme, a dû ſe trouver
au milieu pour nous donner le ſpectacle de la lumière. Telle
.eſt l'idée de Deſcartes. Quelque ingénieuſe qu'elle ſoit,
il n'eſt pas difficile d'en comprendre le romaneſque ; auſſi
Malebranche, Fontenelle, Privat de Molières & pluſieurs
autres Cartéſiens, n'ont-ils pas tardé à corriger ce ſyſtême, & à nous le préſenter ſous une forme capable de faire
illuſion à des perſonnes qui ne ſeroient pas ſur leurs gardes.
Le voici en peu de mots.

TOURBILLONS COMPOSÉS. Les grands tourbillons
qu'admettent les Cartéſiens mitigés, ſont formés de trèspetits tourbillons élaſtiques ; ces petits tourbillons ont deux
mouvement circulaires, l'un autour d'un centre commun,
& l'autre autour de leurs centres particuliers ; c'eſt-là ce
que l'on nomme *tourbillons compoſés*, dont nous allons donner la théorie. Voici quelle eſt à-peu-près l'idée de ceux qui
embraſſent un pareil ſyſtême.

Ils aſſurent 1°. Que tout eſt plein dans le monde ; ils
ne nient pas, il eſt vrai, comme leur chef Deſcartes, la
poſſibilité du vuide, mais ils en nient l'exiſtence.

2°. Que Dieu a créé une matière infiniment déliée &

presque infiniment divisée , à laquelle il a imprimé , & dans laquelle il conserve un mouvement de tourbillon.

3°. Que cette matière subtile ou éthérée , forme un fluide extraordinairement dense , mais dénué de toute gravité.

4°. Que la matière subtile que Dieu a destiné à se mouvoir autour du soleil , s'étend jusqu'à plus de trois cent millions de lieues.

5°. Que le tourbillon solaire représenté par la *Figure* 10. *de la Planche* 1. *Tome* 1. peut être regardé comme un *tout* entièrement fluide , puisqu'il a plus de six cens millions de lieues de diamètre , & qu'il ne contient de corps solides , que quelques *planètes* & quelques *comètes*.

6°. Qu'il faut bien distinguer dans le tourbillon *force centrale* & *force centrifuge* ; les globules qui composent les circonférences des petits cercles d'une sphére mue en tourbillon , ont , *disent-ils* , non-seulement une *force centrifuge* par laquelle ils tendent à s'éloigner de leur centre particulier , mais encore une *force centrale* par laquelle ils tendent à s'éloigner du centre commun de la sphére ; dans le cercle D N M O parallele à l'équateur A R C S *Fig.* 10.° *Pl.* 1. le globule D , *par exemple* , a non-seulement une *force centrifuge* par laquelle il tend à s'éloigner de son centre particulier E , mais il a encore une *force centrale* par laquelle il tend à s'éloigner du centre commun B ; ce globule D , *continue Privat-de-Moliére dans le premier tome de ses leçons physiques* , frappe la superficie de la sphére A P C Q , non pas suivant la direction E D qui est oblique ; mais suivant la direction B D qui est perpendiculaire à cette même superficie , c'est-à-dire , le globule D frappe la superficie de la sphére A P C Q suivant la direction de sa force centrale , & non pas suivant la direction de sa force centrifuge. Ainsi quoique le globule D placé dans le tropique D N M O , ait plus de force centrifuge que le globule A placé dans l'équateur A R C S , ces deux globules cependant ont une égale force centrale , & le tourbillon sphérique A P C Q se défend autant du côté des poles P & Q , que du côté de l'équateur A R C S.

7°. Que dans un tourbillon sphérique le globule I placé à 1 pied du centre de la sphére aura une force centrale quadruple de celle qu'il auroit eu, s'il en avoit été éloigné de deux pieds , & ils concluent de là que les forces centrales sont en raison inverse des quarrés des distances ; les preuves qu'en apporte Privat de Moliére font tout-à-fait ingénieufes ; elles font tirées d'une fuppofition & d'une équation algébrique des plus fimples.

8°. Que dans un tourbillon fphérique le globule I placé à 1 pied du centre de la fphére , aura une viteffe double de celle qu'il auroit eu , s'il en avoit été éloigné de 4 pieds ; & ils concluent de là que les viteffes font en raifon inverfe des racines quarrées des diftances.

9°. Que les grands tourbillons , *par exemple* , le tourbillon folaire eft compofé , non pas de globules durs, mais de très-petits tourbillons élaftiques, qui tournent, non-feulement autour du Soleil, mais encore autour de leurs centres particuliers.

10°. Que dans les grands tourbillons compofés de petits tourbillons , la force centrale avec laquelle chaque point tend à s'éloigner du centre de la fphére , eft double de celle qu'il auroit eu , fi ces grands tourbillons avoient été compofés de globules durs.

11°. Que fi l'on jette dans la matiere éthérée , un corps dur ; quoique ce corps tourbillonne autour de la Terre , il n'aura que la moitié de la force centrale d'un égal volume d'éther ; ce corps dur fera donc pouffé vers le centre de la Terre par l'éther qui , en vertu de fa force centrale double , tendra à la circonférence du tourbillon. Voilà , *difent les Cartéfiens* , la caufe phyfique de la pefanteur des corps que l'on nomme *graves*.

Cette pefanteur doit être en raifon inverfe des quarrés des diftances , puifque la force centrale de l'éther qui en eft la caufe , eft en raifon inverfe des quarrés des diftances. Tel eft en peu de mots le Cartéfianifme corrigé ; les réflexions que j'ai à faire fur un pareil fyftême feront renfermées dans les queftions fuivantes.

Je demande 1°. fi l'imagination a moins eu de part à la fabrique des tourbillons compofés , qu'à celle des tourbillons fimples.

2°. Par quel méchanifme les tourbillons compofés , ont pu être métamorphofés de circulaires en elliptiques , fans perdre leur équilibre.

3°. Pourquoi les planétes qui font des corps durs , jettés dans la matiere éthérée , ne font pas précipitées dans le fein du Soleil , à peu-près comme une pierre eft pouffée par l'éther fur la furface de la Terre.

4°. Comment les tourbillons peuvent faire tourner les planétes fur leur centre.

5°. Comment les tourbillons peuvent faire que Saturne parvienne à son aphélie plutôt & Jupiter plus tard qu'ils ne devroient y parvenir.

6°. Pourquoi dans ces tourbillons non-résistans, l'axe de la Terre ne garde pas un parfait parallélisme.

7°. Sur quel, fondement les Cartésiens avancent que la matiere éthérée n'a point de pesanteur.

8°. Comment une matiere qui n'a point de pesanteur & qui par conséquent n'a point de force centripéte, peut être mue elliptiquement ou même circulairement.

9°. Comment avec les tourbillons, l'on peut expliquer tous les phénoménes du flux & du reflux.

10°. Comment les cométes peuvent déplacer, toutes les fois qu'elles parcourent la longueur de leur axe, une quantité de matiere éthérée égale à leur masse, sans lui communiquer aucune partie de leur mouvement.

11°. S'il n'y a pas des cométes qui se meuvent périodiquement d'Orient en Occident, & si le tourbillon solaire ne se meut pas d'Occident en Orient.

12°. Comment ces cométes peuvent demeurer les mois entiers dans le tourbillon solaire, sans se précipiter dans le sein du Soleil. Lorsque les Cartésiens nous auront expliqué d'une maniere aussi physique & aussi méchanique que les Newtoniens ces 12 phénoménes, nous examinerons alors lequel des deux systêmes mérite la préférence.

TRACHÉE-ARTÉRE. C'est un canal antérieur qui descend dans la poitrine. Nous en avons parlé dans les articles de la *Respiration* & du *Son articulé*.

TRANSPARENT. On nomme *corps transparents*, ceux dont les pores droits, nombreux & disposés en tout sens, donnent passage à la lumiere. Cherchez *Diaphane*.

TREMBLEMENS DE TERRE. La nature présente de tems en tems les phénoménes les plus terribles. Le vulgaire étonné se contente de craindre & de pâlir ; il laisse aux Physiciens attentifs le soin d'en chercher les causes, & d'examiner par quels ressorts secrets tant de prodiges peuvent s'opérer. L'accident funeste qui renversa il y a quelques années une des plus fameuses villes du monde, ouvrit à leurs recherches un champ des plus vastes, & m'engagea à faire part au Public dans une des premieres villes (*a*) de ce Royaume, de quelques idées

(*a*) Aix en Provence.

qui fe préfenterent à mon efprit fur un fujet fi frappant : voici en deux mots quelles furent mes conjectures.

1°. Il y a une parfaite analogie entre les tonnerres & les tremblemens de terre.

2°. L'on peut par le moyen de cette analogie expliquer d'une maniere phyfique non-feulement le renverfement de Lisbonne, mais encore tout ce qu'on regarde comme les effets de ce terrible phénoméne. C'eft là tout le plan de cette courte differtation.

Il n'en eft pas des tremblemens de terre, comme de la fameufe *dent d'or*, & de tant d'autres queftions de Phyfique qui n'ont d'exiftence & de réalité, que dans l'imagination de quelques Auteurs ; il n'eft prefque point de fiécle où il ne foit arrivé quelque tremblement de terre. Platon, Ariftote, Pline & plufieurs anciens Ecrivains nous ont laiffé la defcription de ceux dont ils ont été les témoins. Avouons-le cependant, il eft peu de fiécles auffi féconds que le nôtre en pareils phénoménes ; les années (*a*) 1702, (*b*) 1721, (*c*) 1726, & (*d*) 1730, nous en fourniffent de toutes les efpèces dans les différentes parties du monde ; enfin le 1 Novembre 1755 fera à jamais mémorable dans l'Hiftoire par un tremblement de terre que l'on foupçonne avec raifon avoir été prefque général, & qui a porté le trouble & la défolation dans plufieurs villes de l'Europe. L'on fçait en effet que Cadix fut ébranlé jufques dans fes fondemens ; que Seville fut agitée par les fecouffes les plus violentes ; qu'Arcas fut détruit, & qu'une des plus grandes & des plus riches villes du monde fut prefque entierement renverfée ; les tremblemens de terre font donc des faits bien conftatés, & rien n'eft plus utile à la fociété que d'en découvrir les caufes ; peut-être, lorfqu'on les connoîtra, pourra-t-on trouver le moyen de prévenir ces funeftes accidens ? Et d'abord y a-t-il quelque analogie entre les tonnerres & les tremblemens de terre ? Je ne crois pas que l'on puiffe raifonnablement en douter ; je fuis perfuadé qu'il fe forme dans les entrailles de la terre des météores à peu-près femblables à nos tonnerres ordinaires, & je trouve une fi grande reffemblance entre les

(*a*) En Italie.
(*b*) A Tauris.
(*c*) A Palerme.
(*d*) A Péking.

uns & les autres, que je ferois prefque tenté de divifer le tonnerre en célefte & en terreftre ; je ne fuis pas
l'inventeur d'une fi heureufe conjecture ; Pline pour expliquer comment dans la violence d'un tremblement de
terre, deux montagnes fituées aux environs de Rome ont
pu s'entrechoquer plufieurs fois avec un grand fracas, &
comment du milieu de ces montagnes il a pu fortir des
tourbillons de flamme & de fumée, Pline, dis-je, n'a
pas craint de comparer les tremblemens de terre avec
les tonnerres ordinaires. Je vais donc développer la penfée de cet Auteur, & prouver que les tonnerres & les
tremblemens de terre font produits par les mêmes caufes ; ce qui m'engage à avancer cette efpèce de paradoxe,
c'eft que les effets que produifent l'un & l'autre météore,
font précifément les mêmes ; en voici la preuve.

Exciter une flamme très-vive & très-brillante ; caufer
un bruit très-confidérable ; brifer, renverfer tout ce qui
fait obftacle, & répandre dans fon chemin une horrible
puanteur ; voilà les effets ordinaires du tonnerre, & voilà,
comme j'efpére de le prouver, les effets ordinaires des
tremblemens de terre.

Que les effets des tonnerres confidérables fe réduifent
aux quatre que je viens d'indiquer, l'expérience nous
l'apprend tous les jours ; fi quelqu'un cependant paroiffoit
en douter, je lui rapporterois un fait des mieux atteftés ;
je l'ai lû dans une lettre écrite au Sécretaire de l'Académie Royale de Bourdeaux ; on la trouve imprimée à la
fin d'une excellente differtation fur le tonnerre compofée
par le P. Lozerand du Fefc de la Compagnie de JESUS,
laquelle remporta le prix par le jugement de la même
Académie en l'année 1726 ; voici le fait en deux mots.
Un Obfervateur des plus clairvoyans fe trouva fur la montagne du Cantal ; il apperçut vers le milieu de la montagne un brouillard qui couvroit tout le vallon ; il entra
dans la nuée, & il y vit quantité de corps globuleux qui
voltigeoient les uns d'un côté, les autres de l'autre ; un
de ces globes dont le diamétre pouvoit avoir deux pieds,
s'ouvrit : il excita d'abord une grande lumiere ; il caufa
enfuite un bruit épouvantable, il infecta l'air affez au
loin, & il renverfa ou il brula tous les endroits où il
tomba. Voilà fans doute les 4 effets du tonnerre bien
marqués : il faut maintenant pour établir notre analogie, rapporter quelques tremblemens de terre qui nous

préfentent ces quatre effets d'une maniere auffi fenfible.
Je ne fuis pas dans l'embarras. Le tremblement de terre
qui arriva à Palerme le 1 Septembre de l'année 1726,
va me fervir de preuve ; on entendit d'abord un bruit
épouvantable qui dura près d'un quart d'heure dans un
tems où il n'y avoit ni vent ni nuage; on vit enfuite
deux colonnes de feu fortir de la terre & aller s'enfoncer dans la mer ; on éprouva enfin un tremblement qui
dura 5 à 6 minutes & qui renverfa une partie des maifons de Palerme. Mais pourquoi aller chercher des exemples fi loin ? Les Nouvelles publiques ne nous ont-elles
pas appris que , fi une partie de Lisbonne a été renverfée par le tremblement de terre , l'autre partie a été
bien endommagée par le feu que l'on a vu fortir des
entrailles de la terre qui ne s'eft ouverte qu'avec un bruit
& un fracas horrible. Ces mêmes nouvelles ne nous ont-
elles pas encore appris que dans l'endroit où exiftoit auparavant Lisbonne , l'on humoit un air infecté de particules nitreufes , fulphureufes & bitumineufes ; ce qui fans
doute a été une des caufes de la maladie épidémique qui
a prefque autant fait de ravage à Lisbonne que le tremblement de terre du 1 Novembre ? Ce n'eft pas la premiere fois que les tremblemens de terre ont eu un pareil effet. Denis d'Halicarnaffe en rapporte un qui infecta tellement l'air , qu'il fut fuivi d'une efpèce de pefte
dans laquelle périt un grand nombre d'hommes & d'animaux. Le tremblement de terre qu'éprouva la Chine le
30 Septembre de l'année 1730 , eut un effet auffi fenfible. A 4 lieues au Nord de Peking la terre s'ouvrit , &
de cette ouverture il en fortit une fumée , ou pour mieux
dire , un brouillard infect. Cet ouverture ne s'eft pas fermée ; elle fut long-tems couverte d'une eau noire en
quelques endroits , jaunâtre en d'autres , & ailleurs noire
& rougeâtre. Après une pareille preuve , je ne crois pas
que l'on puiffe raifonnablement douter que les tonnerres
& les tremblemens de terre n'ayent les mêmes effets ;
fi ces deux phénoménes ont précifément les mêmes effets ,
n'ai-je pas lieu de conclure qu'il fe trouve entr'eux une
parfaite analogie ? Rappellons-nous donc les caufes du premier rapportées affez au long dans l'article du *Tonnerre,*
& voyons fi par les mêmes principes nous pourrons expliquer les tremblemens de terre d'une maniere vraifemblable. Mais pour mettre de l'ordre & de la clarté dans

ce que j'ai à dire , je vais établir auparavant quelques principes ; je les réduis à trois.

1°. La matiere électrique , cause féconde des phénoménes les plus surprenans , est répandue par-tout ; toujours disposée à se mouvoir & à mettre en mouvement les autres corps , elle est regardée avec plus de raison que la matiere subtile de Descartes , comme l'ame de ce monde. Aussi pouvons-nous assurer sans craindre de nous tromper , qu'il y a dans le sein de la terre une grande quantité de matiere électrique.

2°. La matiere électrique a pour alimens le nitre , le sel , le soufre & le bitume , qui sont dans les entrailles de la terre. Trouve-t-elle une certaine quantité de matieres combustibles bien disposée ? elle l'enflamme , à peu-près comme une bougie allumée enflamme un bois bien sec & bien préparé.

3°. Il y a dans le sein de la terre des cavités remplies en partie d'eau ou de vapeurs , & en partie d'air ; ce sont ces cavités que l'on peut appeller les réservoirs de la terre. Ces principes une fois établis , voici comment j'explique les tremblemens de terre.

Représentez-vous un pays dans l'intérieur duquel sont creusées des cavités immenses ; allumez au fond de ces cavités par le moyen de la matiere électrique que le mouvement rotation de la terre, joint à tant de causes accidentelles & passagéres qui se trouvent dans le sein de notre globe , est capable d'agiter d'une maniere très-violente ; allumez, dis-je , au fond de ces cavités des feux effroyables dont le soufre & le bitume soient l'aliment ordinaire ; placez par-dessus ces feux, des réservoirs spacieux dans lesquels soit renfermée une grande quantité d'eau ou de vapeurs, & remplissez d'air tout l'espace libre qu'il peut y avoir jusqu'à la superficie concave de ces cavernes souterraines ; il est évident que ces réservoirs intérieurs seront comme autant de chaudières ausquelles les feux souterrains serviront de fournaises. Cela supposé , voici comment je raisonne : l'eau & l'air échauffés par des feux très-violens doivent nécessairement se raréfier ; ces deux élémens raréfiés employent toutes leurs forces pour pouvoir occuper un plus grand espace ; leurs forces proportionnées à celles du feu qui les dilate & du ressort dont ils sont doués , sont presque infinies : ils employent donc des forces presque infinies pour se faire une issue & pour sortir de leurs an-

tres; eſt-il étonnant que la terre tremble, qu'elle s'entr'ouvre, & qu'elle vomiſſe de ſon ſein, des feux & des
flammes dévorantes. Telles ſont vraiſemblablement les
cauſes phyſiques qui ont occaſionné le tremblement de
terre de Lisbonne.

Il eſt facile d'entrer dans tout ce méchaniſme, me dira-t-on; mais ſi ces gouffres entr'ouverts viennent à ſe
refermer, qu'arrivera-t-il? les cavités ſouterraines ſe
rempliront encore, & le même jeu recommencera quelques années après; l'hiſtoire de Lisbonne nous en fournit
des preuves bien ſenſibles; auſſi vaudroit-il mieux que
ces gouffres ſe changeaſſent en autant de volcans; &
Lisbonne exiſteroit encore, s'il y avoit eu auprès de
cette ville infortunée quelque montagne ſemblable au
Mont-Véſuve ou au Mont-Etna. C'eſt pour cela ſans
doute que quelques Phyſiciens comparent ces pays ſous
leſquels agiſſent les feux ſouterrains, à ces remparts ſous
leſquels on a fait travailler les Mineurs; la mine eſt-
elle-éventée? la poudre allumée s'exhale par l'iſſue qu'elle
trouve libre; la mine au contraire eſt-elle bien fermée?
elle fait voler au loin les fortifications dont l'intrepide
ennemi vouloit ſe rendre maitre.

De tout cela, concluons d'abord que la mine qui a
joué ſous la Capitale du Portugal, a dû avoir une grande force, puiſque on en a reſſenti les effets dans preſque toute l'Europe. Un pareil phénoméne a été comme
néceſſaire; les parties qui compoſent le globe que nous
habitons, ſont aſſez étroitement unies les unes avec les
autres, pour que l'Europe entière ait dû ſe reſſentir du
bouleverſement de Lisbonne. D'ailleurs un vrai Phyſicien
ne doit pas regarder comme impoſſible un tremblement
de terre général; la terre n'a pas trois mille lieues de
diamétre; il pourroit donc y avoir dans ſon ſein une
caverne aſſez grande, pour renfermer des cauſes capables
d'imprimer une ſecouſſe ſenſible à tout notre globe.

Il ſe préſente d'abord une difficulté qu'il eſt néceſſaire
d'éclaircir : la voici. Si les tremblemens de terre dépendent
d'une caverne ſouterraine qui contienne les cauſes phyſiques que nous venons d'aſſigner, comment peut-il ſe faire,
dira-t-on, que deux villes aſſez éloignées l'une de l'autre
ſoient ébranlées, ſans que les endroits intermédiaires ſoient
agités d'une maniere auſſi violente; ce fut là cependant ce
qui arriva lors du dernier tremblement de terre. En effet

combien

combien de bourgs & de villages fitués entre Lisbonne &
Séville ne furent pas auffi maltraités que ces deux villes ?

Quelque forte que paroiffe cette difficulté, elle n'eft
pas infoluble dans le fyftême que nous propofons ; plufieurs cavernes fouterraines communiquant par des veines
remplies de foufre, peuvent être regardées comme une
feule caverne ; imaginez-vous donc qu'une de ces cavernes
fe trouvoit fous Lisbonne, & l'autre aux environs de Séville ; ces deux villes ont dû être violemment agitées, fans
que les endroits intermédiaires ayent reffenti des fecouffes auffi facheufes.

L'on pourroit encore dire, en ne mettant qu'une feule
caverne, que les feux fouterrains fe font fait plus facilement une iffue à travers les endroits intermédiaires ,
parce que la terre n'étoit pas fi ferme & fi compacte. Ces
deux explications paroiffent très-phyfiques ; elles fuivent
comme naturellement du fyftême que nous propofons ;
les 4 effets ordinaires des tremblemens de terre confidérables, ne nous couteront pas plus à expliquer. En
effet les feux enflammés doivent 1°. en fortant du fein
de la terre, exciter dans l'athmofphére une flamme très-
vive & très-brillante. 2°. Ces mêmes feux joints aux vapeurs & aux exhalaifons qui s'échappent avec violence par
les ouvertures qu'elles fe font pratiquées, doivent com-
primer fortement l'air extérieur ; l'air extérieur comprimé doit par fon reffort fe remettre dans fon premier état,
& c'eft en s'y remettant qu'il caufe ces bruits effroyables
qui font un effet néceffaire des grands tremblemens de
terre ; quelquefois même, avant que la terre s'ouvre,
l'on entend un bruit femblable à un vrai mugiffement ; je
l'attribuerois volontiers à l'air qui fait une infinité de tours,
avant que de fortir de la terre par des ouvertures affez peu
confidérables qu'il trouve pratiquées fur fa furface ; ce
qui m'engage à faire cette conjecture, c'eft que le fon de
l'inftrument de mufique que l'on nomme le *ferpent*, ne différe guères du mugiffement des animaux, parce que l'air
n'en fort qu'après avoir fait une infinité de tours & de détours. 3°. Les grands tremblemens de terre renverfent
communément les édifices, parce que les violentes fecouffes qu'ils leur donnent les font pencher tantôt d'un côté
tantôt d'un autre, & font caufe par-là même que leur
centre de gravité ne correfpond plus à leur bafe. 4°. Les
grands tremblemens de terre infectent l'air, parce qu'il

fort du fein de notre globe , des exhalaifons très-propres à caufer un pareil effet. Telles font les fuites ordinaires des grands tremblemens de terre ; mais il eft certains effets qui , pour être moins communs , n'en font pas moins réels ; leur explication phyfique fuivra naturellement de notre fyftême.

Cherche-t-on , *par exemple* , pourquoi les pays maritimes & les pays montagneux font plus fujets que les autres aux tremblemens de terre ? La raifon en eft évidente ; la mer doit fournir aux feux fouterrains beaucoup de matières combuftibles , tels que font le foufre , le bitume , &c ; fous les montagnes fe trouvent communément des cavernes propres à contenir les caufes phyfiques des tremblemens de terre ; donc les pays maritimes & les pays montagneux doivent être plus fujets que les autres à ces accidens funeftes.

Cherche-t-on encore comment les tremblemens de terre ont donné naiffance à de nouvelles ifles ? L'on peut répondre que les feux intérieurs dilatant l'air & les vapeurs fouterraines , ont élevé le fond de la mer ; & ce fond eft devenu une ifle , lorfqu'il a été plus élevé que la furface des eaux ; l'on a vu plus d'une fois un pareil phénoméne dans l'Archipel & dans l'océan atlantique.

Cherche-t-on enfin pourquoi l'on remarqua dans les eaux de la mer , le jour même du tremblement de terre de Lisbonne , un bouillonnement & une agitation extraordinaire ? l'on peut dire que les tremblemens de terre foulevérent le fond & par conféquent les eaux de la mer & des rivières ; l'on vit autrefois dans une pareille occafion le lit du Tage à fec , & fes eaux répandues dans les campagnes voifines ; & Cadix , le jour même du renverfement de Lifbonne , fut fur le point d'être fubmergé par les flots impétueux qui vinrent fe brifer contre fes murailles. Ce qu'il y a de fûr , c'eft que nous n'avons eu jufqu'à préfent aucun tremblement de terre confidérable qui n'ait agité les flots de la mer , & qui n'ait été fuivi de l'inondation des rivières ; auffi quelques Phyficiens conjecturent-ils que l'inondation qui défola plufieurs Provinces fur la fin de l'année 1755 , fut un effet du tremblement de terre de Lisbonne.

De tout ce que j'ai dit jufqu'à préfent je conclus qu'il y a une vraie analogie entre le tonnerre & les tremblemens de terre ; demande-t-on maintenant s'il ne fe paffe rien dans l'athmofphére que l'on puiffe regarder comme l'effet de ces

terribles fecouſſes ! je répons à une pareille queſtion que
pendant & après les tremblemens de terre conſidérables,
l'on voit certains phénoménes que l'on doit regarder comme les effets de ces funeſtes accidens, & qui méritent toute l'attention des Phyſiciens ; *par exemple*, lorſque la terre
eſt fecouée d'une manière violente, il fe fait une ouverture fur ſa furface ; de cette ouverture il ſort non-ſeulement des feux & des exhalaiſons comme nous l'avons déja
remarqué ; mais encore ces feux & ces exhalaiſons excitent
preſque toujours un vent aſſez violent. Je profeſſois la Philoſophie à Aix en Provence lors du tremblement de terre
qui y arriva le trois Juillet de l'année 1756 ſur les
deux heures après minuit, & qui dura cinq à ſix fecondes, voici ce que me raconta une perſonne digne de foi.
» Je me promenois encore au cours, l'air étoit fort cal-
» me, les étoiles brilloient de la lumiere la plus vive,
» & il n'y avoit rien dans l'athmoſphére qui eût aucune
» rélation avec les cauſes ou les effets des tremblemens
» de terre, lorſque je m'apperçus que je chancelois ſur
» mes pieds ; je m'appuyai contre un des arbres du cours,
» & j'entendis tout-à-coup un bruit à peu près ſemblable
» à celui que feroit une maiſon qui s'écrouleroit à deux
» pas de moi ; je vis enſuite briller dans les airs com-
» me deux globes de feu dont la lumiere ſe diſſipa bien-
» tôt ; je m'apperçus enfin qu'il s'élevoit un vent très-
» conſidérable qui dura toute la journée ; j'étois preſ-
» que ſeul au cours lorſque l'accident arriva ; la pro-
» menade fut bientôt remplie de monde ; la plûpart
». n'étoient encore qu'à demi-habillés dans la crainte où
». l'on étoit que la Capitale de la Provence n'eût le
» ſort de la Capitale du Portugal. »

Demande-t-on encore ſi l'on ne pourroit pas caraflé-
riſer les ſignes qui précédent les tremblemens de terre,
de façon à prévoir leur arrivée. Pour ſatisfaire à cette
importante queſtion, j'avertis d'abord qu'il feroit très-
imprudent de faire grand fond ſur tout ce que débi-
tent à cette occaſion quelques Phyſiciens ; nous liſons,
par exemple, dans le Journal des ſçavants pag. 200,
année 1682, que lorſque les oiſeaux & les autres animaux demeurent comme étonnés & ſtupides ; c'eſt-là un
préſage de quelque tremblement de terre ; ce ſentiment
eſt appuyé ſur une hiſtoire arrivée à Dijon la veille du
tremblement de terre du 12 Mai de l'année 1682 ; l'on

affure que le 11 , les bergers dans la campagne aux environs de la Ville ne purent jamais arrêter leurs troupeaux , ni les empêcher de gagner leurs étables dès le 4 heures du foir , quoique dans ce tems-là ils ne fe retirent qu'au foleil couchant. Je ne crois pas que l'on trouve beaucoup de Phyficiens empreffés d'adopter un pareil préfage. Je ne voudrois pas cependant avancer qu'il n'eft aucun figne que l'on puiffe regarder comme un préfage d'un prochain tremblement de terre ; *par exemple* , lorfque l'on entend un efpèce de mugiffement dans le fein de la terre ; de même lorfque l'on voit dans un tems ferein les eaux s'agiter & s'élever ; ou bien , lorfqu'on les voit fe troubler & devenir bourbeufes , l'on a raifon de craindre quelque tremblement de terre ; comme les eaux réfiftent moins que la terre , il eft naturel d'appercevoir plûtôt l'action des feux fouterrains fur celles-là que fur celle-ci. Les nouvelles publiques nous ont appris combien blanchâtres & bourbeufes étoient devenues les eaux les plus claires de plufieurs fontaines de ce Royaume le jour que Lisbonne fut renverfé.

Demande-t-on enfin fi la Phyfique ne pourroit pas nous fournir quelques moyens efficaces pour prévenir ces funeftes accidents , & fi les puits profonds & nombreux, creufés par l'avis des Phyficiens à Tauris en Perfe , ont véritablement contribué à rendre les tremblemens de terre moins fréquents & moins terribles en cette contrée ? Comme le bien commun doit nous porter à examiner avec foin une pareille queftion, je remarque 1°. que l'unique moyen que l'on puiffe prendre pour prévenir les ravages que caufent les tremblemens de terre , eft celui que l'on prend communément , lorfque l'on veut empêcher qu'une mine bien chargée n'ait fon effet ; il faut d'abord deviner où fe trouve la caverne fouterraine ; il faut enfuite calculer à quelle diftance elle eft de la furface de la terre ; il faut enfin creufer jufqu'à ce qu'on l'ait éventée, & alors on fera fûr d'avoir délivré le pays d'un fleau fi funefte. Je remarque 2°. que le confeil que l'on a donné aux habitans de Tauris , eft dans la théorie très-conforme aux loix de la faine Phyfique ; mais l'eft-il dans la pratique ? C'eft ce que je ne faurois affurer ; il faudroit pour cela qu'après le fameux tremblement de terre qui arriva dans cette Ville le 26 Avril de l'année 1721 , l'on eut calculé à quelle profondeur fe trouvoit la caverne fouterraine ; alors l'on auroit été fûr que les puits qu'on a creufés ne font pas inutiles. Pour moi fi

je me trouvois jamais dans ce pays-là, & que je fuffe témoin
d'un pareil phénoméne, j'examinerois fur-tout fi la caverne
ne feroit pas fous quelqu'une des montagnes qui bornent la
plaine où Tauris eft bâti ; & ce feroit au pied de cette
montagne que je ferois creufer des puits ; je pouffcrois
même mes obfervations jufques au Mont Taurus ; & quelque éloigné qu'il foit de Tauris , je ferois faire plufieurs
puits au pied de cette chaîne de montagne ; peut-être de
pareils ouvrages garantiroient-ils pour toujours la Perfe des
tremblemens de terre. Je remarque 3°. que quoique Tauris
n'ait éprouvé aucune fecouffe violente depuis l'année 1721 ,
l'on ne peut pas affurer que les puits que l'on a creufé , l'en
ayent garantie ; il faut bien des années, avant que la mine
fouterraine foit de nouveau en état de jouer , & il fe paffe
communément au moins un fiécle entre deux grands tremblemens de terre. J'avoue cependant que la précaution que
l'on à prife à Tauris me plait infiniment ; auffi fuis-je perfuadé que ceux qui rebâtiffent Lisbonne, ne feroient pas
mal de creufer des puits aux pieds des 7 montagnes fur lefquelles cette Ville eft bâtie ; il faudroit faire ces puits fort
larges & fort profonds ; ceux avec lefquels on évente les
mines font le tiers auffi grands qu'elles : les habitans de
Lisbonne ne fauroient prendre trop de précautions , pour
prévenir un malheur femblable à celui qui leur arriva le 1
Novembre de l'année 1755.

Ces trois remarques me conduifent naturellement à la
folution de deux problêmes très-intéreffants ; le premier
confifte à deviner où fe trouve la caverne fouterraine qui a
occafionné un tremblement de terre ; le fecond confifte à
calculer à quelle diftance de la furface de la terre fe trouve
cette caverne. Le premier problême ne coute prefque rien
à réfoudre ; il eft probable que la caverne correfpond à
l'endroit qui a été le plus endommagé par les fecouffes. Il
n'en eft pas ainfi du fecond; il eft phyfiquement impoffible
de déterminer exactement quelle eft la diftance qui fe trouve
entre la furface de la terre & la caverne fouterraine , les
à-peu-près doivent nous fuffire ; & dans une matière auffi
obfcure l'on doit fe contenter des conjectures qui n'ont rien
de contraire aux loix de la faine Phyfique. En voici une qui
paroît au moins vraifemblable.

Nous lifons dans les Mémoires de l'Académie des Sciences de l'année 1700 pag. 131. de l'édition in-12 que Mr.
Lemery fit un mêlange de parties égales de limaiile de fer

& de foufre pulvérifé ; il réduifit le mélange en pâte aveé
de l'eau ; il en mit 50 livres dans un pot qu'il enfonça
dans la terre à la hauteur d'environ un pied ; & il apperçut
8 à 9 heures après, que la terre fe gonfloit, s'échauffoit,
fe crevaffoit, & qu'il en fortit non-feulement des vapeurs
fulfureufes & chaudes, mais encore des flammes qui élargi-
rent les ouvertures. M. Lemery remarque que l'on auroit
pu enfoncer d'avantage le pot dans la terre, mais qu'il y
auroit eu à craindre que la matière ne fe fut pas allumée faute
d'air. Ce grand Phyficien auroit pu encore ajouter, que,
quand même la matière fe feroit allumée, le ravage qu'elle
auroit caufé, auroit été moins grand. En effet, plus les
feux fouterrains font enfoncés dans la terre, & plus la maffe
qu'ils ont à foulever eft confidérable ; plus la maffe qu'ils
ont à foulever eft confidérable, & plus ils perdent de
leurs forces ; plus ils perdent de leurs forces & moins ils
occafionnent de ravage ; donc le ravage que fait un tremblement de terre eft en raifon inverfe de la diftance qui fe
trouve entre la caverne fouterraine & la furface de la terre ;
donc plus le tremblement de terre a été confidérable, &
moins profondément il faut creufer dans la terre pour éven-
ter la mine. Telles font mes conjectures fur les caufes Phyfiques des tremblemens de terre : je les donnai comme
telles à Aix en Provence en préfence d'une nombreufe
affemblée, trois femaines après qu'on eut reçu la nouvelle
du renverfement de Lisbonne ; fi elles ont acquis depuis ce
tems-là quelques degrés de probabilité, c'eft que plufieurs
Phyficiens ne paroiffent pas éloignés de ma manière de
penfer, comme il eft aifé de s'en convaincre par la lecture
de plufieurs piéces dont on trouve l'analyfe dans plufieurs
feuilles périodiques.

Corollaire. Depuis le 1 Novembre de l'année 1755 jufqu'au 21 du mois de Mars 1760, il y a eu à Lisbonne
& dans plufieurs autres Villes du monde, plufieurs tremblement de terre que l'on expliquera par les mêmes principes. Nous ne ferons l'hiftoire que du dernier. Elle eft
trop frappante, pour ne pas intéreffer nos Lecteurs.

Vers le milieu de Février de l'année 1760, on a reçu à
Marfeille la rélation d'un tremblement de terre auffi terrible qu'aucun de ceux que nous venons de rapporter. Elle
eft dattée de Tripoli de Syrie. En voici le fond.

Les fecouffes commencerent à Tripoli le 30 Octobre
1759 à 4 heures du matin ; les eaux des baffins verferent &

tout fembloit annoncer un bouleverfement général. Elles
fe firent fentir de la même façon à Burut, qui eft à 20
lieues au fud ; mais elles furent plus violentes à l'Attaquire
éloigné de 25 lieues au nord. Elles abbatirent plufieurs maifons à Seyde, & quantité de gens furent enfevelis fous les
ruines. A Acre la mer franchit fes bornes & les eaux fe
répandirent dans les rues, quoique plus hautes de 7 à 8
pieds que le niveau de la mer. La ville de Saphet fut totalement renverfée, & la plus grande partie de fes habitans
périt par la chute des maifons. Les fecouffes furent terribles
à Damas ; quantité de maifons furent renverfées, & il y
périt fix mille ames. Il y a eu fucceffivement jufqu'au 25
Novembre plufieurs autres tremblémens de terre qui n'ont
pas caufé beaucoup de dommages ; & nous comptions nos
allarmes finies, lorfque ce jour-là fur les 7 heures du foir
les fecouffes recommencerent ici d'une manière fi terrible,
que quantité d'édifices s'écroulerent, & la terre trembloit
fous les pieds, pendant qu'on fe retiroit à la campagne. Le
lendemain fur les 4 heures du matin, il en fuccéda d'autres
qui firent encore plus de fracas ; & lorfque le jour fut venu
on en découvrit les triftes effets; les Villages voifins ne préfenterent plus qu'un monceau de ruines; notre Ville n'eft
plus habitable ; & nous fommes au milieu des champs.
Bulbec qui eft à 15 lieues d'ici, du côté du Mont Liban,
& un ancien château bâti par les Romains avec des pierres
dont 3 fuffifoient pour former la voute d'un grand caveau,
ont été entiérement renverfés. Aujourd'hui 13 Décembre
la terre n'a point encore repris fa ftabilité ; & il eft à craindre
que toutes les Villes de la Syrie n'éprouvent le fort de
Lisbonne.

Ce terrible événement ne doit pas nous furprendre ; la
contrée qui en a été le théâtre, eft en même-tems mari-
time & hériffée de montagnes ; l'étendue de pays où l'on
a fenti les fecouffes, eft de 100 lieues en long, & prefqu'autant en large ; de forte que l'aire donne un efpace d'environ dix mille lieues quarrées, où fe trouve la chaine des
Montagnes du Liban & de l'Antiliban.

TRIANGLE. Le triangle rectiligne eft une figure compofée de 3 angles & de 3 lignes droites ; fi ces 3 lignes
font égales, le triangle eft équilatéral ; s'il y en a deux d'é-
gales, il eft ifofcéle ; fi elles font toutes inégales, il eft fcaléne. Le triangle fe divife auffi en rectangle, obtufangle &

acutangle ; le premier a un angle droit, le fecond un angle obtus & le troifiéme tous fes angles aigus.

TRIGONOMÉTRIE. La Trigonométrie n'eft pas moins néceffaire en Phyfique, que l'Arithmétique & la Géométrie ; auffi nous propofons-nous de donner les élémens de cette fcience avec toute l'étendue, dont un ouvrage comme celui-ci puiffe être fufceptible. Nous les diviferons en deux parties. Nous parlerons dans la première de la Trigonométrie fpéculative, & dans la feconde de la Trigonométrie pratique. Mais avant que d'entrer en matière, nous donnerons quelques définitions qui contiendront comme les principes fur lefquels toute cette fcience eft fondée.

Première Définition. La Trigonométrie rectiligne eft une fcience qui apprend à arriver par la connoiffance de trois parties d'un triangle rectiligne à la connoiffance des trois autres parties de ce même triangle. Connoiffez-vous, *par exemple*, les deux côtés A C, A B & l'angle C du triangle A B C, *Fig.* 16, *Pl.* 2 ; la Trigonométrie vous apprendra à connoître fucceffivement l'angle A, l'angle B, & le côté B C de ce même triangle A B C.

Seconde Définition. Le finus droit d'un arc, ou d'un angle mefuré par cet arc, eft la ligne perpendiculaire tirée d'une des extrêmités de cet arc fur le diamètre qui paffe par l'autre extrêmité. Ainfi la ligne perpendiculaire A D, *Fig.* 15, *Pl.* 2, eft en même tems finus droit de l'arc A E, de l'arc A I, de l'angle aigu A C E, & de l'angle obtus A CI.

Troifiéme Définition. Le finus verfe d'un arc eft la partie du diamètre interceptée entre l'arc & fon finus droit. Ainfi la ligne E D, *Fig.* 15, *Pl.* 2, eft le finus verfe de l'arc A E, & la ligne D I le finus verfe de l'arc AI.

Quatrième Définition. Le finus total eft le finus droit du quart de cercle, ou pour mieux dire, le finus total eft le rayon du cercle. Ainfi HC, *Fig.* 15, *Pl.* 2, eft un finus total ; il en eft de même de E C, C M, & C I.

Cinquième Définition. Le complément d'un arc eft ce qui manque à cet arc pour valoir 90 degrés ; ce qui lui manque pour valoir 180 degrés, fe nomme fon fupplément. Ainfi l'arc A H, *Fig.* 15, *Pl.* 2, eft complément ; & l'arc A I eft fupplément de l'arc E A.

Sixième Définition. Le cofinus d'un arc eft le finus droit du complément de cet arc. La ligne A G, *Fig.* 15, *Pl.* 2, eft en même-tems finus droit de l'arc A H, & cofinus de l'arc A E.

Septième Définition. La tangente d'un arc de cercle est une ligne qui touche le cercle à l'une des extrêmités de cet arc , & qui est prolongée jusqu'à ce qu'elle rencontre une seconde ligne qui part du centre & qui passe par l'autre extrêmité de l'arc, cette seconde ligne se nomme la sécante. La ligne E F , *Fig. 15, Pl. 2,* est la tangente de l'arc E A, & la ligne F C sa sécante.

Huitième Définition. La co-tangente & la co-sécante d'un arc sont la tangente & la sécante du complément de cet arc. Ainsi la tangente & la sécante de l'arc A H seront en même tems la co-tangente & la co-sécante de l'arc A E.

PREMIERE PARTIE.

De la Trigonométrie rectiligne spéculative.

La Trigonométrie spéculative n'est que l'assemblage des principes sur lesquels la trigonométrie pratique est fondée. Ces principes sont renfermés dans les propositions suivantes. Nous supposons que ceux qui en liront les démonstrations , auront présent à l'esprit l'article de ce Dictionnaire qui commence par le mot , *Géométrie.*

Première Proposition. La tangente d'un arc de 45 degrés est égale au rayon du cercle dont cet arc fait partie.

Explication. Je suppose que l'arc A E, *Fig. 15, Pl. 2,* soit un arc de 45 degrés ; je dis que sa tangente F E est égale au rayon E C.

Démonstration. Le triangle F E C rectangle en E, *par le corollaire premier de la seconde proposition du troisième livre de Géométrie , pag.* 63 , a son angle C de 45 degrés, puisque l'arc A E qui en est la mesure, est supposé n'avoir qu'un pareil nombre de degrés ; donc le troisième angle F n'aura que 45 degrés , *par le corollaire premier de la proposition cin-quième du premier livre de Géométrie , pag.* 58 ; donc les deux angles F & C placés sur la base F C du triangle F E C sont égaux ; donc les deux côtés F E & E C le sont aussi, *par le corollaire second de la proposition première du premier Livre de Géométrie, pag.* 54 ; mais la ligne F E est la tangente de l'arc A E de 45 degrés , & la ligne E C est le rayon du cercle dont cet arc fait partie ; donc la tangente d'un arc de 45 degrés est égale au rayon du cercle dont cet arc fait partie.

Seconde Proposition. Dans tout triangle rectiligne les

moitiés des côtés font les finus droits des angles qui leur font oppofés.

Explication. L'on me donne le triangle rectiligne A B C, *Fig.* 16 , *Pl.* 2 ; je dis que la moitié du côté A B fera le finus droit de l'angle C ; la moitié du côté B C , le finus droit de l'angle A ; & la moitié du côté A C , le finus droit de l'angle B. Pour démontrer cette propofition , j'infcris d'abord le triangle A B C dans le cercle O , & du centre O je tire perpendiculairement fur les cordes A B , B C & A C les rayons O F , O E , O I.

Démonstration. 1°. *Par le corollaire fecond de la propofition première du troifième Livre de Géométrie ,* pag. 62, les trois côtés du triangle A B C font divifés en deux parties égales par les rayons perpendiculaires O F , O E , O I.

2°. Par la même raifon les trois arcs A F B , B E C , A I C font divifés par les mêmes rayons en deux parties égales.

3°. *Par la définition du finus droit* , la ligne A D eft le finus droit de l'arc A F & de l'angle B C A dont cet arc eft la mefure , *par le corollaire premier de la propofition troifième du troifième Livre de Géométrie ,* pag. 63.

4°. Par la même raifon , la ligne B G eft le finus droit de l'arc B E & de l'angle B A C , & la ligne C L eft le finus droit de l'arc C I & de l'angle C B A.

5°. Nous avons déjà démontré n°. 1 , que la ligne A D eft la moitié du côté A B oppofé à l'angle B C A ; que la ligne B G eft la moitié du côté B C oppofé à l'angle B A C ; & que la ligne C L eft la moitié du côté C A oppofé à l'angle C B A ; donc dans tout triangle rectiligne les moitiés des côtés font les finus droits des angles qui leur font oppofés.

Corollaire. Les *touts* font comme leurs *moitiés* ; donc l'on aura la proportion fuivante ; le côté A B : au finus droit de l'angle B C A : : le côté B C : au finus droit de l'angle B A C ; donc l'on peut affurer en géométrie , que les côtés font comme les finus droits des angles qui leur font oppofés.

Troifième Propofition. Si dans un triangle rectangle l'on prend l'hypothénufe pour finus total , les deux autres côtés feront les finus droits des angles qui leur font oppofés.

Explication. Si dans le triangle B A C rectangle en A , *Fig.* 17 , *Pl.* 2 , l'on prend l'hypothénufe B C pour finus total , le côté A B fera le finus droit de l'angle C , & le côté A C le finus droit de l'angle B. Pour le démontrer , du point B , comme centre , à l'intervalle BC , décrivez l'arc CDF ; de même du point C , comme centre, à l'intervalle CB , décrivez l'arc BEH ; prolongez enfin le côté BA jufqu'en D , & le côté CA jufqu'en E.

Démonſtration. Par la définition du ſinus droit , le côté BA eſt le ſinus droit de l'arc BE ; mais l'arc BE eſt la meſure de l'angle C ; donc le côté BA eſt le ſinus droit de l'angle C.

L'on prouvera par un raiſonnement ſemblable que le côté AC eſt le ſinus droit de l'arc CD & de l'angle B ; donc ſi dans un triangle rectangle l'on prend l'hypothénuſe pour ſinus total , les deux autres côtés ſeront les ſinus droits des angles qui leur ſont oppoſés.

Corollaire. Si dans le triangle FEG rectangle en E , *Fig.* 12 , *Pl.* 2. l'on prend le côté EG pour ſinus total ; le côté EF deviendra la tangente , & la baſe FG la ſécante de l'angle G qui ſe trouvera au centre du cercle dont le côté EG ſera le rayon. En effet , du point G , comme centre , à l'intervalle GE , décrivez l'arc de cercle EM ; il eſt évident que cet arc aura pour tangente le côté EF , & pour ſécante l'hypothénuſe GF ; mais l'arc EM eſt la meſure de l'angle G ; donc l'angle G aura pour tangente le côté EF , & pour ſécante l'hypothénuſe GF ; donc ſi dans un triangle rectangle l'on prend un des côtés pour ſinus total , l'autre côté deviendra la tangente de l'angle oppoſé , & l'hypothénuſe deviendra la ſécante du même angle.

Quatrième Propoſition. Dans tout triangle rectiligne ſcaléme , le plus grand côté : à la ſomme des deux autres côtés : : leur différence : à la différence des ſegmens du plus grand côté , faits par la perpendiculaire.

Explication. L'on me donne le triangle aCB , *Fig.* 8 , *Pl.* 2 , dont le plus grand côté eſt aB , le côté moyen CB , & le petit côté aC. 1°. Du point C , comme centre , à l'intervalle Ca , je décris le cercle CAHV. 2°. Je continue la ligne BC jufqu'en A , pour avoir CA ═ Ca. 3°. Du centre C je tire la perpendiculaire CD ſur le côté aB , pour avoir les deux ſegmens aD & DB. Je dis que l'on aura la proportion ſuivante ; le plus grand côté aB : à la ſomme des deux côtés aC & CB : : la différence qu'il y a entre les côtés aC & CB : à la différence qu'il y a entre les ſegmens aD & DB.

Démonſtration. 1°. Puiſque la ligne CA eſt égale à la ligne Ca ; la ligne BA marquera la ſomme des côtés aC &

CB ; & puifque la ligne BG marque la différence qu'il y a entre les lignes AC & CB, la même ligne BG marquera la différence qu'il y a entre les côtés aC & CB.

2°. *Par le corollaire fecond de la premiere propofition du troifieme livre de Géométrie*, la corde aE eft coupée en deux parties égales par la perpendiculaire CD, laquelle continuée de part & d'autre feroit un diamétre du cercle CAHV ; donc la ligne EB marque la différence qui fe trouve entre les fegmens aD & DB.

3°. *Par le corollaire quatrieme de la troifieme propofition du fixieme livre de Géométrie*, le rectangle fait fur aB & fur EB eft égal au quarré d'une tangente que l'on tireroit du point B fur le cercle CAHV. *Par le même corollaire*, le rectangle fait fur AB & BG eft égal au quarré de la même tangente ; donc *par l'axiome fecond de la page* 52, le rectangle fait fur aB & fur EB eft égal au rectangle fait fur AB & fur BG ; donc *par l'inverfe de la propofition fondamentale du cinquieme livre de Géométrie*, l'on a la proportion fuivante ; aB : AB :: BG : EB ; mais aB eft le grand côté du triangle fcaléne aCB ; AB .repréfente la fomme des deux côtés aC & CB ; BG marque la différence de ces deux côtés ; &EB donne la différence des deux fegmens aD & DB faits fur le grand côté aB par la perpendiculaire CD ; donc dans tout triangle fcaléne le plus grand côté : à la fomme des deux autres côtés :: leur différence : à la différence des fegmens du plus grand côté faits par la perpendiculaire.

Corollaire I. Puifque l'on peut dire aB : AB :: BG : EB, l'on aura la valeur de EB en multipliant AB par BG, & en divifant le produit par aB, *par la nature même de la régle de trois* ; donc pour avoir la valeur de la différence qu'il y a entre le fegment aD & le fegment DB, l'on doit multiplier la fomme des côtés aC & CB par leur différence BG, divifer le produit par le grand côté aB, & le *quotient* donnera la différence que l'on cherche.

Corollaire II. aB : AB :: BG : EB, donc *convertendo* AB : aB :: EB : BG ; donc on aura la valeur de BG en multipliant aB par EB, & en divifant le produit par AB ; donc pour avoir la valeur de la différence qu'il y a entre les deux côtés aC & CB, l'on doit multiplier le grand coté aB par la différence EB ; divifer le produit par la fomme des deux côtés aC & CB ; le *quotient* donnera la différence que l'on cherche.

Corollaire III. Pour avoir la valeur du grand fegment DB, prenez la moitié de la valeur du côté *a*B ; ajoutez à cette quantité la moitié de la valeur de la différence EB , & vous aurez ce que vous cherchez. Je fuppofe que *a*B vaille 20 pieds & EB 4 , j'ajoute la moitié de 20 à la moitié de 4 , & je conclus que le grand fegment D B a 12 pieds de longueur.

Corollaire IV. Pour avoir la valeur du petit fegment *a* D , prenez la moitié de la valeur du côté *a* B, c'eft-à-dire, 10 ; ôtez de 10 la moitié de la valeur de la différence E B, c'eft-à-dire, 2 , & le reftant 8 vous donnera la valeur du petit fegment *a* D.

La vérité des deux derniers corollaires eft fondée fur la régle fuivante : lorfqu'une fomme quelconque eft divifée en deux parties inégales , la plus grande eft égale à la moitié de la fomme , *plus* la moitié de la différence ; & la plus petite eft égale à la moitié de la fomme , *moins* la moitié de la différence. En effet partagez la fomme 40 en deux parties inégales dont l'une foit 30 , l'autre 10 , & leur différence 20 ; vous aurez la plus grande partie en ajoutant la moitié de la fomme à la moitié de la différence , & vous aurez la plus petite partie en ôtant la moitié de la différence de la moitié de la fomme.

Lemme premier. Trouver un angle qui repréfente la fomme des deux angles oppofés aux deux côtés d'un triangle fcaléne.

Explication. L'on me donne le triangle fcaléne BAC, (*Fig.* 18. *Pl.* 2) ; l'on demande un angle qui repréfente la fomme des deux angles B & C, dont le premier eft oppofé au côté AC, & le fecond au côté AB de ce triangle.

Réfolution Continuez le côté CA jufqu'en F , vous aurez l'angle BAF qui feul contiendra autant de degrés, que les deux angles B & C.

Démonftration. L'angle BAF eft externe , & les deux angles B & C font internes ; donc , *par la propofition cinquieme du premier livre de Géométrie , page* 58 , l'angle BAF eft égal aux deux angles B & C.

Lemme fecond. Trouver un angle qui ne foit que la moitié de l'angle BAF.

Explication. L'on demande un angle qui ne foit que la moitié de l'angle BAF. Pour le trouver , 1°. du point A comme centre , à l'intervalle AB ou AF , décrivez le cercle FBE, (*Fig.* 18. *Pl.* 2.) 2°. Tirez les lignes BE

& GC parallèles. 3°. Par le point B tirez la ligne FBG.

Résolution. L'angle BEF est la moitié de l'angle BÄF.

Démonstration. L'angle BEF est à la circonférence du cercle FBE & il insiste sur l'arc BF ; l'angle BAF est au centre du même cercle, & il insiste sur l'arc BF ; donc, *par la proposition troisieme du troisieme livre de Géométrie, page 63*, l'angle BEF n'est que la moitié de l'angle BAF.

Corollaire I. L'angle BAF représente la somme des deux angles B & C, dont l'un est opposé au côté AC & l'autre au côté AB du triangle BAC, *par le lemme premier ;* donc l'angle BEF, ou, BEA représente la moitié de la somme des deux angles B & C.

Corollaire II. Dans le triangle isoscéle BAE, l'angle BEA est égal à l'angle ABE, *par le corollaire I de la proposition premiere du premier livre de Géométrie, page 53 ;* donc l'angle ABE représente la moitié de la somme des deux angles B & C du triangle BAC.

Corollaire III. Les deux lignes BE & GC sont parallèles ; donc, *par le corollaire II de la proposition quatrieme du premier livre de Géométrie page 57*, l'angle FCG est égal à l'angle BEF ; mais celui-ci représente la moitié de la somme des deux angles B & C du triangle BAC ; donc celui-là la représentera aussi.

Corollaire IV. Les deux angles EBC & BCG sont alternes ; donc, *par le corollaire IV de la proposition que nous venons de citer,* ces deux angles sont égaux.

Corollaire V. Les deux lignes BE & GC sont parallèles ; donc, *par le corollaire II de la proposition quatrieme du premier livre de Géométrie, page 57*, l'angle FGC est égal à l'angle FBE.

Lemme troisieme. Trouver un angle qui soit la moitié de la différence des deux angles B & C, dont l'un est opposé au côté AC, & l'autre au côté AB du triangle scaléne BAC, (*Fig.* 18. *Pl.* 2.)

Résolution L'angle BCG est l'angle qu'on demande.

Démonstration. 1°. L'angle ABE représente la moitié de la somme des deux angles B & C, *par le corollaire II du lemme second ;* il en est de même de l'angle FCG, ou ACG, *par le corollaire III du même lemme.*

2°. Ajoutez à l'angle ABE le petit angle EBC, ou, son alterne BCG, vous aurez l'angle B qui est le plus grand des deux angles B & C.

3°. Otez de l'angle ACG, le petit angle BCG, vous aurez l'angle C qui eſt le plus petit des deux angles B & C du triangle BAC ; donc , *par les corollaires III , & IV , de la propoſition quatrieme* , l'angle BCG eſt la moitié de la différence des deux angles B & C.

Corollaire. 1°. La ligne FC repréſente la ſomme des côtés BA & AC. 2°. Le ſegment EC donne la différence de ces côtés. 3°. L'angle FCG marque la moitié de la ſomme des deux angles B & C. 4°. L'angle BCG eſt la moitié de la différence de ces deux angles. Tout cela ſuppoſé , venons à la propoſition pour laquelle nous avons fait tant de préparatifs.

Cinquieme Propoſition. Dans tout triangle rectiligne ſcaléne la ſomme des deux côtés : à leur différence : : la tangente de la moitié de la ſomme des deux angles oppoſés à ces deux côtés : à la tangente de la moitié de leur différence.

Explication. Dans le triangle ſcaléne BAC , *Fig.* 18. *Pl.* 2. la ſomme des deux côtés AB & AC : à leur différence : : la tangente de la moitié de la ſomme des angles B & C : à la tangente de la moitié de leur différence , c'eſt-à-dire , FC : EC : : la tangente de l'angle FCG : à la tangente de l'angle BCG.

Démonſtration. 1°. L'angle FBE qui eſt à la circonférence & qui inſiſte ſur le demi-cercle , eſt droit , *par le corollaire II de la propoſition troiſieme du troiſieme livre de Géométrie.* page 63. Mais nous avons prouvé dans le corollaire V du ſecond lemme ſupérieur , que l'angle FGC eſt égal à l'angle FBE ; donc l'angle FGC eſt un angle droit.

2°. *Par le corollaire de la propoſition troiſieme de cet article* , ſi dans le triangle rectangle FGC , l'on prend le côté CG pour ſinus total , le côté FG ſera la tangente de l'angle FCG ; mais l'angle FCG eſt la moitié de la ſomme des angles B & C du triangle BAC ; donc le côté FG doit être regardé comme la tangente de la moitié de la ſomme des angles B & C.

3°. *Par le même corollaire* , dans le triangle rectangle BGC , le côté BG ſera la tangente de l'angle BCG , c'eſt-à-dire , de l'angle qui repréſente la moitié de la différence des deux angles B & C.

4°. Dans le triangle FGC la ligne BE eſt paralléle au côté GC ; donc , *par la propoſition ſeconde du ſixieme livre de Géométrie* , page 73 , l'on aura la proportion ſuivante ; FE : EC : : FB : BG ; donc , *componendo* , FC : EC : : FG : BG. Mais FC marque la ſomme des deux côtés AB & AC du triangle ſcaléne BAC , & le ſegment EC marque leur différence. De plus FG eft la tangente de là moitié de la fomme des deux angles B & C du même triangle, & BG eft la tangente de la moitié de leur différence ; donc dans tout triangle rectiligne fcaléne la fomme des deux côtés : à leur différence : : la tangente de la moitié de la fomme des deux angles oppofés à ces deux côtés : à la tangente de la moitié de leur différence.

SECONDE PARTIE

De la Trigonométrie rectiligne pratique.

La trigonométrie rectiligne pratique donne la *réfolution* de tous les triangles rectilignes de quelque efpèce qu'ils foient, rectangles, obtus-angles, acutangles. Nous fuppofons qu'on n'entreprendra pas les opérations fuivantes, fans avoir lu auparavant avec attention les articles de ce Dictionnaire qui commencent par les mots, *arithmétique* & *logarithme.* Ils font auffi néceffaires pour l'intelligence de cette feconde partie, que l'article *géométrie*, l'a été pour l'intelligence de la premiere. Que l'on fe rappelle fur-tout, que les quatre nombres 1, 2, 6, 7, font en proportion arithmétique, & qu'au lieu de dire 1 eft à 2, comme 6 eft à 7, l'on dit, pour être plus court ; 1 . 2 : 6 . 7. Que l'on fe rappelle encore que les logarithmes font en proportion, non pas géométrique, mais arithmétique.

De la réfolution des Triangles rectilignes rectangles.

Probléme I. Connoiffant les deux côtés & l'angle droit d'un triangle rectangle, connoître les autres angles.

Explication. L'on me donne le triangle FEG, *Fig.* 12. *Pl.* 2 ; l'on m'avertit que l'angle E eft droit ; que le côté EG a 20 pieds, & le côté EF 15 ; l'on demande d'abord la valeur de l'angle G, & enfuite la valeur de l'angle F.

Réfolution. 1°. Je cherche dans mes tables les logarithmes des côtés que je connois. Le côté EG de 20 pieds a pour logarithme 1,3010300 ; & le côté EF de 15 pieds a pour logarithme 1,1760913.

2°. Je prens GE pour finus total, & par conféquent fon logarithme fera le même que celui de 90 degrés, c'eft-à-dire, 10,0000000.

3°. Je fais la proportion arithmétique fuivante 1,3010300. 1,1760913 : 10,0000000 . à un quatrieme terme qui me donnera le logarithme de la tangente de l'angle G du triangle FEG ; ce quatrieme terme fera 9,8750613.

4°.

4°. Je cherche dans mes tables à quel angle répond le logarithme 9,8750613 ; & comme il répond à un angle de 36 degrés, 52 minutes, 10 secondes, je conclus que c'est-là la valeur de l'angle G.

Démonstration. Par le corollaire de la proposition troisiéme de la premiere partie, je puis dire ; le côté E G : au côté E F :: le sinus total : à la tangente de l'angle G ; donc je pourrai dire, le logarithme du côté E G . au logarithme du côté E F : le logarithme du sinus total. au logarithme de la tangente de l'angle G ; mais c'est ainsi que j'ai raisonné pour résoudre le probléme proposé ; donc ce probléme a été bien résolu.

Corollaire. Les trois angles du triangle F E G valent 180 degrés, *par le corollaire premier de la proposition cinquieme du premier livre de Géométrie* ; l'angle E vaut 90 degrés, & l'angle G 36 degrés, 52 minutes, 10 secondes ; donc l'angle F vaudra 53 degrés, 7 minutes, 50 secondes.

Problême II. Connoissant les deux côtés d'un triangle rectangle & l'angle droit compris entre ces deux côtés, connoître l'hypothénuse.

Explication. Dans le triangle rectangle F E G, *Fig.* 12, *Pl.* 2, je connois l'angle E de 90 degrés, le côté E G de 20 pieds, & le côté E F de 15 ; l'on demande la valeur de l'hypothénuse F G.

Résolution. 1°. *Par le problême précédent*, je trouve la valeur des angles F & G.

2°. Je sçais par mes tables que le logarithme du sinus de l'angle G est 9,7781467 ; celui du côté E F 1,1760913 ; & celui du sinus de l'angle E 10,0000000.

3°. Je fais la proportion arithmétique ; 9,7781467 . 1,1760913 : 10,0000000 . à un quatrieme terme qui sera le logarithme de l'hypothénuse F G.

4°. Je trouve par la méthode ordinaire, indiquée dans l'article des *Logarithmes*, que ce quatrieme terme est 1,3979446, *logarithme du nombre* 25 ; & je conclus que l'hypothénuse F G a 25 pieds de longueur.

Démonstration. Par le corollaire de la proposition seconde de la premiere partie, je puis dire ; le sinus de l'angle G : au côté E F :: le sinus de l'angle E : à l'hypothénuse F G ; donc je pourrai dire, le logarithme du sinus de l'angle G . au logarithme du côté E F : le logarithme du sinus de l'angle E . au logarithme de l'hypothénuse F G ; mais c'est là précisément ce que j'ai fait dans la résolution de ce problême ; donc ce problême a été bien réfolu.

Problême III. Connoiffant les angles d'un triangle rectangle, & l'un des côtés, trouver l'hypothénufe & l'autre côté.

Explication. Dans le triangle B A C , *Fig.* 17, *Pl.* 2 , je connois l'angle A de 90 ; l'angle B de 40 ; l'angle C de 50 degrés ; & le côté A B de 30 pieds ; l'on demande la valeur de l'hypothénufe C B & la valeur du côté A C.

Réfolution. 1°. Je cherche dans mes tables les logarithmes des quantités que je connois. Le logarithme du finus de l'angle A eft 10,0000000 ; le logarithme du finus de l'angle B , 9,8080675 ; le logarithme du finus de l'angle C , 9,8842540 ; & le logarithme du côté A B ; 1,4771212.

2°. Pour trouver l'hypothénufe C B , je fais la proportion arithmétique fuivante ; 9,8842540 *logarithme du finus de l'angle C .* 1,4771212 *logarithme du côté* A B : 10,0000000 *logarithme du finus de l'angle* A . à un quatrieme terme qui me donnera le logarithme de l'hypothénufe C B. Ce quatrieme terme fera 1,5928672 *logarithme de 39 pieds 1 pouce ;* donc l'hypothénufe C B du triangle B A C aura 39 pieds 1 pouce de longueur.

3°. Pour trouver le côté A C , je dis ; 9,8842540 *logarithme du finus de l'angle* C . 1,4771212 *logarithme du côté* A B : 9,8080675 *logarithme du finus de l'angle* B . à un quatrieme terme qui fera le logarithme du côté A C. Ce quatrieme terme eft 1,4009347 *logarithme de* 25 pieds 2 pouces ; donc le côté A C a 25 pieds 2 pouces de longueur.

Démonftration. Par le corollaire de la propofition deuxieme de la premiere partie, les côtés font comme les finus droits des angles qui leur font oppofés ; donc les logarithmes des côtés font comme les logarithmes des finus droits des angles qui leur font oppofés ; mais la réfolution de ce problême eft fondée fur cette vérité ; donc ce problême a été bien réfolu.

De la Réfolution des Triangles rectilignes obtus-angles.

Problême I. Connoiffant les angles d'un triangle obtus-angle , & un de fes côtés, trouver l'hypothénufe & l'autre côté.

Explication. Dans le triangle obtus-angle BAC , *Fig.* 18, *Pl.* 2 , je connois l'angle A de 110, l'angle B de 40, l'angle C de 30 degrés, & le côté A B de 20 pieds ; l'on me demande la valeur de la bafe B C & celle du côté A C.

Réfolution. 1°. Je fçais par mes tables que le logarithme du finus de l'angle A eft 9,9729858 ; le logarithme du fi-

nus de l'angle B , 9,8080675 ; le logarithme du sinus de
l'angle C , 9,6989700 ; & le logarithme du côté AB ,
1,3010300.

2°. Pour trouver la valeur de la base BC , je dis ;
9,6989700 *logarithme du sinus de l'angle* C . 1,3010300 *logarithme du côté* AB : 9,9729858 *logarithme du sinus de
l'angle* A . à un quatrieme nombre qui fera le logarithme
de la base BC. Ce quatrieme nombre est 1,5750458 *logarithme de* 37 *pieds* 7 *pouces* ; donc la base BC du triangle
BAC a 37 pieds 7 pouces de longueur.

3°. Pour trouver la valeur du côté AC , je dis ; 9,9729858
logarithme du sinus de l'angle A . 1,5750458 *logarithme de
la base* BC : 9,8080675 *log. du sinus de l'angle* B. à un
quatrieme terme qui fera le logarithme du côté AC. Ce
quatrieme terme est 1,4101275 *logarithme de* 25 *pieds* 8
pouces ; donc le côté AC a 25 pieds 8 pouces de longueur.

Démonstration. Toutes ces opérations font fondées fur le
principe énoncé dans le corollaire de la proposition feconde
de la premiere partie ; donc ce problême a été bien réfolu.

L'on dira peut-être qu'il est impossible de trouver dans les
tables trigonométriques le logarithme du sinus d'un angle
de 110 degrés , tel qu'est l'angle A du triangle obtus-angle
BAC , puisque dans ces fortes de tables les angles ne vont
que jusqu'à 90 degrés.

Nous avons prévenu cette difficulté en avertiffant *dans la
feconde définition de la premiere partie* , qu'un arc & un angle ont le même sinus droit, que leur supplément. Prenez
donc le logarithme du sinus d'un angle de 70 degrés , &
vous aurez le logarithme du sinus d'un angle de 110 degrés.
Tout le monde voit qu'un angle de 70 degrés est le fupplément d'un angle de 110 degrés , puisqu'il contient ce qui
manque à ce dernier pour valoir 180 degrés.

Problême II. Connoiffant deux côtés d'un triangle obtus-
angle & un angle oppofé à l'un de ces deux côtés , connoître
les autres angles.

Explication. Dans le triangle obtus-angle BAC , *Fig.* 18.
Pl. 2. l'on fuppofe que je connois le côté AB de 20 pieds ;
le côté AC de 25 pieds 8 pouces , & l'angle B de 40 degrés ; l'on me demande 1°. la valeur de l'angle aigu C ,
2°. la valeur de l'angle obtus A.

Réfolution. 1°. Par mes tables trigonométriques le logarithme du côté AC est 1,4101275 ; le logarithme du sinus
de l'angle B , 9,8080675 ; & le logarithme du côté AB ,
1,3010300.   Bb z

2°. Je fais la proportion arithmétique ſuivante ; 1,4101275 *logarithme du côté* A C . 9,8080675 *logarithme du ſinus de l'angle* B : 1,3010300 *logarithme du côté* A B . à un quatrieme terme 9,6989700 qui ſera le logari hme du ſinus d'un angle de 30 degrés ; donc l'angle aigu C a 30 degrés.

3°. Dans le triangle B A C l'angle B a 40 , & l'angle C 30 degrés; donc l'angle A en a 110 , puiſque les trois angles d'un triangle rectiligne ne valent que 180 degrés , *par le corollaire premier de la propoſition cinquieme du premier Livre de Géométrie.*

Démonſtration. Les opérations de ce problême ſont fondées ſur le même principe, que les opérations des trois problêmes précédens ; donc elles ſont bonnes.

Corollaire. Si dans le triangle B A C , *Fig.* 18. *Pl.* 2 , vous connoiſſiez le côté A B , la baſe B C & l'angle C , & que vous vouluſſiez connoître l'angle obtus A ; vous diriez : le logarithme du côté A B . au logarithme du ſinus de l'angle C : le logarithme de la baſe B C . au logarithme du ſinus de l'angle A.

L'on dira peut-être que par cette proportion arithmétique je ne trouverai que le logarithme du ſinus d'un angle de 70 degrés.

Je le ſçais ; mais comme je cherche la valeur d'un angle obtus ; au lieu de prendre un angle de 70 degrés, je prendrai ſon ſupplément, c'eſt-à-dire, un angle de 110 degrés, & par-là j'éviterai toute erreur.

Problême III. Connoiſſant les deux côtés d'un triangle obtus angle , & l'angle compris entre ces deux côtés , connoître les autres angles.

Explication. Dans le triangle B A C , *Fig.* 18. *Pl.* 2 , je connois l'angle A que je ſuppoſe de 100 degrés ; je connois le côté A B de 20 & le côté A C de 30 pieds ; l'on demande 1°. la valeur de l'angle B , 2°. la valeur de l'angle C.

Réſolution. 1°. Par mes tables, 1,6989700 eſt le logarithme du nombre 50, *ſomme des deux côtés* A B & A C ; 1,0000000 eſt le logarithme du nombre 10, *différence du côté* A C *au côté* B C ; 9,9238135 eſt le logarithme de la tangente d'un angle de 40 degrés , *moitié de la ſomme des angles* B & C.

2°. Je fais la proportion arithmétique ſuivante , 1,6989700 *logarithme de la ſomme des deux côtés* A B & A C . 1,0000000 *logarithme de leur différence :* 9,9238135 *logarithme de la tangente de la moitié de la ſomme des angles* B & C . à un quatrieme terme qui ſera le logarithme de la tangente de la moitié de la différence de l'angle B à l'angle C.

3°. Ce quatrieme terme est 9,1148435 *logarithme de la tangente* d'un angle de 9 degrés, 31 minutes, 35 secondes ; donc dans le triangle BAC, l'angle B surpasse l'angle C de 19 degrés, 3 minutes, 10 secondes.

4°. Pour avoir l'angle B, j'ajoute à la moitié de la somme des angles B & C la moitié de la différence trouvée, c'est-à-dire, j'ajoute 9 degrés, 31 minutes, 35 secondes à 40 degrés ; & je conclus que l'angle B est un angle de 49 degrés, 31 minutes, 35 secondes.

5°. Pour avoir l'angle C, j'ôte de la moitié de la somme des angles B & C la moitié de la différence trouvée, c'est-à-dire, j'ôte 9 degrés, 31 minutes, 35 secondes de 40 degrés, & je conclus que l'angle C a 30 degrés, 28 minutes, 15 secondes.

Démonstration. Toutes les opérations précédentes sont fondées sur les principes établis dans la cinquieme proposition, & dans les corollaires 3ᵉ & 4ᵉ de la quatrieme proposition de la premiere partie ; donc ce problême a été bien résolu. Cela n'empêchera pas cependant que nous ne répondions aux deux questions suivantes.

Premiere Question. Pourquoi avons-nous assuré que la somme des angles B & C du triangle BAC, dont aucun des deux n'étoit encore connu en particulier, est de 80 degrés,

Résolution. Les trois angles du triangle BAC ne valent que 180 degrés ; *par le corollaire premier de la proposition cinquieme du premier Livre de Géométrie, Tom.* 2 ; l'angle A vaut lui seul 100 ; donc les deux angles B & C en valent ensemble 80.

Seconde Question. Pourquoi avons-nous assuré que l'angle B est plus grand que l'angle C.

Résolution. L'angle B est opposé à un côté de 30, & l'angle C à un côté de 20 pieds ; donc l'angle B est plus grand que l'angle C, *par le corollaire 4ᵉ. de la proposition 3ᵉ. du premier Livre de Géométrie.*

Problême IV. Connoissant les trois côtés d'un triangle obtus-angle, connoître les angles.

Explication. L'on suppose que dans le triangle obtus-angle aCB, *Fig. 8. Pl.* 2. l'on connoit le côté aC de 15, le côté CB de 20, & la base aB de 30 pieds ; l'on demande la valeur 1°. de l'angle a, 2°. de l'angle B, 3°. de l'angle C.

Résolution. 1°. Sur la base aB j'abaisse la perpendiculaire CD qui la divise en deux segmens, l'un petit aD, l'autre grand DB.

2°. Le logarithme de la bafe *a*B eſt 1,4771212 ; le logarithme du côté C B , 1,3010300 ; le logarithme du côté *a*C 1,1760913 ; le logarithme de la ſomme des deux côtés C B & *a*C , 1,5440680 ; le logarithme de la différence du côté B C au côté *a*C, 0,6989700.

3°. Pour connoître la différence E B , je dis , 1,4771212 *logarithme de la bafe a*B . 1,5440680 *logarithme de la fomme des deux côtés a*C & C B : 0,6989700 *logarithme de la différence du côté* C B *au côté a*C . à un quatrieme terme qui fera le logarithme de la différence E B.

4°. Ce quatrieme terme eſt 0,7659168 *logarithme du nombre* 5 pieds 2 pouces ; donc la différence E B a 5 pieds 2 pouces de longueur.

5°. Pour avoir la valeur du petit ſegment *a*D , je prens la moitié de la ſomme de la baſe *a*B , c'eſt-à-dire , 15 pieds ; j'ôte de cette quantité la moitié de la différence E B , c'eſt-à-dire , 2 pieds 7 pouces ; & je conclus que le petit ſegment *a*D a 12 pieds 5 pouces de longueur.

6°. Pour avoir l'angle *a* du triangle obtus-angle *a*CB , je prens le triangle rectangle *a*D C , dont je connois l'angle droit D , le côté *a*C de 15 pieds & le côté *a*D de 12 pieds 5 pouces ; & je dis ; 1,1760913 *logarithme du côté a*C . 10,0000000 *logarithme du finus de l'angle* D : 1,0936654 *logarithme du côté a*D . à un quatrieme terme qui ſera le logarithme de l'angle C du triangle rectangle *a*DC. Ce quatrieme terme eſt 9,9175741 *logarithme du finus d'un angle de* 55 *degrés* , 48 *minutes* , 18 *fecondes* ; donc l'angle C du triangle rectangle *a*DC eſt un angle de 55 degrés , 48 minutes , 18 fecondes ; donc le troiſieme angle *a* du même triangle a 34 degrés , 11 minutes , 42 fecondes. Mais l'angle *a* eſt commun au triangle rectangle *a*DC & au triangle obtus-angle *a*CB ; donc l'angle *a* du triangle obtus angle *a*CB eſt connu par cette méthode.

7°. Rien ne me fera plus facile que d'avoir les autres angles de ce triangle , puiſque je connois actuellement tous ſes côtés & un de ſes angles.

Démonftration. Toutes les opérations que je viens de faire , ſont fondées ſur la quatrieme propoſition de la premiere partie , & ſur les corollaires que nous en avons tiré ; donc elles ſont exactes.

De la réfolution des triangles rectilignes acutangles.

L'on opére ſur les triangles rectilignes acutangles , comme fur les triangles rectilignes obtus-angles. En voici des exemples.

1°. Connoissant les angles d'un triangle acutangle, & un de ses côtés, trouver l'hypothénuse & l'autre côté.

Résolution. Vous opérerez comme l'on a fait sur le triangle obtus-angle B A C, *probléme premier.*

2°. Connoissant deux côtés d'un triangle acutangle, & un angle opposé à l'un de ces deux côtés, connoître les autres angles.

Résolution. Voyez comme l'on a opéré sur le triangle obtus-angle B A C, *probléme second.*

3°. Connoissant les deux côtés du triangle acutangle, & l'angle compris entre ces deux côtés, connoître les autres angles.

Résolution. Les opérations que l'on a faites sur le triangle obtus-angle B A C, *probléme troisieme*, vous serviront de modéle.

4°. Connoissant les trois côtés d'un triangle acutangle, connoître les angles.

Résolution. Opérez sur le triangle acutangle B A C, *Fig.* 19. *Pl.* 2. comme l'on a fait sur le triangle obtus-angle aCB, *Fig.* 8. *Pl.* 2. *probléme quatrieme.*

REMARQUE.

Si l'on ne connoit que les trois angles d'un triangle rectiligne, l'on ne pourra jamais parvenir à la connoissance du triangle en entier; pourquoi ? parce que deux triangles inégaux peuvent avoir, & ont très-souvent, leurs angles égaux.

TROMPE D'EUSTACHE. C'est un canal long & étroit qui descend jusques à la luette, & par lequel l'air extérieur se rend dans la caisse du tympan, comme nous l'avons remarqué dans l'article de l'*Oreille.*

TROPIQUES. Les deux tropiques sont deux petits cercles dont vous trouverez la description dans l'article de la *Sphére* n°. 13.

TUBE. Les tubes ou les tuyaux dont nous parlons en Physique, sont ordinairement des cylindres creux, de verre, de métal, ou de quelque autre matiere solide.

TUBE CAPILLAIRE. Les tubes fort menus, appellés communément *tubes capillaires*, n'ont tout au plus que deux lignes & demie de diamètre. L'expérience nous apprend 1°. Que si dans un gobelet rempli de vif argent l'on plonge un de ces tubes ouvert des deux côtés, le vif argent

s'élèvera moins dans le tube que dans le gobelet ; elle nous
apprend 2°. Que si ce gobelet étoit rempli de quelque autre liqueur , non-feulement cette liqueur s'élèveroit .plus
dans le tube , que dans le gobelet , mais encore qu'elle
s'élèveroit d'autant plus , que le diamétre du tube feroit
plus petit ; elle nous apprend 3°. Que si l'on enduit d'une
légère couche de *fuif* les parois intérieures d'un tube capillaire , & qu'on le plonge dans un gobelet rempli de quelque liqueur , elle ne montera pas plus haut dans le tube que
dans le gobelet ; tout le monde voit que dans ces trois expériences la derniere feule est conforme aux loix que nous
avons établies dans l'Hydrostatique.

Pour rendre raison de ce méchanisme particulier , nous
avons recours à deux colonnes d'un fluide très-délié , à
peu-près femblable à celui dont nous avons parlé dans l'article de la *Matiere fubtile Newtonienne* ; l'une de ces deux
colonnes gravite très-facilement fur la furface du liquide contenu dans le gobelet, & l'autre très-difficilement fur la furface
du même liquide contenu dans le tube çapillaire ; donc les
liqueurs ordinaires doivent plus s'élever dans les tubes capillaires , que dans les tubes non capillaires.

Cette cause cependant , pour avoir un effet fenfible ,
exige deux conditions , l'une de la part du tube & l'autre
de la part du liquide. Les parois intérieures des tubes capillaires font comme hérissées d'éminences qui foutiennent
les moléçules de la petite colonne du liquide qui s'élève au-
dessus du niveau : le liquide lui-même doit avoir de la vif-
cofité ; fans ces deux conditions la cause méchanique que
nous avons apportée , n'auroit point d'effet fenfible , comme paroiffent le prouver la troifieme & la premiere des
expériences qui ont été rapportées au commencement de
cet article. Voyez ce point de phyfique dans notre *Traité de
paix entre Defcartes & Newton* , Tom. 3. pag. 197 *& fuivantes.*

TYCHOBRAHÉ. Tychon de la noble famille des Brahé ,
Danois, naquit le 19 Décembre de l'année 1546 à Knudftrup
dans le pays de Schonen près de Helfinbourg , autrefois ville
de Suéde. Ce fut à la fin du 16ᵉ. fiécle qu'il propofa fon
fyftême Phyfico-aftronomique. Voici comment il arrange les
aftres. 1°. Au centre du monde il place la Terre immobile.
2°. Autour de la Terre , il fait tourner en un mois d'Occident
en Orient la Lune , & en douze mois le Soleil. 3°. Autour du
Soleil feulement, il fait tourner d'Occident en Orient Mercure
en trois , & Vénus en huit mois. 4°. Autour de la Terre & du

Soleil il fait tourner d'Occident en Orient Mars en deux, Jupiter en douze & Saturne en trente années. 5°. Autour de la Terre seulement il fait tourner d'Occident en Orient les étoiles dans l'espace d'environ vingt-cinq mille ans. 6°. Outre ce mouvement périodique Tychon donne à tous les astres un mouvement diurne d'Orient en Occident ; ce système a contre lui tous les argumens que les Coperniciens apportent pour établir le leur ; on les trouvera dans l'article de *Copernic*.

TYMPAN. Le tympan est une membrane dont vous trouverez la description & l'usage dans l'article de l'*Oreille n°. 3°.*

V

VALVULE. Voyez *Soupape.*

VAPEUR. Les particules les plus déliées de l'eau, élevées dans l'athmosphére terrestre par l'action du Soleil ou par celle des feux souterrains, s'appellent *vapeurs.* Voyez l'article des *Météores aqueux.*

VEILLER. L'on veille, lorsqu'il y a une communication libre, une espèce de commerce établi entre les sens extérieurs, & le vrai siége de l'ame que nous plaçons dans le *centre ovale*, c'est-à-dire, l'on veille lorsque l'impression que font les objets sensibles sur les organes de nos sens extérieurs, est portée jusqu'au siége de l'ame. C'est par le moyen des esprits vitaux contenus dans les nerfs qui aboutissent aux organes de ces sens, que se fait ce commerce ; aussi les regardons-nous comme la cause physique de la *veille*, puisque nous ne veillons, que lorsque nous avons beaucoup d'esprit vitaux qui se meuvent librement depuis les organes des sens extérieurs jusqu'au *centre ovale*, & depuis le *centre ovale* jusqu'aux organes des sens extérieurs.

VEINES. Les veines sont des conduits plus grands que les artéres, destinés à rapporter le sang depuis les extrêmités du corps jusqu'au cœur ; ce sont autant de ramifications ou de productions de la *veine-cave.*

VEINE-CAVE. Au côté droit du cœur se trouve une grosse veine que l'on nomme la *veine-cave.* Sa partie inférieure se nomme *ascendante*, parce que c'est par ce canal que le sang remonte depuis les extrémités inférieures du corps jusqu'au cœur ; par une raison contraire la partie supérieure de la *veine-cave* s'appelle *descendante*, puisqu'elle sert à conduire jusqu'au cœur le sang qui descend des extrêmités supérieures du corps.

VENT. Le vent est une violente agitation dans l'air. Quoiqu'il y ait autant de vents différents , qu'il y a de différents points dans l'horizon , nous diſtinguons cependant 4 vents principaux , ce ſont ceux qui viennent des 4 points cardinaux de la ſphére , je veux dire , le vent du Nord qui vient du côté du pole arctique , le vent du Midi ou du Sud qui vient du côté du pole antarctique , le vent d'Eſt ou d'Orient qui vient de la partie orientale , & le vent d'Oueſt ou d'Occident qui vient de la partie occidentale de la ſphére. Parmi les vents il y en a de généraux , de provinciaux , de perpétuels, de périodiques , de variables , &c. Les premiers régnent partout , les ſeconds ne ſoufflent que dans certaines Provinces, les troiſiemes régnent en tout tems , les quatriemes ne ſe font ſentir que dans certaines ſaiſons, les cinquiemes n'ont rien de fixe pour le tems & pour le lieu. On ne peut faire que des conjectures probables ſur les cauſes phyſiques de ces météores aëriens ; nous allons indiquer les plus vraiſemblables ; nous ſuppoſons que le Lecteur s'eſt formé une idée nette de la ſphére.

Premiere cauſe. *La raréfaction de l'air occaſionnée par l'action du Soleil ſur l'athmoſphére terreſtre.* En voici la preuve : toutes les fois que le Soleil échauffe une partie conſidérable de l'athmoſphére , il la dilate ; cette partie dilatée occupe un plus grand eſpace , chaſſe l'air voiſin avec violence , & occaſionne en le chaſſant une forte agitation à laquelle nous donnons le nom de vent.

Seconde cauſe. *Le reſſort de l'air.* Il eſt peu de corps , peut-être n'eſt-il point de corps auſſi élaſtique que l'air que nous reſpirons. Comme les Phyſiciens , ſans en excepter même les plus grands partiſans de Newton , n'admettent pas de grands vuides dans l'athmoſphére terreſtre , l'air ne peut pas être dilaté dans une partie de la Terre , *par exemple* , dans la partie boréale , ſans qu'il ſoit comprimé dans la partie méridionale ; l'air comprimé dans la partie méridionale tâchera par ſon élaſticité de ſe remettre dans ſon premier état ; & c'eſt en s'y remettant qu'il deviendra la cauſe phyſique de quelque vent.

Troiſieme cauſe. *Les feux ſouterrains.* Ces feux dont l'exiſtence nous eſt conſtatée par une infinité de faits , font ſortir du ſein de la Terre , des vapeurs & des exhalaiſons ; ces vapeurs & ces exhalaiſons entrent avec impétuoſité dans l'athmoſphére , & cauſent dans l'air une agitation toujours accompagnée de quelque vent conſidérable.

Quatrieme cauſe. *La chûte des nuages.* Suppoſons en effet

qu'un nuage fitué dans la région fupérieure de l'athmofphére, devienne plus pefant que le volume d'air auquel il
correfpond ; qu'arrivera-t-il ? Il defcendra avec une vitesse
accélérée ; il tombera avec impétuofité fur la Terre, & il
communiquera à l'air une efpèce de mouvement de tourbillon
qui caufera fur la Mer les tempêtes les plus terribles, & fur
la Terre les ravages les plus affreux. Ces caufes fuppofées.

Demande-t-on 1°. pourquoi non-feulement dans la zone
torride en tout tems, mais encore dans les zones tempérées
pendant l'été, il régne un vent d'Orient au lever, & un vent
d'Occident au coucher du Soleil ? L'on trouvera la réponfe
à cette demande dans l'explication de la première caufe.

Demande-t-on 2°. pourquoi, lorfque le Soleil fe trouve
dans la partie méridionale de la fphére, il régne fouvent dans
ces pays-ci un vent du Nord ? la feconde caufe va nous fournir l'explication de cet effet. Le Soleil dans ce tems-là dilate
l'air de la partie de la fphére où il fe trouve ; cet air dilaté
occupe un plus grand efpace & comprime l'air fitué dans
la partie boréale ; l'air de la partie boréale comprimé fe
remet dans fon premier état, & c'eft en s'y remettant qu'il
occafionne un vent que nous appellons bize ou *vent du Nord*.

Par une raifon contraire le Soleil fitué dans la partie boréale de la fphére doit occafionner un vent du Midi. Ces
deux vents ne font pas directs, c'eft-à-dire, ne font pas directement occafionnés par l'action du Soleil fur l'athmofphére terreftre ; ils ont pour caufe immédiate le reffort de
l'air que nous fçavons être prodigieux.

Remarquez que les vents caufés par la compreffion de l'air
vers le tropique du Cancer, lorfque le Soleil fe trouve dans
le tropique du Capricorne, & les vents caufés par la compreffion de l'air vers le tropique du Capricorne, lorfque le
Soleil fe trouve dans le tropique du Cancer, s'appellent *vents*
alizés. Les premiers foufflent entre le Nord & l'Orient, &
les feconds entre l'Orient & le Midi.

Remarquez encore qu'il ne faut qu'une montagne confidérable, pour faire changer de direction au vent, ou pour le
rendre plus fort & plus impétueux.

Demande-t-on 3°. d'où viennent les ouragans. La quatrieme caufe vous fournira la réponfe à cette queftion.

Demande-t-on 4°. pourquoi le vent du Midi eft ordinairement chaud par rapport à nous ? l'on fera remarquer que
ce vent en paffant par la zone torride fe charge de particules
ignées. Par la même raifon le vent du Nord doit être chaud

par rapport aux peuples qui fe trouvent hors du tropique du Capricorne dans la partie méridionale de la fphére.

Demande-t-on 5°. pourquoi le vent du Nord eft froid dans ce pays-ci ? plufieurs Phyficiens répondent que ce vent fe charge de particules de nitre & de glace, fort communes dans les plages boréales.

Demande-t-on 6°. pourquoi certains vents font humides, & certains autres fecs ? l'on affurera que les vents qui traverfent des mers immenfes doivent être humides, & que ceux qui ne traverfent que des terres féches ou peu arrofées doivent être fecs.

VENTRE. La cavité qui fe trouve entre le diaphragme & le méfentére s'appelle *ventre*.

VENTRICULE. Voyez *Eftomach,*

VÉNUS. Vénus eft la feconde des planétes inférieures. Son globe fenfiblement fphérique eft 8 fois plus gros que celui que nous habitons. Éloignée du Soleil d'environ 23 millions de lieues dans fa plus grande, & d'environ vingt-deux millions dans fa plus petite diftance, elle doit être un peu plus denfe que la Terre, par la raifon que nous avons apportée dans l'article de *Mars*. Vénus a deux mouvemens d'Occident en Orient, l'un de rotation qu'elle acheve en vingt-trois heures vingt minutes, & l'autre périodique qui fe fait en deux cens vingt-quatre jours dix-huit heures ; ce dernier mouvement eft autour du Soleil dans une orbite prefque circulaire, inclinée à l'écliptique de trois degrés vingt-trois minutes dix fecondes. Les nœuds de cette orbite ne font pas permanents, ils ont un mouvement d'Occident en Orient de trente-quatre fecondes par année. Enfin Vénus a fes phafes qui s'expliquent comme celles de Mercure. L'on trouvera dans l'article de *Copernic* l'explication des autres phénoménes qui regardent cette planéte. Si l'on veut bien fe convaincre que cette planéte eft au moins 8 fois plus groffe que la Terre, l'on appliquera les faits de l'article *Satellite de Vénus* aux principes répandus dans l'important article *Centre de gravitation*, où nous avons prouvé que le Soleil eft 23946 fois plus gros que Vénus. L'on prendra garde aux fautes d'inattention dans le calcul. Dans mon grand Dictionnaire, *par exemple*, j'ai fait le quarré de 223 = 19729, au lieu de le faire = 49729.

VERD. Le verd eft la quatrieme des fept couleurs primitives, comme nous l'avons expliqué en propofant le fyftême de Newton fur les couleurs.

VERRE. Mettez fur un grand feu un fable fin & les fels

fixes de quelques plantes ; ces sels agités par l'action du feu briseront les espéces de globules dont le fable est composé ; ils y pratiqueront une infinité de pores droits & disposés en tout sens , & ils vous présenteront un composé solide , transparent & fragile auquel nous avons donné le nom de *verre*. Les phénoménes innombrables qu'offrent à des yeux physiciens les verres convexes & concaves , font expliqués dans l'article de la *Dioptrique* , & dans celui de *Lunette*.

VERTÉBRE. Les vertébres font de petits os joints ensemble qui aident le corps à se tourner facilement. L'on compte vingt-quatre vertébres dans l'épine du dos; les sept premieres appartiennent au cou , les douze fuivantes à la poitrine & les cinq dernieres aux reins.

VERTICAL. Perpendiculaire à l'horizon & vertical font en Physique deux termes synonymes.

VUE. L'organe de la vue est la rétine ; comme nous l'avons prouvé dans l'article de l'*Œil.*

VIF-ARGENT. Cherchez *Mercure.*

VIOLET. La couleur violette est la septieme des sept couleurs primitives. Cherchez *Couleurs.*

VIS. Les pressoirs , les étaux & cent instrumens semblables qu'on a tous les jours fous les yeux , font autant de *vis.* L'on a dû remarquer que tandis que la *puissance* qui se sert de la *vis* pour serrer quelque chose , décrit une circonférence considérable , la résistance ne parcourt qu'un espace très-petit , c'est-à-dire , ne descend que d'un *pas de vis* ; aussi a-t-on dû conclure , fuivant les principes que nous avons établis dans notre méchanique , que cette machine étoit très-propre à augmenter la force de la puissance qui s'en sert.

VISCOSITÉ. Un fluide a de la viscosité , lorsque fes molécules ont de l'adhésion entre elles. L'huile , *par exemple* , a beaucoup de viscosité.

VITESSE. Les Physiciens définissent la vitesse d'un mobile la correspondance qu'il a à certains lieux dans un tems donné. Quoiqu'il en soit de cette définition , il est sûr que la vitesse à rapport à l'espace parcouru & au tems employé à le parcourir. Supposons , *par exemple* , que le corps A parcoure vingt lieues dans deux heures ; & le corps B cent lieues dans quatre heures ; l'on doit assurer que la vitesse du corps A est à celle du corps B , comme dix qui est le quotient de vingt divisé par deux , est à vingt-cinq qui est le quotient de cent divisé par quatre : c'est-à-dire , l'on doit assurer qu'autant que dix est inférieur à vingt-cinq , autant la vitesse du corps

A eſt inférieure à celle du corps B. L'on a donc raiſon d'avan‑
cer en Phyſique que l'on connoit la viteſſe d'un mobile ,
lorſque l'on diviſe l'eſpace parcouru par le tems qu'il a em‑
ployé à le parcourir. Cherchez *Mouvement*.

VITRIOL. Les Phyſiciens regardent le vitriol comme une
eſpèce de ſel auquel ſe ſont mêlées pluſieurs particules mé‑
talliques. On trouve le vitriol , quelquefois au fond , quel‑
quefois à côté des mines de métal.

VOIR. Cherchez *Œil* & *Optique*.

VOLCAN. Les Phyſiciens ont donné le nom de *volcans*
aux éruptions du Mont-Véſuve , du Mont-Etna , & à celles
de quelques autres montagnes ſituées dans différens pays du
monde. M. Lemery ne doute pas qu'on ne doive ces embraſe‑
mens aux particules de fer & de ſoufre qui fermentent dans
le ſein de ces montagnes , de la maniere la plus violente.
Cherchez *Tremblement de Terre*.

VOLER. Les oiſeaux volent facilement , parce qu'ils ſont
rélativement plus légers que le volume d'air auquel ils ré‑
pondent. Voyez cette matiere rapprochée de ſes principes
dans l'article de l'*Hydroſtatique*.

UVÉE. C'eſt une membrane qui ſe trouve ſous la cornée,
Vous en trouverez la deſcription & l'uſage dans l'article de
l'*œil*.

VUIDE. Nous diſtinguons deux ſortes de vuide , l'un ab‑
ſolu & parfait , l'autre rélatif & imparfait. Le premier n'ad‑
met aucune eſpèce de corps , de quelque nature qu'il puiſſe
être : tel eſt le vuide que tout homme raiſonnable doit re‑
connoître avant la création de l'Univers. Le ſecond n'exclut
pas un fluide infiniment rare & infiniment délié , à peu-près
ſemblable à celui que nous appellons la lumiere. Les New‑
toniens n'ont jamais regardé le vuide abſolu comme impoſſi‑
ble & chimérique ; on ne leur entendra jamais dire , comme
aux Cartéſiens , que Dieu ne puiſſe pas anéantir tous les corps
qui ſe trouvent renfermés entre quatre murailles , ſans que
ces murailles s'approchent comme néceſſairement , pour ne
laiſſer aucun eſpace vuide entr'elles ; ils comprennent trop
bien le peu de ſolidité , je dirois preſque l'impiété d'une pa‑
reille réponſe. Ils ſe contentent cependant d'admettre dans
les eſpaces céleſtes un vuide imparfait & purement rélatif.
Quelques-uns parmi eux n'ont pas craint d'aſſurer , que la
lumiere eſt un fluide ſi rare , que toute celle qui ſe trouve
entre Saturne & le Soleil , ne contient pas autant de matiere
ſolide , qu'un ſeul pied cubique d'air. Quoiqu'il en ſoit de

cette affertion, que l'on ne peut regarder que comme une conjecture affez mal fondée, il eft évident 1°. que le fluide qui refte dans le récipient de la machine pneumatique, lorfque l'expérience du Barométre réuffit le mieux, eft un corps infiniment rare, fi on le compare avec l'air groffier que nous refpirons, puifque nous voyons tous les jours que dans le récipient ainfi purgé d'air une plume tombe auffi vite que les corps les plus pefants que nous connoiffions fur la Terre ; il eft évident 2°. que le fluide qui fe trouve dans les efpaces céleftes eft un corps pour le moins auffi rare, que le fluide qui refte dans le récipient purgé d'air ; donc les corps céleftes fe meuvent dans un fluide infiniment rare par rapport à eux ; donc ils fe meuvent dans un vuide rélatif. Voilà l'idée que l'on doit fe former du vuide que nous admettons en Phyfique.

Z

ZÉNITH. Le point du Ciel perpendiculaire fur notre tête, eft notre zénith.

ZÉPHIR. Le vent d'Occident, lorfqu'il n'eft pas fort, prend le nom de zéphir.

ZODIAQUE. Le Zodiaque eft un grand cercle dont nous avons parlé dans l'article de la fphére num. 9. Nous n'avons pas manqué de faire remarquer que les conftellations du *Bélier*, du *Taureau*, des *Chevreaux* aufquels ont fuccédé les *Gemeaux*, de l'*Ecreviffe*, du *Lion*, de la *Vierge*, de la *Balance*, du *Scorpion*, du *Sagittaire*, du *Capricorne*, ou de la *Chèvre fauvage*, du *Verfeau* & des *Poiffons* en occupent la circonférence. Tous ces différents noms ne font que des fymboles ; ils fervent à caractérifer de mois en mois ce qui arrive fur la Terre dans les divers déplacemens du Soleil le long de l'année. Les trois premiers fignes, *par exemple*, portent les noms des trois animaux dont il paroit fucceffivement de nouvelles troupes tout le tems du printems.

L'Ecreviffe eft un animal qui marche à reculons & obliquement ; de même le Soleil parvenu au figne qui porte ce nom commence à rétrograder & à defcendre obliquement.

La furie du Lion peut affez bien marquer celle du Soleil, lorfqu'il abandonne l'Écreviffe.

La Vierge qui paroit à la fuite du Lion, portant une poignée d'épis, exprime fort naturellement la coupe des moiffons qu'on acheve alors de mettre bas.

L'on a prétendu marquer l'égalité des jours & des nuits qu'amene le Soleil parvenu à l'équinoxe, en donnant aux étoiles fous lefquelles il fe trouve alors , le nom de la *Balance*:

Les maladies d'automne , lors de la retraite du Soleil , ont été caractérifées par le Scorpion qui traîne après lui fon dard & fon venin.

La chaffe que les Anciens donnoient aux bêtes féroces à la chûte des feuilles , ne pouvoit être mieux marquée que par un homme armé d'une fléche , appellé le *Sagittaire*.

La méthode de paître de la chévre, eft de monter toujours & de gagner les hauteurs tout en broutant ; de même le Soleil arrivé au figne qui porte ce nom commence à quitter le point le plus bas de fa courfe pour revenir au plus élevé.

Le Verfeau a un rapport fenfible aux pluies d'hyver.

Les Poiffons liés ou pris au filet, marquent la péche qui eft excellente aux approches du printems.

ZONE. Confultez l'article de la *Sphére* , *numero* 18.

ZONE LUMINEUSE *de l'aurore boréale*. Il paroît quelquefois avec l'aurore boréale comme un grand arc-en-ciel, mais un peu plus étroit que l'arc-en-ciel ordinaire. Celui du 27 Février 1750 étoit très-uniforme dans toute fa longueur, blanchâtre, teint par fes bords d'une efpèce de couleur de rofe , & d'un verd céladon pâle. C'eft là le phénoméne que l'on nomme *zone lumineufe*. M. de Mairan affure que la matiere de tous ces arcs eft la même que celle des aurores boréales.

F I N.

TABLE

Des Latitudes des principales Villes du Monde.

PAYS	VILLES	LATITUDE		
	A	degrés	minut.	sec.
France	ABbeville	50	7	1
Amérique	S. Acapulco	16	45	
France	Agde	43	18	57
France	Agen	44	12	7
Indes	Agra	26	43	
France	Aire	50		
France	Aix	43	31	35
France	Alby	43	55	44
France	Alençon	48	25	
Syrie	Alep	35	45	23
Syrie	Alexandrette	36	35	10
Egypte	Alexandrie	31	11	20
Afrique	Alger	36	49	30
Espagne	Almérie	36	51	18
France	Amiens	49	53	38
Hollande	Amsterdam	52	22	45
France	Angers	47	28	8
France	Angoulême	45	39	3
France	Antibes	43	34	50
Brabant	Anvers	51	13	15
Russie	Archangel	64	34	
Pérou	Arica	18	26	38
France	Arles	43	40	33
Pays-Bas	Arras	50	17	30

C c

PAYS	VILLES	degrés	minut.	sec.
Comtat-Venaiſ.	Avignon	43	57	25
France	Avranches	48	41	18
France	Auch	43	38	46
France	Aurillac	44	55	10
France	Autun	46	56	46
France	Auxerre	47	47	54

B

Indes	B Alaſſor	20		
Eſpagne	Barcelone	41	26	
Suiſſe	Baſle	47	55	
France	Bayeux	49	16	30
France	Bayonne	43	29	21
France	Beaucaire	43	48	35
France	Beauvais	49	26	2
Allemagne	Berlin	52	32	30
France	Beſançon	47	13	45
France	Béziers	43	20	41
France	Blois	47	35	19
Amérique	Boca-chica	10	20	25
Italie	Bologne	44	30	
France	Boulogne	50	43	31
Afrique	Iſle de Bourbon	XXI	V	
France	Bourdeaux	44	50	18
France	Bourges	47	4	58
Allemagne	Breſlaw	51	3	
France	Breſt	48	23	
Pays-bas	Bruxelles	50	51	
Amérique	Buenos-Ayres	XXXIV	XXXIV	XXX

C

Eſpagne	C Adix	36	31	7

PAYS	VILLES	degrés	minut.	sec.
France	Caën	49	11	10
Egypte	Caire (le)	30	2	30
France	Cahors	44	26	4
France	Calais	50	57	31
Indes	Calicut	11	17	
France	Cambray	50	10	30
Indes	Cananor	11	58	
Archipel	Candie	35	18	45
Candie	Canée (la)	35	28	45
Afrique	Cap de bonne espérance	XXXIV	XV	
Afrique	Cap-vert	14	43	
France	Carcaffonne	43	12	51
Comtat-Venaif.	Carpentras	44	3	33
Amérique	Carthagéne	10	26	35
Efpagne	Carthagéne	37	36	7
France	Caftres	43	37	10
Amérique	Cayenne	4	56	
France	Châlon-fur-Mar.	48	57	12
France	Châlon-fur-Sao.	46	46	50
France	Chartres	48	26	49
France	Cherbourg	49	38	26
France	Clermont	45	46	45
Indes	Cochin	9	58	
Allemagne	Cologne	50	55	
Amérique	Conception (la)	XXXVI	XLII	LIII
France	Condom	43	57	55
Turquie	Conftantinople	41		
Danemark	Copenhague	55	40	45
Amérique	Coquimbo	XXIX	LIV	X
France	Coutances	49	2	50
Pologne	Cracovie	50	10	

PAYS	VILLES	degrés	minut.	sec.
	D			
	D Aca	24		
Indes	Damas	33	3	
Syrie	Damiette	31		
Afrique	Dantzic	54	22	
Pologne	Dax	43	42	23
France	Dieppe	49	55	18
France	Dijon	47	19	22
France	Dol	48	33	9
Bretagne	Dole	47	5	42
France	Dunkerque	51	2	4
France	**E**			
	E Dimbourg	55	58	
Ecosse	Embrun	44	34	
France	Erivan	40		
Perse	Erzeron	39	56	35
Arménie	Evreux	49	1	24
France	**F**			
	F Er (Isle de)	28	5	
Afrique	Ferrare	44	54	
Italie	Fléche (la)	47	42	
France	Florence	43	46	30
Italie	France (Isle de)	XIX	XXXV	
Afrique	Francfort	49	55	
Allemagne	Fréjus	43	26	3
France	Funchal	33		
Canaries	**G**			
	G And	51	3	
Pays-bas				

PAYS	VILLES	degrés	minut.	sec.
France	Gap	44	35	9
Italie	Gènes	44	25	
Savoye	Genève	46	12	
Indes	Goa	15	31	
France	Granville	48	50	11
France	Grasse	43	39	25
Angleterre	Greenwich	51	28	30
France	Grenoble	45	11	49
Asie	Guhan (Isle)	13	20	

J

Indes	J Agrenat	19	50	
Asie	Jérusalem	31	50	
Allemagne	Ingolstad	48	46	
Perse	Ispaham	32	25	

K

| Amérique | K Ebec | 46 | 55 | |

L

Canaries	L Aguna	28	30	
Alsace	Landau	49	11	40
France	Langres	47	52	17
France	Laon	49	33	52
Suisse	Lausane	46	31	5
France	Lectoure	43	56	2
Allemagne	Leipsic	15	19	14
Pays-bas	Liége	50	36	
Flandres	Lille	50	37	50
Pérou	Lima	XII	I	XV
Pays-bas	Limbourg	50	40	
France	Limoges	45	49	53

PAYS	VILLES	degrés.	minut.	fec.
France	Lion	45	45	51
Portugal	Lisbonne	38	42	20
France	Lifieux	49	11	
Angleterre	Londres	51	31	
Italie	Lorette	43	24	
Amérique	Louisbourg	45	53	45
France	Luçon	46	27	14
Pays-bas	Luxembourg	49	40	

M

	M Acao	22	12	44
Chine	M Acao	22	12	44
Indes	Madrafpatan	23	13	
Efpagne	Madrid	40	25	
Indes	Maduré	10	20	
Angleterre	Mahon (Port)	39	53	45
Indes	Malaca	2	12	
Pays-bas	Malines	51	1	50
France	Malo (St.)	48	38	59
Afrique	Malte	35	54	
Indes	Manille	14	30	
France	Mans (le)	47	58	
France	Marfeille	43	17	45
Amérique	Marthe (Ste)	11	26	40
Amérique	Martinique (la)	14	43	9
Indes	Maffulipatan	16	30	
Allemagne	Mayence	49	54	
France	Meaux	48	57	37
France	Mende	44	30	47
Pays-bas	Menin	50	47	40
France	Metz	49	7	5
Amérique	Mexico (St.)	20		
Italie	Milan	45	25	

PAYS	VILLES	degrés.	minut.	fec.
Italie	Monaco	43	48	
Italie	Modene	44	34	
Pays-bas	Mons	50	27	10
France	Montpellier	43	36	33
Moſcovie	Moſcow	55	36	10
France	Moulins	46	34	4
Allemagne	Munich	48	2	

N

Pays-bas	N Amur	50	28	28
Lorraine	Nancy	48	41	17
France	Nantes	47	13	45
Italie	Naples	40	50	13
France	Narbonne	43	11	
Indes	Négapatan	11		13
France	Nevers	46	59	54
Italie	Nice	43	41	41
Pays-bas	Nieuport	51	7	35
France	Nîmes	43	50	37
France	Noyon	49	34	
Allemagne	Nuremberg	49	26	

O

Bréfil	O Linde	VIII	XIII	
France	Orange	44	9	17
France	Orléans	47	54	4
Canaries	Ortava	28	30	
Pays-bas	Oſtende	51	13	55

P

Italie	P Adoue	45	22	26
Indes	Paléacate	13	34	

PAYS	VILLES	degrés.	minut.	ſec.
France	Paris	48	50	10
France	Pau	43	15	
Chine	Pékin	39	54	
France	Périgueux	45	11	10
France	Perpignan	42	41	55
Moſcovie	Petersbourg	60		
Mer du Nord	Pic des Açores	38	35	
Canaries	Pic de Ténerife	28	12	54
France	Poitiers	46	35	
Indes	Pondichery	11	53	47
Amérique	Portobello	9	33	5
France	Puy (le)	45	25	2
	Q			
Chine	**Q**Uanton	23	8	
Piémont	Quiers	44	53	
France	Quimper	47	58	24
Amérique	Quitto		XIII	XVII
	R			
France	**R**Eims	49	14	36
France	Rennes	48	6	45
Bréſil	Rio-Janeiro	XXII	LIII	XXX
France	Rochelle (la)	46	9	43
France	Rodez	44	21	
Italie	Rome	41	54	
France	Rouen	49	26	23
	S			
France	**S**Aintes	45	44	43
France	St. Brieu	48	31	21
France	St. Flour	45	1	55

PAYS	VILLES	degrés.	minut.	ſec.
France	St. Omer	50	44	46
France	St. Paul de Leon	48	40	55
Turquie	Salonique	40	41	10
Archipel	Scio	38	8	37
France	Sedan	49	42	29
France	Séez	48	36	21
France	Senlis	49	12	23
France	Sens	48	11	56
Indes	Siam	14	18	
France	Siſteron	44	11	21
Aſie	Smyrne	38	28	7
France	Soiſſons	49	22	32
Suéde	Stokolm	59	20	
France	Strasbourg	48	34	35
Indes	Surate	21	10	
	T			
Indes	**T**Angapatan	8	19	
Indes	Tanjaor	1	27	
Indes	Tanor	1	4	
France	Taraſcon	43	48	20
France	Tarbes	43	14	2
Eſpagne	Toléde	39	50	
Indes	Thomé (St.)	13	10	
Suéde	Tornea	65	43	
Italie	Tortone	44	53	
France	Toul	48	40	27
France	Toulon	43	7	24
France	Toulouſe	43	35	54
France	Tours	47	23	44
Indes	Trankebar	11	20	
France	Tréguier	48	46	45

PAYS	VILLES	degrés.	minut.	fec.
Italie	Trente	46		
Allemagne	Tréves	49	46	
Dombes	Trévoux	45	56	42
Barbarie	Tripoly	32	53	40
France	Troyes	48	18	2
Piémont	Turin	45	5	20
Indes	Tutucurin	8	52	

V

	V			
Chili	Alparais	xxxiii		xix
France	Vannes	47	39	14
Pologne	Varfovie	52	14	
France	Vence	43	43	16
Italie	Venife	45	25	
Amérique	Veracrus	19	10	
France	Verdun	49	9	18
Italie	Vérone	45	26	26
France	Verfailles	48	48	18
Autriche	Vienne	48	12	48
France	Vienne	45	32	
Indes	Vifapour	17	30	
France	Viviers	44	28	54
Suéde	Upfal	59	51	50
Saxe	Wittemberg	51	43	10

Y

	Y			
Pérou	Lo	xvii	xxxvi	xv
Pays-bas	Ypres	50	51	5

EXPLICATION

1°. L'on voit dans chaque page de la Table précédente 5 colonnes perpendiculaires. La première contient les noms des Pays où font fituées les Villes dont on cherche la Latitude. La feconde contient les noms de ces mêmes Villes, rangés, comme les premiers, par ordre Alphabétique. La troifième contient les degrés de Latitude. La quatrième, les minutes ; & la cinquième, les fecondes.

2°. La Latitude d'une Ville eft la diftance qu'il y a du Zénith de cette Ville à l'équateur célefte. Deux Villes, *par exemple*, dont l'une fe trouveroit fous le tropique du *Cancer* & l'autre fous le tropique du *Capricorne*, auroient chacune 23 degrés, 30 minutes de Latitude, parce que les 2 tropiques font éloignés de l'équateur de 23 degrés, 30 minutes.

3°. La Latitude d'une Ville eft boréale ou méridionale, fuivant que cette Ville eft placée dans la partie Boréale ou Méridionale de la Sphére. La première des deux Villes dont nous avons parlé *num.* 2°. auroit une latitude boréale, & la feconde une latitude méridionale.

4°. Le cercle de latitude eft toujours le méridien ; & l'arc du méridien compris entre le Zénith d'une Ville & l'équateur célefte marque toujours la latitude de cette Ville. Cet arc eft-il de 15 degrés, 20 minutes, 30 fecondes ? La Ville dont il s'agit, aura 15 degrés, 20 minutes, 30 fecondes de latitude. Il n'eft pas néceffaire de faire remarquer qu'un degré eft la 360e. partie du méridien ; une minute, la 60e. partie d'un degré ; & une feconde la 60e. partie d'une minute.

5°. Nous nous fommes fervi dans la table précédente tantôt du chiffre ordinaire & tantôt du chiffre romain. Nous avons employé le premier pour marquer la latitude boréale, & le fecond pour marquer la latitude méridionale.

6°. Cette même Table fervira à trouver l'élévation du pôle fur l'horizon des Villes dont nous avons fait l'énumération ; tout le monde fçait que la latitude géographique d'un lieu quelconque eft toujours égale à la hauteur du pôle fur l'horizon de ce lieu. Le chiffre ordinaire marquera l'élévation du pôle boréal, & le chiffre romain l'élévation du pôle méridional.

TABLE

Des Longitudes des principales Villes du Monde, en prenant pour premier Méridien, tantôt celui de l'Isle de Fer, tantôt celui de l'Observatoire de Paris.

VILLES	LONGITUDE. Méridien de l'Isle de Fer.			LONGITUDE. Méridien de Paris.			
A	D.	M.	S.	D.	M.	S.	
Abbeville	19	33	0	0	30	20	oc.
Agde	21	8	0	1	8	11	or.
Agen	18	15	11	1	44	11	oc.
Agra. Mogol	94	24	49	74	24	0	or.
Aix. France	23	12	0	3	6	34	or.
Alby	19	48	0	0	11	16	oc.
Alençon	17	45	0	2	15	0	oc.
Alep Syrie	55	0	0	35	0	0	or.
Alexandrette	54	0	0	34	0	0	or.
Alexandrie Egip.	47	56	30	27	56	30	or.
Alger	16	26	0	0	7	15	oc.
Amiens	19	57	48	0	2	4	oc.
Amsterdam	22	39	0	2	39	0	or.
Angers	17	6	0	2	53	52	oc.
Angoulême	17	48	47	2	11	13	oc.
Antibes	24	47	45	4	48	33	or.
Anvers	22	10	0	2	4	9	or.
Archangel	57	20	0	36	35	0	or.
Arles	22	21	0	2	18	0	or.

VILLES	D.	M.	S.	D.	M.	S.	
Arras	20	26	12	0	26	12	or.
Auch	18	10	0	1	45	24	oc.
Avignon	22	26	0	2	28	33	or.
Avranches	16	17	22	3	42	38	oc.
Aurillac	20	7	0	0	7	0	or.
Autun	21	58	8	1	58	8	or.
Auxerre	21	14	20	1	14	20	or.

B

	D.	M.	S.	D.	M.	S.	
Barcelone	19	53	0	0	7	0	oc.
Basle	25	15	0	5	15	0	or.
Bayeux	16	57	9	3	2	51	oc.
Bayonne	16	11	15	3	50	6	oc.
Beauvais	19	45	0	0	15	18	oc.
Berlin	31	7	15	11	6	15	or.
Besançon	23	30	0	3	42	39	or.
Béziers	20	52	35	0	52	35	or.
Blois	18	59	50	1	0	10	oc.
Bologne *Italie*	29	17	0	9	1	15	or.
Boulogne *Fran.*	19	20	0	0	43	16	oc.
Bourdeaux	16	55	0	2	54	49	oc.
Bourges	19	56	0	0	3	26	or.
Breslaw	34	47	30	14	47	30	or.
Brest	13	6	0	6	50	50	oc.
Bruxelles	22	5	0	2	1	43	or.
Buenos-Ayres	322	0	0	60	51	15	oc.

C

	D.	M.	S.	D.	M.	S.	
Cadix	14	35	15	8	21	15	oc.
Caën	17	15	0	2	41	47	oc.
Caire (le)	49	6	15	29	6	15	or.
Cahors	19	7	9	0	53	9	oc.

VILLES	D.	M.	S.	D.	M.	S.	
Calais	19	27	30	0	29	4	oc.
Cambray	20	54	0	0	53	42	or.
Candie	42	58	0	22	58	0	or.
Cap de bonne eſ. pérance	37	44	45	16	10	0	or.
Carcaſſonne	20	0	49	0	0	49	or.
Cartagéne *Amér.*	302	30	0	77	46	0	oc.
Caſtres	19	55	0	0	5	15	oc.
Cayenne	27	30	0	54	35	0	oc.
Châlon-ſur-Mar.	22	2	12	2	2	12	or.
Châlon-ſur-Saon.	22	31	25	2	31	25	or.
Chartres	19	10	0	0	51	5	oc.
Cherbourg	15	58	0	3	58	11	oc.
Civita-vecchia	29	25	0	9	26	0	or.
Clermont	20	49	0	0	45	7	or.
Cologne	24	45	0	4	45	0	or.
Conception (la)	304	27	30	75	0	0	oc.
Condom	18	2	0	1	58	16	oc.
Conſtantinople	46	33	0	26	33	30	or.
Copenhague	30	25	15	10	25	15	or.
Courances	16	12	25	3	47	25	oc.
Cracovie	37	30	0	17	30	0	or.
D							
DAntzic	36	11	0	16	11	0	or.
Dax	16	36	0	3	23	55	oc.
Dieppe	18	49	0	1	15	48	oc.
Dijon	22	30	0	2	42	23	or.
Dol	15	52	48	4	6	12	oc.
Dunkerque	20	0	45	0	2	23	or.
E							
EDimbourg	14	34	45	5	25	15	oc.
Embrun	24	20	0	4	9	0	or.
Erzeron	57	50	0	46	15	45	or.

VILLES	D.	M.	S.	D.	M.	S.	
Evreux	18	48.	39	1	11	21	oc.
F							
FEr (Ifle de)	0	0	0	19	53	45	oc.
Ferrare	29	20	0	9	20	0	or.
Fléche (la)	17	32	0	2	28	0	oc.
Florence	28	59	30	8	59	30	or.
Francfort	26	15	0	6	15	0	or.
Fréjus	24	28	0	4	24	45	or.
G							
GAnd	21	35	0	1	23	39	or.
Gap	23	44	23	3	44	23	or.
Gènes	26	15	45	6	15	45	or.
Genève	24	0	0	4	0	0	or.
Goa	91	25	0	71	25	0	or.
Granville	16	2	35	3	57	7	oc.
Graffe	24	36	5	4	36	5	or.
Greenwich	17	38	0	2	17	30	oc.
Grenoble	23	12	0	3	23	40	or.
J							
JErufalem	53	0	0	33	0	0	or.
Ingolftad	28	45	0	9	2	30	or.
Ifpaham	70	30	0	50	30	0	or.
K							
KEbec	307	47	0	72	13	0	oc.
L							
LAndau	25	47	30	5	47	30	or.
Langres	23	0	0	2	59	23	or.
Laon	21	17	29	1	17	29	or.
Laufane	24	10	0	4	25	15	or.
Lectoure	18	16	53	1	43	7	oc.
							Leipfic

VILLES	D.	M.	S.	D.	M.	S.	
Leipsic	30	0	0	10	0	0	or.
Liége	23	15	0	3	15	0	or.
Lille *Flandres*	20	0	0	0	44	16	or.
Lima	300	50	30	79	9	30	oc.
Limoges	18	57	0	1	4	51	oc.
Lisbonne	11	30	0	11	17	30	oc.
Lisieux	17	55	0	2	5	0	oc.
Londres	17	34	45	2	25	1	oc.
Louisbourg	10	0	0	62	6	15	oc.
Luçon	316	29	26	3	30	34	oc.
Lyon	22	25	0	2	29	43	or.

M

VILLES	D.	M.	S.	D.	M.	S.	
Macao	130	48	0	111	26	15	or.
Madrid	14	30	0	6	4	30	oc.
Mahon (Port)	22	0	30	1	28	0	or.
Malaca	119	45	0	99	45	0	or.
Malines	22	5	0	2	8	48	or.
Malo (St.)	15	30	0	4	22	2	oc.
Malte	32	10	0	12	9	30	or.
Manille	141	0	0	118	0	0	or.
Marseille	23	7	0	3	2	8	or.
Martinique (la)	316	41	15	63	18	45	oc.
Mayence	26	0	0	6	0	0	or.
Meaux	20	32	35	0	32	35	or.
Mende	21	9	30	1	9	32	or.
Menin	20	44	0	0	47	18	or.
Metz	23	51	0	3	51	0	or.
Milan	27	0	0	7	0	0	or.
Modene	28	52	30	8	52	30	or.
Mons	21	34	0	1	37	10	or.
Montpellier	21	32	0	1	32	44	or.
Moscow	58	0	0	38	0	0	or.
Moulins	20	59	59	0	59	59	or.
Munich	29	15	0	9	15	0	or.

VILLES	D.	M.	S.	D.	M.	S.
NAmur N	22	32	0	2	51	37 or.
Nancy	23	45	0	3	51	33 or.
Nantes	16	7	30	3	53	48 oc.
Naples	32	20	0	12	20	0 or.
Narbonne	20	41	0	0	40	9 or.
Nevers	20	49	25	0	49	25 or.
Nice	24	57	22	4	57	22 or.
Nieuport	16	15	0	0	24	55 or.
Nîmes	22	1	11	2	1	11 or.
Noyon	20	40	43	0	40	43 or.
Nuremberg	28	44	0	8	44	0 or.
OLinde O	342	30	0	57	30	0 oc.
Orange	22	25	53	2	25	53 or.
Orléans	20	26	0	0	25	38 oc.
Oftende	20	23	13	0	35	2 or.
PAdoue P	29	30	0	9	35	30 or.
Paris. *Obſervat.*	20	0	0	0	0	0
Pau	17	6	0	2	29	0 oc.
Pékin	134	16	30	114	2	30 or.
Périgueux	18	18	0	1	36	59 oc.
Perpignan	20	33	30	0	34	5 or.
Petersbourg	49	30	0	28	0	0 or.
Pic des Açores	349	30	0	30	30	0 oc.
Pic de Tenerife	1	13	30	18	52	3 oc.
Poitiers	17	55	0	1	59	55 oc.
Pondichery	98	7	30	77	52	30 or.
Portobello	297	50	0	82	10	0 oc.
Puy (le)	21	33	21	1	33	21 or.
QUanton Q	130	43	15	110	43	15 or.
Quimper	13	32	25	6	27	25 oc.
Quitto	302	15	0	80	15	0 oc.

VILLES	D.	M.	S.	D.	M.	S.	
R							
REims	21	45	0	1	42	53	or.
Rennes	15	55	0	4	1	53	oc.
Rio-Janeiro	337	0	0	45	5	0	oc.
Rochelle (la)	16	37	0	3	35	44	oc.
Rodez	20	14	0	0	14	20	or.
Rome	30	20	0	10	9	15	or.
Rouen	18	45	0	1	14	40	oc.
S							
SAintes	37	1	6	2	58	54	oc.
St. Brieu	14	47	0	5	3	17	oc.
St. Flour	20	45	32	0	45	32	or.
St. Omer	19	54	57	0	5	3	oc.
St. Paul de Leon	13	39	39	6	20	21	oc.
Salonique	40	48	0	20	48	0	or.
Séez	17	49	49	2	10	11	oc.
Senlis	20	15	0	0	15	0	or.
Sens	20	54	0	0	56	58	or.
Siam	118	30	0	98	30	0	or.
Sifteron	23	36	4	3	36	4	or.
Smyrne	44	59	45	24	59	45	or.
Soiffons	20	59	28	0	59	28	or.
Stokolm	37	5	0	17	0	0	or.
Strasbourg	25	25	0	5	26	18	or.
Surate	90	0	0	70	0	0	or.
T							
TArbes	17	38	0	2	16	27	oc.
Toléde	14	20	0	5	40	0	oc.
Tornea	41	57	0	21	52	30	or.
Toul	23	33	45	3	33	45	or.
Toulon	23	42	0	3	36	35	or.
Toulouse	20	55	0	0	53	45	oc.
Tours	18	20	0	1	38	49	oc.
Tréguier	14	24	50	5	35	10	oc.
Tripoly	30	45	15	10	45	15	or.

VILLES	D.	M.	S.	D.	M.	S.	
Troyes	21	40	0	1	44	55	or.
Turin	25	20	0	5	20	0	or.
V Alparais	305	20	45	74	39	15	oc.
Vannes	14	35	34	5	6	26	oc.
Varſovie	38	45	0	18	45	0	or.
Vence	24	47	28	4	47	28	or.
Veniſe	30	20	0	9	44	30	or.
Verdun	23	2	0	3	2	45	or.
Vérone	28	31	0	8	58	30	or.
Verſailles	19	47	0	0	12	50	oc.
Vienne *Autriche*	34	32	0	14	2	30	or.
Viviers	22	21	22	2	21	22	or.
Upſal	35	50	0	15	25	0	or.
Uranibourg	30	40	0	10	32	30	or.
Wittemberg	30	45	0	10	13	30	or.
Y Lo	306	33	0	73	33	0	oc.
Ypres	20	32	55	0	32	55	or.

EXPLICATION

DE LA TABLE PRÉCÉDENTE.

1°. La Table des Longitudes contient , comme celle des Latitudes , plufieurs colonnes perpendiculaires. Dans la première colonne fe trouvent les noms des Villes ; dans la feconde , la troifième & la quatrième colonnes , les différentes longitudes exprimées en degrés , minutes & fecondes géométriques , en fuppofant que le premier Méridien eft celui de l'Ifle de Fer ; dans la cinquième , fixième & feptième colonnes fe trouvent encore les différentes longitudes exprimées en degrés , minutes & fecondes géométriques , dans l'hypothéfe que le premier Méridien eft celui de l'Obfervatoire de Paris.

2°. Nous prenons pour premier méridien , d'abord le méridien de l'*Ifle de Fer*. C'eft un grand cercle qui paffe par les deux pôles du monde & par le *Zénith* & le *Nadir* de cette Ifle.

3°. La longitude d'une Ville eft la diftance qu'il y a du méridien de cette Ville au premier méridien. C'eft l'arc de l'équateur compris entre ces deux méridiens qui détermine les degrés de longitude. Paris , *par exemple* , en a 20 degrés , parce que l'arc de l'équateur compris entre le méridien de Paris & le méridien de l'Ifle de Fer eft de 20 degrés.

4°. Au lieu d'exprimer la longitude d'une Ville en degrés , minutes & fecondes géométriques , on l'exprime quelquefois en heures , minutes & fecondes de tems. Rien n'eft plus fa-

cile que de faire ces fortes de réductions. On
fçait qu'une heure équivaut à 15 degrés, une
minute de tems à 15 minutes de degré, & une
feconde de tems à 15 fecondes géométriques. La
longitude de Nîmes, *par exemple*, marquée en
tems, feroit de 1 heure, 28 minutes, 4 fecondes, 44 tierces, parce que cette Ville à 22 degrés, 1 minute, 11 fecondes de Longitude.

5°. Le principe fur lequel cette réduction eft
fondée, eft celui-ci. Le Soleil parcourt fon cercle diurne dans l'efpace de 24 heures ; donc il
parcourt chaque heure 15 degrés de fon cercle,
puifque 15 multipliant 24 donne pour produit
360, *valeur de tout cercle* ; donc une heure
équivaut à 15 degrés, une minute de tems à
15 minute de degrés, & une feconde de tems
à 15 fecondes géométriques, ou, pour parler
encore plus clairement, donc un degré géométrique équivaut à 4 minutes de tems, une minute de degré à 4 fecondes de tems & une feconde de minute à 4 tierces de tems.

6°. Toutes les opérations dont nous venons
de parler, en fuppofant que le premier méridien eft celui qui paffe par le *Zénith* & le *Nadir* de l'*Ifle de Fer*, auront lieu, lorfque l'on
voudra prendre pour premier Méridien celui
qui paffe par le *Zénith* & le *Nadir* de l'Obfervatoire de Paris. Il n'eft pas néceffaire d'avertir
que les 2 marques or. & oc. fignifient *orientale*
& *occidentale* par rapport à Paris.

TABLES
DES LOGARITHMES.

Les Géométres ont calculé avec l'exactitude la
plus fcrupuleufe les Logarithmes non-feulement
des nombres entiers & des degrés, mais ceux
encore des minutes & des fecondes. Nous diviferons donc ces Tables en 4 parties. La première partie contiendra les Logarithmes des *fecondes* ; la feconde partie, les Logarithmes des
minutes ; la troifième, les Logarithmes des *degrés* ; la quatrième, les Logarithmes des *nombres entiers*.

LOGARITHMES
DES SECONDES CALCULÉES DE 10 en 10.

Secondes.	Logarithmes des Sinus.	Différence.
10	5. 6855748	
20	5. 9866048	3010300
30	6. 1626961	1760913
40	6. 2876348	1249387
50	6. 3845448	969100
60	6. 4637261	791813

L'on va expliquer tout de fuite 1°. pourquoi dans cette première partie l'on a omis
les 9 premières *Secondes* ; 2°. pourquoi l'on n'a
pas marqué les Logarithmes des tangentes ; 3°.
comment on peut trouver les Logarithmes des
Sinus des fecondes intermédiaires.

D d 4

EXPLICATION

DE LA TABLE DES LOGARITHMES

des Sinus des Secondes.

Tout homme qui aura lû avec attention l'article des *Logarithmes* inféré dans le corps de cet Ouvrage, & la Table que nous venons de donner fur cette matière, fera fur la première de ces Tables les demandes fuivantes.

D. Pourquoi a-t-on omis les Logarithmes des Sinus de 9 premières fecondes ?

R. Un Angle de 9 fecondes eft un angle infenfible, donc l'on a dû omettre les Logarithmes des Sinus des 9 premières fecondes.

D. Pourquoi n'a-t-on pas marqué les Logarithmes des Tangentes dans la première Table, comme dans les trois dernières ?

R. Lorfqu'on divife le Sinus total en 1000000000 de parties, alors les Logarithmes des Tangentes des fecondes font égaux à ceux de leurs Sinus. C'eft-là le parti que nous avons pris dans la conftruction de ces Tables ; nous n'avons pas donc dû marquer dans cette première Table les Logarithmes des Tangentes.

D. Comment peut-on trouver les Logarithmes des Sinus des fecondes placées entre 10 & 20, *par exemple*, le Logarithme du Sinus de 12 fecondes?

R. Prenez la différence qui fe trouve entre le Logarithme de 10 fecondes & celui de 20 fecondes, & faites la proportion fuivante ; 10 : 3010300 :: 2 : à un quatrième terme que vous chercherez par la régle de *trois* ordinaire. Ce 4ᵉ. terme fera 602060, lequel ajouté à 5.6855748

Logarithme de 10 *fecondes*, donnera 5.7457808 *Logarithme de* 12 *fecondes*.

D. Comment peut-on trouver les Logarithmes des Sinus des fecondes placées entre 20 & 30, *par exemple*, le Logarithme du Sinus de 23 fecondes ?

R. Opérez comme dans le Problême précédent avec cette différence qu'au lieu de prendre 3010300, vous prendrez 1760913. Vous direz donc, 10 : 1760913 :: 3 : au quatrième nombre que vous cherchez. Ce 4e. nombre fera 528273$\frac{2}{10}$, lequel ajouté à 5.9866048 *Logarithme de* 20 *fecondes*, donnera 6.0394321 *Logarithme de* 23 *fecondes*.

L'on trouvera par la même méthode les Logarithmes des fecondes placées entre 30 & 40, entre 40 & 50, entre 50 & 60.

LOGARITHMES
DES MINUTES
DEPUIS 1 JUSQUES A 60.

Minu- tes.	Log. des Sinus.	Log. des Tangentes.	Minu- tes.	Log. des Sinus.	Log. des Tangentes.
1	6.4637261	6.4637261	31	7.9550819	7.9550996
2	6.7647561	6.7647562	32	7.9688698	7.9688886
3	6.9408473	6.9408475	33	7.9822334	7.9822534
4	7.0657860	7.0657863	34	7.9951980	7.9952192
5	7.1626960	7.1626964	35	8.0077867	8.0078092
6	7.2418771	7.2418778	36	8.0200207	8.0200445
7	7.3088239	7.3088248	37	8.0319195	8.0319446
8	7.3668157	7.3668169	38	8.0435009	8.0435274
9	7.4179681	7.4179696	39	8.0547814	8.0548094
10	7.4637255	7.4637273	40	8.0657763	8.0658057
11	7.5051181	7.5051203	41	8.0764997	8.0765306
12	7.5429065	7.5429091	42	8.0869646	8.0869970
13	7.5776684	7.5776715	43	8.0971832	8.0972172
14	7.6098530	7.6098566	44	8.1071669	8.1072025
15	7.6398160	7.6398201	45	8.1169262	8.1169634
16	7.6678445	7.6678492	46	8.1264710	8.1265099
17	7.6941733	7.6941786	47	8.1358104	8.1358510
18	7.7189966	7.7190026	48	8.1449532	8.1449956
19	7.7424775	7.7424841	49	8.1539075	8.1539516
20	7.7647537	7.7647610	50	8.1626808	8.1627267
21	7.7859427	7.7859508	51	8.1712804	8.1713282
22	7.8061458	7.8061547	52	8.1797129	8.1797626
23	7.8254507	7.8254604	53	8.1879848	8.1880364
24	7.8439338	7.8439444	54	8.1961020	8.1961556
25	7.8616623	7.8616738	55	8.2040703	8.2041259
26	7.8786953	7.8787077	56	8.2118949	8.2119526
27	7.8950854	7.8950988	57	8.2195811	8.2196408
28	7.9108793	7.9108938	58	8.2271335	8.2271953
29	7.9261190	7.9261344	59	8.2345568	8.2346208
30	7.9408419	7.9408584	60	8.2418552	8.2419215

EXPLICATION

DE LA TABLE DES LOGARITHMES

des Sinus & des Tangentes des minutes.

Dans la première des trois colonnes perpendiculaires qui forment cette Table, se trouvent les minutes ; dans la seconde, les Logarithmes de leurs Sinus ; & dans la troisième, les Logarithmes de leurs Tangentes. Les solutions des 3 Problêmes suivans serviront d'explication & de supplément à cette même Table.

Problême premier. Trouver le Logarithme du Sinus d'un angle de 32 minutes.

Résolution. Cherchez dans la table précédente 32 minutes ; vous trouverez sur la même ligne non-seulement le Logarithme du Sinus d'un angle de 32 minutes, mais encore celui de sa Tangente. Ces deux Logarithmes sont 7.9688698 & 7.9688886.

Problême second. Trouver le Logarithme du Sinus d'un angle de 32 minutes 20 secondes.

Résolution. 1°. Cherchez le Logarithme du Sinus d'un angle de 32 minutes & celui d'un angle de 33 minutes ; ces deux Logarithmes sont 7.9688698 & 7.9822334.

2°. Otez le premier Logarithme du second ; vous aurez pour différence 133636.

3°. Faites la proportion suivante ; si 60 secondes donnent 133636, que donneront 20 secondes ? vous trouverez $44545\frac{1}{3}$.

4°. Vous négligerez $\frac{1}{3}$. Vous ajouterez 44545 à 7.9688698 *Logarithme* du Sinus d'un angle de 32 minutes ; la somme 7.9732243 sera le Logarithme du Sinus d'un angle de 32 minutes 20 fecondes.

Problême troifième. Trouver le Logarithme de la Tangente d'un angle de 40 minut. 30 fecondes.

Réfolution. Operez comme dans le Problême précédent, c'eft-à-dire, après avoir pris la différence qui fe trouve entre le Logarithme de la Tangente d'un angle de 40 & celui de la Tangente d'un angle de 41 minutes, vous ferez la proportion fuivante ; 60 : à la différence trouvée :: 30 ❦ un quatriéme nombre, lequel ajouté au Logarithme de la Tangente d'un angle de 40 minutes, vous donnera le Logarithme de la tangente d'un angle de 40 minutes 30 fecondes.

LOGARITHMES
DES DEGRÉS
DEPUIS 1 JUSQUES A 90.

Degrés.	Log. des Sinus.	Log. des Tangentes.	Degrés.	Log. des Sinus.	Log. des Tangentes.
1	8.2418553	8.2419215	15	9.4129962	9.4180525
2	8.5428192	8.5430838	16	9.4403381	9.4574964
3	8.7188002	8.7193958	17	9.4659353	9.4853390
4	8.8435845	8.8446437	18	9.4899824	9.5117760
5	8.9402960	8.9419518	19	9.5126419	9.5369719
6	9.0192346	9.0216202	20	9.5340517	9.5610658
7	9.0858945	9.0891438	21	9.5543292	9.5841774
8	9.1435553	9.1478025	22	9.5735754	9.6064066
9	9.1943324	9.1997125	23	9.5918780	9.6278519
10	9.2396702	9.2463188	24	9.6093133	9.6485831
11	9.2805988	9.2886523	25	9.6259483	9.6686725
12	9.3173789	9.3274745	26	9.6418420	9.6881818
13	9.3520880	9.3633641	27	9.6570468	9.7071659
14	9.3836752	9.3967711	28	9.6716093	9.7256744

Deg.	Logarit. des Sinus.	Logarit. des Tangentes.	Deg.	Logarit. des Sinus.	Logarit. des Tangentes.
29	9.6855712	9.7437520	60	9.9375306	10,2385606
30	9.6989700	9.7614394	61	9.9418193	10.2562480
31	9.7118393	9.7787737	62	9.9459349	10.2743256
32	9.7242097	9.7957892	63	9.9498809	10.2928341
33	9.7361088	9.8125174	64	9.9536602	10.3118182
34	9.7475617	9.8289874	65	9.9572757	10.3313275
35	9.7585913	9.8452268	66	9.9607302	10.3514169
36	9.7692187	9.8612610	67	9.9640261	10.3721481
37	9.7794630	9.8771144	68	9.9671659	10.3935904
38	9.7893420	9.8928098	69	9.9701517	10.4158226
39	9.7988718	9.9083692	70	9.9729858	10.4389341
40	9.8080675	9.9238135	71	9.9756701	10.4630281
41	9.8169429	9.9391631	72	9.9782063	10.4882240
42	9.8255109	9.9544374	73	9.9805963	10.5146610
43	9.8337833	9.9696559	74	9.9828416	10.5425036
44	9.8417713	9.9848372	75	9.9849438	10.5719475
45	9.8494850	10.0000000	76	9.9869041	10.6032289
46	9.8569341	10.0151628	77	9.9887239	10.6366359
47	9.8641275	10.0303441	78	9.9904044	10.6725255
48	9.8710735	10.0455626	79	9.9919466	10.7113477
49	9.8777799	10.0608369	80	9.9933515	10.7536812
50	9.8842540	10.0761865	81	9.9946199	10.8002875
51	9.8905026	10.0916308	82	9.9957528	10.8532975
52	9.8965321	10.1071902	83	9.9967507	10.9108562
53	9.9023486	10.1228856	84	9.9976143	10.9783798
54	9.9079576	10.1387390	85	9.9983442	11.0580482
55	9.9133645	10.1547732	86	9.9989408	11.1553563
56	9.9185742	10.1710126	87	9.9994044	11.2806042
57	9.9235914	10.1874826	88	9.9997354	11.4569162
58	9.9284205	10.2042108	89	9.9999338	11.7580785
59	9.9330656	10.2212263	90	10.0000000	infini.

EXPLICATION

DE LA TABLE DES LOGARITHMES

des Sinus & des Tangentes des degrés.

Les folutions des trois Problêmes fuivans ferviront encore d'explication & de fupplément à cette
Table, formée, comme la précédente, de trois colonnes perpendiculaires dont la première contient
les degrés ; la feconde, les Logarithmes des Sinus ;
& la troifième, les Logarithmes des Tangentes de
ces mêmes degrés. L'on doit fe rappeller qu'un degré valant 60 minutes, & une minute 60 fecondes;
un degré vaut néceffairement 3600 fecondes.

Problême premier. Trouver le Logarithme du Sinus d'un angle de 42 degrés.

Réfolution. Cherchez dans la Table précédente
42 degrés ; vous trouverez fur la même ligne non-
feulement le Logarithme de fon Sinus, mais encore celui de fa Tangente. Ces deux Logarithmes
font 9.8255109 & 9.9544374.

Problême fecond. Trouver le Logarithme du Sinus d'un angle de 42 degrés, 2 minutes.

Réfolution 1°. Ôtez le Logarithme du Sinus de
42 degrés du Logarithme du Sinus de 43 degrés,
c'eft-à-dire, ôtez 9.8255109 de 9.8337833 ; vous
aurez pour différence 82724.

2°. Faites la proportion fuivante ; fi 60 minutes
donnent 82724, que donneront 2 minutes ? vous
trouverez $2757\frac{28}{60}$.

3°. Négligez la fraction $\frac{28}{60}$ & ajoutez 2758 à
9.8255109 *Logarithme* du Sinus d'un angle de
42 degrés ; vous aurez 9.8257866 *Logarithme*
du Sinus d'un angle de 42 degrés 2 minutes.

Corollaire. Vous trouverez par la même méthode que le Logarithme de la Tangente d'un angle
de 42 degrés 2 minutes est 9.9549446.

Problême troisiéme. Trouver le Logarithme du
Sinus d'un angle de 42 degrés, 2 minutes, 20
secondes.

Résolution. Pour trouver le Logarithme du Sinus d'un angle de 42 degrés, 2 minutes, 20 secondes, rappellez-vous 1°. que 1 degré vaut 3600
secondes ; 2°. que 1 degré donne pour différence
82724 ; 3°. que 2 minutes valent 120 secondes.
Ces principes posés, vous ferez la proportion suivante, si 3600 secondes donnent 82724 , que
donneront 140 secondes ?

Vous trouverez par la même méthode le Logarithme de la Tangente d'un angle de 42 degrés , 2 minutes , 20 secondes.

LOGARITHMES

DES NOMBRES ENTIERS

DEPUIS 1 JUSQUES A 1000.

Nombres.	Logarithmes.	Nombres.	Logarithmes.	Nombres.	Logarithmes.
1	0.0000000	31	1.4913617	61	1.7853298
2	0.3010300	32	1.5051500	62	1.7923917
3	0.4771212	33	1.5185139	63	1.7993405
4	0.6020600	34	1.5314789	64	1.8061800
5	0.6989700	35	1.5440680	65	1.8129133
6	0.7781512	36	1.5563025	66	1.8195439
7	0.8450980	37	1.5682017	67	1.8260748
8	0.9030900	38	1.5797836	68	1.8325189
9	0.9542425	39	1.5910646	69	1.8388491
10	1.0000000	40	1.6020600	70	1.8450980
11	1.0413927	41	1.6127839	71	1.8512583
12	1.0791812	42	1.6232493	72	1.8573325
13	1.1139433	43	1.6334685	73	1.8633229
14	1.1461280	44	1.6434527	74	1.8692317
15	1.1760913	45	1.6532125	75	1.8750613
16	1.2041200	46	1.6627578	76	1.8808136
17	1.2304489	47	1.6720979	77	1.8864907
18	1.2552725	48	1.6812412	78	1.8920946
19	1.2787536	49	1.6901961	79	1.8976271
20	1.3010300	50	1.6989700	80	1.9030900
21	1.3222193	51	1.7075702	81	1.9084850
22	1.3424127	52	1.7160033	82	1.9138138
23	1.3617278	53	1.7242759	83	1.9190781
24	1.3802112	54	1.7323938	84	1.9242793
25	1.3979400	55	1.7403627	85	1.9294189
26	1.4149733	56	1.7481880	86	1.9344984
27	1.4313638	57	1.7558748	87	1.9395192
28	1.4471580	58	1.7634280	88	1.9444827
29	1.4623980	59	1.7708520	89	1.9493900
30	1.4771212	60	1.7781512	90	1.9542425

Nombres.	Logarithmes.	Nombres.	Logarithmes.	Nombres.	Logarithmes.
91	1,9590414	129	2,1105897	167	2,2227165
92	1,9637878	130	2,1139433	168	2,2253093
93	1,9684829	131	2,1172713	169	2,2278867
94	1,9731278	132	2,1205739	170	2,2304489
95	1,9777236	133	2,1238516	171	2,2329961
96	1,9822712	134	2,1271040	172	2,2355284
97	1,9867717	135	2,1303338	173	2,2380461
98	1,9912261	136	2,1335389	174	2,2405492
99	1,9986352	137	2,1367206	175	2,2430380
100	2,0000000	138	2,1398791	176	2,2455127
101	2,0043214	139	2,1430148	177	2,2479733
102	2,0086002	140	2,1461280	178	2,2504200
103	2,0128372	141	2,1492191	179	2,2528530
104	2,0170333	142	2,1522883	180	2,2552725
105	2,0211893	143	2,1553360	181	2,2576786
106	2,0253059	144	2,1583625	182	2,2600714
107	2,0293838	145	2,1613680	183	2,2624511
108	2,0334238	146	2,1643528	184	2,2648178
109	2,0374265	147	2,1673173	185	2,2671717
110	2,0413927	148	2,1702617	186	2,2695129
111	2,0453230	149	2,1731863	187	2,2718416
112	2,0492180	150	2,1760913	188	2,2741578
113	2,0530784	151	2,1789769	189	2,2764618
114	2,0569048	152	2,1818436	190	2,2787536
115	2,0606978	153	2,1846914	191	2,2810334
116	2,0644580	154	2,1875207	192	2,2833012
117	2,0681859	155	2,1903317	193	2,2855573
118	2,0718820	156	2,1931246	194	2,2878017
119	2,0755470	157	2,1958996	195	2,2900346
120	2,0791812	158	2,1986571	196	2,2922561
121	2,0827854	159	2,2013971	197	2,2944662
122	2,0863598	160	2,2041200	198	2,2966652
123	2,0899051	161	2,2068259	199	2,2988531
124	2,0934217	162	2,2095150	200	2,3010300
125	2,0969100	163	2,2121876	201	2,3031961
126	2,1003705	164	2,2148438	202	2,3053514
127	2,1038037	165	2,2174839	203	2,3074960
128	2,1072100	166	2,2201081	204	2,3096302

Nombres.	Logarithmes.	Nombres.	Logarithmes.	Nombres.	Logarithmes.
205	2.3117539	243	2.3856063	281	2.4487063
206	2.3138672	244	2.3873898	282	2.4502491
207	2.3159703	245	2.3891661	283	2.4517864
208	2.3180633	246	2.3909351	284	2.4533183
209	2.3201463	247	1.3926969	285	2.4548449
210	2.3222193	248	2.3944517	286	2.4563660
211	2.3242824	249	2.3961993	287	2.4578819
212	2.3263359	250	2.3979400	288	2.4593925
213	2.3283796	251	2.3996737	289	2.4608978
214	2.3304138	252	2.4014005	290	2.4623980
215	2.3324385	253	2.4031205	291	2.4638930
216	2.3344537	254	2.4048337	292	2.4653828
217	2.3364597	255	2.4065402	293	2.4668676
218	2.3384565	256	2.4082400	294	2.4683473
219	2.3404441	257	2.4099331	295	2.4698220
220	2.3424227	258	2.4116197	296	2.4712917
221	2.3443923	259	2.4132998	297	2.4727564
222	2.3463530	260	2.4149733	298	2.4742163
223	2.3483049	261	2.4166405	299	2.4756712
224	2.3502480	262	2.4183013	300	2.4771212
225	2.3521825	263	2.4199557	301	2.4785665
226	2.3541084	264	2.4216039	302	2.4800069
227	2.3560259	265	2.4232459	303	2.4814426
228	2.3579348	266	2.4248816	304	2.4828736
229	2.3598355	267	2.4265113	305	2.4842998
230	2.3617278	268	2.4281348	306	2.4857214
231	2.3636120	269	2.4297523	307	2.4871384
232	2.3654880	270	2.4313638	308	2.4885507
233	2.3673559	271	2.4329693	309	2.4899585
234	2.3692159	272	2.4345689	310	2.4913617
235	2.3710679	273	2.4361626	311	2.4927604
236	2.3729120	274	2.4377506	312	2.4941546
237	2.3747483	275	2.4393327	313	2.4955443
238	2.3764770	276	2.4409091	314	2.4969296
239	2.3783979	277	2.4424798	315	2.4983105
240	2.3802112	278	2.4440448	316	2.4996871
241	2.3820170	279	2.4456042	317	2.5010593
242	2.3138154	280	2.4471580	318	2.5024271

Nombres.	Logarithmes.	Nombres.	Logarithmes.	Nombres.	Logarithmes.
319	2.5037907	357	2.5526682	395	2.5965971
320	2.5051500	358	2.5538830	396	2.5976952
321	2.5065050	359	2.5550944	397	2.5987905
322	2.5078559	360	2.5563025	398	2.5998834
323	2.5092025	361	2.5575072	399	2.6009723
324	2.5105450	362	2.5587086	400	2.6020600
325	2.5118834	363	2.5599066	401	2.6031444
326	2.5132176	364	2.5611014	402	2.6042260
327	2.5145477	365	2.5622929	403	2.6053050
328	2.5158738	366	2.5634811	404	2.6063814
329	2.5171959	367	2.5646661	405	2.6074550
330	2.5185139	368	2.5658478	406	2.6085260
331	2.5198280	369	2.5660264	407	2.6095944
332	2.5211381	370	2.5682017	408	2.6106602
333	2.5224442	371	2.5693739	409	2.6117233
334	2.5237465	372	2.5705429	410	2.6127830
335	2.5250448	373	2.5717088	411	2.6138418
336	2.5263393	374	2.5728716	412	2.6148971
337	2.5276299	375	2.5740313	413	2.6159500
338	2.5289167	376	2.5751878	414	2.6170003
339	2.5301997	377	2.5763413	415	2.6180481
340	2.5314789	378	2.5774918	416	2.6190933
341	2.5327544	379	2.5786392	417	2.6201360
342	2.5340261	380	2.5797836	418	2.6211763
343	2.5352941	381	2.5809250	419	2.6222140
344	2.5365584	382	2.5820634	420	2.6232493
345	2.5378191	383	2.5831988	421	2.6242821
346	2.5390761	384	2.5843312	422	2.6253124
347	2.5403295	385	2.5854607	423	2.6263404
348	2.5415792	386	2.5865873	424	2.6273659
349	2.5428254	387	2.5877110	425	2.6283889
350	2.5440680	388	2.5888317	426	2.6294096
351	2.5453071	389	2.5899496	427	2.6304279
352	2.5465427	390	2.5910646	428	2.6314438
353	2.5477747	391	2.5921768	429	2.6324573
354	2.5490033	292	2.5932861	430	2.6334685
355	2.5502283	393	2.5943925	431	2.6344773
356	2.5514500	394	2.5954962	432	2.6354837

Nombres.	Logarithmes.	Nombres.	Logarithmes.	Nombres.	Logarithmes.
433	2.6364879	471	2.6730209	509	2.7067178
434	2.6374897	472	2.6739420	510	2.7075702
435	2.6384893	473	2.6748611	511	2.7084209
436	2.6394865	474	2.6757783	512	2.7092700
437	1.6404814	475	2.6766936	513	2.7101174
438	2.6414741	476	2.6776069	514	2.7109631
439	2.6424645	477	2.6785184	515	2.7118072
440	2.6434527	478	2.6794279	516	2.7126497
441	2.6444386	479	2.6803355	517	2.7134905
442	2.6454223	480	2.6812412	518	2.7143298
443	2.6464037	481	2.6821451	519	2.7151674
444	2.6473830	482	2.6830470	520	2.7160033
445	2.6483600	483	2.6839471	521	2.7168377
446	2.6493349	484	2.6848454	522	2.7176705
447	2.6503075	485	2.6857417	523	2.7185017
448	2.6512780	486	2.6866363	524	2.7193313
449	2.6522463	487	2.6875290	525	2.7201593
450	2.6532125	488	2.6884198	526	2.7209857
451	2.6541765	489	2.6893089	527	2.7218106
452	2.6551384	490	2.6901961	528	2.7226339
453	2.6560982	491	2.6910815	529	2.7234557
454	2.6570551	492	2.6919651	530	2.7242759
455	2.6580114	493	2.6928469	531	2.7250945
456	2.6589648	494	2.6937269	532	2.7259116
457	2.6599162	495	2.6946052	533	2.7267272
458	2.6608655	496	2.6954817	534	2.7275413
459	2.6618127	497	2.6963564	535	2.7283538
460	2.6627578	498	2.6972293	536	2.7291648
461	2.6637009	499	2.6981005	537	2.7299743
462	2.6646420	500	2.6989700	538	2.7307823
463	2.6655810	501	2.6998377	539	2.7315888
464	2.6665180	502	2.7007037	540	2.7323938
465	2.6674529	503	2.7015680	541	2.7331973
466	2.6683859	504	2.7024305	542	2.7339993
467	2.6693169	505	2.7032914	543	2.7347998
468	2.6702458	506	2.7041505	544	2.7355989
469	2.6711728	507	2.7050080	545	2.7363965
470	2.6720979	508	2.7058637	546	2.7371926

Nombres.	Logarithmes.	Nombres.	Logarithmes.	Nombres.	Logarithmes.
547	2.7379873	585	2.7671559	623	2.7944880
548	2.7387806	586	2.7678976	624	2.7951846
549	2.7395727	587	2.7686381	625	2.7958800
550	2.7403627	588	2.7693773	626	2.7965744
551	2.7411516	589	2.7701153	627	2.7972675
552	2.7419391	590	2.7708520	628	2.7979596
553	2.7427251	591	2.7715875	629	2.7986506
554	2.7435098	592	2.7723217	630	2.7993405
555	2.7442930	593	2.7730547	631	2.8000294
556	2.7450748	594	2.7737894	632	2.8007171
557	2.7458552	595	2.7745170	633	2.8014037
558	2.7466342	596	2.7752463	634	2.8020893
559	2.7474118	597	2.7759743	635	2.8027737
560	2.7481880	598	2.7767012	636	2.8034571
561	2.7489629	599	2.7774268	637	2.8041394
562	2.7497363	600	2.7781512	638	2.8048207
563	2.7505084	601	2.7788745	639	2.8055009
564	2.7512791	602	2.7795965	640	2.8061800
565	2.7520484	603	2.7803173	641	2.8068580
566	2.7528164	604	2.7810369	642	2.8075350
567	2.7535831	605	2.7817554	643	2.8082119
568	2.7543483	606	2.7824726	644	2.8038859
569	2.7551123	607	2.7831887	645	2.8095597
570	2.7558748	608	2.7839039	646	2.8102325
571	2.7566361	609	2.7846173	647	2.8109043
572	2.7573960	610	2.7853298	648	2.8115750
573	2.7581546	611	2.7860412	649	2.8122447
574	2.7589119	612	2.7867514	650	2.8129134
575	2.7596678	613	2.7874605	651	2.8135810
576	2.7604225	614	2.7881684	652	2.8142476
577	2.7611758	615	2.7888751	653	2.8149132
578	2.7619278	616	2.7895807	654	2.8155777
579	2.7626786	617	2.7902852	655	2.8162413
580	2.7634280	618	2.7909885	656	2.8169038
581	2.7641761	619	2.7916906	657	2.8175654
582	2.7649230	620	2.7923917	658	2.8182259
583	2.7656685	621	2.7930916	659	2.8188854
584	2.7664128	622	2.7937905	660	2.8195439

Ee3

Nombres.	Logarithmes.	Nombres.	Logarithmes.	Nombres.	Logarithmes.
661	2.8202015	699	2.8444772	737	2.8674675
662	2.8208580	700	2.8450980	738	2.8680564
663	2.8215135	701	2.8457180	739	2.8686444
664	2.8221681	702	2.8463371	740	2.8692317
665	2.8228216	703	2.8469553	741	2.8698182
666	2.8234742	704	2.8475727	742	2.8704039
667	2.8241258	705	2.8481891	743	2.8709888
668	2.8247765	706	2.8488047	744	2.8715729
669	2.8254261	707	2.8494194	745	2.8721563
670	2.8260748	708	2.8500333	746	2.8727388
671	2.8267225	709	2.8506462	747	2.8733206
672	2.8273693	710	2.8512583	741	2.8739016
673	2.8280151	711	2.8518696	749	2.8744818
674	2.8286599	712	2.8524800	750	2.8750613
675	2.8293038	713	2.8530895	751	2.8756399
676	2.8299467	714	2.8536982	752	2.8762178
677	2.8305887	715	2.8543060	753	2.8767950
678	2.8312298	716	2.8549130	754	2.8773713
679	2.8318699	717	2.8555191	755	2.8779469
680	2.8325089	718	2.8561244	756	2.8785218
681	2.8331471	719	2.8567289	757	2.8790959
682	2.8337844	720	2.8573325	758	2.8796692
683	2.8344207	721	2.8579353	759	2.8802418
684	2.8350561	722	2.8585372	760	2.8808136
685	2.8356906	723	2.8591383	761	2.8813847
686	2.8363241	724	2.8597386	762	2.8819550
687	2.8369567	725	2.8603380	763	2.8825245
688	2.8375884	726	2.8609366	764	2.8830934
689	2.8382192	727	2.8615344	765	2.8836614
690	2.8388491	728	2.8621314	766	2.8842288
691	2.8394780	729	2.8627275	767	2.8847954
692	2.8401061	730	2.8633229	768	2.8853612
693	2.8407332	731	2.8639174	769	2.8859263
694	2.8413595	732	2.8645111	770	2.8864907
695	2.8419848	733	2.8651040	771	2.8870544
696	2.8426092	734	2.8656961	772	2.8876173
697	2.8432328	735	2.8662873	773	2.8881795
698	2.8438554	736	2.8668778	774	2.8887410

Nombres.	Logarithmes.	Nombres.	Logarithmes.	Nombres.	Logarithmes.
775	2.8893017	813	2.9100905	851	2.9299296
776	2.8898617	814	2.9106244	852	2.9304396
777	2.8904210	815	2.9111576	853	2.9309490
778	2.8909796	816	2.9116901	854	2.9314579
779	2.8915375	817	2.9122220	855	2.9319661
780	2.8920946	818	2.9127533	856	2.9324738
781	2.8926510	819	2.9132839	857	2.9329808
782	2.8932067	820	2.9138138	858	2.9334873
783	2.8937618	821	2.9143431	859	2.9339932
784	2.8943161	822	2.9148718	860	2.9344984
785	2.8948696	823	2.9153998	861	2.9350031
786	2.8954225	824	2.9159272	862	2.9355073
787	2.8959747	825	2.9164539	863	2.9360108
788	2.8965262	826	2.9169800	864	2.9365137
789	2.8970770	827	2.9175055	865	2.9370161
790	2.8976271	828	2.9180303	866	2.9375179
791	2.8981765	829	2.9185545	867	2.9380191
792	2.8987252	830	2.9190781	868	2.9385197
793	2.8992732	831	2.9196010	869	2.9390198
794	2.8998205	832	2.9201233	870	2.9395192
795	2.9003671	833	2.9206450	871	2.9400181
796	2.9009131	834	2.9211660	872	2.9405165
797	2.9014583	835	2.9216865	873	2.9410142
798	2.9020029	836	2.9222063	874	2.9415114
799	2.9025468	837	2.9227254	875	2.9420080
800	2.9030900	838	2.9232440	876	2.9425041
801	2.9036325	839	2.9237620	877	2.9429996
802	2.9041744	840	2.9242793	878	2.9434945
803	2.9047155	841	2.9247960	879	2.9439889
804	2.9052560	842	2.9253121	880	2.9444827
805	2.9057959	843	2.9258276	881	2.9449759
806	2.9063350	844	2.9263424	882	2.9454686
807	2.9068735	845	2.9268567	883	2.9459607
808	2.9074114	846	2.9273704	884	2.9464523
809	2.9079485	847	2.9278834	885	2.9469433
810	2.9084850	848	2.9283958	886	2.9474337
811	2.9090208	849	2.9289077	887	2.9479236
812	2.9095560	850	2.9294189	888	2.9484130

Nombres.	Logarithmes.	Nombres.	Logarithmes.	Nombres.	Logarithmes.
889	2.9489018	927	2.9670797	964	2.9840770
890	2.9493900	928	2.9675480	965	2.9845273
891	2.9498777	929	2.9680157	966	2.9849771
892	2.9503648	930	2.9684829	967	2.9854265
893	2.9508514	931	2.9689497	968	2.9858753
894	2.9513375	932	2.9694159	969	2.9863238
895	2.9518230	933	2.9698816	970	2.9867717
896	2.9523080	934	2.9703469	971	2.9872192
897	2.9527924	935	2.9708116	972	2.9876663
898	2.9532763	936	2.9712758	973	2.9881128
899	2.9537597	937	2.9717396	974	2.9885589
900	2.9542425	938	2.9722028	975	2.9890046
901	2.9547248	939	2.9726656	976	2.9894498
902	2.9552065	940	2.9731278	977	2.9898946
903	2.9556877	941	2.9735896	978	2.9903388
904	2.9561684	942	2.9740509	979	2.9907827
905	2.9566486	943	2.9745117	980	2.9912261
906	2.9571282	944	2.6749720	981	2.9916690
907	2.9576073	945	2.9754318	982	2.9921115
908	2.9580858	946	2.9758911	983	2.9925535
909	2.9585639	947	2.9763500	984	2.9929951
910	2.9590414	948	2.9768083	985	2.9934362
911	2.9595184	949	2.9772662	986	2.9938769
912	2.9599948	950	2.9777236	987	2.9943171
913	2.9604708	951	2.9781805	988	2.9947569
914	2.9609462	952	2.9786369	989	2.9951963
915	2.9614211	953	2.9790929	990	2.9956352
916	2.9618955	954	2.9795484	991	2.9960736
917	2.9623693	955	2.9800034	992	2.9965117
918	2.9628427	956	2.9804579	993	2.9969492
919	2.963315	957	2.9809119	994	2.9973864
920	2.9637878	958	2.9813655	995	2.9978231
921	2.9642596	959	2.9818186	996	2.9982593
922	2.9647309	960	2.9822712	997	2.9986951
923	2.9652017	961	2.9827234	998	2.9991305
924	2.9656720	962	2.9831751	999	2.9995655
925	2.9661417	963	2.9836263	1000	3.0000000
926	2.9666110				

EXPLICATION

DE LA TABLE DES LOGARITHMES.
des Nombres entiers.

Il eſt difficile qu'on ait beſoin en Phyſique du
Logarithme d'un nombre entier ſupérieur à 1000;
c'eſt-là ce qui nous a engagé à ne donner dans cette Table, que les Logarithmes des Nombres qui ſe
trouvent entre 1 & 1000. Si cependant le contraire
arrivoit ; l'on auroit recours au ſupplément à cette
Table, ou, aux méthodes exprimées dans les ſolu-
tions des 3 Problêmes ſuivans.

Problême premier. Trouver le Logarithme du
nombre 1500.

Réſolution. Je ſçais que 1500 eſt le produit de
100 multiplié par 15. J'ajoute donc le Logarithme
de 15 au Logarithme de 100 ; la ſomme 3.1760913
ſera le Logarithme de 1500.

Problême ſecond. Trouver le Logarithme du
quarré 1296.

Réſolution. Prenez 2 fois le Logarithme de ſa
racine 36 ; la ſomme 3.1126050 ſera le Logarithme que vous cherchez.

Problême troiſième. Trouver le Logarithme du
Cube 1728.

Réſolution. Prenez 3 fois le Logarithme de ſa
racine 12 ; la ſomme 3.2375436 ſera le Logarithme que vous demandez. L'infaillibilité de ces 3
méthodes eſt démontrée dans l'article de ce Dictionnaire qui commence par le mot *Logarithmes.*

Corollaire. Il y a donc trois méthodes à employer, lorſque l'on veut trouver le Logarithme d'un
nombre intermédiaire omis dans la Table des

nombres entiers. 1°. Examinez fi le nombre propofé eft produit par la multiplication d'un nombre par
un autre. 2°. Voyez fi le nombre propofé eft un
quarré parfait. 3°. Voyez fi c'eft un Cube parfait.

Remarque. Si le nombre dont on vous demande
le Logarithme , n'eft ni un quarré , ni un Cube
parfait, il fuffira dans les opérations qui ne demandent pas une exactitude géométrique , telles que
font les opérations ordinaires de Phyfique , d'en
extraire la racine la plus approchante.

SUPPLÉMENT
A LA TABLE DES LOGARITHMES
DES NOMBRES ENTIERS.

Nom-bres.	Logarith-mes.	Nom-bres.	Logarith-mes.	Nom-bres.	Logarith-mes.
1000	3.0000000	19000	4.2787536	37000	4.5682017
2000	3.3010300	20000	4.3010300	38000	4.5797836
3000	3.4771212	21000	4.3222193	39000	4.5910646
4000	3.6020600	22000	4.3424127	40000	4.6020600
5000	3.6989700	23000	4.3617278	41000	4.6127839
6000	3.7781512	24080	4.3802112	42000	4.6232493
7000	3.8450980	25000	4.3979400	43000	4.6334685
8000	3.9030900	26000	4.4149733	44000	4.6434527
9000	3.9542425	27000	4.4313638	45000	4.6532125
10000	4.0000000	28000	4.4411580	46000	4.6627578
11000	4.0413927	29000	4.4623980	47000	4.6720979
12000	4.0791812	30000	4.4771212	48000	4.6812412
13000	4.1139433	31000	4.4913617	49000	4.6901961
14000	4.1461280	32000	4.5051500	50000	4.6989700
15000	4.1760913	33000	4.5185139	51000	4.7075702
16000	4.2041200	34000	4.5314789	52000	4.7160033
17000	4.2304489	35000	4.5440680	53000	4.7242759
18000	4.2552725	36000	4.5563025	54000	4.7323938

Nombres.	Logarithmes.	Nombres.	Logarithmes.	Nombres.	Logarithmes.
55000	4.7403627	75000	4.8750613	95000	4.9777236
56000	4.7481880	76000	4.8808136	96000	3.9822712
57000	4.7558748	77000	4.8864907	97000	4.9867717
58000	4.7634280	78000	4.8920946	98000	4.9912261
59000	4.7708520	79000	4.8976271	99000	4.9986352
60000	4.7781512	80000	5.9030900	100000	5.0000000
61000	4.7853298	81000	4.9084850	1000000	6.0000000
62000	4.7923917	82000	4.9138138	2000000	6.3010300
63000	4.7993405	83000	4.9190781	3000000	6.4771212
64000	4.8061800	84000	4.9242793	4000000	6.6020600
65000	4.8129133	85000	4.9294189	5000000	6.6989700
66000	4.8195439	86000	4.9344984	6000000	6.7781512
67000	4.8260748	87000	4.9395192	7000000	6.8450980
68000	4.8325189	88000	4.9444827	8000000	6.9030900
69000	4.8388491	89000	4.9493900	9000000	6.9542425
70000	4.8450980	90000	4.9542425	10000000	7.0000000
71000	4.8512583	91000	4.9590414	100000000	8.0000000
72000	4.8573325	92000	4.9637878	200000000	8.3010300
73000	4.8633229	93000	4.9684829	300000000	8.4771212
74000	4.8692317	94000	4.9731278		

EXPLICATION

DU SUPPLÉMENT A LA TABLE
des Logarithmes des Nombres entiers.

Ce supplément contient 1°. les Logarithmes des Nombres entiers calculés de 1000 en 1000 depuis 1000 jusqu'à 100000. Il contient 2°. les Logarithmes des Nombres entiers depuis 1000000 jusqu'à 10000000. Il contient 3°. les Logarithmes de 100000000, 200000000 & 300000000. Voici comment a été construit ce supplément.

Nous avons démontré dans l'article des Logarithmes inféré dans le corps de cet Ouvrage, que la fomme de deux Logarithmes quelconques, *par exemple*, 3.0000000, fomme compofée de 1.3010300 *Logarithme du Nombre* 20, & de 1.6989700 *Logarithme du Nombre* 50, eft le Logarithme du produit de 50 multiplié par 20, c'eft-à-dire, de 1000 ; donc, pour avoir le Logarithme de 2000, je n'ai eu qu'à ajouter le Logarithme de 2 au Logarithme de 1000 ; pour avoir le Logarithme de 3000, j'ai dû ajouter le Logarithme de 3 au Logarithme de 1000, & ainfi des autres jufqu'à 100000.

J'ai eu le Logarithme de 1000000 en ajoutant le Logarithme de 10 au Logarithme de 100000, parce que 10 multipliant 100000 donne pour produit 1000000.

Le Logarithme de 2 ajouté au Logarithme de 1000000 m'a donné le Logarithme de 2000000, & ainfi des autres jufqu'à 10000000.

Enfin j'ai eu le Logarithme de 100000000 en ajoutant le Logarithme de 10 au Logarithme de 10000000 ; & ce dernier Logarithme ajouté fucceffivement aux Logarithmes de 2 & de 3 m'a donné les Logarithmes de 200000000 & de 300000000. Il eut été inutile de pouffer plus loin ce fupplément, puifque Saturne n'eft éloigné du Soleil que d'environ trois cent millions de lieues.

TABLE

Des Réfractions de la Lumière par M. de la Caille.

Hauteur.		Réfractions.		Hauteur.		Réfractions.	
De-grés.	Minu-tes.	Secon-des.	10ᵉ de Second.	De-grés.	Minu-tes.	Secon-des.	10ᵉ de Second.
0	33	45	0	31	1	50	0
1	23	7	0	32	1	45	5
2	17	8	0	33	1	41	8
3	15	2	0	34	1	38	1
4	10	48	0	35	1	34	6
5	9	2	0	36	1	31	2
6	8	42	0	37	1	28	0
7	7	41	0	38	1	24	9
8	6	51	0	39	1	21	9
9	6	10	0	40	1	19	0
10	5	37	0	41	1	16	3
11	5	9	0	42	1	13	7
12	4	45	0	43	1	11	2
13	4	24	0	44	1	8	8
14	4	5	0	45	1	6	5
15	3	49	0	46	1	4	3
16	3	35	0	47	1	2	1
17	3	23	0	48	1	0	0
18	3	12	0	49	0	57	9
19	3	3	0	50	0	55	8
20	2	54	7	51	0	53	8
21	2	47	0	52	0	51	9
22	2	39	8	53	0	50	1
23	2	33	0	54	0	48	3
24	2	26	6	55	0	46	6
25	2	20	5	56	0	44	9
26	2	14	7	57	0	43	2
27	2	9	2	58	0	41	6
28	2	4	0	59	0	40	0
29	1	59	1	60	0	38	4
30	1	54	4	61	0	36	9

Hauteur. Réfractions.   Hauteur. Réfractions.

De-grés.	Minu-tes.	Secon-des.	10ᵉ de Second.	De-gréſ.	Minu-tes.	Secon-des.	10ᵉ de Second.
62	0	35	4	77	0	15	4
63	0	33	9	78	0	14	1
64	0	32	4	79	0	12	9
65	0	31	0	80	0	11	7
66	0	29	6	81	0	10	5
67	0	28	2	82	0	9	3
68	0	26	8	83	0	8	2
69	0	25	5	84	0	7	0
70	0	24	2	85	0	5	8
71	0	22	9	86	0	4	6
72	0	21	6	87	0	3	5
73	0	20	3	88	0	2	3
74	0	19	1	89	0	1	1
75	0	17	8	90	0	0	0
76	0	16	6				

AVERTISSEMENT.

M. l'Abbé de la Caille nous apprend que lorſqu'il a conſtruit ſa Table des Réfractions de la lumière, le Barométre étoit alors à Paris à 28 pouces de hauteur, & le Thermométre de M. de Réaumur à 10 degrés au-deſſus de 0, c'eſt-à-dire, à 10 degrés au-deſſus du point de la congélation. Sa Table ne ſeroit pas donc exacte hors de Paris ; elle ne le ſeroit pas même dans cette Ville, lorſque le Barométre & le Thermométre ne ſeroient pas à la hauteur dont nous venons de parler. Ce ſeroit-là ſans doute un très-grand inconvénient. M. l'Abbé de la Caille l'a ſenti, & il n'a pas

manqué d'y obvier. Il a observé qu'un pouce
d'augmentation dans la hauteur du Baromètre
produit une 27e partie de la Réfraction marquée dans fa Table ; dix degrés d'abaissement
dans le Thermomètre produisent le même effet.
Sur ces Principes il est facile de rendre universelle fa Table des Réfractions.

FIN.

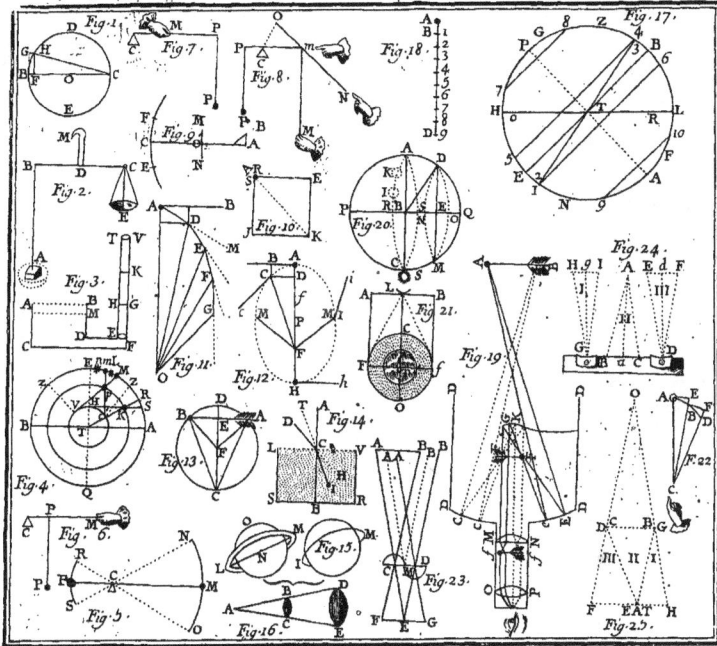

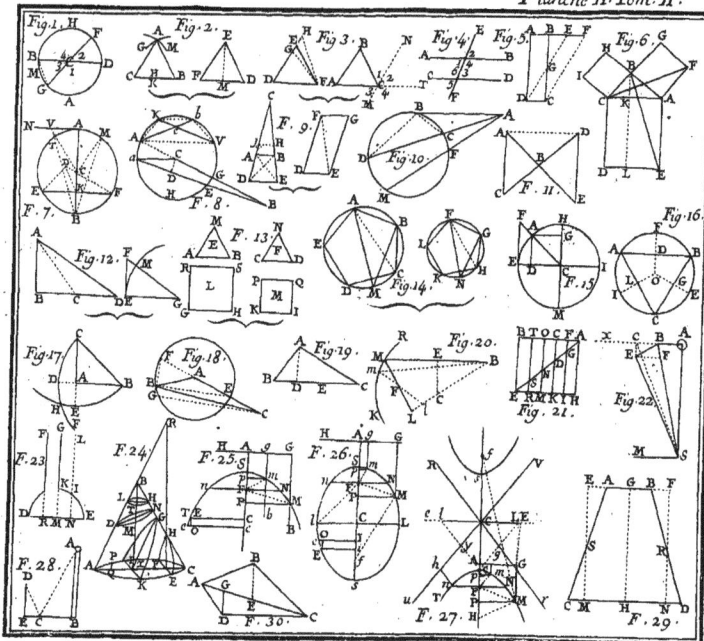

www.ingramcontent.com/pod-product-compliance
Lightning Source LLC
Chambersburg PA
CBHW060536220326
41599CB00022B/3519